图解园林施工图系列

3 单体设计

深圳市北林苑景观及建筑规划设计院　编著

中国建筑工业出版社

图书在版编目（CIP）数据

3 单体设计/深圳市北林苑景观及建筑规划设计院
编著. —北京：中国建筑工业出版社，2010
（图解园林施工图系列）
ISBN 978-7-112-11899-1

Ⅰ. ①3… Ⅱ. ①深… Ⅲ. ①园林设计-图集
Ⅳ. ①TU986.2-64

中国版本图书馆 CIP 数据核字（2010）第 040309 号

责任编辑：郑淮兵　杜　洁
责任设计：赵明霞
责任校对：赵　颖　姜小莲

编　委　会

主编单位：深圳市北林苑景观及建筑规划设计院

主　　编：何　昉

副主编：黄任之　千　茜

编　　委：叶　枫　周西显　金锦大　叶永辉　王　涛　宁旨文
　　　　　蒋华平　夏　媛　徐　艳　王永喜　肖洁舒

撰　　稿：（按姓氏笔画排序）
　　　　　丁　蓓　方拥生　王　兴　王顺有　许初元　严廷平
　　　　　何　伟　李亚刚　李　远　李　勇　杨春梅　杨政华
　　　　　邹复成　陈新香　林晓晨　胡　炜　洪琳燕　徐宁曼
　　　　　资清平　黄秀丽　章锡龙　蔡锦淮　谭　庆

图解园林施工图系列
3　单体设计
深圳市北林苑景观及建筑规划设计院　编著
*
中国建筑工业出版社出版、发行（北京海淀三里河路 9 号）
各地新华书店、建筑书店经销
霸州市顺浩图文科技发展有限公司制版
北京建筑工业印刷厂印刷
*
开本：880×1230 毫米　横 1/16　印张：21　字数：640 千字
2011 年 7 月第一版　　2018 年 12 月第五次印刷
定价：**60.00** 元
ISBN 978-7-112-11899-1
　　（32496）

序 一

　　"风景园林"（Landscape Architecture）是一门由艺术与科学多学科综合而成的"规划设计"学科（Discipline），它是把地球上自然界的物质因素（诸如土地、空气、水、植被），生态系统，资源、能源，与一切人工营造的因素结合起来而创造出的各种各样的、不同用途的、人类生产、生活在物质与精神上所需求的，诸如工业、农业、商业、科学、艺术、文化、教育所需的千变万化的社区，城市及农村环境，风景园林，及其构筑物与建筑物的规划设计学科。设计师要把这种自然与人工因素的创造与结合变为现实，除了有好的方案设计，还需掌握科学、标准的施工图设计方法。园林施工图需要将设计师的意图精准地反映到图纸上，它是设计师与施工方对话的桥梁与载体。

　　明代造园家计成在他所著《园冶》中谈到"虽由人作，宛自天开"，以种植设计为例，中国自然山水园林的植物造景是以大自然的地方植物群落、植被类型为原型的，再结合城市的地质、土壤、空气、水文、生物圈、气候条件因地制宜而布局的，植物搭配后的季相景观、林冠线、林缘线、透景线等能体现优美的园林的画境与意境，而这种"以造化为师"的植物造景手法对于施工图设计要求很高，设计师在布置二维平面的植物组团时一定要有多维空间概念。所以园林施工图是工程技术与空间艺术美学结合的设计图。

　　《图解园林施工图系列》包含了基本园林要素的工程做法，制图标准，表达清晰，构造科学，对于从事这一学科的各方人员提供了很好的专业参考资料。希望有更多的人能从中获益，将我们的生产、生活环境建设得更美好。

孙筱祥

2009 年 6 月 18 日

序　二

　　《易经·系辞》中有"形而上者谓之道，形而下者谓之器"一语，形象地表达了园林工程设计图的内涵，一方面，园林讲究视觉的愉悦，从而引发心灵的感知，所以园林是"无声的诗、立体的画"，在中国传统哲学理念上深得"人与天调，天下之大美生"之"道"，任何设计，先有道而有方案设计，是谓"形"；另一方面，现代园林工程的营造建设，是构成视觉美的物质基础，在尊重科学、实事求是的今天，方案成"形"之后，施工图的筚路蓝缕、深化解析是构成最终之"器"的前提，施工图表达要求科学、实用、清晰。

　　施工图的绘制者要讲科学、讲方法，同时要有很高的审美素养，很扎实的心智，才能完成从图纸之"形"蜕变为落地之"形"的解析，在园林行业突飞猛进的今天，很多人心态浮躁，不切实际的方案图满天飞，罔顾施工的可实施性，这就是缺乏施工图训练的表现。这套丛书的出版，是深圳市北林苑集多年的经验、智慧，奉献给广大从事园林设计的从业者的结晶，希望每个人都能从中获益。

孟兆祯

2009 年 6 月 10 日

前　　言

随着社会发展的需要，环境美已成为当今城市生活迫切需要的必然趋势。风景园林设计是与城市规划、建筑学并列的三大学科之一，是自然与人文科学高度综合的一门应用性学科。施工图设计是继方案和初步设计阶段之后重要的实施设计文件，是完成最初设计方案构思的终结语言和指令，所以施工图的表达必须要达到全面性、完整性和准确性，并应符合相应的法规和规范。本系列丛书以大量的实际工程施工图为基础，分别详解园林施工图设计的几个主要内容包括设计步骤、设计方法和技巧，以及应遵守的有关法规、规范条文的做法。本书共分7个分册。

1　总图设计

2　铺装设计

3　单体设计

4　园林建筑设计

5　种植设计

6　园林设计全案图（一）

7　园林设计全案图（二）

目　录

1 概　　述

本册把园林设计中各组成单元称单体设施。单体设施是组成整个园林环境的元素，为了与周围环境共同塑造出一个完整的视觉形象，同时赋予景观空间环境以生气和主题，每一处设施在风格、尺度、比例、材质和色彩方面都应按自身的功能要求，做到完整和协调，并符合相应的规范要求。

2　硬　质　景　观

硬质景观是相对种植绿化类软质景观而界定的名称。

2.1　入口和重要景点

入口和重要景观节点的空间形态应具有一定的开敞性、标志性造型（如：门廊、门架、门柱、门洞等）应与整体环境及建筑风格相协调，避免盲目追求豪华和气派；应根据规模和周围环境特点，确定标志性造型的体量、尺度，达到新颖简单、轻巧美观的要求。同时，要考虑与保安值班等用房的形体关系，构成有机的景观组合。

住宅单元入口是住宅区内体现院落特色的重要部位，入口造型设计（如：门头、门廊、连接单元之间的连廊）除了功能要求外，还要突出装饰性和可识别性。要考虑安防、照明设备的位置与无障碍坡道之间的相互关系，达到色彩和材质上的统一，所用建筑材料应具有易清洗，不易碰损等特点。

（1）景观构筑物

① 所有的钢材制品，特别是设置在室外的都会生锈，故要经常维护除锈，重新油漆。否则，不但本体会锈蚀，还会污染面层，锈蚀严重甚至垮塌。尤其在海边，水汽和含氯化钠海水会加重钢材的腐蚀，设计时应予重视。

② 高压线下一定范围内不能设置有人活动的场地，对建筑构架、种植的树木也是有限制的。详见《城市电力规划规范》GB 50293—1999 中对建筑物和构架、树木等的相应的规定，有表可供查阅。

（2）铺贴材料及工业产品选用

① 任何外露部位的表面都应考虑排水，不让雨水堆积或滞留，排水部位到排水口的流程越短越好。硬质铺地设计时要有效地组织地面排水。排水沟注明最浅处的深度，向排出口方向做 0.5％～1％坡。

② 凡距地面 2m 范围中不得有尖角、锐角出现，应做成圆角或钝角。

③ 双层井盖不宜在车行道中，只适宜于人行道和不行车的广场上。井盖内有铺装的必须现场拼接，与井盖周边铺装齐缝连接。

④ 石材不得倒挂铺贴，垂直铺贴石材在低矮部位，用厚 20～25mm 薄板贴（背面应有凹凸槽），大于 25mm 厚的板材用干挂法或用双股铜丝挂贴。深色面极易泛浆的，应用石材处理剂或抗碱王掺入砂浆铺贴。大面积铺装或涂装面应先做一块小样，符合要求后再全面铺开施工。

⑤ 竖向抹面一次厚度为 7～9mm，一般可抹 2～3 次，总厚度不宜大于 30mm，否则，砂浆挂不住。造型厚的抹面，其基层应先钉钢丝网与混凝土基体固定，再进行抹面。复杂的外形线角应先用混凝土成型一个粗型面再抹细部线角。用 GRC 造型板铺贴，只能用在高位，但耐久性不长，久之易开裂、掉下。

⑥ 选用工业成品材料必须从"建筑材料手册"中选用。如：各种型钢、管材、玻璃防水卷材等，这些材料和断面尺寸并非在厂外能人工随意加工而成的，并且应尽量选用常用尺寸。

（3）金属材料连接

不同性质的金属材料之间能否焊接要事先确认，有些材料之间是不能焊接的，否则，只能用铆接。详见表 2-1。

各种异性金属材料的焊接　　　　　　　　表 2-1

金属名称	铬钢	镀锌薄钢板	锌	镉	锡	铅	铜	镁	铝	紫铜	青铜	黄铜	不锈钢	碳钢	镍	镍铜合金
碳钢	√	√					√	√	√	√	√	√	√	√	√	√
不锈钢	√						√	√	√	√	√	√	√	√		
镍	√						√			√	√	√		√		√
镍铜合金																
黄铜		√		√	√					√	√	√				
青铜																
紫铜		√	√				√	√								
铝							√		√							
镁									√							
铜		√	√		√											
铅		√	√	√	√	√										
镉																
锌	√	√	√													
镀锌薄钢板	√	√														
铬钢	√															
锡		√			√											

注：√表示二种金属之间可以焊接。

2

（4）土层的夯实密度设计

填土层的压实度应符合表 2-2 要求。

填土的压实系数 λ_c （密实度）要求　　　　　　　表 2-2

结构类型	填 土 部 位	压实系数 λ_c
砌体承重结构 和框架结构	在地基主要持力层范围内 在地基主要持力层范围以下	＞0.96 0.93～0.96
简支结构和 排架结构	在地基主要持力层范围内 在地基主要持力层范围以下	0.94～0.97 0.91～0.93
一般工程	基础四周或两侧一般回填土 室内地坪、管道地沟回填土 一般堆放物件场地回填土	0.90 0.90 0.85

注：压实系数 λ_c 为土的控制干密度 ρ_d 与最大干密度 ρ_{dmax} 的比值。一般选用：消防道为 95％，轻型车停车场 93％，人行广场、人行道 92％。

（5）入口和重要景点设计实例

入口和重要景点设计景点设计平面实例见图 2-1～图 2-18。

2.2　雕塑小品

（1）雕塑小品与周围环境共同塑造出一个完整的视觉形象，同时赋予景观空间环境以生气和主题，通常以其小巧的格局、精美的造型来点缀空间，使空间诱人而富于意境，从而提高整体环境景观的艺术境界。

（2）雕塑按使用功能分为纪念性、主题性、功能性与装饰性雕塑等。从表现形式上可分为具象和抽象、动态和静态雕塑等。

（3）雕塑在布局上一定要注意与周围环境的关系，恰如其分地确定雕塑的材质、色彩、体量、尺度、题材和位置等，展示其整体美、协调美。

应配合区内建筑、道路、绿化及其他公共服务设施而设置，起到点缀、装饰和丰富景观的作用。特殊场合的中心广场或主要公共建筑区域，可考虑主题性或纪念性雕塑。

（4）雕塑应具有时代感，格调高雅，体现人文精神。以贴近人的尺寸为原则，切忌尺度超长过大。应慎用具有金属光泽的材料制作。

（5）雕塑小品设计实例见图 2-19～图 2-29。

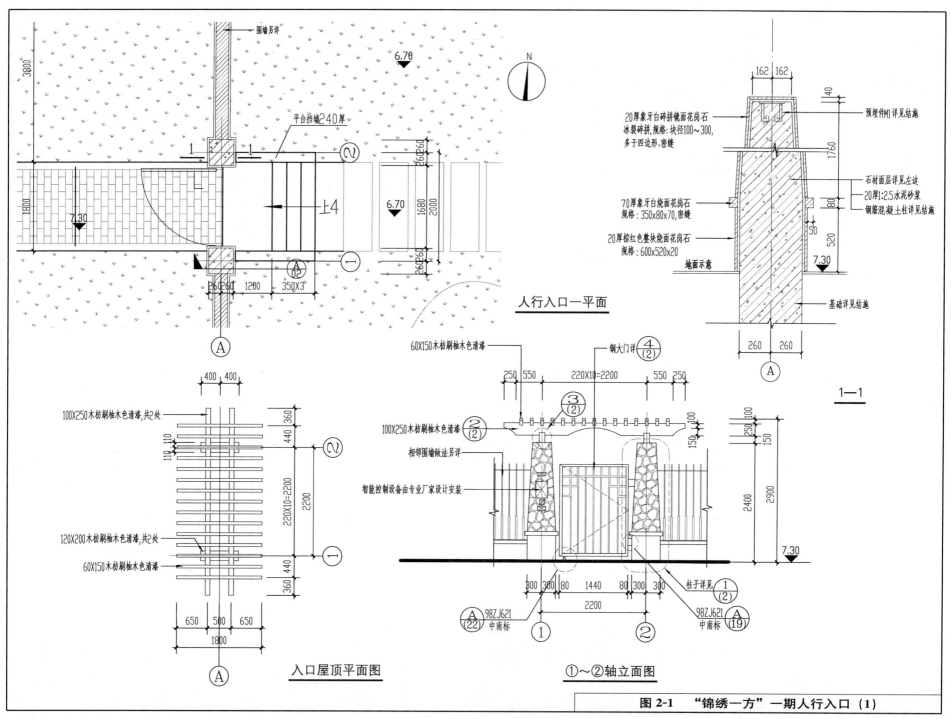

人行入口一平面

入口屋顶平面图

①～②轴立面图

图2-1 "锦绣一方"一期人行入口（1）

4

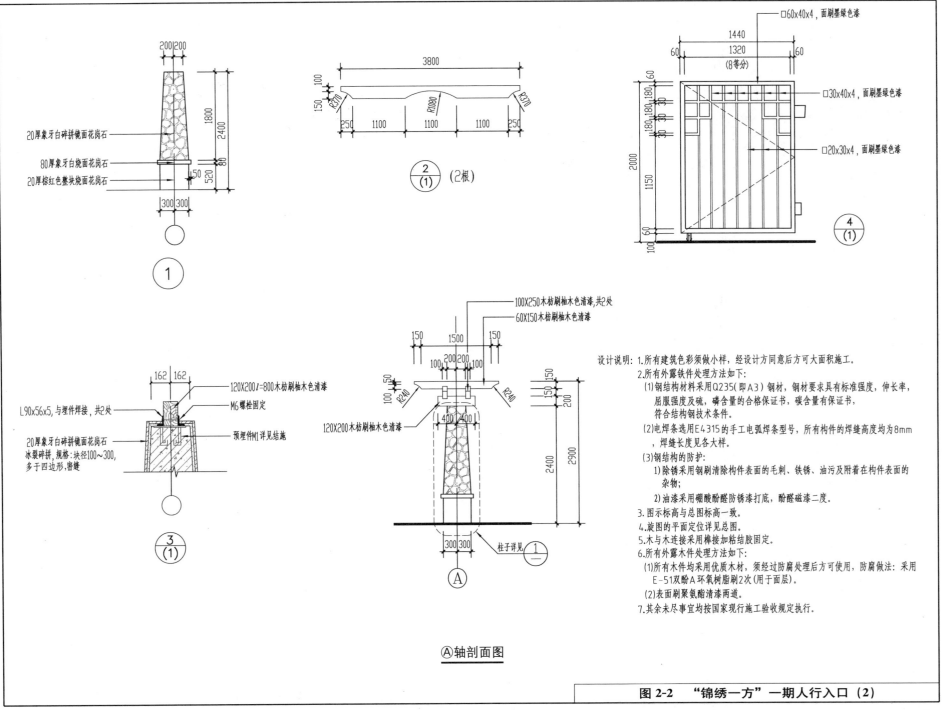

20厚象牙白碎拼镜面花岗石

80厚象牙白烧面花岗石

20厚棕红色整块烧面花岗石

①

②/(1) (2根)

□60x40x4,面刷墨绿色漆

□30x40x4,面刷墨绿色漆

□20x30x4,面刷墨绿色漆

④/(1)

L90x56x5,与埋件焊接,共2处

120X200l=800木枋刷柚木色清漆

M6螺栓固定

预埋件M1详见结施

20厚象牙白碎拼镜面花岗石
冰裂碎拼,规格:块径100~300,
多于四边形,密缝

③/(1)

100X250木枋刷柚木色清漆,共2处

60X150木枋刷柚木色清漆

120X200木枋刷柚木色清漆

柱子详见 ①/—

Ⓐ轴剖面图

设计说明: 1.所有建筑色彩须做小样,经设计方同意后方可大面积施工。
　　2.所有外露铁件处理方法如下:
　　(1)钢结构材料采用Q235(即A3)钢材,钢材要求具有标准强度,伸长率,
　　　屈服强度及硫,磷含量的合格保证书,碳含量有保证书,
　　　符合结构钢技术条件。
　　(2)电焊条选用E4315的手工电弧焊条型号,所有构件的焊缝高度均为8mm
　　　,焊缝长度见各大样。
　　(3)钢结构的防护:
　　　1)除锈采用钢刷清除构件表面的毛刺、铁锈、油污及附着在构件表面的
　　　　杂物;
　　　2)油漆采用硼酸酚醛防锈漆打底,酚醛磁漆二度。
　　3.图示标高与总图标高一致。
　　4.旋图的平面定位详见总图。
　　5.木与木连接采用榫接加粘结胶固定。
　　6.所有外露木件处理方法如下:
　　(1)所有木件均采用优质木材,须经过防腐处理后方可使用,防腐做法:采用
　　　E-51双酚A环氧树脂刷2次(用于面层)。
　　(2)表面刷聚氨酯清漆两道。
　　7.其余未尽事宜均按国家现行施工验收规定执行。

图2-2 "锦绣一方"一期人行入口 (2)

5

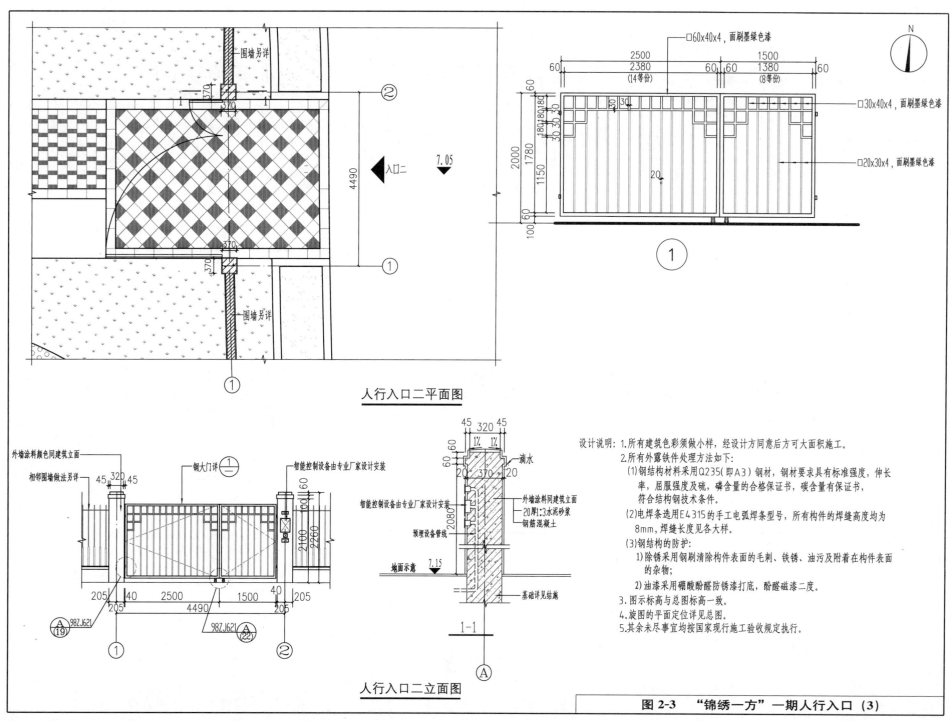

人行入口二平面图

人行入口二立面图

设计说明: 1.所有建筑色彩须做小样,经设计方同意后方可大面积施工。
2.所有外露铁件处理方法如下:
(1)钢结构材料采用Q235(即A3)钢材,钢材要求具有标准强度,伸长率,屈服强度及硫,磷含量的合格保证书,碳含量有保证书,符合结构钢技术条件。
(2)电焊条选用E4315的手工电弧焊条型号,所有构件的焊缝高度均为8mm,焊缝长度见各大样。
(3)钢结构的防护:
1)除锈采用钢刷清除构件表面的毛刺、铁锈、油污及附着在构件表面的杂物;
2)油漆采用硼酸酚醛防锈漆打底,酚醛磁漆二度。
3.图示标高与总图标高一致。
4.旋图的平面定位详见总图。
5.其余未尽事宜均按国家现行施工验收规定执行。

图 2-3 "锦绣一方"一期人行入口 (3)

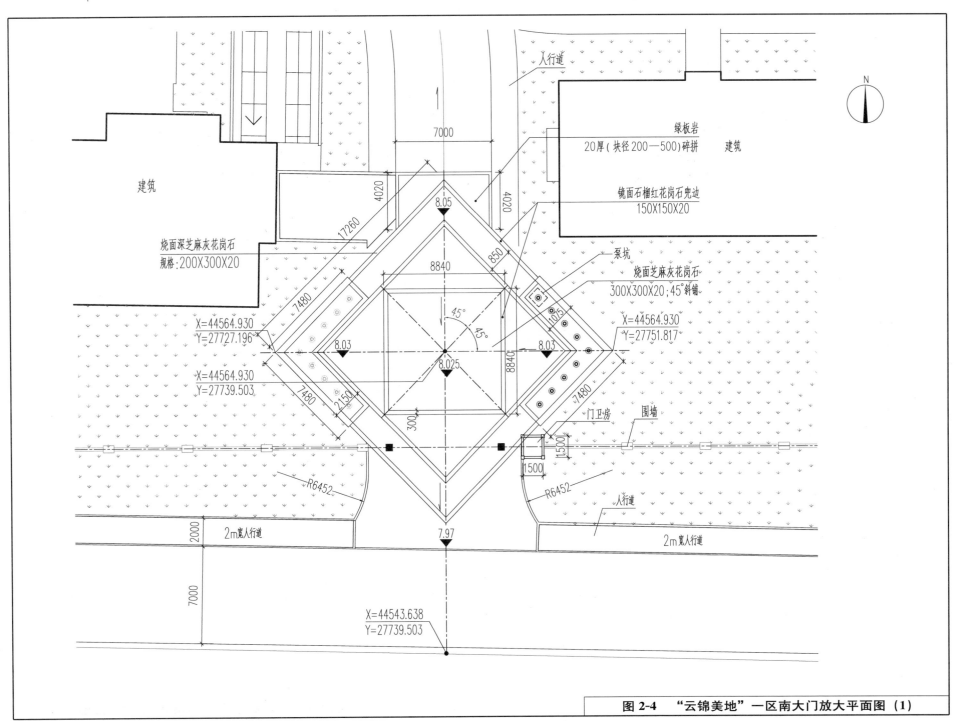

人行道

7000

绿板岩
20厚(块径200—500)碎拼　　建筑

建筑

镜面石榴红花岗石兜边
150X150X20

4020

4020

8.05

17260

850

烧面深芝麻灰花岗石
规格:200X300X20

7480

泵坑

烧面芝麻灰花岗石
300X300X20;45°斜铺

8840

45°

X=44564.930
Y=27727.196

45°

8.03

X=44564.930
Y=27751.817

1015

8.03

8848

X=44564.930
Y=27739.503

7480

8.025

8.03

7480

2150

300

8.025

门卫房

围墙

1500

1500

R6452

R6452

人行道

2000

2m宽人行道

2m宽人行道

7000

7.97

X=44543.638
Y=27739.503

图 2-4　"云锦美地"一区南大门放大平面图（1）

7

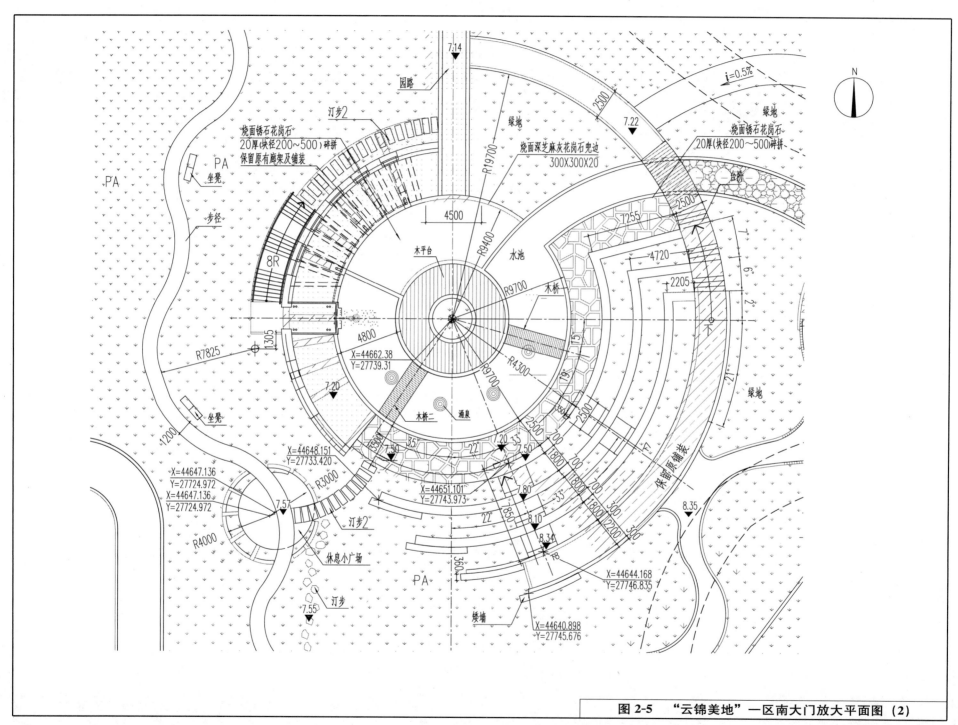

園路

7.14

绿地

i=0.5%

烧面锈石花岗石
20厚(块径200~500)碎拼
保留原有廊架及铺装

烧面深芝麻灰花岗石兜边
300X300X20

绿地

250

7.22

绿地

烧面锈石花岗石
20厚(块径200~500)碎拼

汀步2

台阶

PA

PA

坐凳

2500

2500

步径

R19700

R9400

4500

7255

4720

8R

木平台

水池

2205

R9700

1305

R7825

4800

木桥

X=44662.38
Y=27739.31

R4300

R9700

绿地

7.20

坐凳

4200

木桥二

涌泉

X=44648.151
Y=27733.420

7.50

2500

保留原铺装

X=44647.136
Y=27724.972
X=44647.136
Y=27724.972

7.57

R3000

22°

7.20

7.50

7.80

X=44651.101
Y=27743.973

汀步2

7.85

8.10

8.35

R4000

休息小广场

8.34

8.34

X=44644.168
Y=27746.835

汀步

7.55

PA

矮墙

X=44640.898
Y=27745.676

N

图 2-5　"云锦美地"一区南大门放大平面图（2）

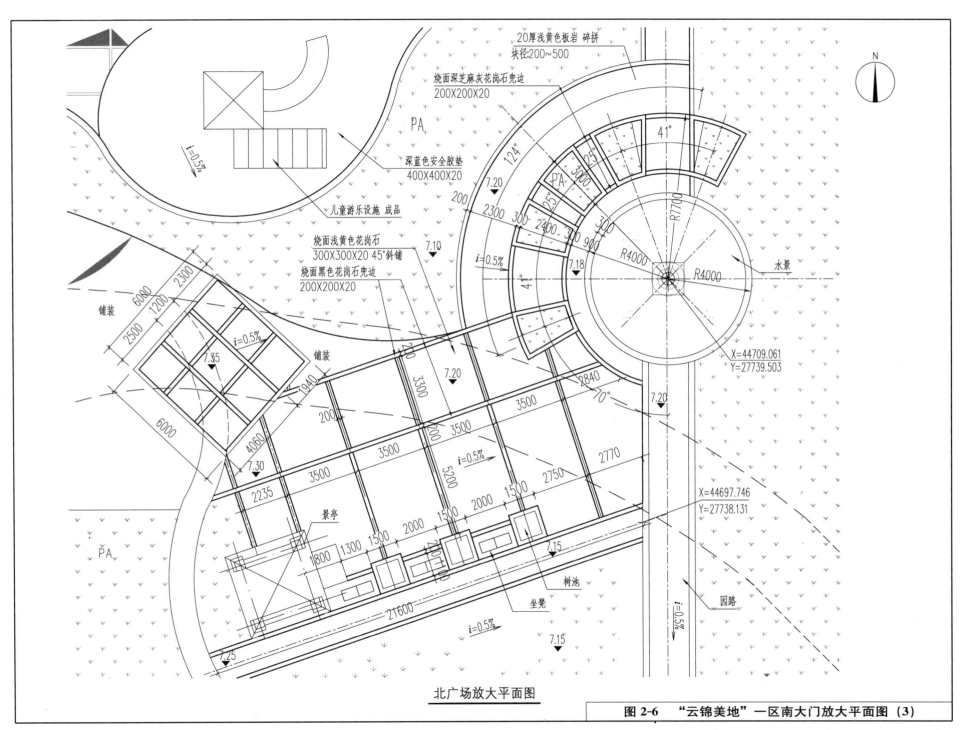

20厚浅黄色板岩 碎拼
块径:200～500

烧面深芝麻灰花岗石兜边
200X200X20

PA

深蓝色安全胶垫
400X400X20

儿童游乐设施 成品

烧面浅黄色花岗石
300X300X20 45°斜铺

烧面黑色花岗石兜边
200X200X20

i=0.5%

124°

41°

25°

PA

3000

25°

300

2300

300 2400 300 900

R7700

R4000

41°

R4000

水景

7.20

7.18

X=44709.061
Y=27739.503

i=0.5%

7.10

7.20

铺装

6000 2300

2500 1200

7.35

i=0.5%

1940

6000

4060

7.30

2235

210

3300

7.20

200

3500

200

3500

5200

3500

2000

3500

1500

3500

2840

70°

2770

2750

7.20

X=44697.746
Y=27738.131

铺装

景亭

1800 1300 1500 2000 1500 200

21600

坐凳

树池

7.15

7.15

园路

i=0.5%

i=0.5%

PA

7.25

北广场放大平面图

图 2-6　"云锦美地"一区南大门放大平面图（3）

9

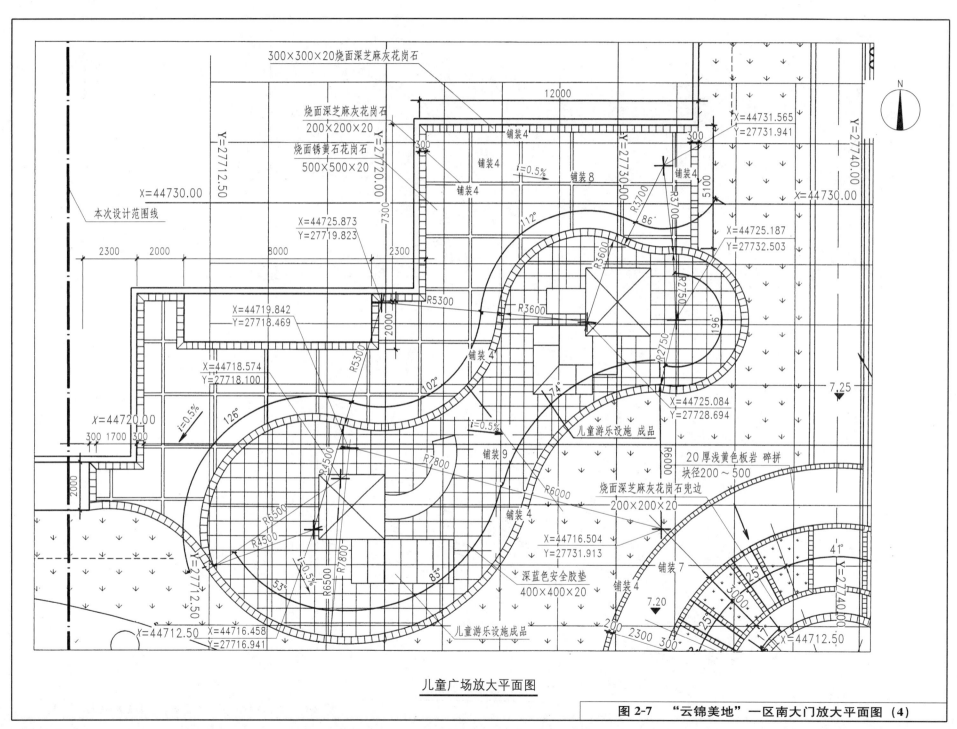

300×300×20烧面深芝麻灰花岗石

烧面深芝麻灰花岗石
200×200×20

烧面锈黄石花岗石
500×500×20

X=44730.00

本次设计范围线

铺装4

铺装4

铺装4

铺装8

铺装4

i=0.5%

12000

X=44731.565
Y=27731.941

300

铺装4

5100

X=44730.00

X=44725.873
Y=27719.823

X=44725.187
Y=27732.503

X=44719.842
Y=27718.469

R5300

R3600

X=44718.574
Y=27718.100

R5300

铺装4

X=44725.084
Y=27728.694

i=0.5%

儿童游乐设施 成品

X=44720.00

i=0.5%

R4500

R7800

铺装9

20厚浅黄色板岩 碎拼
块径200～500

300 1700 300

2000

R6500

R4500

R7800

i=0.5%

烧面深芝麻灰花岗石兜边
200×200×20

R6000

X=44716.504
Y=27731.913

7.25

7.20

深蓝色安全胶垫
400×400×20

铺装7

铺装4

X=44712.50

X=44716.458
Y=27716.941

儿童游乐设施成品

3000

2300 300

41°

X=44712.50

儿童广场放大平面图

图2-7 "云锦美地"一区南大门放大平面图（4）

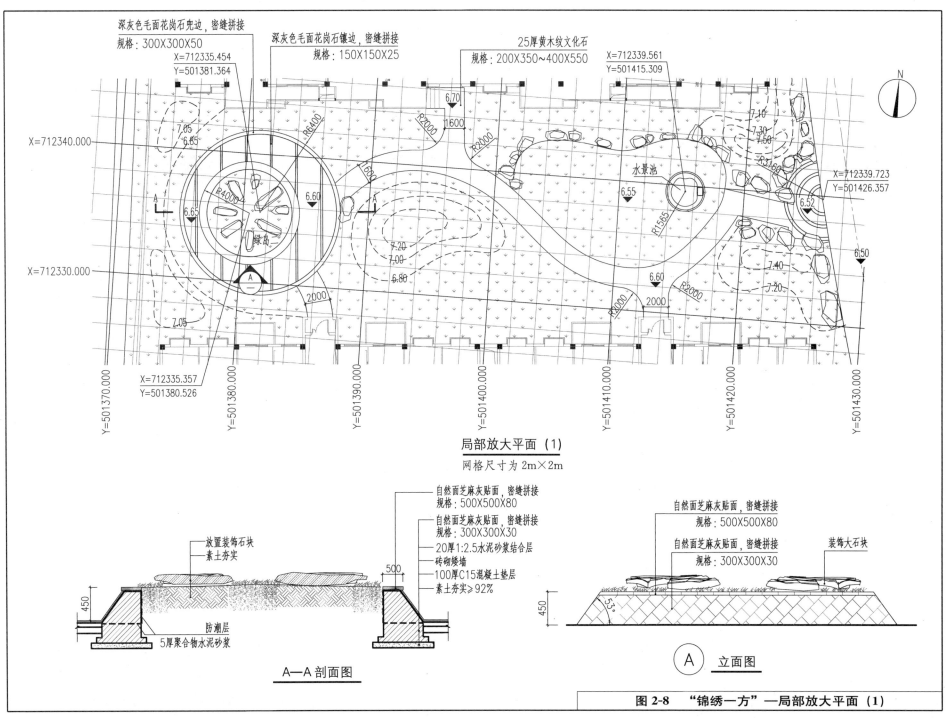

深灰色毛面花岗石兜边，密缝拼接
规格：300X300X50

深灰色毛面花岗石镶边，密缝拼接
规格：150X150X25

25厚黄木纹文化石
规格：200X350~400X550

X=712335.454
Y=501381.364

X=712339.561
Y=501415.309

X=712339.723
Y=501426.357

水景池

绿岛

X=712340.000

X=712330.000

X=712335.357
Y=501380.526

局部放大平面（1）
网格尺寸为 2m×2m

放置装饰石块
素土夯实

防潮层
5厚聚合物水泥砂浆

A—A 剖面图

自然面芝麻灰贴面，密缝拼接
规格：500X500X80

自然面芝麻灰贴面，密缝拼接
规格：300X300X30
20厚1:2.5水泥砂浆结合层
砖砌矮墙
100厚C15混凝土垫层
素土夯实≥92%

自然面芝麻灰贴面，密缝拼接
规格：500X500X80

自然面芝麻灰贴面，密缝拼接
规格：300X300X30

装饰大石块

A 立面图

图2-8 "锦绣一方" —局部放大平面（1）

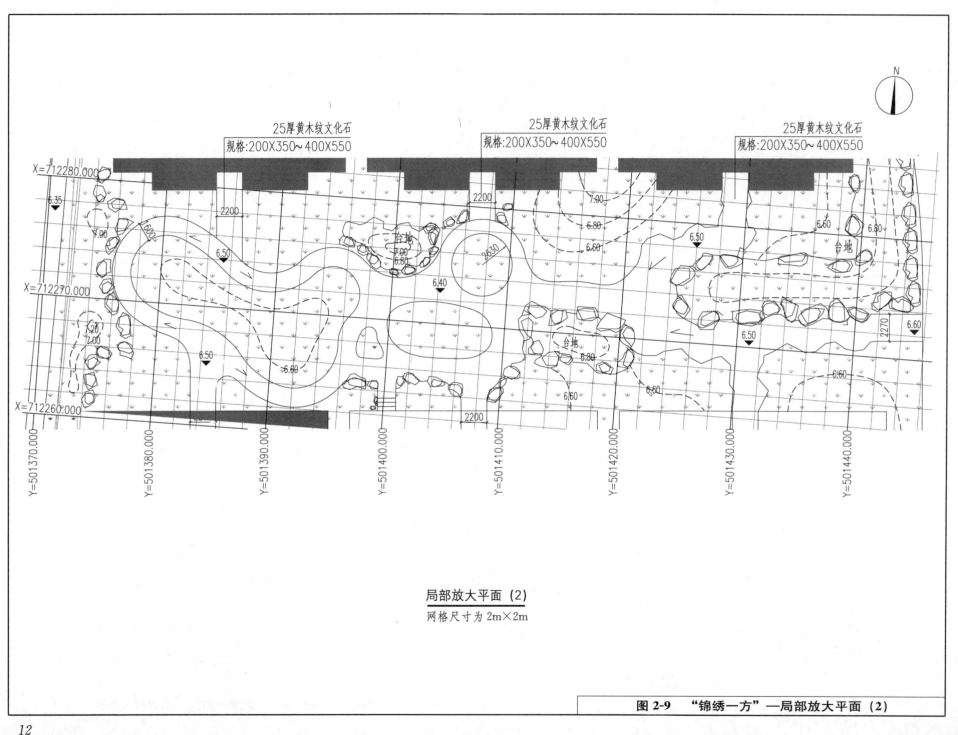

25厚黄木纹文化石
规格:200×350～400×550

25厚黄木纹文化石
规格:200×350～400×550

25厚黄木纹文化石
规格:200×350～400×550

X=712280.000

6.35

7.00

2200

1600

6.50

7.00
6.80

台地
7.00
6.80

2200

7.00

6.80

6.60

6.50

6.60

6.80

台地

6.80

X=712270.000

6.40

2830

6.50

2270

6.60

6.20
7.00

6.50

6.60

台地

6.50

6.80

6.60

6.60

X=712260.000

2200

6.60

6.60

Y=501370.000

Y=501380.000

Y=501390.000

Y=501400.000

Y=501410.000

Y=501420.000

Y=501430.000

Y=501440.000

局部放大平面（2）

网格尺寸为 2m×2m

图 2-9　"锦绣一方"—局部放大平面（2）

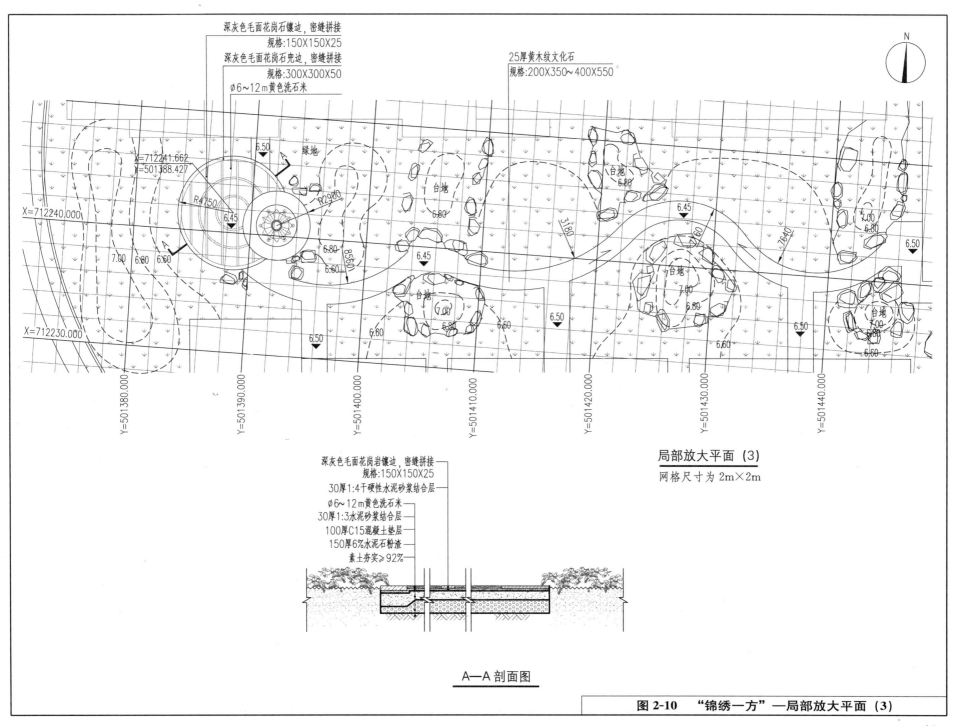

深灰色毛面花岗石镶边，密缝拼接
规格:150X150X25

深灰色毛面花岗石兜边，密缝拼接
规格:300X300X50
∅6~12m黄色洗石米

25厚黄木纹文化石
规格:200X350~400X550

绿地

X=712241.662
=501388.427

X=712240.000

X=712230.000

台地

台地

台地

台地

台地

台地

局部放大平面（3）
网格尺寸为 2m×2m

深灰色毛面花岗岩镶边，密缝拼接
规格:150X150X25
30厚1:4干硬性水泥砂浆结合层
∅6~12m黄色洗石米
30厚1:3水泥砂浆结合层
100厚C15混凝土垫层
150厚6%水泥石粉渣
素土夯实≥92%

A—A 剖面图

图 2-10 "锦绣一方"—局部放大平面（3）

13

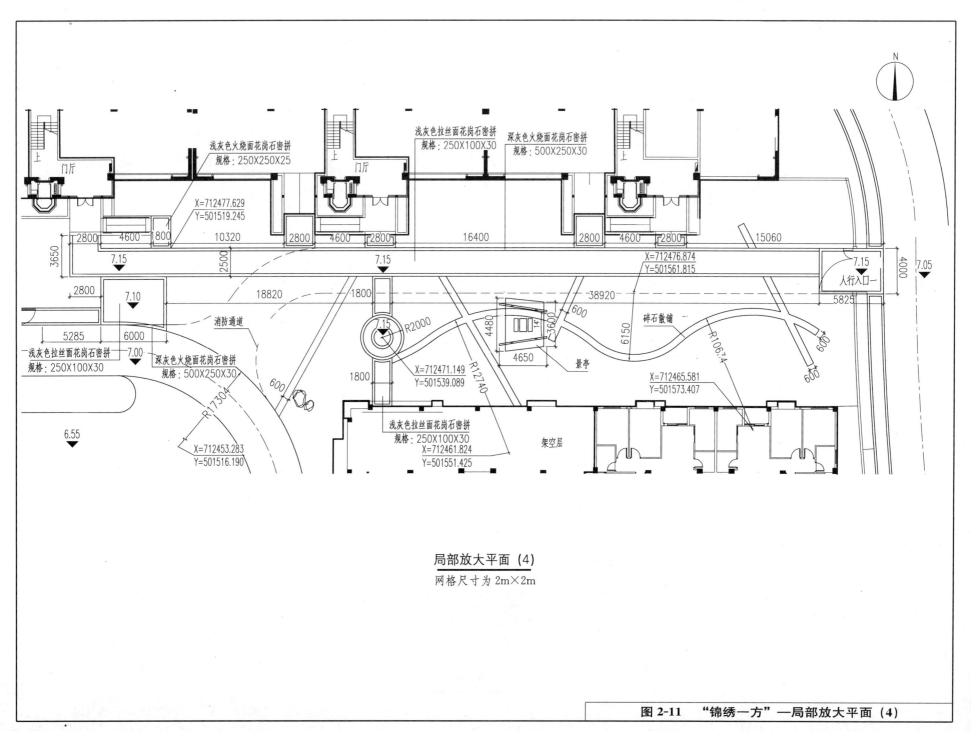

浅灰色火烧面花岗石密拼
规格：250X250X25

浅灰色拉丝面花岗石密拼
规格：250X100X30

深灰色火烧面花岗石密拼
规格：500X250X30

门厅

上

X=712477.629
Y=501519.245

2800 4600 1800 10320 2800 4600 2800 16400 2800 4600 2800 15060

3650 2500 7.15 7.15 X=712476.874 Y=501561.815 7.15 人行入口

4000 7.05

2800 7.10 18820 1800 38920 5825

5285 6000 消防通道 7.15 R2000 4480 14° 600 600 6150 碎石散铺 R1063.4 600

一浅灰色拉丝面花岗石密拼 7.00 4650 景亭 600
规格：250X100X30

深灰色火烧面花岗石密拼
规格：500X250X30 R17304 600 1800 X=712471.149 Y=501539.089 R12740 X=712465.581 Y=501573.407

6.55 X=712453.283 Y=501516.190 浅灰色拉丝面花岗石密拼 架空层
规格：250X100X30
X=712461.824
Y=501551.425

局部放大平面（4）
网格尺寸为 2m×2m

图 2-11 "锦绣一方"—局部放大平面（4）

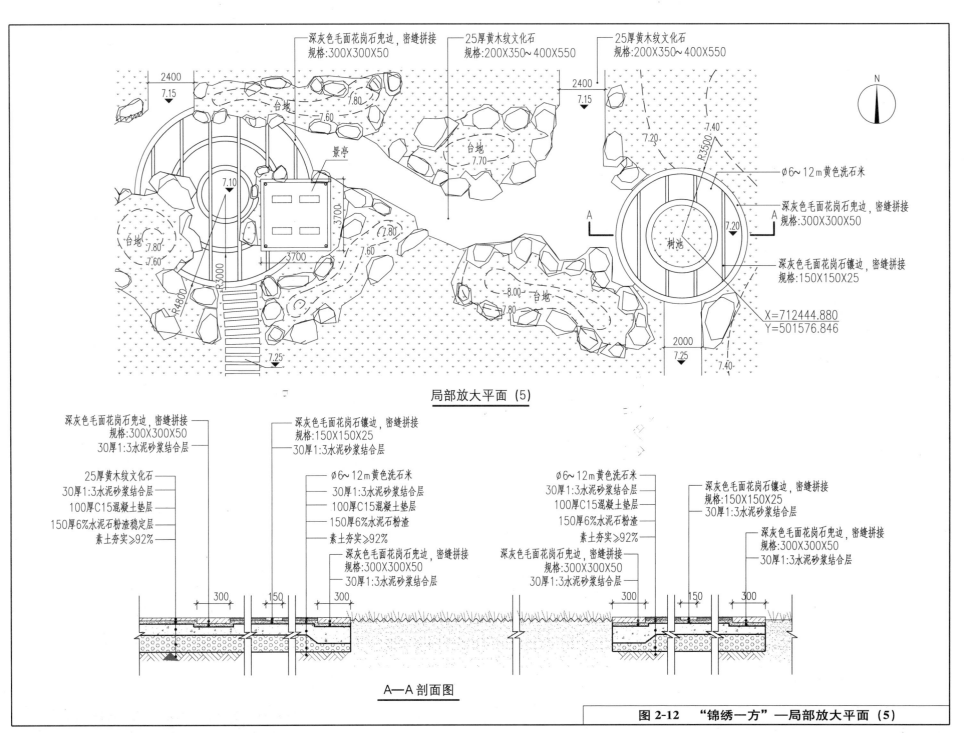

深灰色毛面花岗石兜边，密缝拼接
规格:300X300X50

25厚黄木纹文化石
规格:200X350～400X550

25厚黄木纹文化石
规格:200X350～400X550

N

2400
7.15

7.80
7.60

台地

台地
7.70

景亭

7.20

-7.40

R3500

∅6～12m黄色洗石米

深灰色毛面花岗石兜边，密缝拼接
规格:300X300X50

7.10

A
7.20
A

台地
7.80
7.60

R3000

R4800

7.80

7.60

树池

深灰色毛面花岗石镶边，密缝拼接
规格:150X150X25

3700

3700

8.00 台地
7.80

X=712444.880
Y=501576.846

7.25

2000

7.25

7.40

局部放大平面（5）

深灰色毛面花岗石兜边，密缝拼接
规格:300X300X50
30厚1:3水泥砂浆结合层

深灰色毛面花岗石镶边，密缝拼接
规格:150X150X25
30厚1:3水泥砂浆结合层

深灰色毛面花岗石镶边，密缝拼接
规格:150X150X25

25厚黄木纹文化石
30厚1:3水泥砂浆结合层
100厚C15混凝土垫层
150厚6%水泥石粉渣稳定层
素土夯实≥92%

∅6～12m黄色洗石米
30厚1:3水泥砂浆结合层
100厚C15混凝土垫层
150厚6%水泥石粉渣
素土夯实≥92%

∅6～12m黄色洗石米
30厚1:3水泥砂浆结合层
100厚C15混凝土垫层
150厚6%水泥石粉渣
素土夯实≥92%

深灰色毛面花岗石镶边，密缝拼接
规格:150X150X25
30厚1:3水泥砂浆结合层

深灰色毛面花岗石兜边，密缝拼接
规格:300X300X50
30厚1:3水泥砂浆结合层

深灰色毛面花岗石兜边，密缝拼接
规格:300X300X50
30厚1:3水泥砂浆结合层

深灰色毛面花岗石兜边，密缝拼接
规格:300X300X50
30厚1:3水泥砂浆结合层

300
150
300

300
150
300

A—A 剖面图

图 2-12 "锦绣一方"—局部放大平面（5）

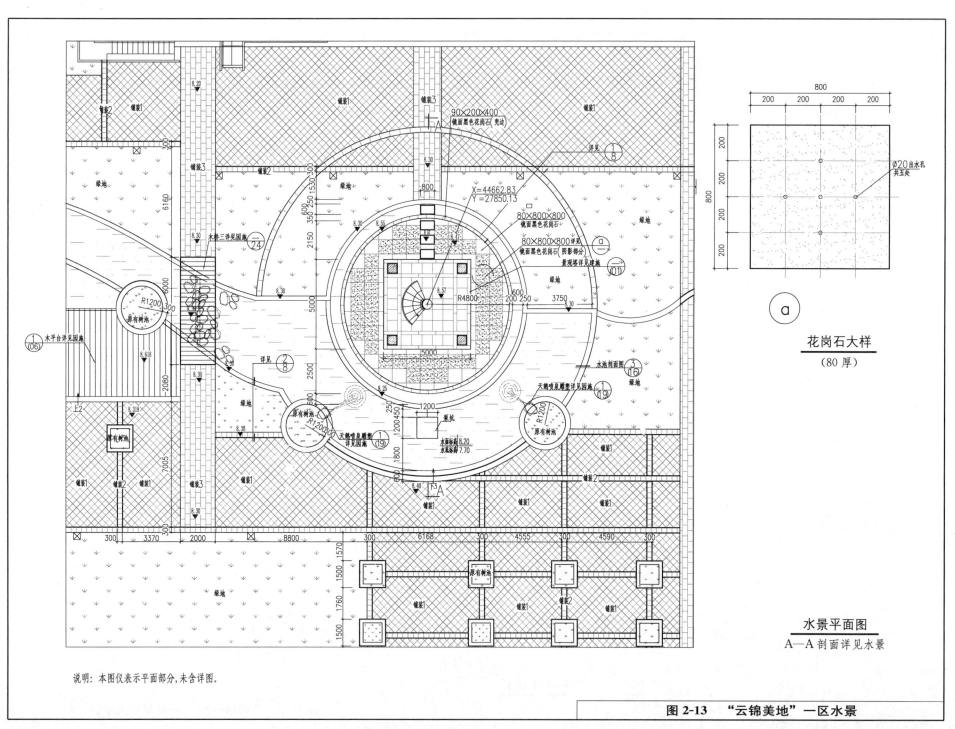

花岗石大样
（80 厚）

水景平面图
A—A 剖面详见水景

说明: 本图仅表示平面部分,未含详图。

图 2-13 "云锦美地" 一区水景

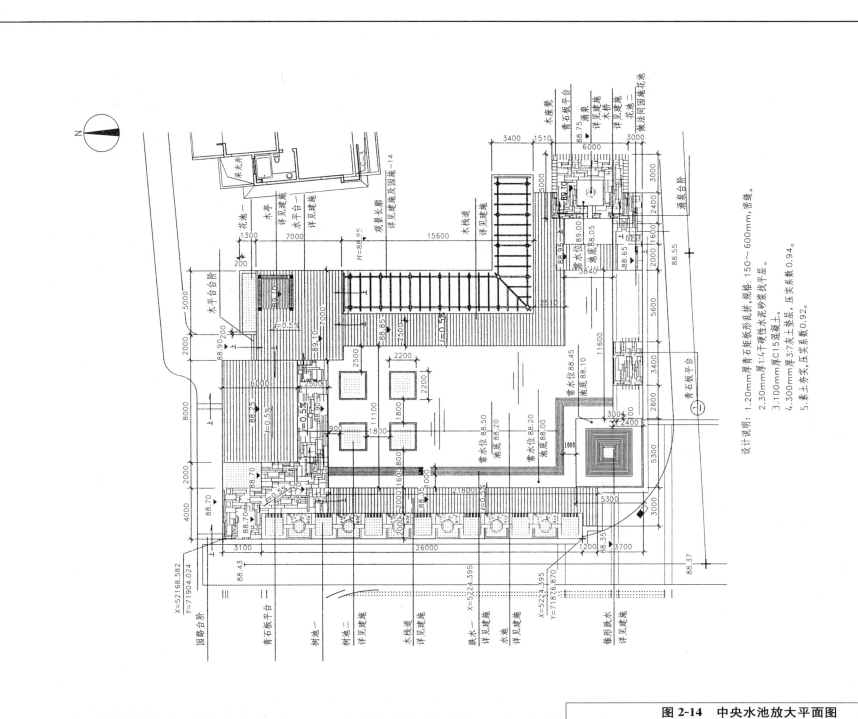

设计说明: 1.20mm厚青石板矩形乱拼,规格: 150～600mm,密缝。

2.30mm厚1:4干硬性水泥砂浆找平层。

3.100mm厚C15混凝土。

4.300mm厚3:7灰土垫层,压实系数0.94。

5.素土夯实,压实系数0.92。

图 2-14　中央水池放大平面图

17

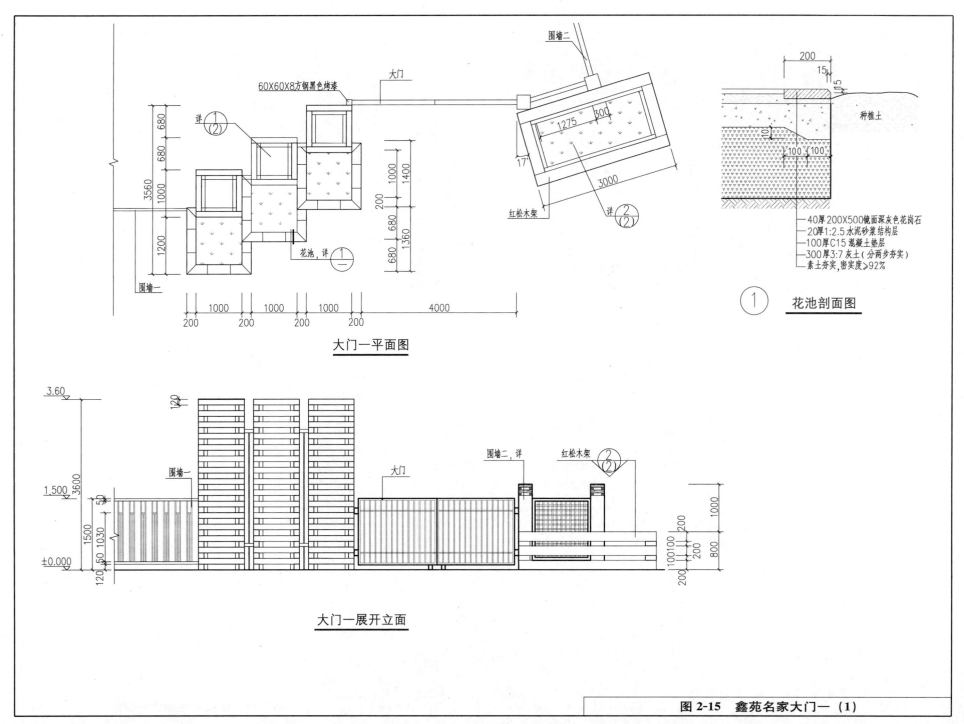

60X60X8方钢黑色烤漆

大门

围墙二

详 ①/②

花池,详 ①/一

围墙一

1275 300

3000

17°

红松木架

详 ②/②

200

15

15

种植土

10

100 100

40厚200X500镜面深灰色花岗石
20厚1:2.5水泥砂浆结构层
100厚C15混凝土垫层
300厚3:7灰土（分两步夯实）
素土夯实,密实度≥92%

① 花池剖面图

3560
680
680
1000
1200

1400
1000
200
680
680
1360

1000 1000 1000 4000
200 200 200 200

大门一平面图

3.60
120
3600
1.500
1500
50
1030
50
120

围墙一

大门

围墙二,详

红松木架

②/②

1000
100 100
200
200
800
200

±0.000

大门一展开立面

图 2-15 鑫苑名家大门一 （1）

18

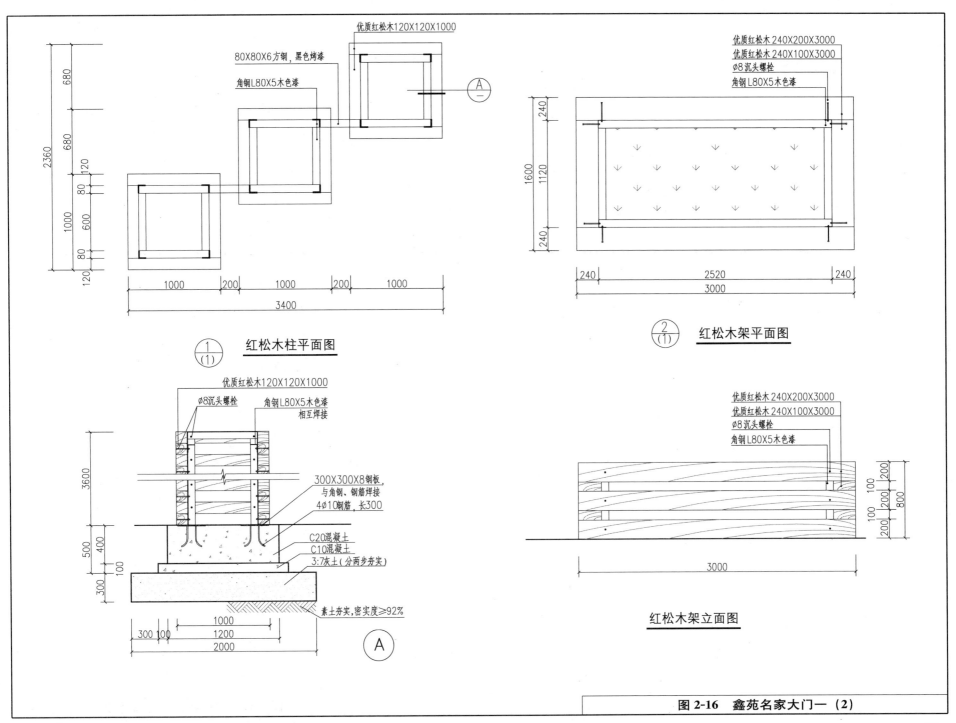

优质红松木120X120X1000

80X80X6方钢，黑色烤漆

角钢L80X5木色漆

优质红松木 240X200X3000
优质红松木 240X100X3000
Ø8沉头螺栓
角钢L80X5木色漆

680
680
2360
120
80
1000
600
80
120

1000 200 1000 200 1000
3400

240
1600
1120
240

240 2520 240
3000

①(1) 红松木柱平面图

②(1) 红松木架平面图

优质红松木120X120X1000
Ø8沉头螺栓
角钢L80X5木色漆 相互焊接
300X300X8钢板，
与角钢、钢筋焊接
4Ø10钢筋，长300
C20混凝土
C10混凝土
3:7灰土(分两步夯实)
素土夯实，密实度≥92%

3600
500 400
300 100

300 100
1000
1200
2000

Ⓐ

优质红松木 240X200X3000
优质红松木 240X100X3000
Ø8沉头螺栓
角钢L80X5木色漆

200
100
100 200 800
200

3000

红松木架立面图

图2-16 鑫苑名家大门一（2）

19

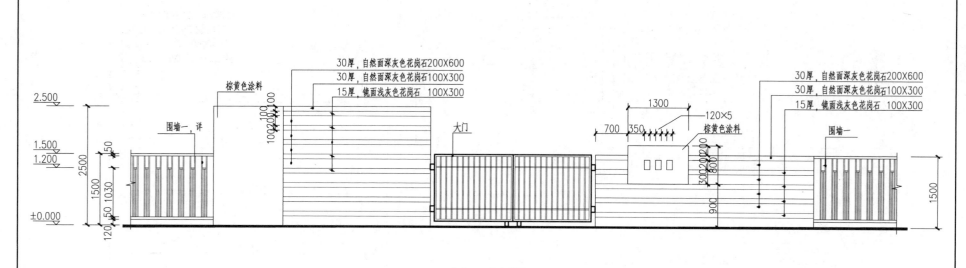

30厚，自然面深灰色花岗石200X600
30厚，自然面深灰色花岗石100X300
15厚，镜面浅灰色花岗石 100X300

棕黄色涂料

围墙一，详

大门

120×5

棕黄色涂料

30厚，自然面深灰色花岗石200X600
30厚，自然面深灰色花岗石100X300
15厚，镜面浅灰色花岗石 100X300

围墙一

2.500
1.500
1.200
±0.000

2500
1500
1030
120

1300
700 350

1500

大门二立面图

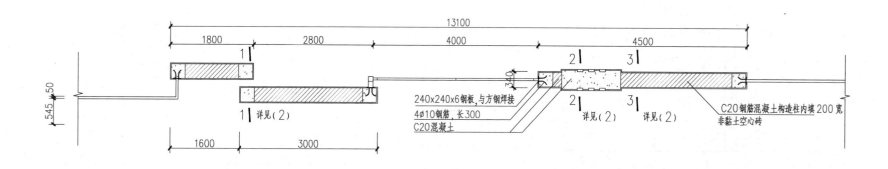

13100

1800   2800   4000   4500

1

2   3

545
50

1 详见（2）

240x240x6钢板，与方钢焊接
4φ10钢筋，长300
C20混凝土

2

2 详见（2）

3

3 详见（2）

C20钢筋混凝土构造柱内填200宽
非黏土空心砖

1600   3000

大门二平面图

图 2-17   鑫苑名家大门二 （1）

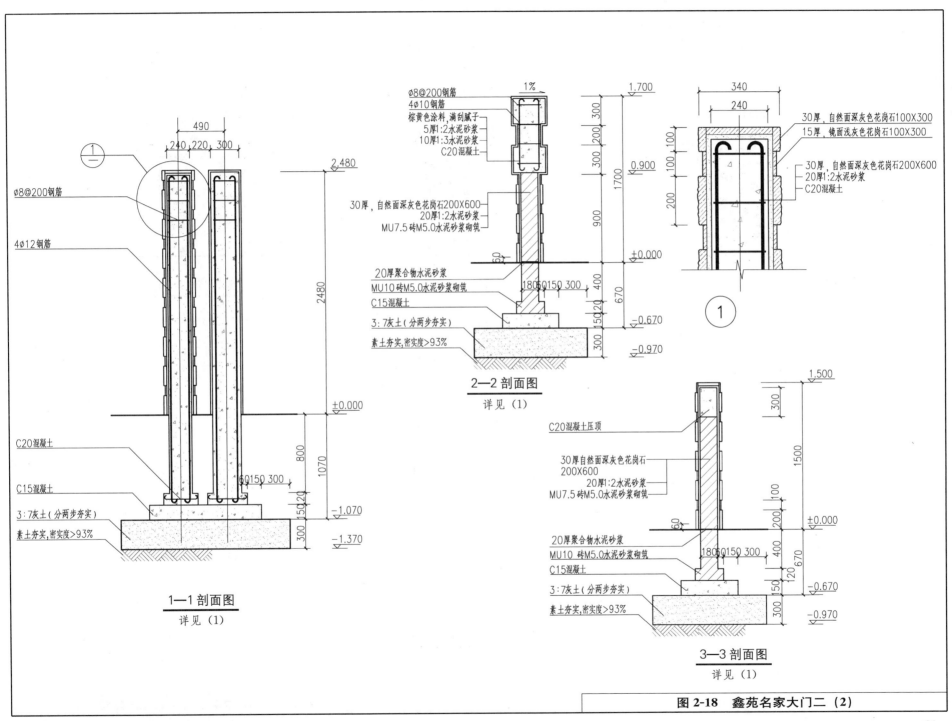

Ø8@200钢筋
4Ø10钢筋
棕黄色涂料,满刮腻子
5厚1:2水泥砂浆
10厚1:3水泥砂浆
C20混凝土

30厚,自然面深灰色花岗石200X600
20厚1:2水泥砂浆
MU7.5砖M5.0水泥砂浆砌筑

20厚聚合物水泥砂浆
MU10砖M5.0水泥砂浆砌筑
C15混凝土
3:7灰土(分两步夯实)
素土夯实,密实度>93%

2—2 剖面图
详见(1)

30厚,自然面深灰色花岗石100X300
15厚,镜面浅灰色花岗石100X300
30厚,自然面深灰色花岗石200X600
20厚1:2水泥砂浆
C20混凝土

①

Ø8@200钢筋
4Ø12钢筋

C20混凝土
C15混凝土
3:7灰土(分两步夯实)
素土夯实,密实度>93%

1—1 剖面图
详见(1)

C20混凝土压顶
30厚自然面深灰色花岗石200X600
20厚1:2水泥砂浆
MU7.5砖M5.0水泥砂浆砌筑
20厚聚合物水泥砂浆
MU10 砖M5.0水泥砂浆砌筑
C15混凝土
3:7灰土(分两步夯实)
素土夯实,密实度>93%

3—3 剖面图
详见(1)

图 2-18 鑫苑名家大门二 (2)

21

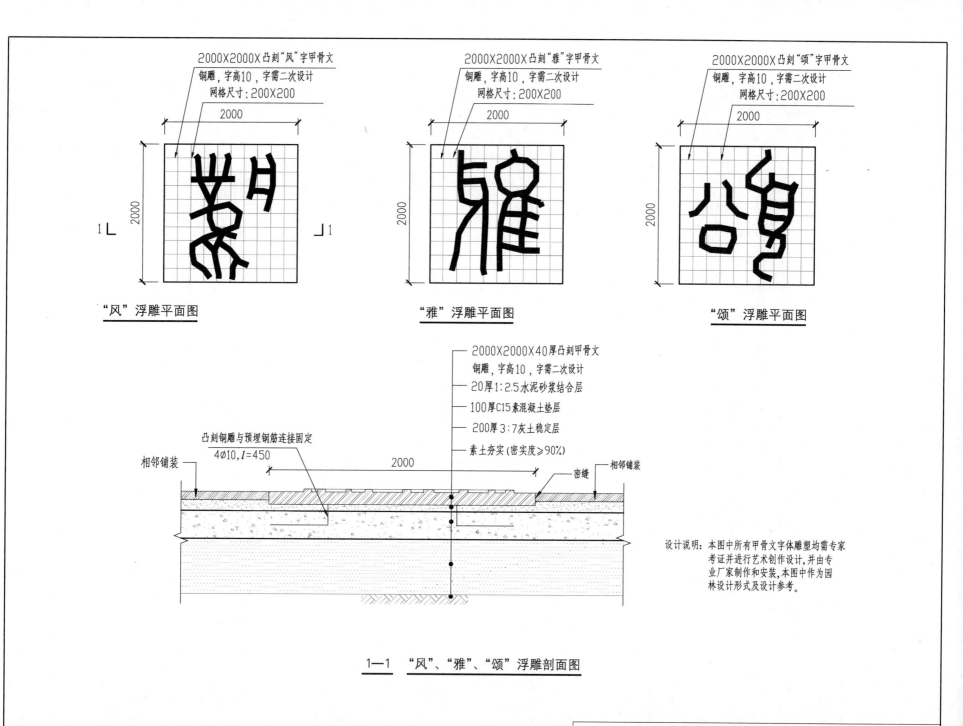

2000X2000X凸刻"风"字甲骨文
铜雕，字高10，字需二次设计
网格尺寸：200X200

2000

2000

"风"浮雕平面图

2000X2000X凸刻"雅"字甲骨文
铜雕，字高10，字需二次设计
网格尺寸：200X200

2000

2000

"雅"浮雕平面图

2000X2000X凸刻"颂"字甲骨文
铜雕，字高10，字需二次设计
网格尺寸：200X200

2000

2000

"颂"浮雕平面图

2000X2000X40厚凸刻甲骨文
铜雕，字高10，字需二次设计
20厚1:2.5水泥砂浆结合层
100厚C15素混凝土垫层
200厚3:7灰土稳定层
素土夯实(密实度≥90%)

凸刻铜雕与预埋钢筋连接固定
4φ10,*l*=450

相邻铺装

2000

密缝

相邻铺装

设计说明：本图中所有甲骨文字体雕塑均需专家
考证并进行艺术创作设计，并由专
业厂家制作和安装，本图中作为园
林设计形式及设计参考。

1—1 "风"、"雅"、"颂"浮雕剖面图

图2-19 中心文化公园甲骨文园雕塑（1）

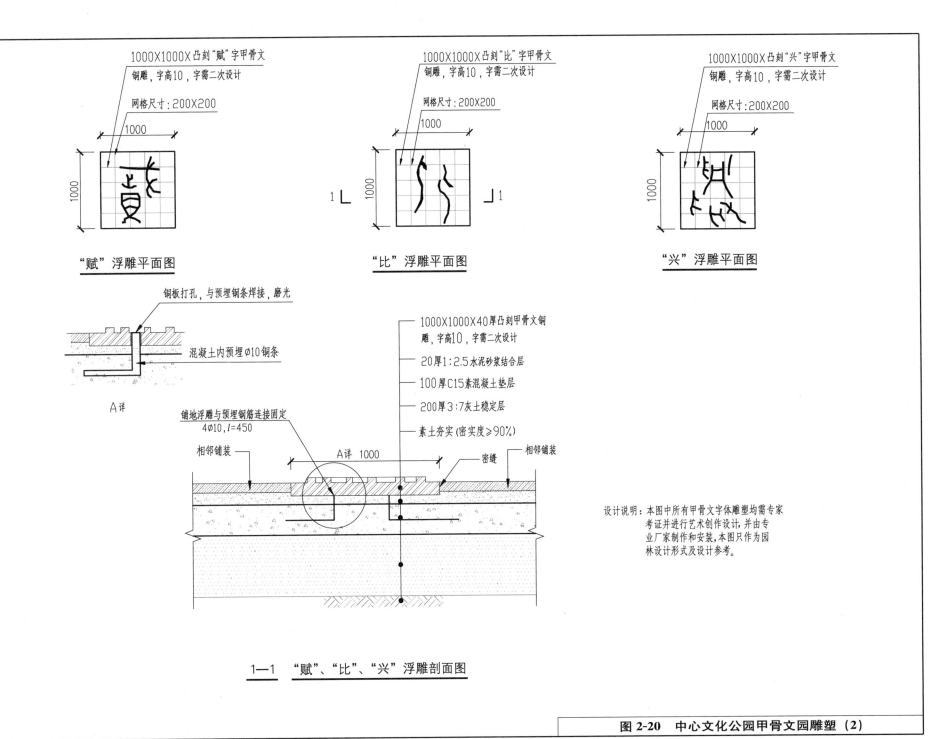

1000X1000X凸刻"赋"字甲骨文
铜雕,字高10,字需二次设计

网格尺寸:200X200

1000

1000

"赋"浮雕平面图

1000X1000X凸刻"比"字甲骨文
铜雕,字高10,字需二次设计

网格尺寸:200X200

1000

1000

"比"浮雕平面图

1000X1000X凸刻"兴"字甲骨文
铜雕,字高10,字需二次设计

网格尺寸:200X200

1000

1000

"兴"浮雕平面图

铜板打孔,与预埋钢条焊接,磨光

混凝土内预埋Ø10铜条

A详

铺地浮雕与预埋钢筋连接固定
4Ø10,l=450

相邻铺装

A详 1000

密缝

相邻铺装

1000X1000X40厚凸刻甲骨文铜
雕,字高10,字需二次设计

20厚1:2.5水泥砂浆结合层

100厚C15素混凝土垫层

200厚3:7灰土稳定层

素土夯实(密实度≥90%)

设计说明:本图中所有甲骨文字体雕塑均需专家
考证并进行艺术创作设计,并由专
业厂家制作和安装,本图只作为园
林设计形式及设计参考。

1—1 "赋"、"比"、"兴"浮雕剖面图

图2-20 中心文化公园甲骨文园雕塑(2)

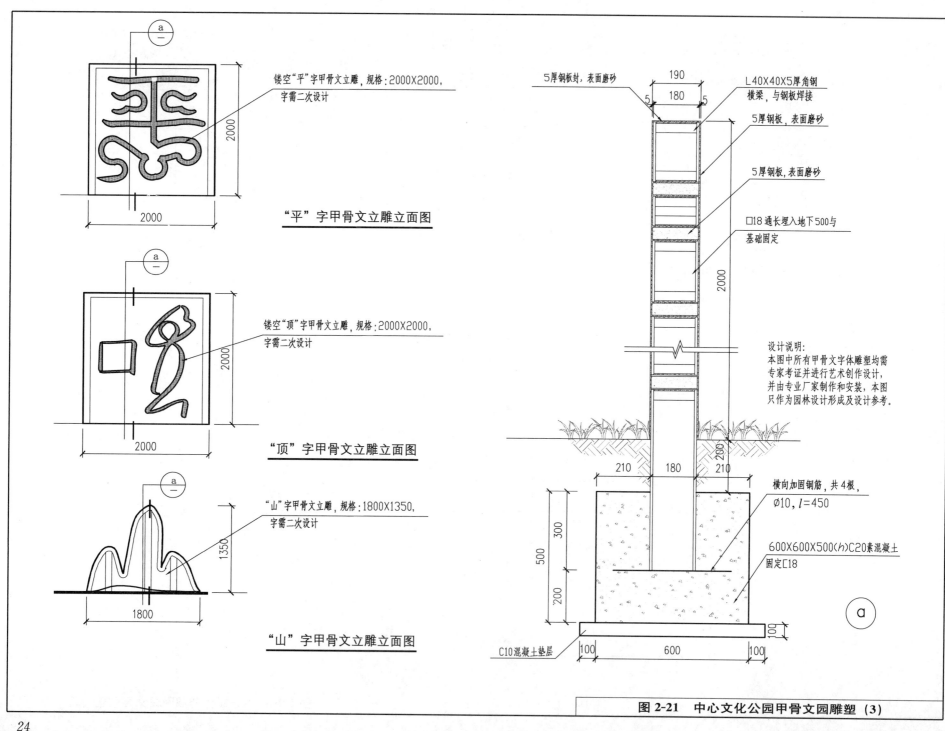

镂空"平"字甲骨文立雕,规格:2000X2000,字需二次设计

2000

2000

"平"字甲骨文立雕立面图

镂空"顶"字甲骨文立雕,规格:2000X2000,字需二次设计

2000

2000

"顶"字甲骨文立雕立面图

"山"字甲骨文立雕,规格:1800X1350,字需二次设计

1350

1800

"山"字甲骨文立雕立面图

5厚钢板封,表面磨砂

190

180

5   5

L40X40X5厚角钢横梁,与钢板焊接

5厚钢板,表面磨砂

5厚钢板,表面磨砂

□18通长埋入地下500与基础固定

2000

设计说明:
本图中所有甲骨文字体雕塑均需专家考证并进行艺术创作设计,并由专业厂家制作和安装,本图只作为园林设计形成及设计参考。

210   180   210

300

500

200

横向加固钢筋,共4根,Ø10, l=450

600X600X500(h)C20素混凝土固定□18

C10混凝土垫层   100   600   100

100

ⓐ

图2-21 中心文化公园甲骨文园雕塑(3)

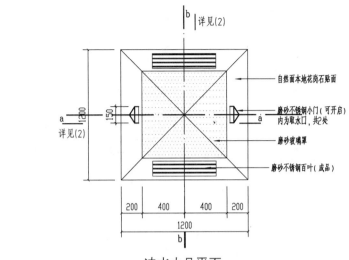

自然面本地花岗石贴面

磨砂不锈钢小门（可开启）
内为取水口，共2处

磨砂玻璃罩

磨砂不锈钢百叶（成品）

冲水小品平面

剖面见冲水小品图（2）

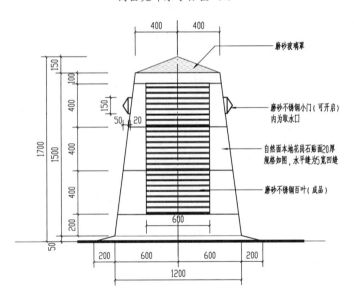

磨砂玻璃罩

磨砂不锈钢小门（可开启）
内为取水口

自然面本地花岗石贴面20厚
规格如图，水平缝为5宽凹缝

磨砂不锈钢百叶（成品）

冲水小品正立面

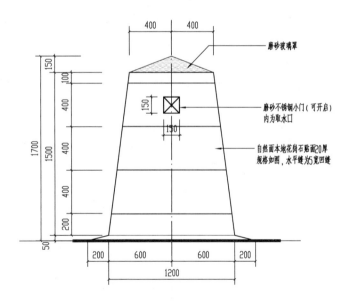

磨砂玻璃罩

磨砂不锈钢小门（可开启）
内为取水口

自然面本地花岗石贴面20厚
规格如图，水平缝为5宽凹缝

冲水小品侧立面

图 2-22　帆赛基地冲水小品（1）

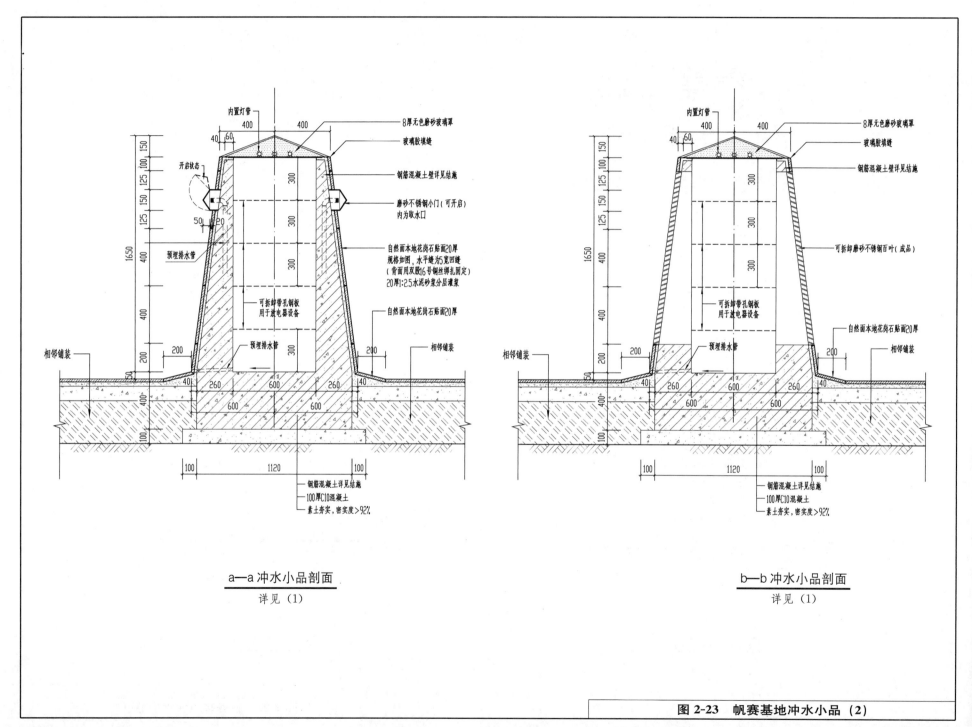

内置灯管

8厚无色磨砂玻璃罩

玻璃胶填缝

钢筋混凝土壁详见结施

磨砂不锈钢小门（可开启）
内为取水口

开启状态

预埋排水管

自然面本地花岗石贴面20厚
规格如图，水平缝为5宽凹缝
（背面用双股16号钢丝绑扎固定）
20厚1:2.5水泥砂浆分层灌浆

可拆卸带孔钢板
用于放电器设备

自然面本地花岗石贴面20厚

相邻铺装

预埋排水管

相邻铺装

钢筋混凝土详见结施
100厚C10混凝土
素土夯实，密实度>92%

a—a 冲水小品剖面
详见（1）

内置灯管

8厚无色磨砂玻璃罩

玻璃胶填缝

钢筋混凝土壁详见结施

可拆卸磨砂不锈钢百叶（成品）

可拆卸带孔钢板
用于放电器设备

自然面本地花岗石贴面20厚

相邻铺装

预埋排水管

相邻铺装

钢筋混凝土详见结施
100厚C10混凝土
素土夯实，密实度>92%

b—b 冲水小品剖面
详见（1）

图 2-23　帆赛基地冲水小品（2）

26

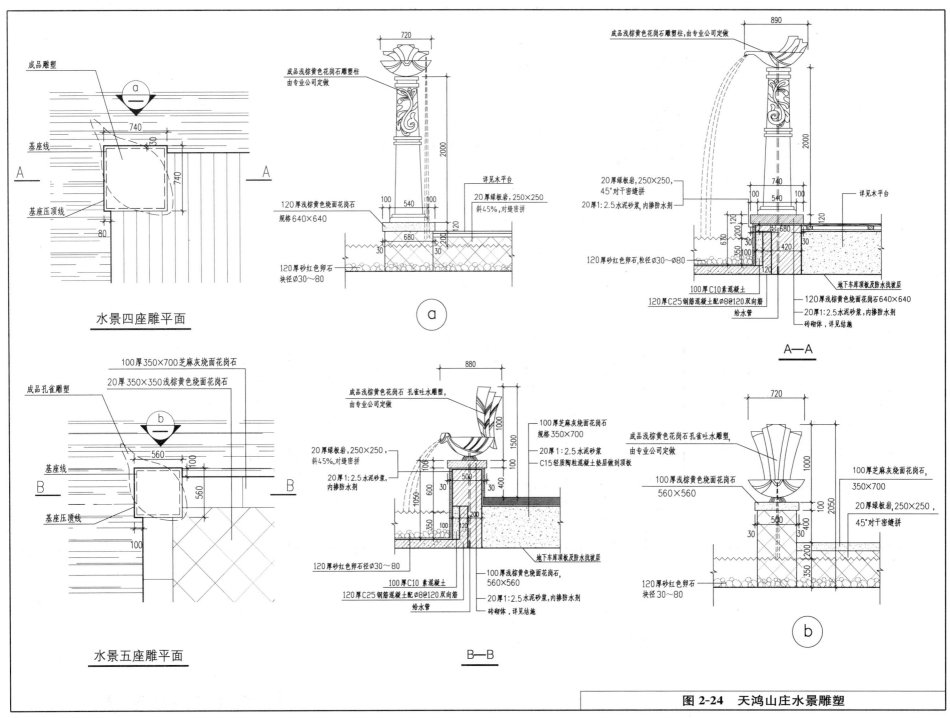

成品雕塑

基座线

基座压顶线

740

740

730

80

水景四座雕平面

成品浅棕黄色花岗石雕塑柱
由专业公司定做

720

2000

详见木平台

120厚浅棕黄色烧面花岗石
规格640×640

20厚绿板岩，250×250
斜45%，对缝密拼

120

100 540 100

680

30   200

30

120厚砂红色卵石
块径∅30～80

a

成品浅棕黄色花岗石雕塑柱，由专业公司定做

890

2000

20厚绿板岩，250×250，
45°对干密拼
20厚1:2.5水泥砂浆，内掺防水剂

740

100 540 100

120   630

120   200   680

350   100

420

120

详见木平台

120厚砂红色卵石，粒径∅30～∅80

100厚C10素混凝土

120厚C25钢筋混凝土配∅8@120双向筋

给水管

地下车库顶板及防水找坡层

120厚浅棕黄色烧面花岗石640×640
20厚1:2.5水泥砂浆，内掺防水剂
砖砌体，详见结施

A—A

100厚350×700芝麻灰烧面花岗石

20厚350×350浅棕黄色烧面花岗石

成品孔雀雕塑

基座线

基座压顶线

560

560

100

100

水景五座雕平面

成品浅棕黄色花岗石 孔雀吐水雕塑，
由专业公司定做

880

1000

1500

20厚绿板岩，250×250，
斜45%，对缝密拼
20厚1:2.5水泥砂浆，
内掺防水剂

100 500 100

100

1050   600

350   100

200

400

30   30

100厚芝麻灰烧面花岗石
规格350×700
20厚1:2.5水泥砂浆
C15轻质陶粒混凝土垫层做到顶板

120厚砂红色卵石径∅30～80

100厚C10 素混凝土

120厚C25钢筋混凝土配∅8@120双向筋

给水管

100厚浅棕黄色烧面花岗石，
560×560
20厚1:2.5水泥砂浆，内掺防水剂
砖砌体，详见结施

地下车库顶板及防水找坡层

B—B

成品浅棕黄色花岗石孔雀吐水雕塑，
由专业公司定做

720

1000

2050

100厚浅棕黄色烧面花岗石
560×560

500

30   400   30

350   200

100厚芝麻灰烧面花岗石，
350×700

20厚绿板岩，250×250，
45°对干密拼

120厚砂红色卵石
块径30～80

b

图2-24　天鸿山庄水景雕塑

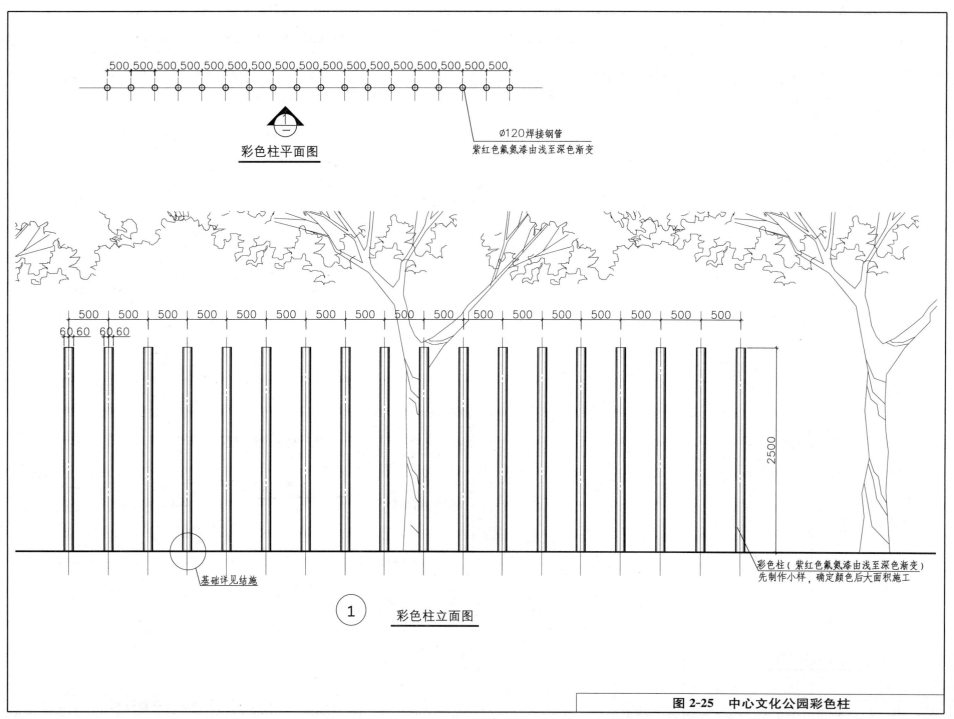

彩色柱平面图

Ø120焊接钢管
紫红色氟氮漆由浅至深色渐变

彩色柱立面图

2500

基础详见结施

彩色柱 (紫红色氟氮漆由浅至深色渐变)
先制作小样，确定颜色后大面积施工

图2-25 中心文化公园彩色柱

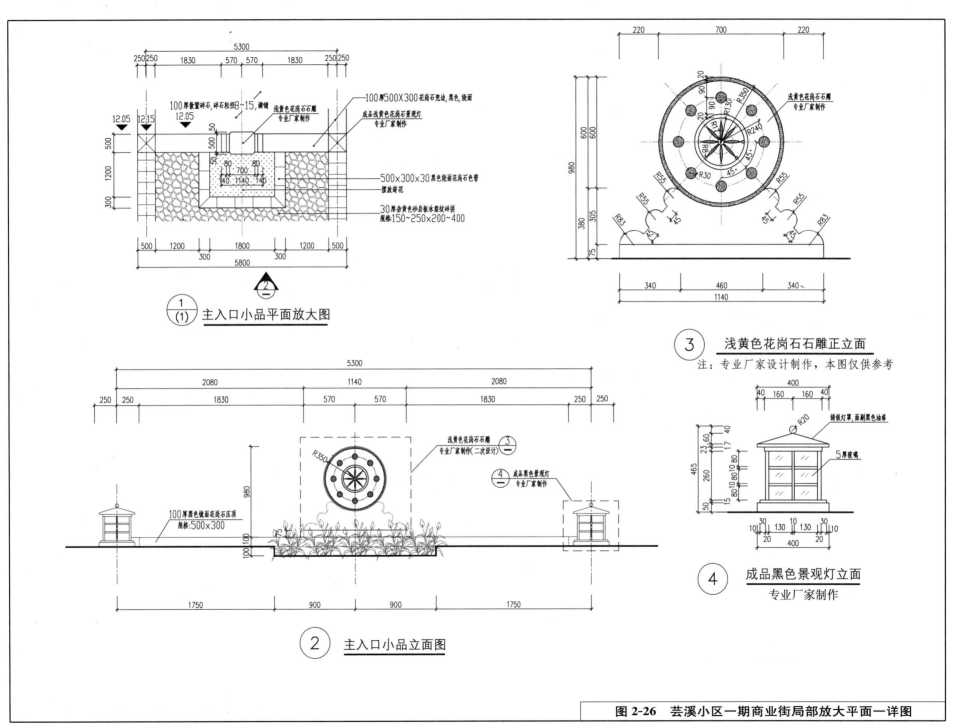

100厚散置砕石,砕石粒径8~15,灌铺
浅黄色花岗石石雕 专业厂家制作

100厚500×300花岗石兜边,黑色,烧面
成品浅黄色花岗石景观灯 专业厂家制作

500×300×30黑色烧面花岗石色带
摆放荷花
30厚杂黄色砂岩板冰裂纹碎拼 规格:150~250×200~400

① (1) 主入口小品平面放大图

浅黄色花岗石石雕 专业厂家制作

③ 浅黄色花岗石石雕正立面
注:专业厂家设计制作,本图仅供参考

浅黄色花岗石石雕 专业厂家制作(二次设计)

④ 成品黑色景观灯 专业厂家制作

100厚黑色镜面花岗石压顶 规格:500×300

铸铁灯罩,面刷黑色油漆
5厚玻璃

② 主入口小品立面图

④ 成品黑色景观灯立面
专业厂家制作

图2-26 芸溪小区一期商业街局部放大平面一详图

29

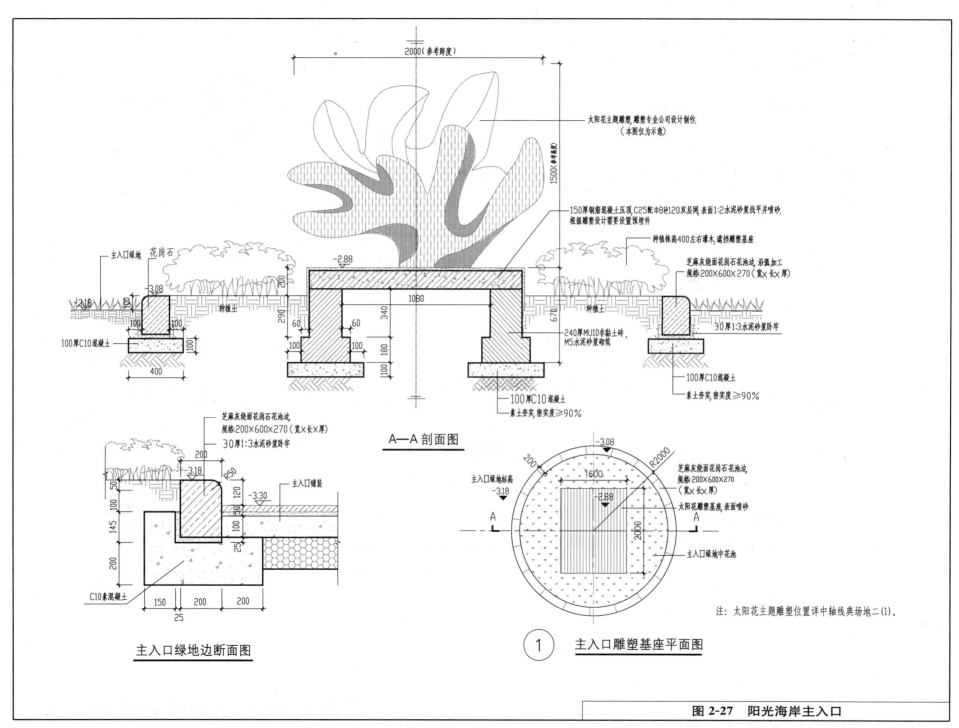

2000(参考跨度)

1500(参考高度)

太阳花主题雕塑,雕塑专业公司设计制作。
(本图仅为示意)

150厚钢筋混凝土压顶,C25配Φ8@120双层网,表面1:2水泥砂浆找平并喷砂,
根据雕塑设计需要设置预埋件

种植株高400左右灌木,遮挡雕塑基座

芝麻灰烧面花岗石花池边,沿弧加工
规格:200×600×270(宽×长×厚)

30厚1:3水泥砂浆卧牢

240厚MU10非黏土砖,
M5水泥砂浆砌筑

100厚C10混凝土

素土夯实,密实度≥90%

主入口绿地　花岗石

-2.88

-3.08

-2.18

种植土

100厚C10混凝土

种植土

100

100

200

290

60

60

340

1080

670

100

180

400

100

100

100厚C10混凝土

素土夯实,密实度≥90%

A—A 剖面图

芝麻灰烧面花岗石花池边
规格:200×600×270(宽×长×厚)

30厚1:3水泥砂浆卧牢

-3.18

R50

-3.30

120

-2.88

主入口铺装

主入口绿地标高
-3.18

R2000

200

1600

2000

主入口绿地中花池

太阳花雕塑基座,表面喷砂

芝麻灰烧面花岗石花池边
规格:200×600×270
(宽×长×厚)

50

100

145

200

50

100

50

25

100

C10素混凝土

150

200

200

25

主入口绿地边断面图

A

A

①　**主入口雕塑基座平面图**

注:太阳花主题雕塑位置详中轴线典场地二(1)。

图 2-27　阳光海岸主入口

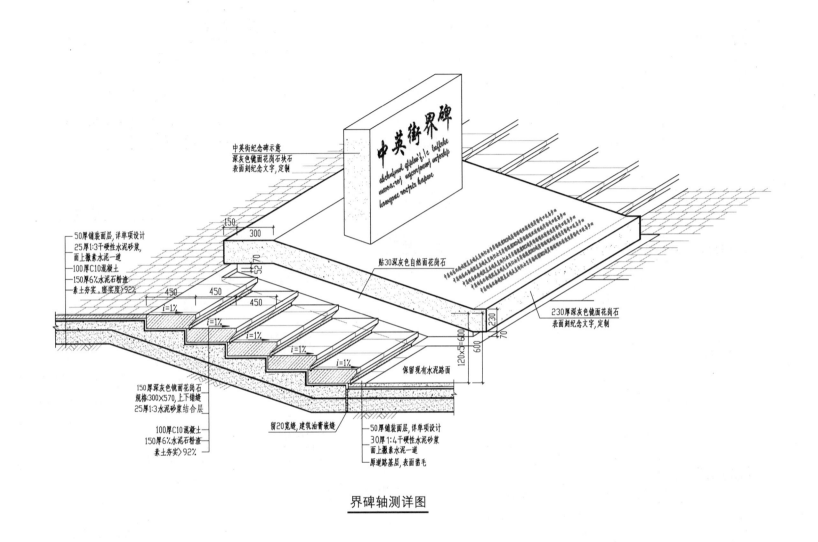

中英街纪念碑示意
深灰色镜面花岗石块石
表面刻纪念文字,定制

50厚铺装面层,详单项设计
25厚1:3干硬性水泥砂浆,
面上撒素水泥一道
100厚C10混凝土
150厚6%水泥石粉渣
素土夯实,密实度≥92%

150
300

52570

450
450
450

i=1%
i=1%
i=1%
i=1%
i=1%

150厚深灰色镜面花岗石
规格:300×570,上下错缝
25厚1:3水泥砂浆结合层

100厚C10混凝土
150厚6%水泥石粉渣
素土夯实≥92%

留20宽缝,建筑油膏嵌缝

保留现有水泥路面

贴30深灰色自然面花岗石

230厚深灰色镜面花岗石
表面刻纪念文字,定制

230
70
600
120×5=600

50厚铺装面层,详单项设计
30厚1:4干硬性水泥砂浆
面上撒素水泥一道
原道路基层,表面凿毛

界碑轴测详图

图 2-28　古井广场界碑轴测详图

31

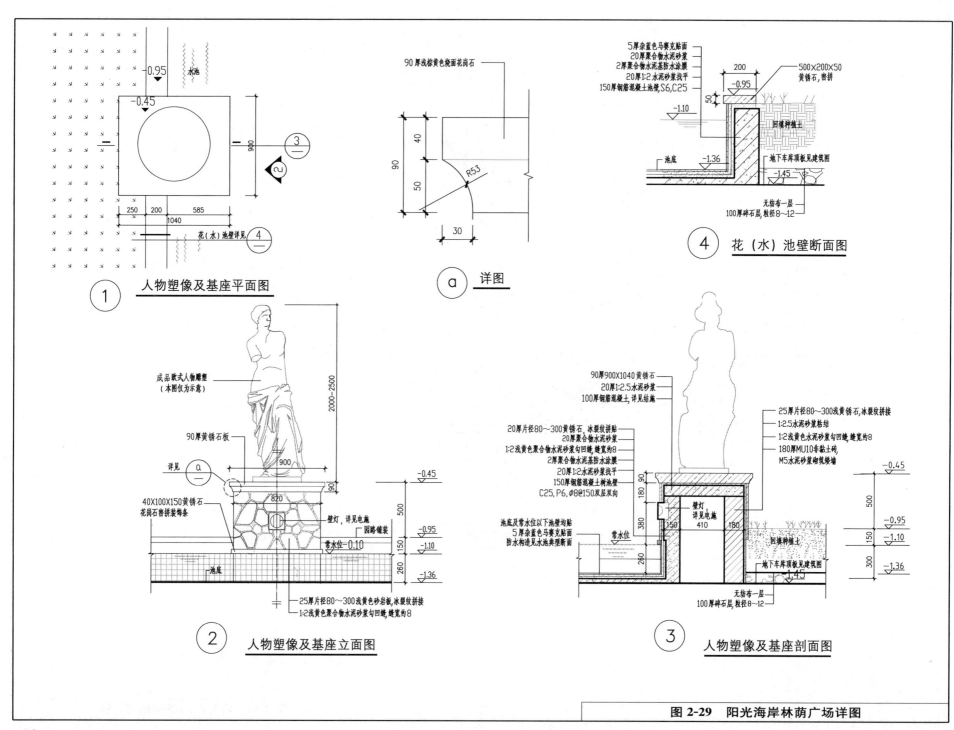

90厚浅棕黄色烧面花岗石

5厚杂蓝色马赛克贴面
20厚聚合物水泥砂浆
2厚聚合物水泥基防水涂膜
20厚1:2水泥砂浆找平
150厚钢筋混凝土池壁,S6,C25

500X200X50
黄锈石,密拼

回填种植土

地下车库顶板见建筑图

无纺布一层
100厚碎石层,粒径8～12

④ **花(水)池壁断面图**

① **人物塑像及基座平面图**

ⓐ **详图**

90厚浅棕黄色烧面花岗石

成品欧式人物雕塑
(本图仅为示意)

90厚黄锈石板

详见 ⓐ

40X100X150黄锈石
花岗石密拼装饰条

壁灯,详见电施
园路铺装
常水位-0.10

池底

25厚片径80～300浅黄色砂岩板,冰裂纹拼接
1:2浅黄色聚合物水泥砂浆勾凹缝,缝宽约8

② **人物塑像及基座立面图**

90厚900X1040黄锈石
20厚1:2.5水泥砂浆
100厚钢筋混凝土,详见结施

20厚片径80～300黄锈石,冰裂纹拼贴
20厚聚合物水泥砂浆
1:2浅黄色聚合物水泥基砂浆勾凹缝,缝宽约8
2厚聚合物水泥基防水涂膜
20厚1:2水泥砂浆找平
150厚钢筋混凝土树池壁
C25,P6,Φ8@150双层双向

25厚片径80～300浅黄锈石,冰裂纹拼接
1:2.5水泥砂浆粘结
1:2浅色水泥砂浆勾凹缝,缝宽约8
180厚MU10非黏土砖
M5水泥砂浆砌筑矮墙

池底及常水位以下池壁均贴
5厚杂蓝色马赛克贴面
防水构造见水池典型断面

壁灯
详见电施

常水位

回填种植土

地下车库顶板见建筑图

无纺布一层
100厚碎石层,粒径8～12

③ **人物塑像及基座剖面图**

图2-29 阳光海岸林荫广场详图

2.3 便民设施

（1）便民设施

便民设施包括音响设施、停车场、自行车架、饮水器、垃圾容器、座椅（具），以及书报亭、公用电话、邮政信报箱等。

便民设施应容易辨认，其选址应注意减少混乱且方便易达。

在景观区内，宜将多种便民设施组合为一个较大单体，以节省户外空间和增强场所的视景特征。

（2）音响设施

在户外空间中，宜在景观小道附近设置小型音响设施（图2-30、图2-31），并适时地播放轻柔的背景音乐，以增强环境空间的轻松气氛。音响设计外形可结合景物元素设计。音箱高度应在0.4～0.8m之间为宜，保证声源能均匀扩放，无明显强弱变化。音响放置位置一般应相对隐蔽。

（3）停车场和自行车架

① 机动车停车场一般设在道路入口（向道路开机动车出入口必须得到相关部门的批准），场地平坦，坚实防滑，并满足排水要求，宜有遮阳树木遮挡车位并常以植草砖铺设。少于或等于50辆的停车场可设一个双向车道出入口；50～300辆停车场设两个出入口；超过300辆的停车场出入口应分开设置，两个出入口之间距离大于20m，宽度不小于7m。停车位坡度不大于0.5%，行车道纵向坡度不大于1%。停车场用地面积为25～30m²/位。需设置残疾人停车位的停车场，应有明显指示标志，车位之间应留有1.2m宽的轮椅通道。每辆停车位宽宜为2.5m，长宜为5.0～6.0m，垂直停车中间行车道宽宜为6.0～7.0m。每组停车位不应超过50辆，各组之间应留出不小于6m的防火通道。以植草砖铺设停车位如用中粗砂作垫层时，砂层四边（以停车位2.5m×5m范围）应用硬物挡砂（干硬性水泥砂浆）以免受压后砂层外移。停车位后部距后边线1m，应设不高于0.1m的挡车轮物。

② 汽车挡作路障用，防止车辆通行，有移动式、固定式、金属栏等，柱高约0.5～0.7m，间距约0.6m，混凝土墩或石球高0.3～0.4m。

③ 自行车停放每个车位按1.5～1.8m²/位设计。自行车停车场与机动车停车场应分别布置，两类车交通不应交叉。自行车停放宜分段设置，每段长15～20m。每段应设1个出入口，其宽度不小于3m。当车位在300辆以上时，其出入口不应少于2个。自行车停车方式应以出入方便为原则，垂直停放时，单排长2m，双排（两车对面对错位）停放长3.2m，平行的两车位间

距为0.7m。

自行车在露天场所停放，应划分出专用场地并安装车架。自行车架分为槽式单元支架、管状支架和装饰性单元支架，占地紧张的时候可采用双层自行车架，自行车架尺寸按表2-3尺寸制作。

自行车架尺寸　　　　　　表2-3

车辆类别	停车方式	停车道道宽(m)	停车带宽(m)	车与车间距(m)
自行车	垂直停放	2	2	0.6
	错位停放	2	3.2	0.45
摩托车	垂直停放	2.5	2.5	0.9
	倾斜停放	2	2	0.9

④ 公交停靠站设计实例图见图2-32，自行车棚实例见图2-33～图2-39。

（4）饮水器（饮泉）

饮水器是居住区街道及公共场所为满足人的生理卫生要求设置的供水设施，同时也是街道上的重要装点之一。

饮水器分为悬挂式饮水设备、独立式饮水设备和雕塑式水龙头等。

饮水器的高度为0.8m左右，供儿童使用的饮水器高度宜为0.65m左右，并应安装在高度0.1～0.2m左右的踏台上。洗手部分在饮水侧面低处高0.5m。

饮水器的结构和高度还应考虑轮椅使用者的方便。

饮水器布置设计实例见图2-40、图2-41。

（5）垃圾容器

① 垃圾容器一般设在道路两侧和居住单元出入口附近的位置，其外观色彩及标志应符合垃圾分类收集的要求。

② 垃圾容器分为固定式和移动式两种。普通垃圾箱的规格为高60～80cm，宽50～60cm。放置在公共广场的规格可以较大，高在90cm左右，直径不宜超过75cm。

③ 垃圾容器应选择美观与功能兼备，并且与周围景观相协调，产品要求坚固耐用，不易倾倒。一般可采用不锈钢、木材、石材、混凝土、陶瓷材料制作。

④ 垃圾容器设计实例图见图2-42～图2-44。

（6）座椅

① 座椅是提供人们休闲使用不可缺少的设施，同时也可作为重要的装点

景观进行设计。应结合环境规划来考虑座椅的造型和色彩，力争简洁适用。室外座椅的选址应注重人的休息和观景。

② 室外座椅的设计应满足人体舒适度要求，普通座椅面高 38～42cm，座椅面外高内低，呈斜面状向后倾斜 6°～7°。标准座椅长度：单人椅 60cm 左右，双人椅 120cm 左右，3 人椅 180cm 左右，靠背座椅的靠背倾角为 100°～110°为宜，椅背高 35～65cm，室外座椅面应有排水。

③ 室内座椅（非直接淋雨下）材料多为木材、石材、混凝土、陶瓷、金属、塑料等，应优先采用触感好的木材，木材应做防腐处理，座椅转角处应做磨边倒角处理。

④ 坐凳设计实例图见图 2-45～图 2-56。

（7）桌

休息用桌高 65～70cm，四人用面宽 70～80cm。

CDK-806 CDK-807 CDK-808 CDK-809
带灯 CDK-810

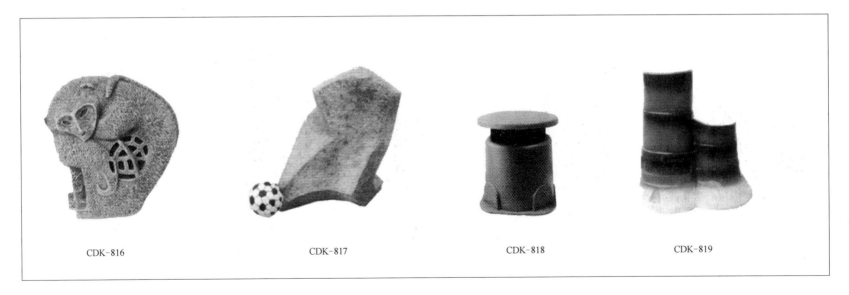

CDK-816 CDK-817 CDK-818 CDK-819

图 2-30 音响（1）

CDK-801　　CDK-802　　CDK-803　　CDK-804　　CDK-805

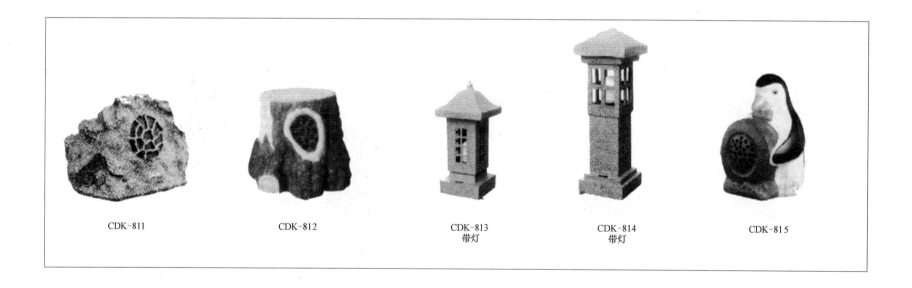

CDK-811　　CDK-812　　CDK-813
带灯
　　CDK-814
带灯
　　CDK-815

图 2-31　音响（2）

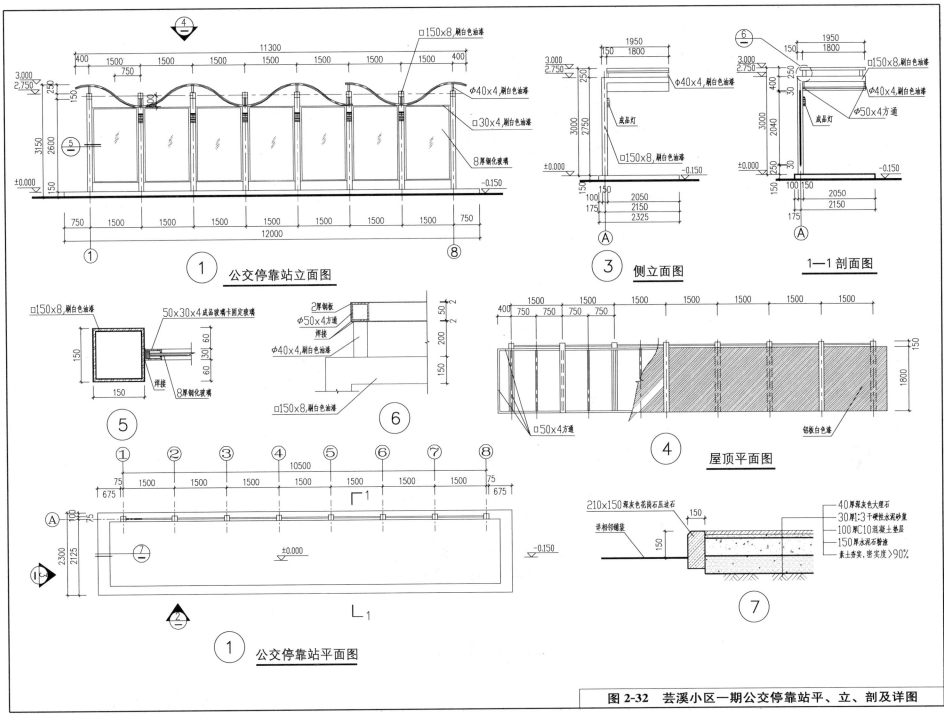

① 公交停靠站立面图

③ 侧立面图

1—1剖面图

④ 屋顶平面图

① 公交停靠站平面图

图2-32 芸溪小区一期公交停靠站平、立、剖及详图

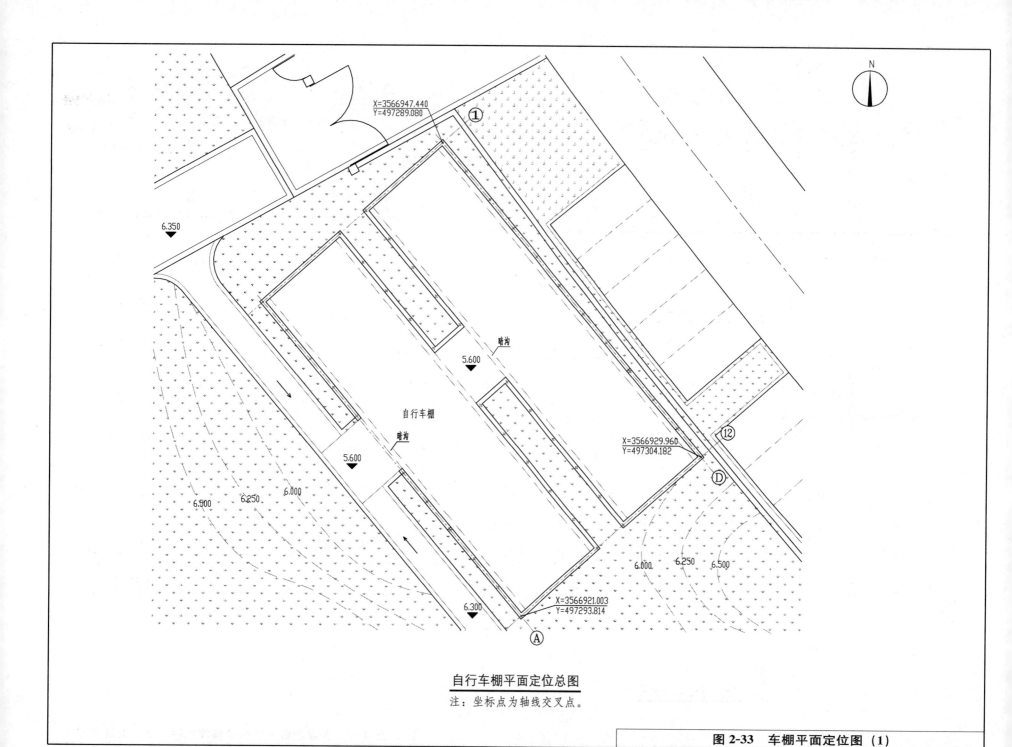

X=3566947.440
Y=497289.080

①

6.350

5.600

暗沟

自行车棚

暗沟

5.600

X=3566929.960
Y=497304.182

⑫

Ⓓ

6.500 6.250 6.000

6.000 6.250 6.500

6.300

X=3566921.003
Y=497293.814

Ⓐ

N

自行车棚平面定位总图

注：坐标点为轴线交叉点。

图 2-33 车棚平面定位图（1）

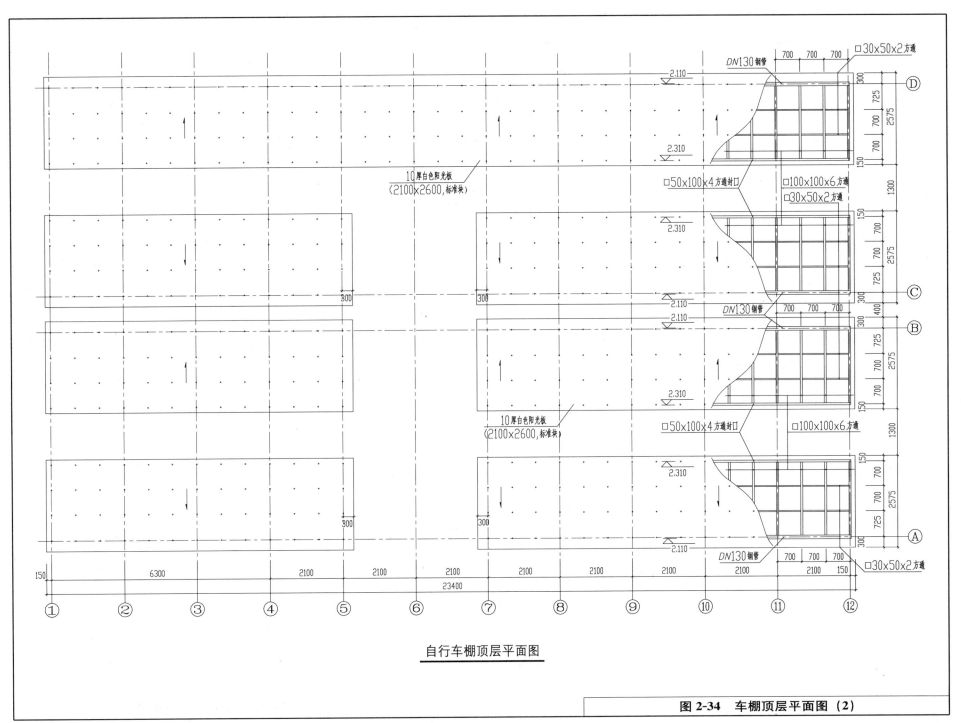

自行车棚顶层平面图

图 2-34　车棚顶层平面图（2）

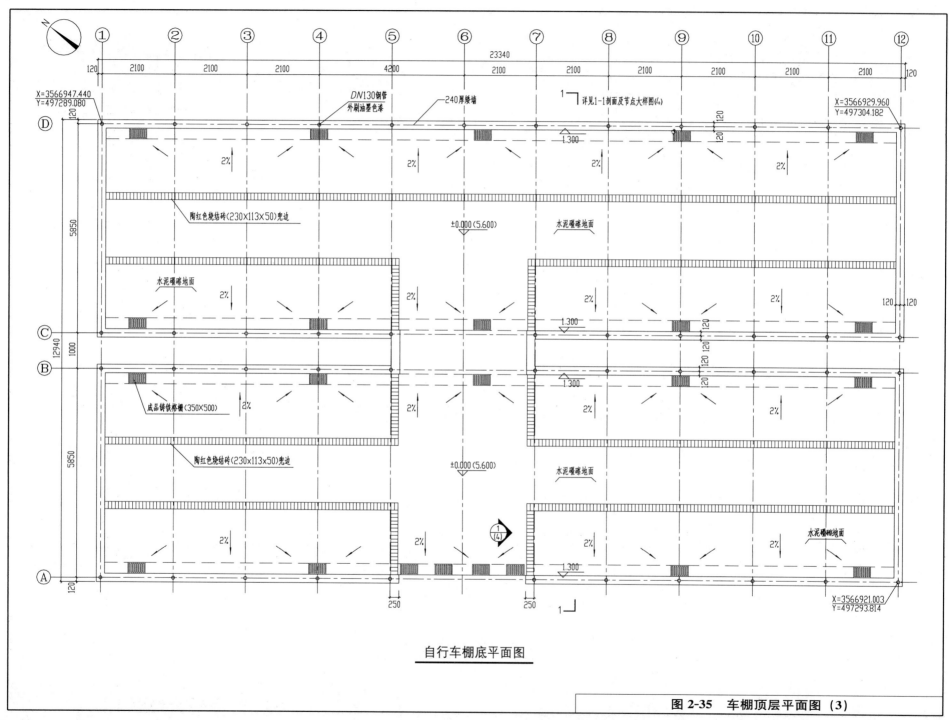

自行车棚底平面图

图2-35 车棚顶层平面图(3)

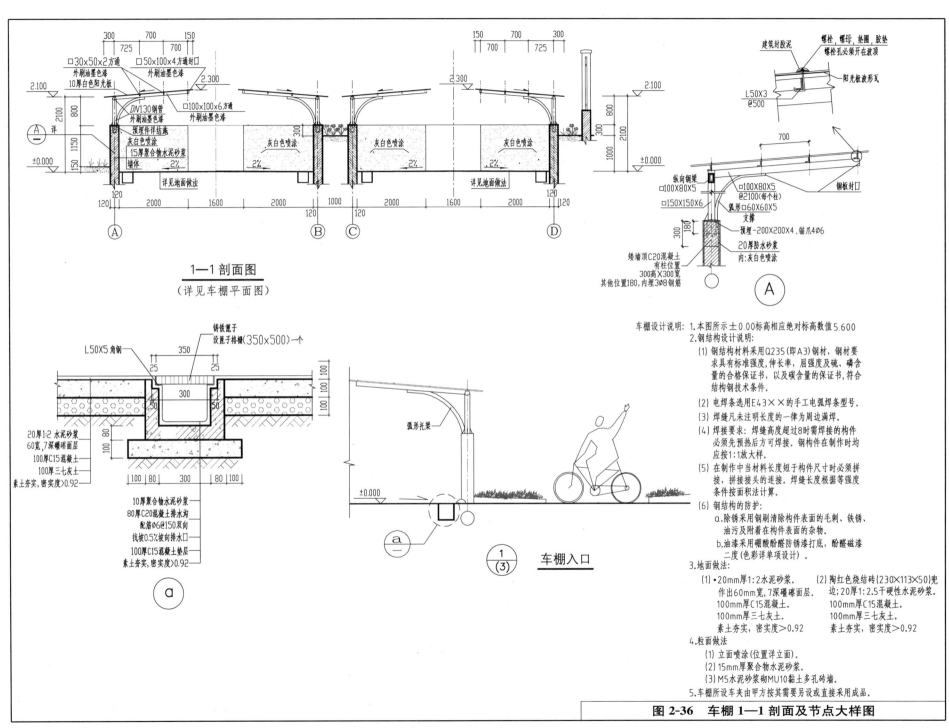

车棚设计说明：1. 本图所示±0.00标高相应绝对标高数值5.600
2. 钢结构设计说明：
(1) 钢结构材料采用Q235(即A3)钢材,钢材要求具有标准强度,伸长率,屈强度及硫、磷含量的合格保证书,以及碳含量的保证书,符合结构钢技术条件。
(2) 电焊条选用E43××的手工电弧焊条型号。
(3) 焊缝凡未注明长度的一律为周边满焊。
(4) 焊接要求：焊缝高度超过8时需焊接的构件必须先预热后方可焊接。钢构件在制作时均应按1:1放大样。
(5) 在制作中当材料长度短于构件尺寸时必须拼接,拼接接头的连接。焊缝长度根据等强度条件按面积法计算。
(6) 钢结构的防护：
    a. 除锈采用钢刷清除构件表面的毛刺、铁锈、油污及附着在构件表面的杂物。
    b. 油漆采用硼酸酚醛防锈漆打底,酚醛磁漆二度(色彩详单项设计)。
3. 地面做法：
   (1) •20mm厚1:2水泥砂浆。
       作出60mm宽,7深疆礫面层。
       100mm厚C15混凝土。
       100mm厚三七灰土。
       素土夯实,密实度>0.92
   (2) 陶红色烧结砖(230×113×50)宽边;20厚1:2.5干硬性水泥砂浆。
       100mm厚C15混凝土。
       100mm厚三七灰土。
       素土夯实,密实度>0.92
4. 粒面做法
   (1) 立面喷涂(位置详立面)。
   (2) 15mm厚聚合物水泥砂浆。
   (3) M5水泥砂浆砌MU10黏土多孔砖墙。
5. 车棚所设车夹由甲方按其需要另设或直接采用成品。

图 2-36　车棚 1—1 剖面及节点大样图

41

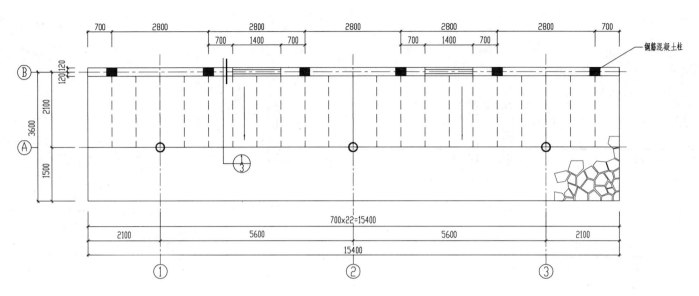

自行车棚（一）平面图

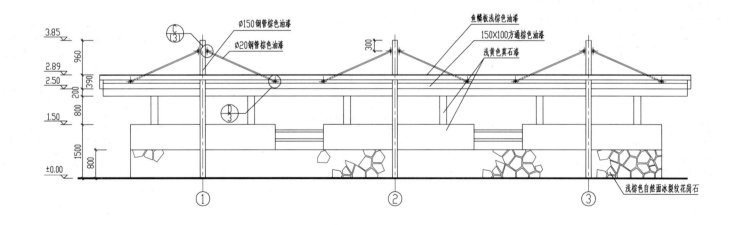

自行车棚（一）①-③立面图

图 2-37　自行车棚（一），（二）详图（1）

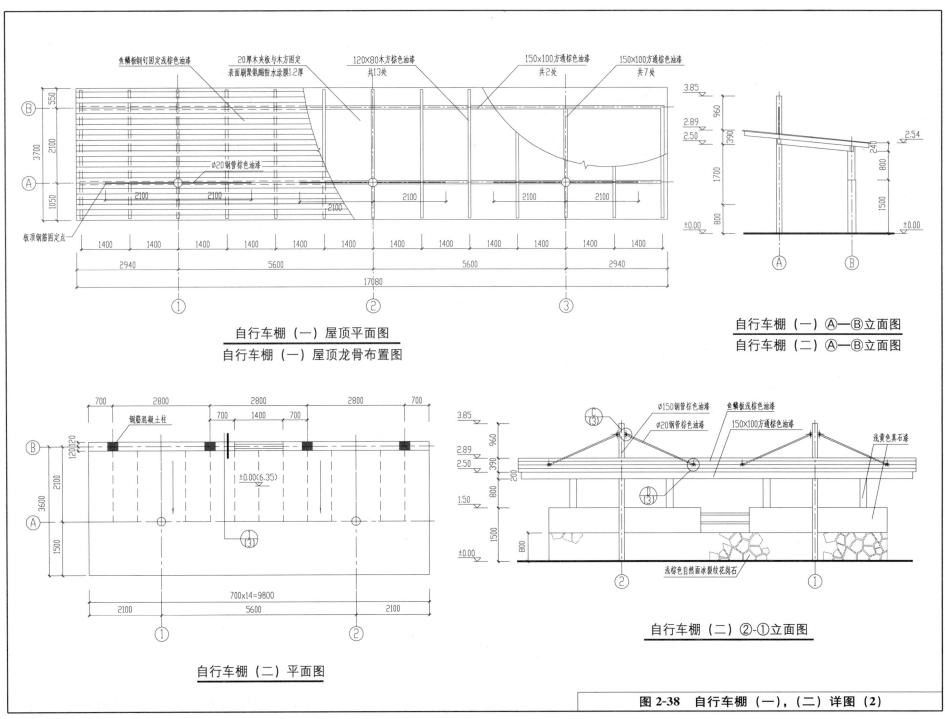

鱼鳞板钢钉固定浅棕色油漆

20厚木夹板与木方固定
表面刷聚氨酯防水涂膜1.2厚

120×80木方棕色油漆
共13处

150×100方通棕色油漆
共2处

150×100方通棕色油漆
共7处

Ø20钢管棕色油漆

板顶钢筋固定点

自行车棚（一）屋顶平面图
自行车棚（一）屋顶龙骨布置图

自行车棚（一）Ⓐ—Ⓑ立面图
自行车棚（二）Ⓐ—Ⓑ立面图

钢筋混凝土柱

±0.00(6.35)

自行车棚（二）平面图

Ø150钢管棕色油漆
鱼鳞板浅棕色油漆

Ø20钢管棕色油漆
150×100方通棕色油漆

浅黄色真石漆

浅棕色自然面冰裂纹花岗石

自行车棚（二）②-①立面图

图2-38　自行车棚（一），（二）详图（2）

43

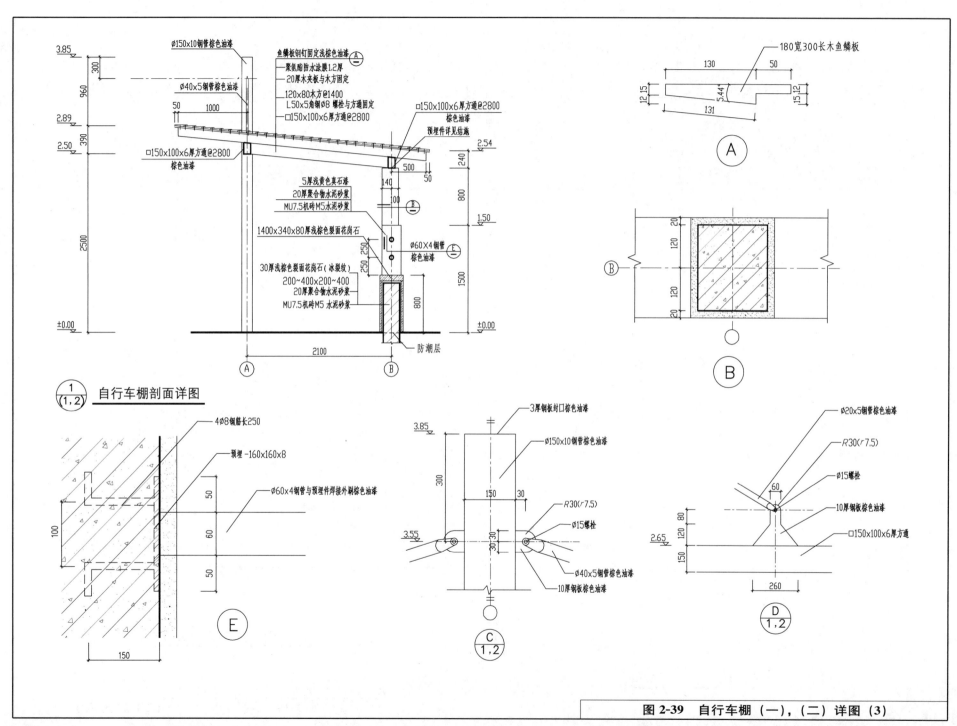

Ø150x10钢管棕色油漆

鱼鳞板钢钉固定浅棕色油漆
聚氨酯防水涂膜1.2厚
20厚木夹板与木方固定
120x80木方@1400
L50x5角钢Ø8 螺栓与方通固定
□150x100x6厚方通@2800
棕色油漆
预埋件详见结施

Ø40x5钢管棕色油漆

180宽300长木鱼鳞板

□150x100x6厚方通@2800
棕色油漆

5厚浅黄色真石漆
20厚聚合物水泥砂浆
MU7.5机砖M5水泥砂浆

1400x340x80厚浅棕色裂面花岗石

Ø60X4钢管
棕色油漆

30厚浅棕色裂面花岗石(冰裂纹)
200x400x200~400
20厚聚合物水泥砂浆
MU7.5机砖M5 水泥砂浆

防潮层

① 自行车棚剖面详图
(1,2)

4Ø8钢筋长250

预埋 -160x160x8

Ø60x4钢管与预埋件焊接外刷棕色油漆

E

3厚钢板封口棕色油漆

Ø150x10钢管棕色油漆

R30(r7.5)

Ø15螺栓

Ø40x5钢管棕色油漆

10厚钢板棕色油漆

C
(1,2)

Ø20x5钢管棕色油漆

R30(r7.5)

Ø15螺栓

10厚钢板棕色油漆

□150x100x6厚方通

D
(1,2)

图 2-39 自行车棚（一），（二）详图（3）

44

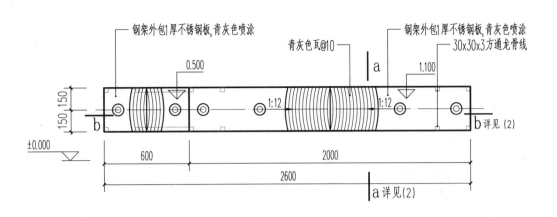

钢架外包1厚不锈钢板,青灰色喷涂
钢架外包1厚不锈钢板,青灰色喷涂
青灰色瓦@10
30x30x3方通龙骨线
0.500
1.100
a
b
b详见(2)
±0.000
150 150 150
600
2000
2600
a详见(2)
1:12
1:12

饮水器平面

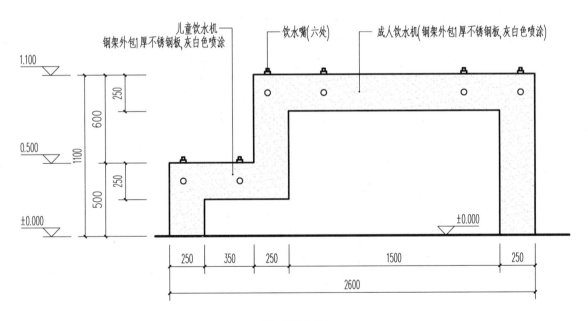

儿童饮水机
钢架外包1厚不锈钢板,灰白色喷涂
饮水嘴(六处)
成人饮水机(钢架外包1厚不锈钢板,灰白色喷涂)
1.100
250
600
0.500
250
1100
500
±0.000
±0.000
250 350 250
1500
250
2600

饮水器立面

图 2-40 饮水器（1）

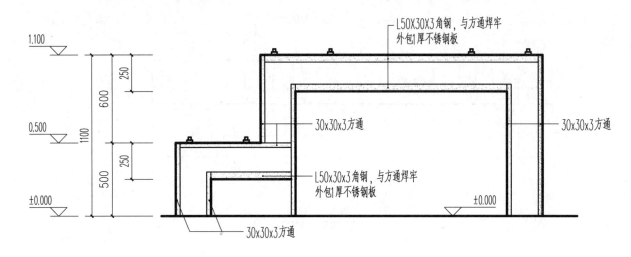

L50X30X3角钢，与方通焊牢
外包1厚不锈钢板

30x30x3方通

30x30x3方通

L50x30x3角钢，与方通焊牢
外包1厚不锈钢板

30x30x3方通

b-b
详见（1）

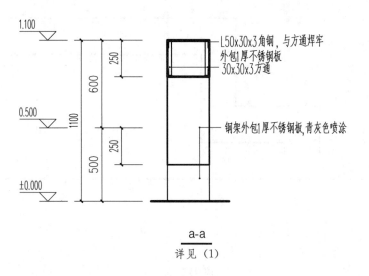

L50x30x3角钢，与方通焊牢
外包1厚不锈钢板

30x30x3方通

钢架外包1厚不锈钢板,青灰色喷涂

a-a
详见（1）

图 2-41 饮水器（2）

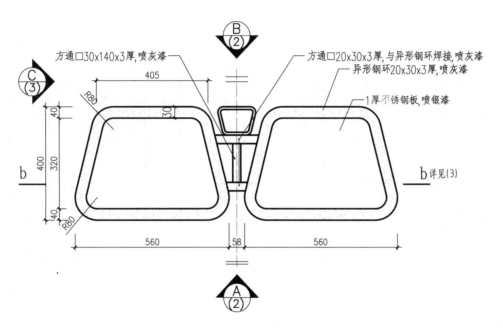

方通口30x140x3厚,喷灰漆

方通口20x30x3厚,与异形钢环焊接,喷灰漆
异形钢环20x30x3厚,喷灰漆

1厚不锈钢板,喷银漆

405

R80

30

40

400

320

40

R60

b

b详见(3)

560

58

560

B
(2)

C
(3)

A
(2)

垃圾桶盖平面图

图 2-42　垃圾桶 （1）

47

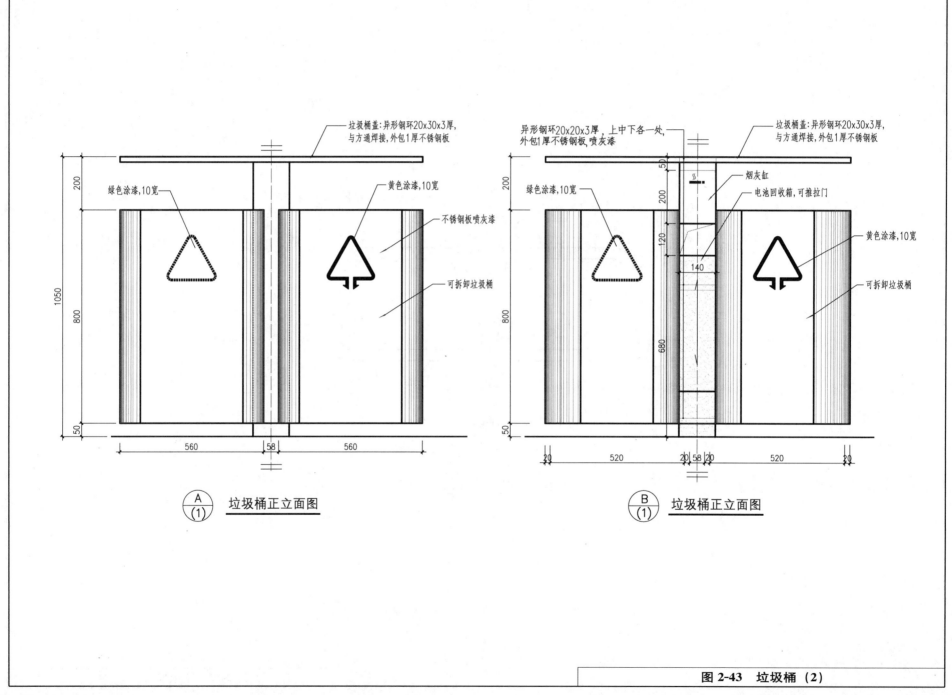

垃圾桶盖:异形钢环20x30x3厚,
与方通焊接,外包1厚不锈钢板

异形钢环20x20x3厚, 上中下各一处,
外包1厚不锈钢板,喷灰漆

垃圾桶盖:异形钢环20x30x3厚,
与方通焊接,外包1厚不锈钢板

绿色涂漆,10宽

黄色涂漆,10宽

不锈钢板喷灰漆

可拆卸垃圾桶

烟灰缸

电池回收箱,可推拉门

黄色涂漆,10宽

可拆卸垃圾桶

绿色涂漆,10宽

1050

200

800

50

200

800

50

200

120

140

680

50

560   58   560

20   520   20 58 20   520   20

A
(1)
垃圾桶正立面图

B
(1)
垃圾桶正立面图

图 2-43   垃圾桶（2）

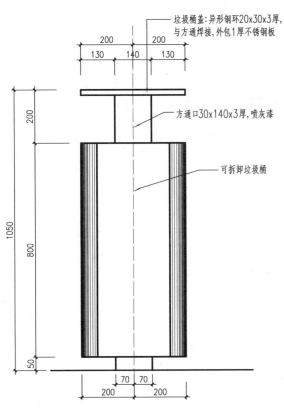

垃圾桶盖:异形钢环20x30x3厚,
与方通焊接,外包1厚不锈钢板

200

130   140   130

200

方通口30x140x3厚,喷灰漆

可拆卸垃圾桶

1050

800

50

70   70

200   200

(C)
(1) 垃圾桶侧立面图

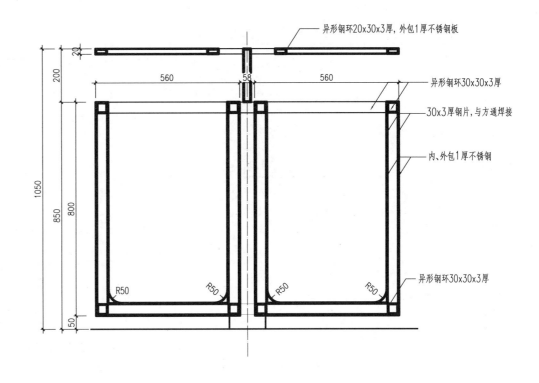

异形钢环20x30x3厚,外包1厚不锈钢板

20

200

560   58   560

异形钢环30x30x3厚

30x3厚钢片,与方通焊接

内、外包1厚不锈钢

1050

850

800

R50   R50   R50   R50

异形钢环30x30x3厚

50

垃圾桶 b-b 剖面图
详见(1)

图 2-44   垃圾桶 (3)

49

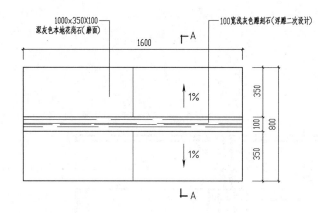

1000×350X100
深灰色本地花岗石(磨面)

100宽浅灰色雕刻石(浮雕二次设计)

1600

350

100

350

800

1%

1%

A

A

广场坐凳平面图

1000×350X100
深灰色本地花岗石(磨面)

240x120x60本地大青砖

1600

450

广场坐凳正立面图

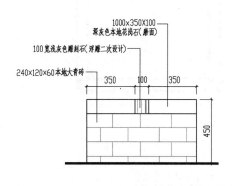

100宽浅灰色雕刻石(浮雕二次设计)

1000×350X100
深灰色本地花岗石(磨面)

240x120x60本地大青砖

350 100 350

450

广场坐凳侧立面图

1000×350X100
深灰色本地花岗石(磨面)
25厚1:3水泥砂浆结合层
M5水泥砂浆,MU10砌体
100厚C10混凝土垫层
素土夯实(密实度>90%)

100宽浅灰色雕刻石(浮雕二次设计)

240x120x60本地大青砖

800

100

350 350

1% 1%

100

350

210

100

100 690 100

A-A 剖面图

图 2-45 现代水景园坐凳详图

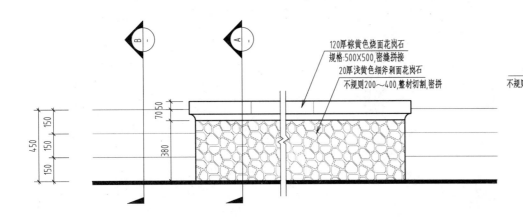

120厚棕黄色烧面花岗石
规格:500X500,密缝拼接

20厚浅黄色细斧剁面花岗石
不规则200~400,整材切割,密拼

花岗石坐凳立面

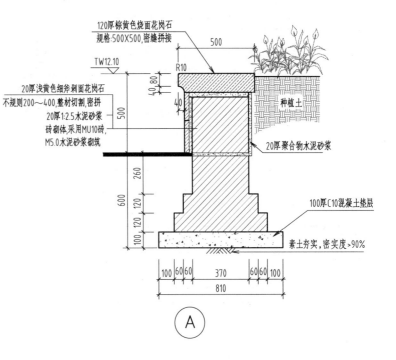

120厚棕黄色烧面花岗石
规格:500X500,密缝拼接

TW12.10

20厚浅黄色细斧剁面花岗石
不规则200~400,整材切割,密拼
20厚1:2.5水泥砂浆
砖砌体,采用MU10砖,
M5.0水泥砂浆砌筑

种植土

20厚聚合物水泥砂浆

100厚C10混凝土垫层

素土夯实,密实度>90%

R10

Ⓐ

注:当坐凳墙位于屋面顶板上时,砖砌体直接砌筑在顶板上。

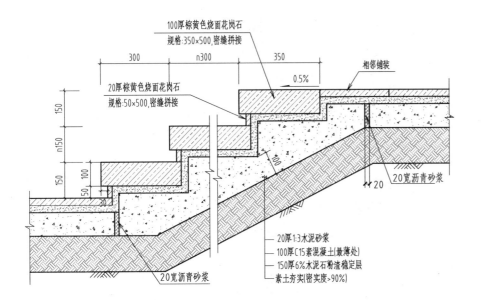

100厚棕黄色烧面花岗石
规格:350×500,密缝拼接

20厚棕黄色烧面花岗石
规格:50×500,密缝拼接

相邻铺装

0.5%

20宽沥青砂浆

20厚1:3水泥砂浆
100厚C15素混凝土(最薄处)
150厚6%水泥石粉渣稳定层
素土夯实(密实度>90%)

20宽沥青砂浆

Ⓑ 台阶标准做法剖面

图 2-46 坐凳

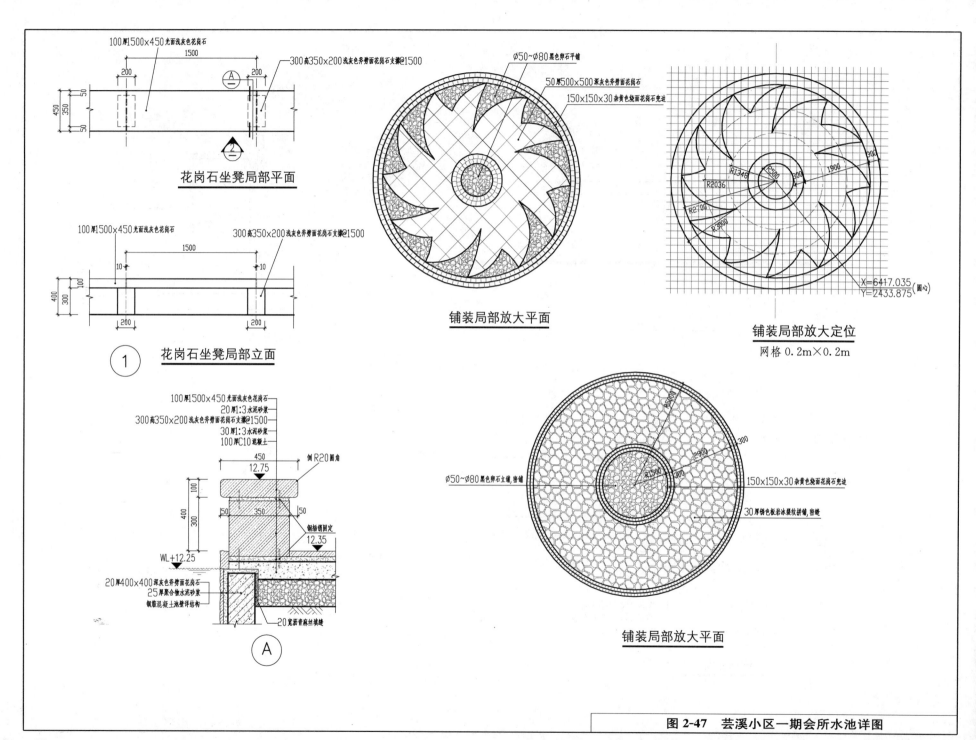

花岗石坐凳局部平面

花岗石坐凳局部立面

铺装局部放大平面

铺装局部放大定位

网格 0.2m×0.2m

铺装局部放大平面

图 2-47 芸溪小区一期会所水池详图

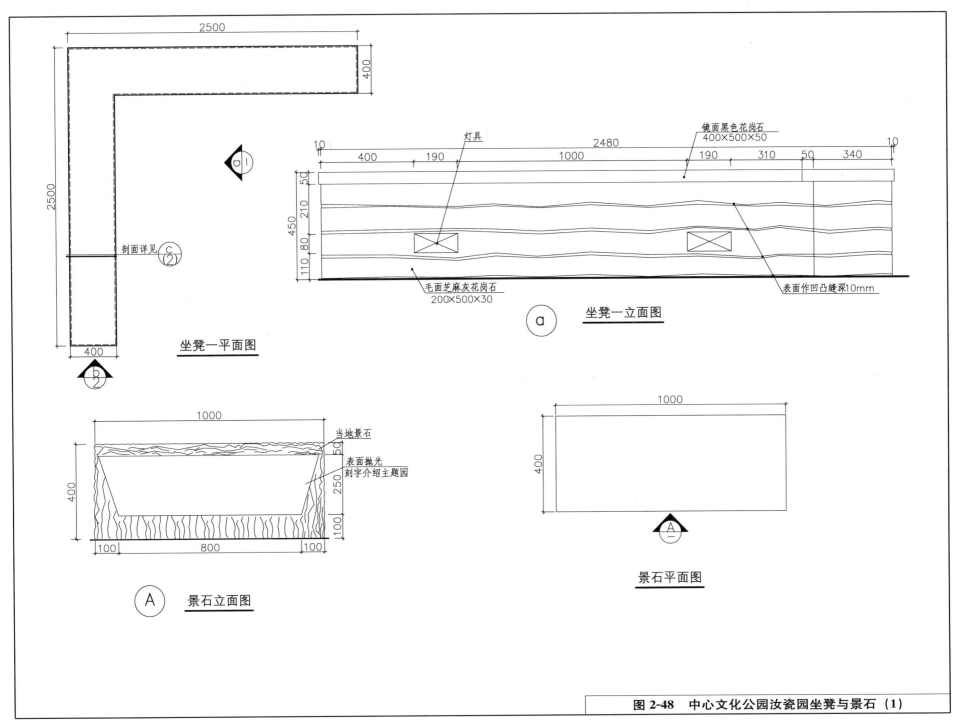

坐凳一平面图

坐凳一立面图

灯具

镜面黑色花岗石
400×500×50

毛面芝麻灰花岗石
200×500×30

表面作凹凸缝深10mm

剖面详见

A 景石立面图

当地景石

表面抛光
刻字介绍主题园

景石平面图

图 2-48 中心文化公园汝瓷园坐凳与景石 (1)

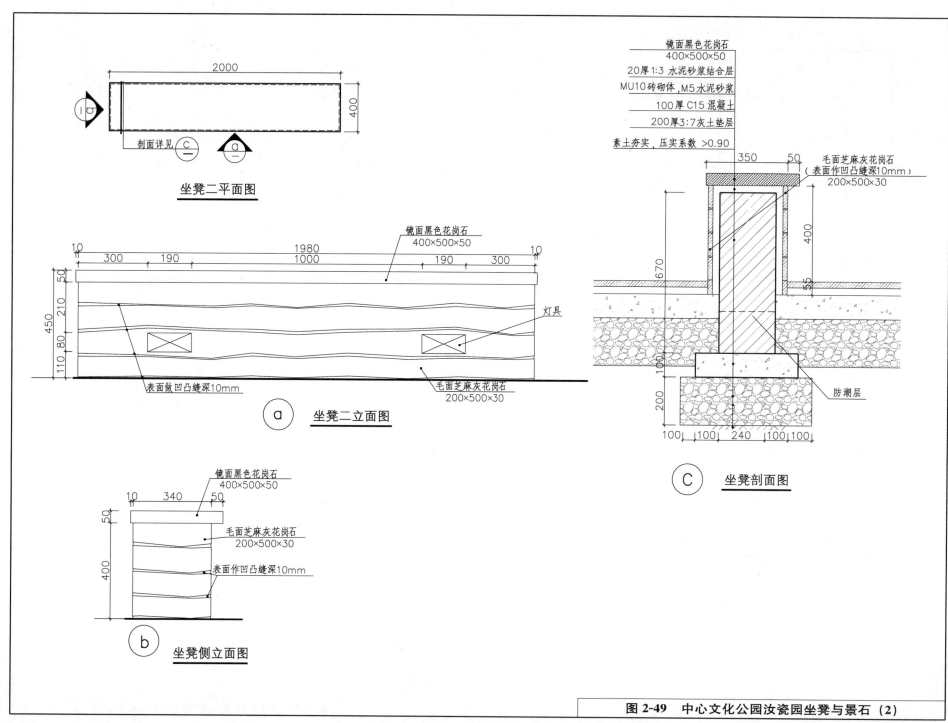

2000

400

剖面详见 C/—

a/—

坐凳二平面图

镜面黑色花岗石
400×500×50

20厚1:3 水泥砂浆结合层

MU10砖砌体, M5水泥砂浆

100厚 C15 混凝土

200厚3:7灰土垫层

素土夯实，压实系数 >0.90

350 | 50

毛面芝麻灰花岗石
（表面作凹凸缝深10mm）
200×500×30

镜面黑色花岗石
400×500×50

10 | 300 | 190 | 1980 | 190 | 300 | 10
1000

50

210

450

80

110

灯具

表面做凹凸缝深10mm

毛面芝麻灰花岗石
200×500×30

670

55

100

200

100 | 100 | 240 | 100 | 100

防潮层

ⓐ **坐凳二立面图**

Ⓒ **坐凳剖面图**

镜面黑色花岗石
400×500×50

10 | 340 | 50

50

400

毛面芝麻灰花岗石
200×500×30

表面作凹凸缝深10mm

ⓑ **坐凳侧立面图**

图 2-49 中心文化公园汝瓷园坐凳与景石（2）

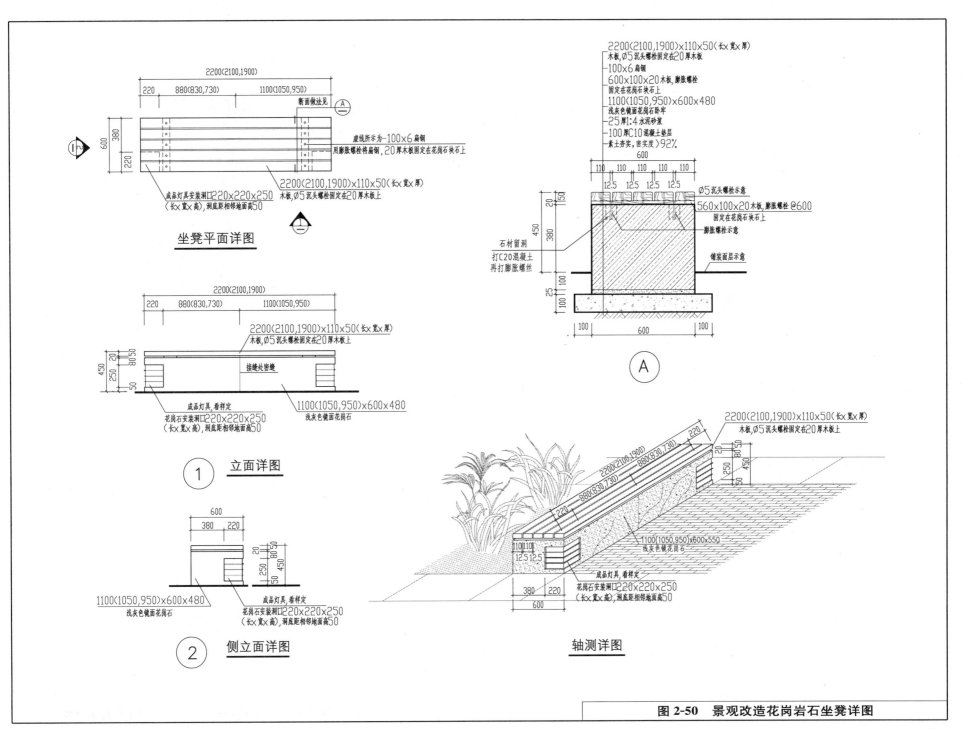

坐凳平面详图

2200(2100,1900)×110×50（长×宽×厚）
木板，Ø5沉头螺栓固定在20厚木板上
-100×6扁钢
600×100×20木板，膨胀螺栓
固定在花岗石块石上
1100(1050,950)×600×480
浅灰色镜面花岗石卧牢
-25厚1:4水泥砂浆
-100厚C10混凝土垫层
-素土夯实，密实度>92%

Ø5沉头螺栓示意
560×100×20木板，膨胀螺栓@600
固定在花岗石块石上
膨胀螺栓示意
铺装面层示意

石材留洞
打C20混凝土
再打膨胀螺丝

A

① 立面详图

2200(2100,1900)×110×50（长×宽×厚）
木板，Ø5沉头螺栓固定在20厚木板上

接缝处密缝

成品灯具，看样定
花岗石安装洞口220×220×250
（长×宽×高），洞底距相邻地面高50

1100(1050,950)×600×480
浅灰色镜面花岗石

② 侧立面详图

1100(1050,950)×600×480
浅灰色镜面花岗石

成品灯具，看样定
花岗石安装洞口220×220×250
（长×宽×高），洞底距相邻地面高50

轴测详图

2200(2100,1900)×110×50（长×宽×厚）
木板，Ø5沉头螺栓固定在20厚木板上

1100(1050,950)×600×550
线灰色镜面花岗石

成品灯具，看样定
花岗石安装洞口220×220×250
（长×宽×高），洞底距相邻地面高50

图 2-50 景观改造花岗岩石坐凳详图

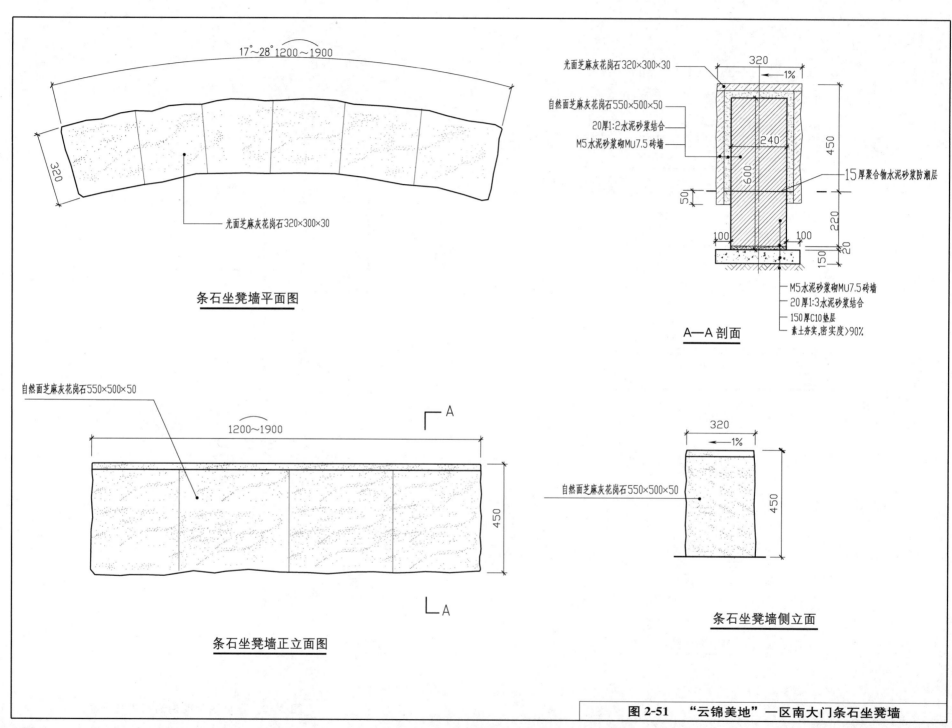

条石坐凳墙平面图

光面芝麻灰花岗石320×300×30

自然面芝麻灰花岗石550×500×50
20厚1:2水泥砂浆结合
M5水泥砂浆砌MU7.5砖墙

15厚聚合物水泥砂浆防潮层

M5水泥砂浆砌MU7.5砖墙
20厚1:3水泥砂浆结合
150厚C10垫层
素土夯实,密实度>90%

A—A 剖面

自然面芝麻灰花岗石550×500×50

条石坐凳墙正立面图

自然面芝麻灰花岗石550×500×50

条石坐凳墙侧立面

图 2-51 "云锦美地"一区南大门条石坐凳墙

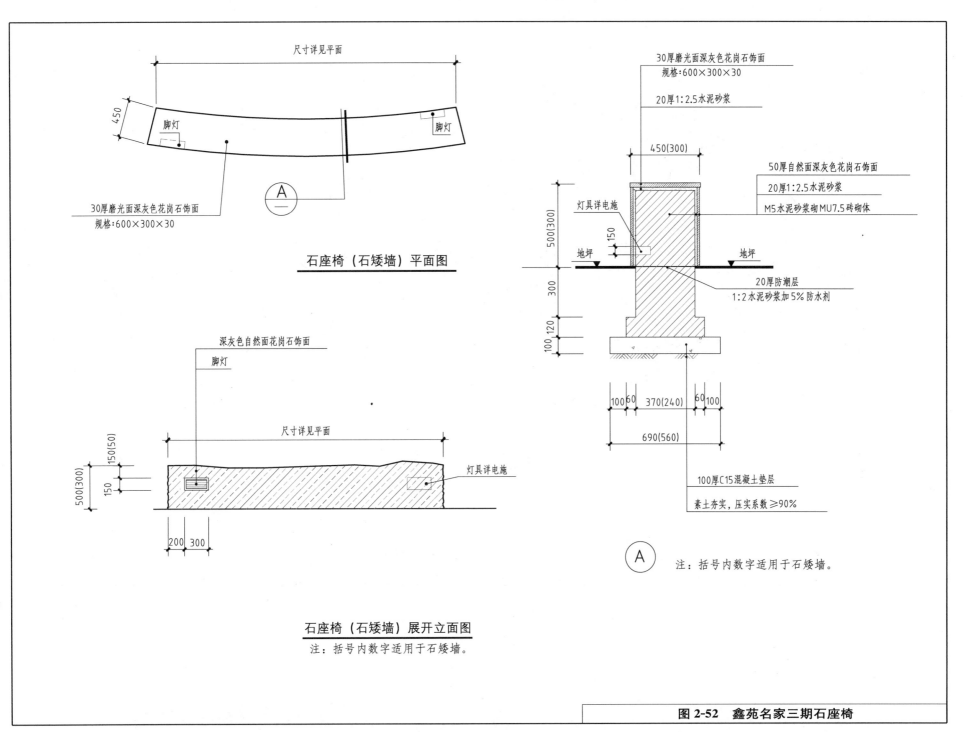

尺寸详见平面

450

脚灯　　　　　　　　　脚灯

A

30厚磨光面深灰色花岗石饰面
规格：600×300×30

石座椅（石矮墙）平面图

深灰色自然面花岗石饰面

脚灯

尺寸详见平面

150(50)

500(300)

150

灯具详电施

200　300

石座椅（石矮墙）展开立面图
注：括号内数字适用于石矮墙。

30厚磨光面深灰色花岗石饰面
规格：600×300×30

20厚1:2.5水泥砂浆

450(300)

50厚自然面深灰色花岗石饰面

20厚1:2.5水泥砂浆

M5水泥砂浆砌MU7.5砖砌体

灯具详电施

150

500(300)

300

100 120

地坪　　　　　　　　　地坪

20厚防潮层
1:2水泥砂浆加5%防水剂

100 60　370(240)　60 100

690(560)

100厚C15混凝土垫层

素土夯实，压实系数≥90%

A
注：括号内数字适用于石矮墙。

图2-52　鑫苑名家三期石座椅

57

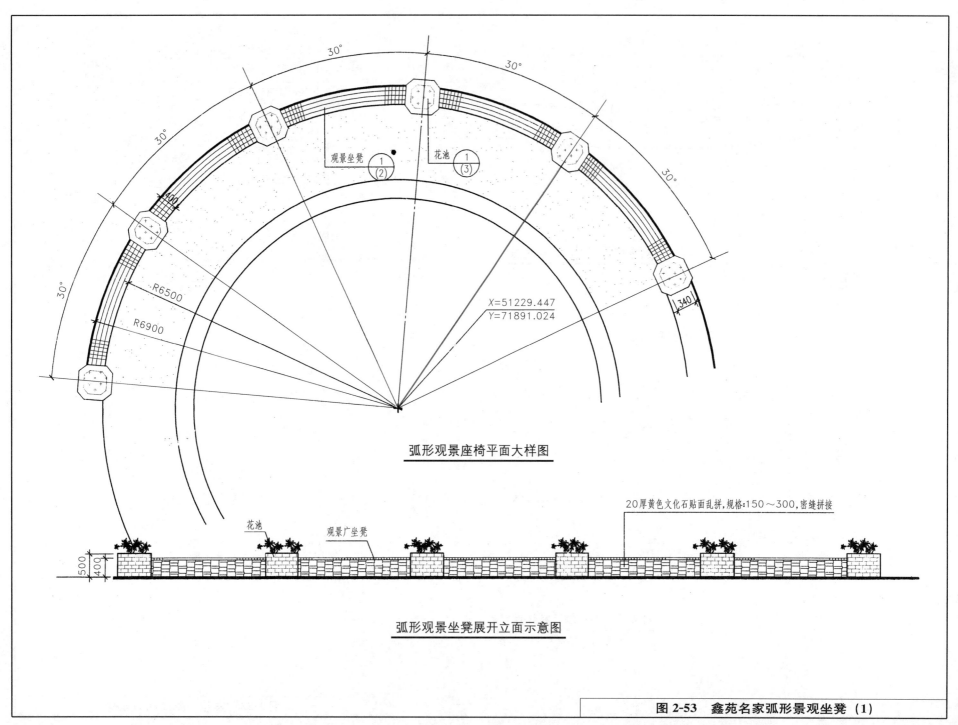

30°　　30°　　30°

30°

30°

观景坐凳 ①②

花池 ①③

R6500

R6900

400

340

$X=51229.447$
$Y=71891.024$

弧形观景座椅平面大样图

20厚黄色文化石贴面乱拼,规格:150～300,密缝拼接

花池　　观景广坐凳

500　400

弧形观景坐凳展开立面示意图

图 2-53　鑫苑名家弧形景观坐凳（1）

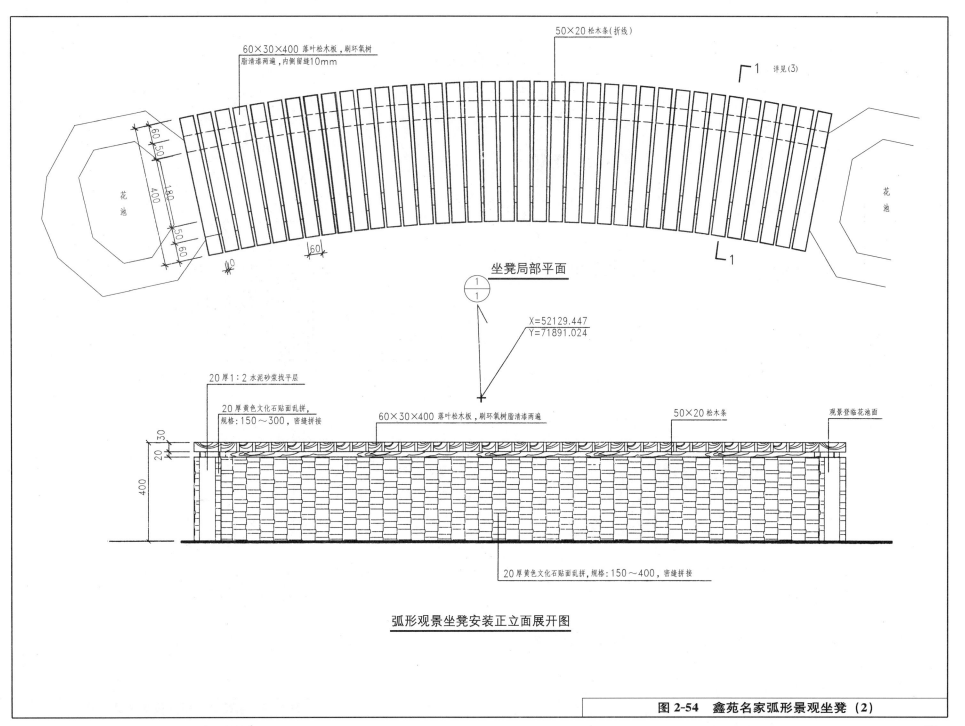

50×20松木条(折线)

60×30×400落叶松木板,刷环氧树脂清漆两遍,内侧留缝10mm

1 1 详见(3)

花池

花池

60 50 180 400 50 60

坐凳局部平面

1 1

X=52129.447
Y=71891.024

20厚1:2水泥砂浆找平层

20厚黄色文化石贴面乱拼,规格:150～300,密缝拼接

60×30×400落叶松木板,刷环氧树脂清漆两遍

50×20松木条

观景登临花池面

20 30 20

400

20厚黄色文化石贴面乱拼,规格:150～400,密缝拼接

弧形观景坐凳安装正立面展开图

图2-54 鑫苑名家弧形景观坐凳(2)

59

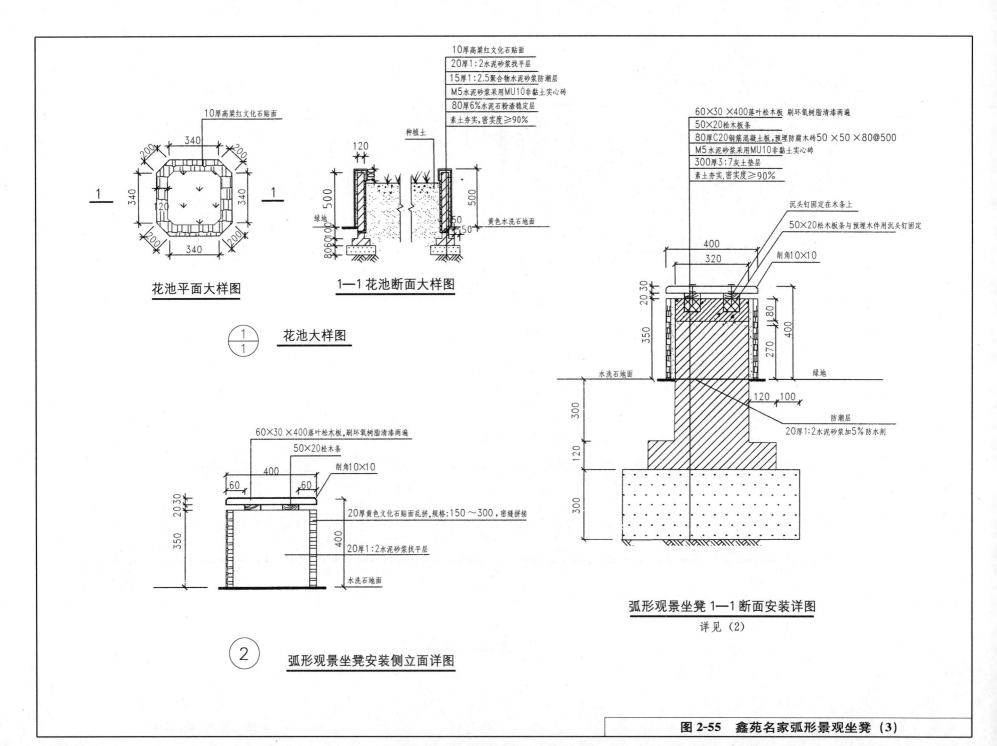

10厚高粱红文化石贴面
20厚1:2水泥砂浆找平层
15厚1:2.5聚合物水泥砂浆防潮层
M5水泥砂浆采用MU10非黏土实心砖
80厚6%水泥石粉渣稳定层
素土夯实,密实度≥90%

10厚高粱红文化石贴面

种植土

绿地

黄色水洗石地面

花池平面大样图

1—1花池断面大样图

①／① 花池大样图

60×30×400落叶松木板,刷环氧树脂清漆两遍
50×20松木条
80厚C20钢筋混凝土板,预埋防腐木砖50×50×80@500
M5水泥砂浆采用MU10非黏土实心砖
300厚3:7灰土垫层
素土夯实,密实度≥90%

沉头钉固定在木条上
50×20松木板条与预埋木件用沉头钉固定

削角10×10

绿地

水洗石地面

防潮层
20厚1:2水泥砂浆加5%防水剂

弧形观景坐凳1—1断面安装详图
详见（2）

60×30×400落叶松木板,刷环氧树脂清漆两遍
50×20松木条
削角10×10

20厚黄色文化石贴面面乱拼,规格:150～300,密缝拼接

20厚1:2水泥砂浆找平层

水洗石地面

② 弧形观景坐凳安装侧立面详图

图2-55 鑫苑名家弧形景观坐凳（3）

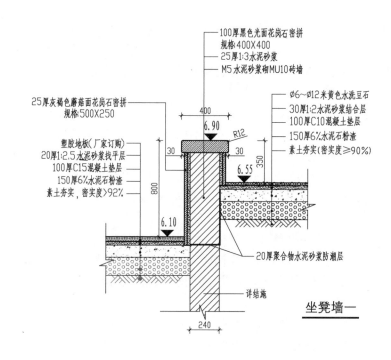

100厚黑色光面花岗石密拼
规格:400X400
25厚1:3水泥砂浆
M5水泥砂浆砌MU10砖墙

Ø6~Ø12米黄色水洗豆石
30厚1:2水泥砂浆结合层
100厚C10混凝土垫层
150厚6%水泥石粉渣
素土夯实(密实度≥90%)

25厚灰褐色蘑菇面花岗石密拼
规格:500X250

塑胶地板(厂家订购)
20厚1:2.5水泥砂浆找平层
100厚C15混凝土垫层
150厚6%水泥石粉渣
素土夯实,密实度>92%

20厚聚合物水泥砂浆防潮层

详结施

坐凳墙一

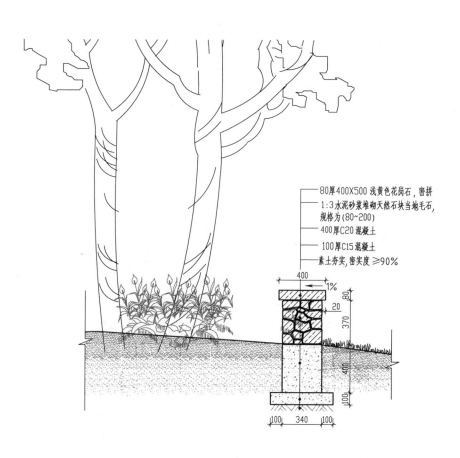

80厚400X500 浅黄色花岗石,密拼
1:3水泥砂浆堆砌天然石块当地毛石,
规格为(80~200)
400厚C20混凝土
100厚C15混凝土
素土夯实,密实度≥90%

坐凳墙三

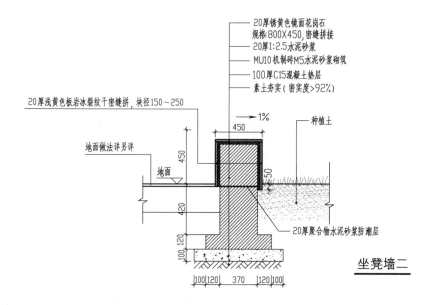

20厚锈黄色镜面花岗石
规格:800X450,密缝拼接
20厚1:2.5水泥砂浆
MU10机制砖M5水泥砂浆砌筑
100厚C15混凝土垫层
素土夯实(密实度>92%)

20厚浅黄色板岩冰裂纹干密缝拼,块径150~250

地面做法详另详

地面

种植土

20厚聚合物水泥砂浆防潮层

坐凳墙二

图 2-56 "锦绣一方"一期坐凳墙

2.4 信息标志

（1）信息标志分为 4 类：名称标志、环境标志、指示标志、警示标志。信息标志的位置应醒目，且不对行人交通及景观环境造成妨碍。标志的色彩、造型设计应充分考虑其所在地区建筑、景观环境以及自身功能的需要。标志的用材应经久耐用，不易破损，方便维修。各种标志应确定统一的格调和背景色调，以突出 IC 形象。

（2）主要标志项目表（以住区环境为例）见表 2-4。

主要标志项目表　　　　　　　　　　　表 2-4

标志类别	标 志 内 容	适 用 场 所
名称标志	标志牌 楼号牌 树木名称牌	
环境标志	小区示意图	小区入口大门
	街区示意图	小区入口大门
	居住组团示意图	组团入口
	停车场导向牌 公共设施分布示意图 自行车停放处示意图 垃圾站位置图	
	告示牌	会所、物业楼
指示标志	出入口标志 导向标志 机动车导向标志 自行车导向标志 步道标志 定点标志	
警示标志	禁止入内标志	变电所、变压器等
	禁止踏入标志	草坪

（3）信息标志设计实例见图 2-57～图 2-64。

2.5 栏杆、扶手

（1）栏杆具有拦阻功能，也是分隔空间的一个重要构件。设计时应结合不同的使用场所，首先，要充分考虑栏杆的强度、稳定性和耐久性；其次，要考虑栏杆的造型美，突出其功能性和装饰性。常用材料有铸铁、型钢铝合金、不锈钢、木材、竹子、混凝土等。

（2）栏杆大致分为以下 3 种：

① 矮栏杆，高度为 30～40cm，不妨碍视线，多用于绿地边缘。也用于场地空间领域的划分。

② 高栏杆，高度在 90cm 左右，有较强的分隔与拦阻作用。

③ 防护栏杆，高度为 105cm，超过人的重心，以起防护围挡作用。一般设置在高台的边缘，可使人产生安全感。

栏杆应能承受 1000N/m 的侧推力，故竖向立杆必须结实、牢固，应固定在其下方的结构体（混凝土板或钢梁）上。当栏杆外处于危险位置（深水或陡坡），又设计成横向栏杆时，扶手应向内弯曲或偏内 100～150mm，以防外爬。

（3）扶手，设置在坡道、台阶两侧，高度为 90cm 左右，室外踏步级数超过 3 级时必须设置扶手，以方便老人和残障人使用。供轮椅使用的坡道两侧应在高度 0.65m 与 0.85m 位置设两道扶手。

（4）栏杆、扶手设计实例图见图 2-65～图 2-73。

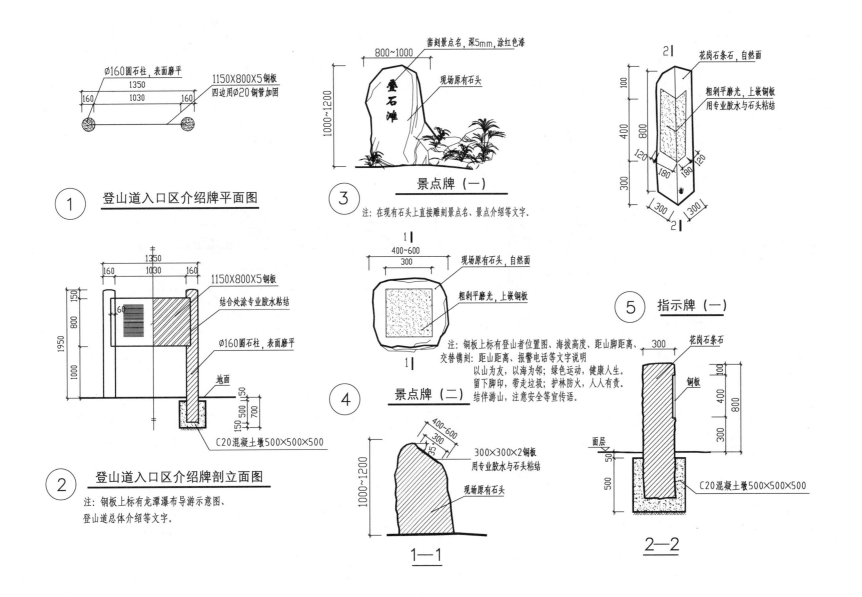

① 登山道入口区介绍牌平面图

② 登山道入口区介绍牌剖立面图
注：钢板上标有龙潭瀑布导游示意图、
登山道总体介绍等文字。

③ 景点牌（一）
注：在现有石头上直接雕刻景点名、景点介绍等文字。

④ 景点牌（二）
注：铜板上标有登山者位置图、海拔高度、距山脚距离、
交替镌刻：距山距离、报警电话等文字说明
以山为友、以海为邻；绿色运动、健康人生。
留下脚印、带走垃圾；护林防火、人人有责。
结伴游山、注意安全等宣传语。

⑤ 指示牌（一）

图2-57 标识牌（1）

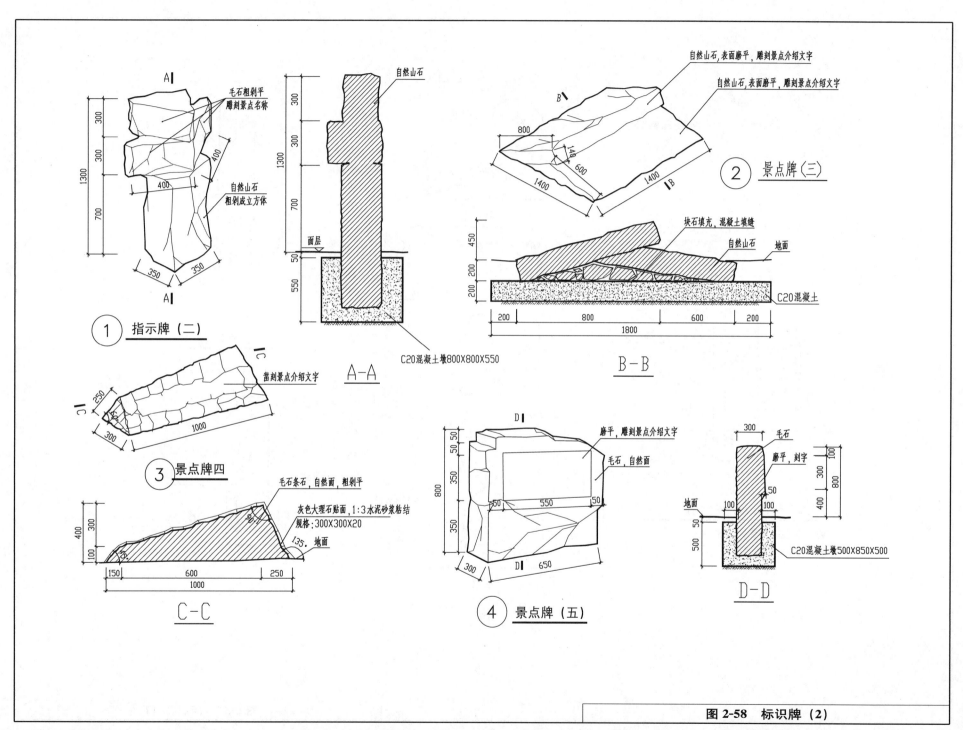

Figure 1 (指示牌二):
- 毛石粗剁平 雕刻景点名称
- 自然山石 粗剁成立方体
- 1300, 300, 300, 400, 400, 700, 350, 350
- ① 指示牌（二）

A-A:
- 自然山石
- 300, 300, 1300, 700, 面层, 50, 550
- C20混凝土墩800X800X550

景点牌三:
- 自然山石，表面磨平，雕刻景点介绍文字
- 自然山石，表面磨平，雕刻景点介绍文字
- 800, 140, 600, 1400
- ② 景点牌（三）

B-B:
- 块石填充，混凝土填缝
- 自然山石
- 地面
- 450, 200, 200, 200
- 200, 800, 600, 200, 1800
- C20混凝土

C-C region:
Figure 3 景点牌四:
- 凿刻景点介绍文字
- 250, 300, 1000
- ③ 景点牌四

C-C:
- 毛石条石，自然面，粗剁平
- 灰色大理石贴面，1:3水泥砂浆粘结 规格：300X300X20
- 地面
- 400, 300, 100, 135
- 150, 600, 250, 1000
- C-C

Figure 4 景点牌五:
- 磨平，雕刻景点介绍文字
- 毛石，自然面
- 50, 50, 350, 350, 800, 50, 550, 50, 300, 650
- ④ 景点牌（五）

D-D:
- 300, 毛石
- 磨平，刻字
- 100, 300, 400, 800, 50
- 地面
- 100, 100, 50, 500
- C20混凝土墩500X850X500
- D-D

图 2-58 标识牌（2）
64

① 指示牌（二）

毛石粗剁平 雕刻景点名称
自然山石 粗剁成立方体
1300 300 300 400 400 700 350 350

A-A
自然山石
300 300 1300 700 面层 50 550
C20混凝土墩800X800X550

② 景点牌（三）
自然山石，表面磨平，雕刻景点介绍文字
自然山石，表面磨平，雕刻景点介绍文字
800 140 600 1400

B-B
块石填充，混凝土填缝
自然山石 地面
450 200 200 200
200 800 600 200 1800
C20混凝土

③ 景点牌四
凿刻景点介绍文字
250 300 1000

C-C
毛石条石，自然面，粗剁平
灰色大理石贴面，1:3水泥砂浆粘结 规格：300X300X20
地面
400 300 100 135
150 600 250 1000

④ 景点牌（五）
磨平，雕刻景点介绍文字
毛石，自然面
50 50 350 350 800 50 550 50 300 650

D-D
300 毛石
磨平，刻字
100 300 400 800 50
地面 100 100 50 500
C20混凝土墩500X850X500

图 2-58　标识牌（2）

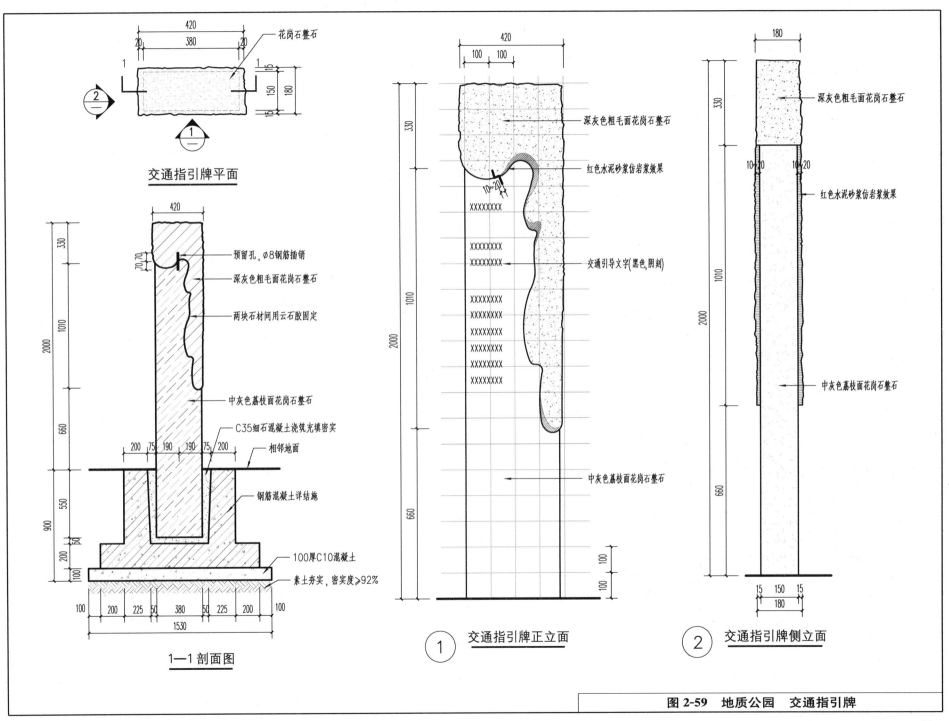

交通指引牌平面

花岗石整石

1—1剖面图

预留孔, Ø8钢筋插销
深灰色粗毛面花岗石整石
两块石材间用云石胶固定
中灰色荔枝面花岗石整石
C35细石混凝土浇筑充填密实
相邻地面
钢筋混凝土详结施
100厚C10混凝土
素土夯实, 密实度≥92%

交通指引牌正立面

深灰色粗毛面花岗石整石
红色水泥砂浆仿岩浆效果
交通引导文字(黑色,阴刻)
中灰色荔枝面花岗石整石

交通指引牌侧立面

深灰色粗毛面花岗石整石
红色水泥砂浆仿岩浆效果
中灰色荔枝面花岗石整石

图2-59 地质公园 交通指引牌

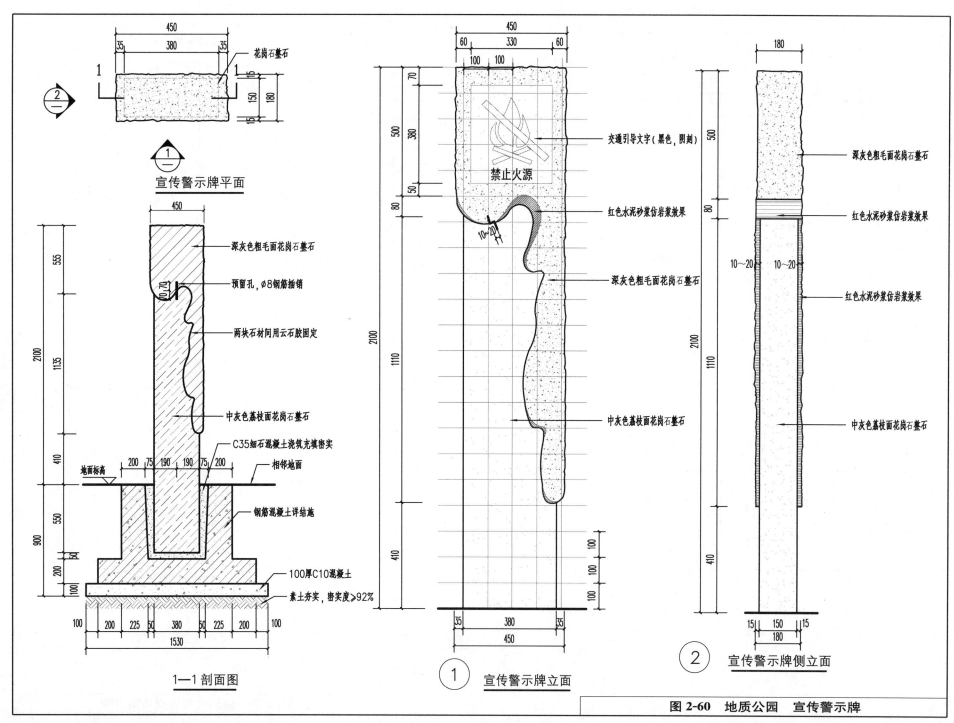

花岗石垫石

宣传警示牌平面

深灰色粗毛面花岗石垫石

预留孔，∅8钢筋插销

两块石材间用云石胶固定

中灰色荔枝面花岗石垫石

C35细石混凝土浇筑充填密实

相邻地面

钢筋混凝土详结施

100厚C10混凝土

素土夯实，密实度≥92%

1—1 剖面图

交通引导文字（黑色，阴刻）

禁止火源

红色水泥砂浆仿岩浆效果

深灰色粗毛面花岗石垫石

中灰色荔枝面花岗石垫石

① 宣传警示牌立面

深灰色粗毛面花岗石垫石

红色水泥砂浆仿岩浆效果

红色水泥砂浆仿岩浆效果

中灰色荔枝面花岗石垫石

② 宣传警示牌侧立面

图2-60　地质公园　宣传警示牌

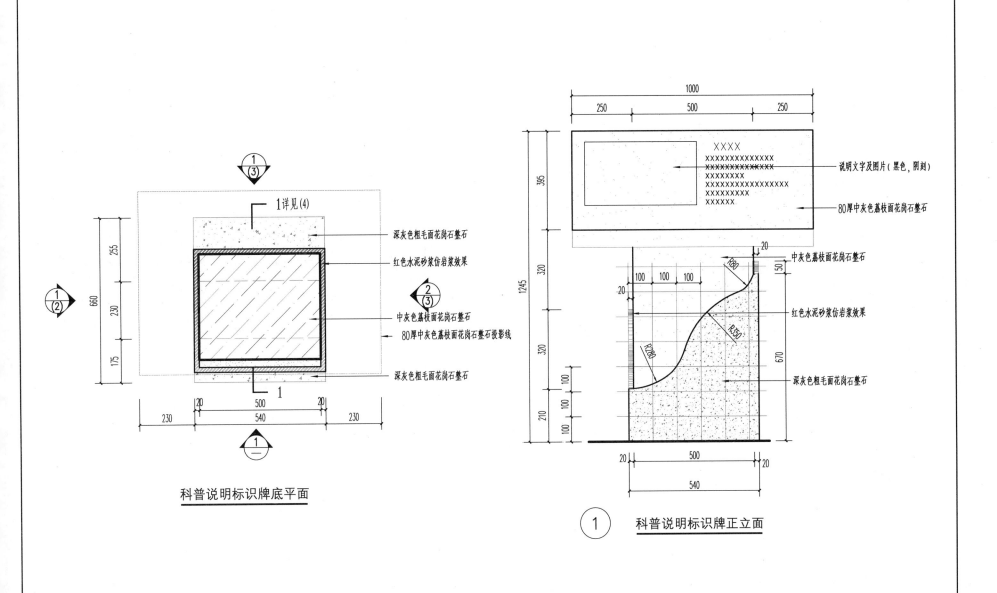

科普说明标识牌底平面

说明文字及图片（黑色，阴刻）

80厚中灰色荔枝面花岗石整石

深灰色粗毛面花岗石整石

红色水泥砂浆仿岩浆效果

中灰色荔枝面花岗石整石

80厚中灰色荔枝面花岗石整石投影线

深灰色粗毛面花岗石整石

中灰色荔枝面花岗石整石

红色水泥砂浆仿岩浆效果

深灰色粗毛面花岗石整石

1详见(4)

① 科普说明标识牌正立面

图 2-61　地质公园　科普说明标识牌（1）

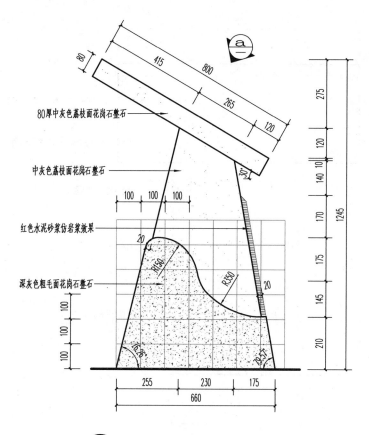

80厚中灰色荔枝面花岗石叠石

中灰色荔枝面花岗石叠石

红色水泥砂浆仿岩浆效果

深灰色粗毛面花岗石叠石

①/(1) 科普说明标识牌侧立面

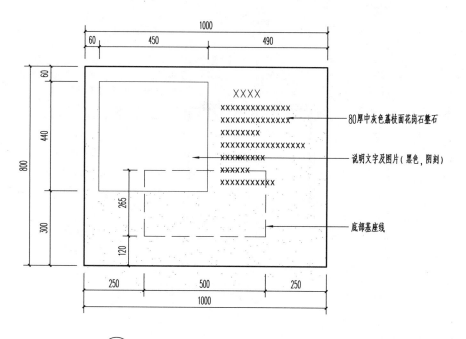

XXXX
XXXXXXXXXXXX
XXXXXXXXXXXXX
XXXXXX
XXXXXXXXXXXXX
XXXXXXXXXXXXX
XXXXXXXX
XXXXX
XXXXXXXXXX

80厚中灰色荔枝面花岗石叠石

说明文字及图片（黑色，阴刻）

底部基座线

ⓐ 科普说明标识牌放样图

图 2-62　地质公园　科普说明标识牌（2）

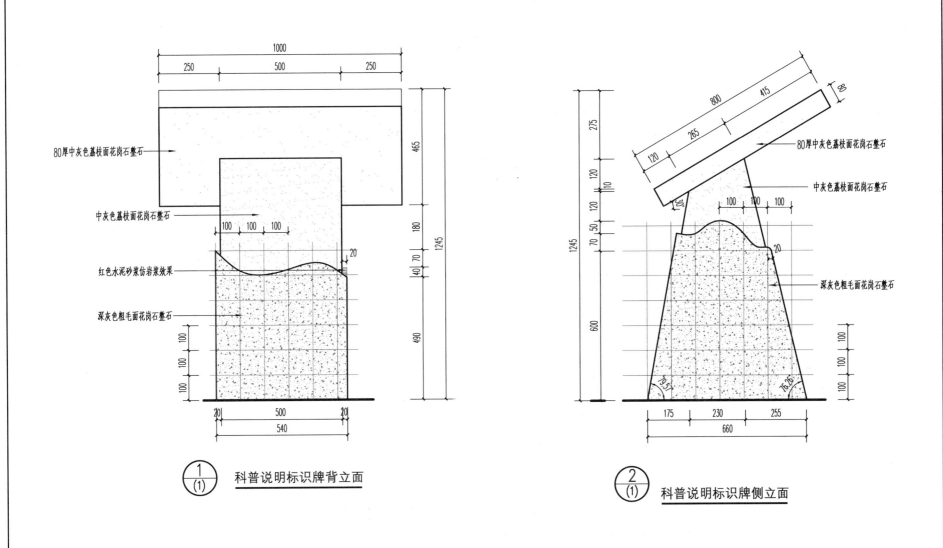

80厚中灰色荔枝面花岗石整石

中灰色荔枝面花岗石整石

红色水泥砂浆仿岩浆效果

深灰色粗毛面花岗石整石

1000
250 500 250

465
180
40 70
1245
490

100
100
100

20 500 20
540

①
(1)
科普说明标识牌背立面

80厚中灰色荔枝面花岗石整石

中灰色荔枝面花岗石整石

深灰色粗毛面花岗石整石

800 415
265
120
88

275
120
110
120
50
70
1245
600

100 100 100

20

100
100
100

79.5° 76.26°

175 230 255
660

②
(1)
科普说明标识牌侧立面

图2-63 地质公园 科普说明标识牌（3）

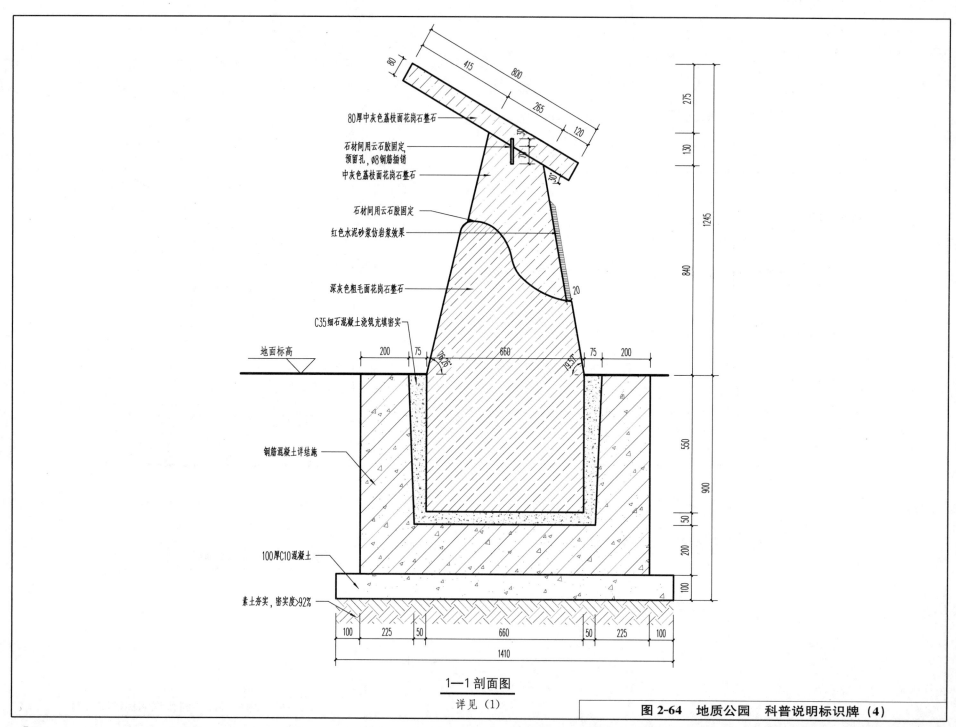

80厚中灰色荔枝面花岗石叠石

石材间用云石胶固定
预留孔，∅8钢筋插销

中灰色荔枝面花岗石叠石

石材间用云石胶固定

红色水泥砂浆仿岩浆效果

深灰色粗毛面花岗石叠石

C35细石混凝土浇筑充填密实

地面标高

钢筋混凝土详结施

100厚C10混凝土

素土夯实，密实度>92%

80
415   800
265
120
275
130
1245
840
20
200   75   660   75   200
550
900
50
200
100
100   225   50   660   50   225   100
1410

1—1剖面图
详见（1）

图 2-64 地质公园 科普说明标识牌（4）

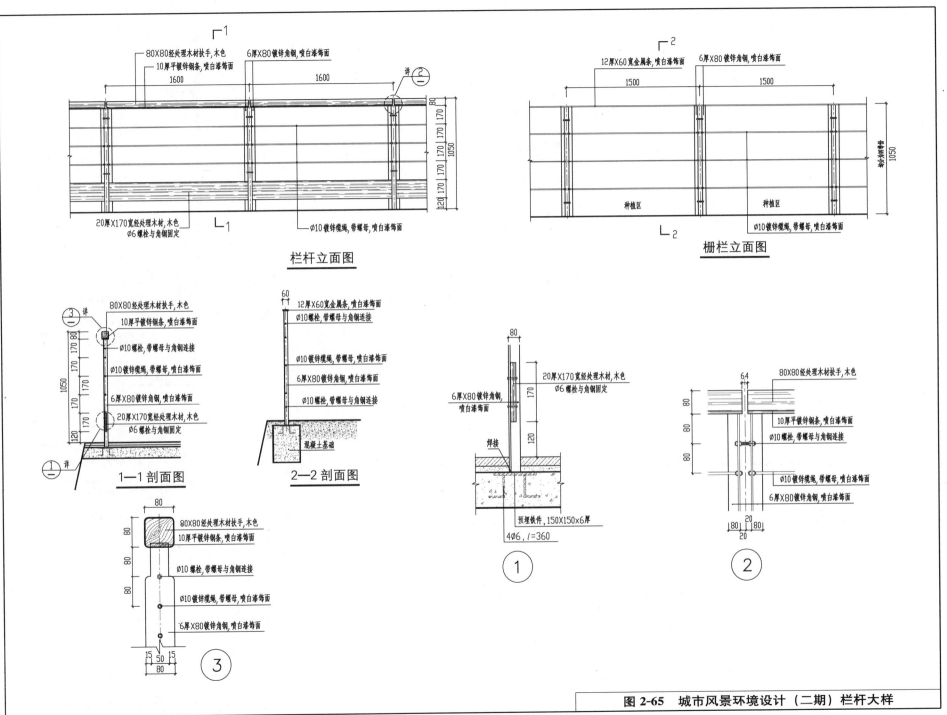

栏杆立面图

栅栏立面图

1—1剖面图

2—2剖面图

图 2-65 城市风景环境设计（二期）栏杆大样

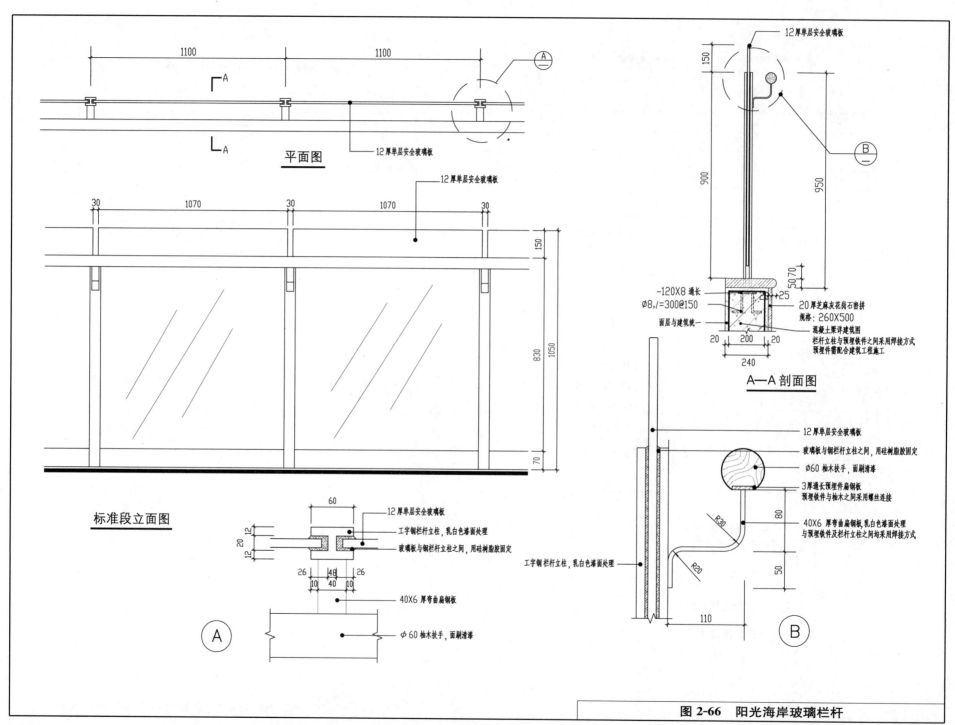

平面图

标准段立面图

12厚单层安全玻璃板

A—A 剖面图

-120X8 通长
Φ8,/=300@150
面层与建筑统一
混凝土梁详建筑图
栏杆立柱与预埋铁件之间采用焊接方式
预埋件需配合建筑工程施工

20 厚芝麻灰花岗石密拼
规格：260X500

A

12厚单层安全玻璃板
工字钢栏杆立柱，乳白色漆面处理
玻璃板与钢栏杆立柱之间，用硅树脂胶固定
40X6 厚弯曲扁钢板
Φ60 柚木扶手，面刷清漆

B

12厚单层安全玻璃板
玻璃板与钢栏杆立柱之间，用硅树脂胶固定
Φ60 柚木扶手，面刷清漆
3厚通长预埋件扁钢板
预埋铁件与柚木之间采用螺丝连接
40X6 厚弯曲扁钢板，乳白色漆面处理
与预埋铁件及栏杆立柱之间均采用焊接方式
工字钢栏杆立柱，乳白色漆面处理

图 2-66 阳光海岸玻璃栏杆

72

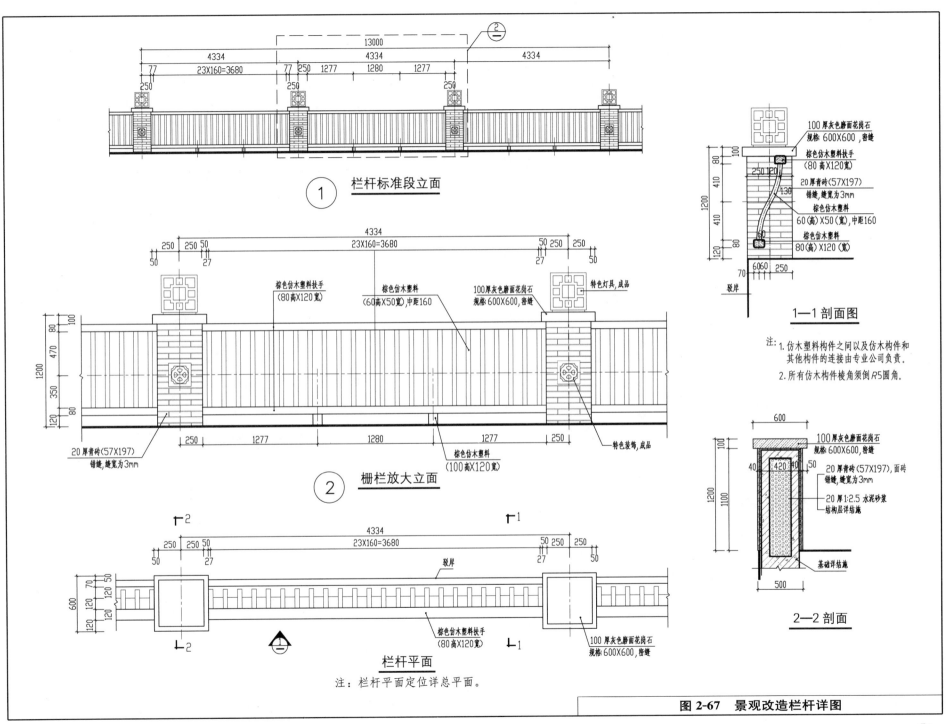

① 栏杆标准段立面

② 栅栏放大立面

栏杆平面

注：栏杆平面定位详总平面。

1—1 剖面图

注: 1. 仿木塑料构件之间以及仿木构件和其他构件的连接由专业公司负责。
2. 所有仿木构件棱角须倒R5圆角。

2—2 剖面

图2-67 景观改造栏杆详图

73

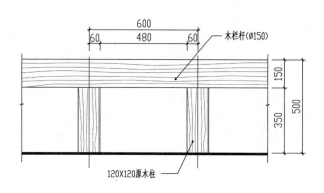

木栏杆(∅150)

岸边木栏立面图

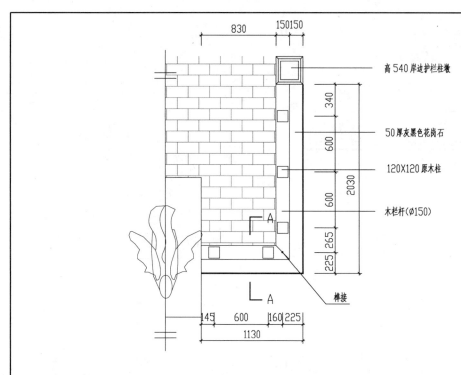

高540岸边护栏柱墩

50厚灰黑色花岗石

120X120原木柱

木栏杆(∅150)

榫接

岸边木栏杆平面图

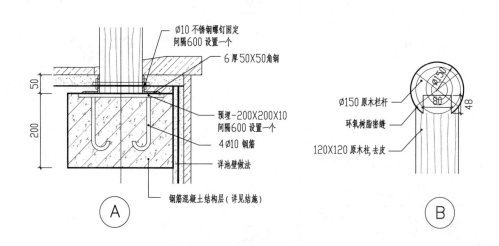

∅10不锈钢螺钉固定 间隔600设置一个

6厚50X50角钢

预埋-200X200X10 间隔600设置一个

4∅10钢筋

详池壁做法

钢筋混凝土结构层(详见结施)

A

∅150原木栏杆

环氧树脂密缝

120X120原木柱,去皮

B

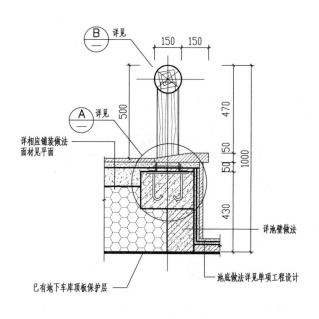

B 详见

A 详见

详相应铺装做法 面材见平面

详池壁做法

已有地下车库顶板保护层

池底做法详见单项工程设计

A—A 剖面图

图 2-68 阳光海岸岸边木栏杆

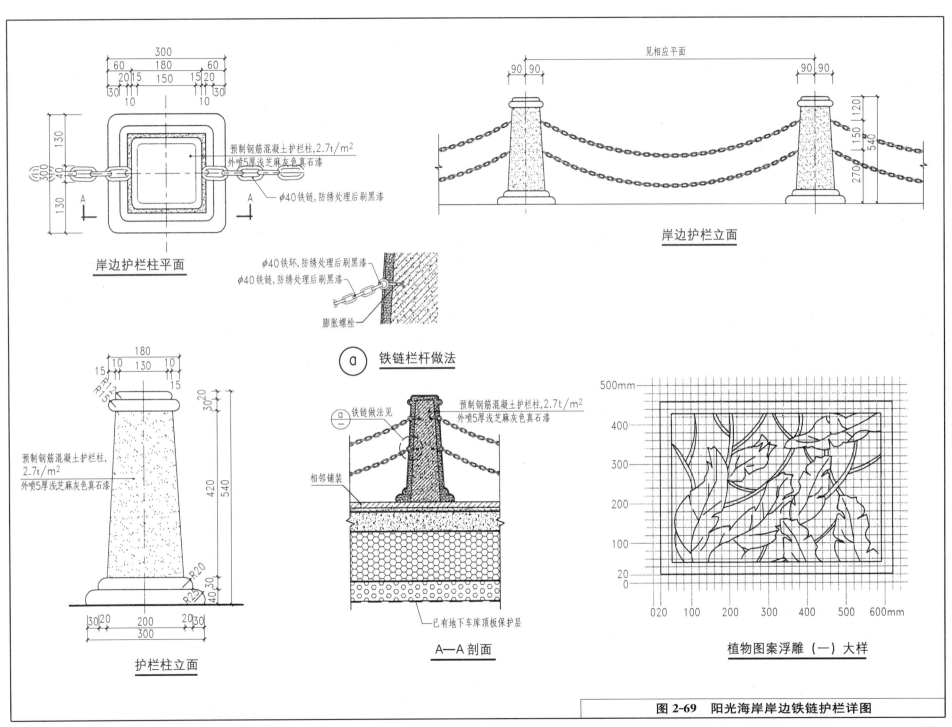

岸边护栏柱平面

预制钢筋混凝土护栏柱,2.7t/m²
外喷5厚浅芝麻灰色真石漆

φ40铁链,防绣处理后刷黑漆

岸边护栏立面

见相应平面

φ40铁环,防绣处理后刷黑漆
φ40铁链,防绣处理后刷黑漆

膨胀螺栓

(a) 铁链栏杆做法

预制钢筋混凝土护栏柱,
2.7t/m²
外喷5厚浅芝麻灰色真石漆

护栏柱立面

铁链做法见
(a)

预制钢筋混凝土护栏柱,2.7t/m²
外喷5厚浅芝麻灰色真石漆

相邻铺装

已有地下车库顶板保护层

A—A剖面

植物图案浮雕（一）大样

图2-69　阳光海岸岸边铁链护栏详图

75

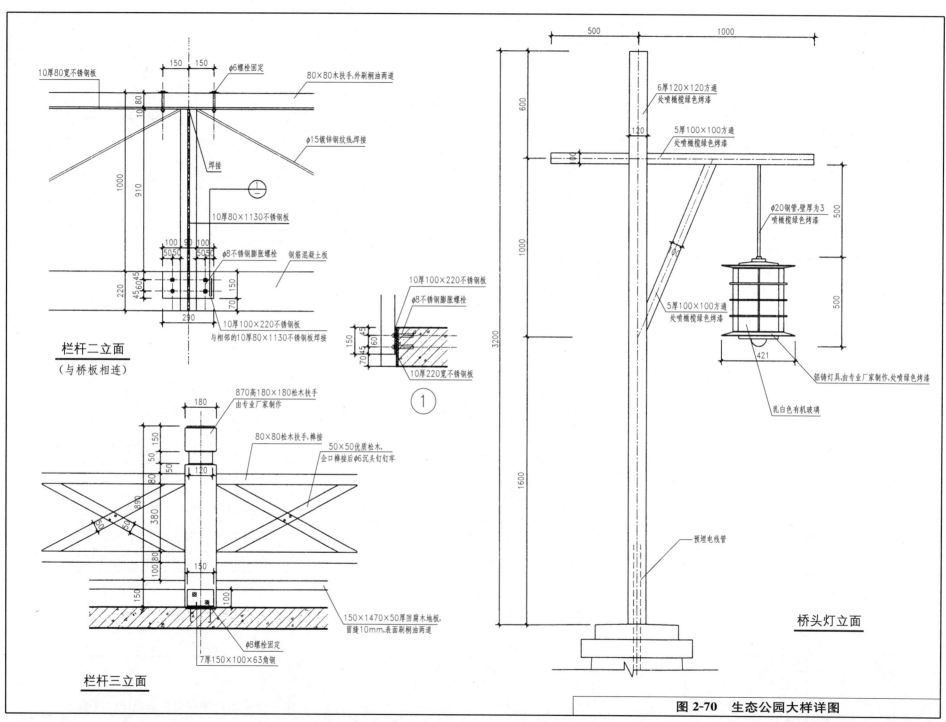

栏杆二立面
（与桥板相连）

栏杆三立面

桥头灯立面

图2-70　生态公园大样详图

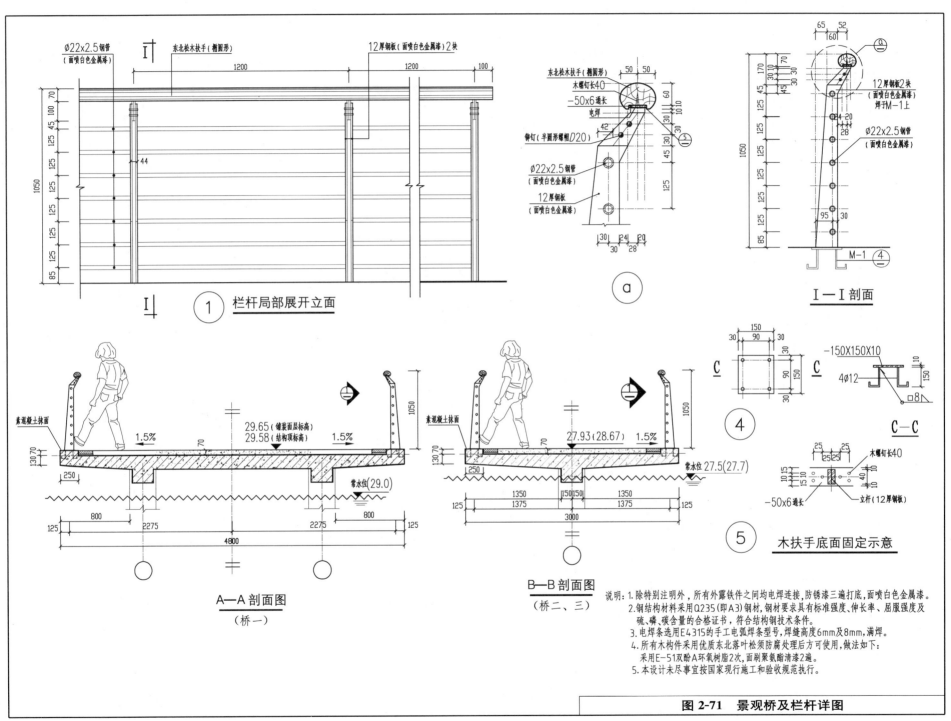

图 2-71 景观桥及栏杆详图

说明：1.除特别注明外，所有外露铁件之间均电焊连接，防锈漆三遍打底，面喷白色金属漆。
2.钢结构材料采用Q235(即A3)钢材，钢材要求具有标准强度、伸长率、屈服强度及硫、磷、碳含量的合格证书，符合结构钢技术条件。
3.电焊条选用E4315的手工电弧焊条型号，焊缝高度6mm及8mm，满焊。
4.所有木构件采用优质东北落叶松须防腐处理后方可使用，做法如下：采用E-51双酚A环氧树脂2次，面刷聚氨酯清漆2遍。
5.本设计未尽事宜按国家现行施工和验收规范执行。

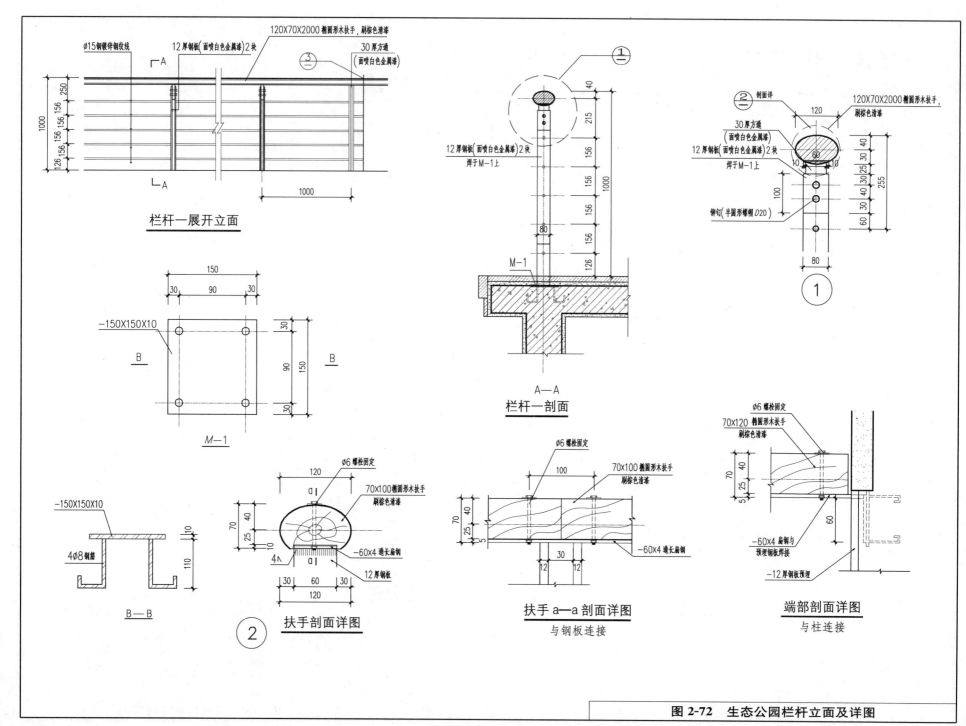

栏杆一展开立面

M—1

B—B

扶手剖面详图

②

栏杆一剖面
A—A

扶手a—a剖面详图
与钢板连接

端部剖面详图
与柱连接

图 2-72　生态公园栏杆立面及详图

78

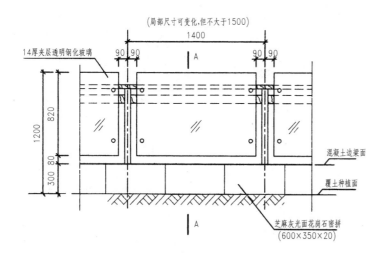

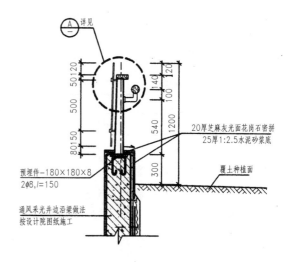

通风采光井边沿栏杆标准段立面图

A—A 剖面图

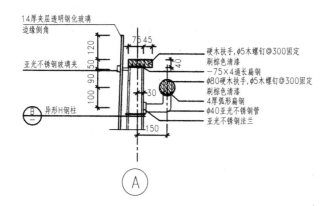

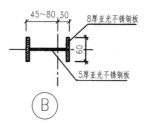

图 2-73   国际公寓   采光井边沿栏杆详图

79

2.6 围栏、栅栏

（1）围栏、栅栏具有限入、防护、分界等多种功能，立面构造多为栅状和网状、透空和半透空等几种形式。围栏一般采用铁制、钢制、木制、铝合金制、竹制等。栅栏竖杆的间距不应大于110mm。

（2）围栏、栅栏设计高度见表2-5。

围栏高度　　　　　　　　　　　　　表2-5

功能要求	高度(m)	功能要求	高度(m)
隔离绿化植物	0.4	限制人员进出	1.8～2.0
限制车辆进出	0.5～0.7	供植物攀援	2.0左右
标明分界区域	1.2～1.5	隔噪声实栏	3.0～4.5

（3）围墙要根据不同位置达到围护、安全要求，高度在1.8～2.2m。

（4）围栏、栅栏设计实例图见图2-74～图2-88。

2.7 挡土墙

（1）挡土墙的形式根据建设用地的实际情况经过结构设计确定。其结构形式主要有重力式、半重力式、悬臂式和扶臂式挡土墙，从形态上分有直墙式和坡面式。

（2）挡土墙的外观质感由用材确定，直接影响到挡墙的景观效果。毛石和条石砌筑的挡土墙要注重砌缝的交错排列方式和宽度；混凝土预制块挡土墙应设计出图案效果；嵌草皮的坡面上需铺上一定厚度的种植土，并加入改善土壤

保温性的材料，利于草根系的生长，也可用喷混植生技术进行面层绿化。

（3）常见挡土墙技术要求及适用场地见表2-6。

挡土墙类型、技术要求及适用场地　　　　　　表2-6

挡墙类型	技术要求及适用场地
干砌石墙	墙高不超过3m，墙体顶部宽度宜在450～600mm，适用于可就地取材处
预制砌块墙	墙高不应超过6m，这种砌块墙还适用于弧形或曲线形走向的挡墙
土方锚固式挡墙	用金属片或聚合物片将松散回填土方锚固在连锁的预制混凝土面板上。适用于挡墙面积较大时或需要进行填方处
仓式挡土墙、格间挡土墙	由钢筋混凝土连锁砌块和粒状填方构成，面层可有多种选择，如平滑面层、骨料外露面层、锤凿混凝土面层和条纹面层等。这种挡土墙适用于使用特定设备的大型项目以及空间有限的填方边缘
混凝土垛式挡土墙	用混凝土砌块砌成挡墙，然后立即进行土方回填。垛式支架与填方部分的高差不应大于900mm，以保证挡墙的稳固
木制垛式挡土墙	用于需要表现木质材料的景观设计。这种挡土墙不宜用于潮湿或寒冷地区，适宜用于乡村、干热地区
绿色挡土墙	结合挡土墙种植草坪植被。砌体倾斜度宜在25°～70°。尤其适于雨量充足的气候带和有喷灌设备的场地

（4）挡土墙必须设置排水孔，一般上下左右均为3m设一个直径75mm的排水孔，墙内宜敷设渗水管，防止墙体内存水。钢筋混凝土挡土墙必须设伸缩缝，配筋墙体每30m设一道，无筋墙体每10m设一道。

（5）挡土墙、景墙设计实例见图2-89～图2-109。

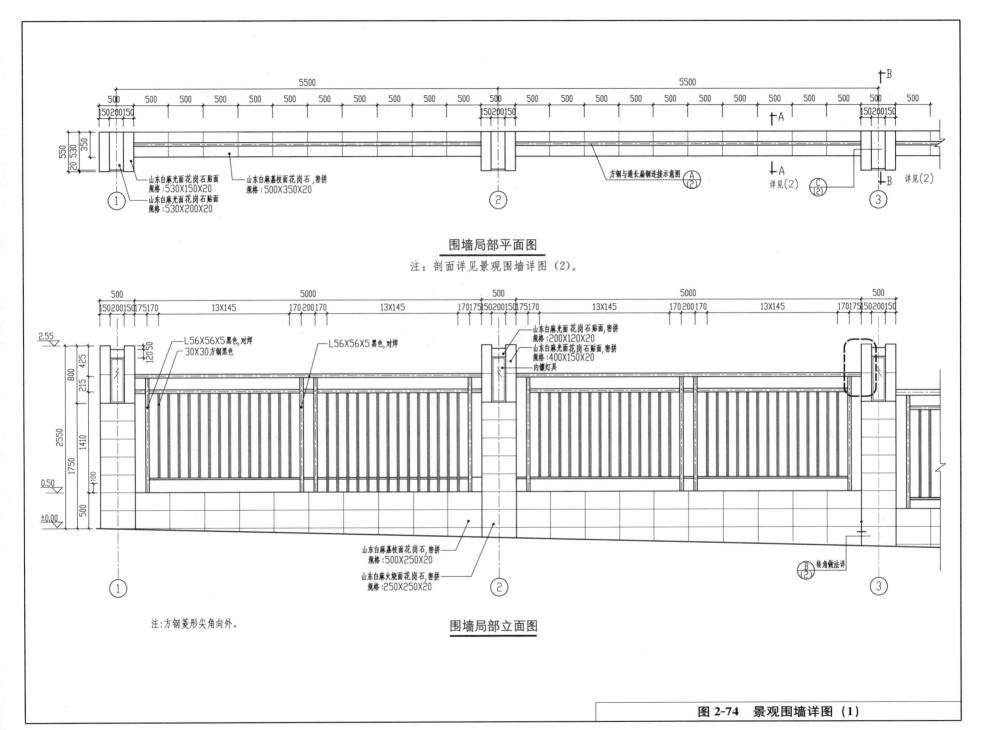

围墙局部平面图

注：剖面详见景观围墙详图（2）。

围墙局部立面图

注：方钢菱形尖角向外。

图2-74 景观围墙详图（1）

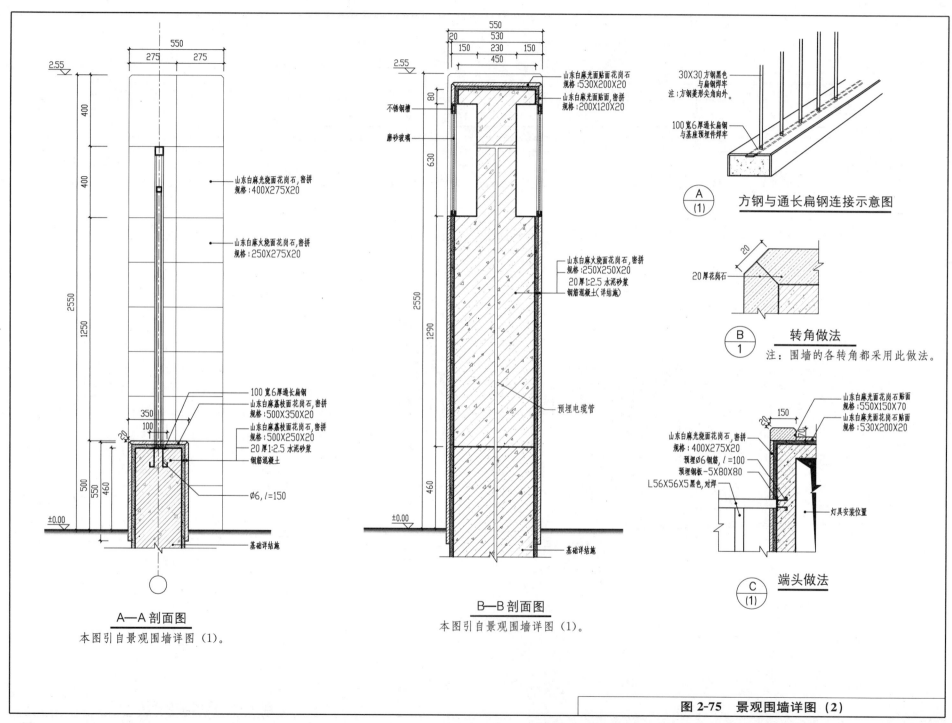

550
275 275

2.55

400

400

2550

1250

山东白麻光烧面花岗石,密拼
规格:400X275X20

山东白麻火烧面花岗石,密拼
规格:250X275X20

350
100

500
550
460

100宽6厚通长扁钢
山东白麻荔枝面花岗石,密拼
规格:500X350X20
山东白麻荔枝面花岗石,密拼
规格:500X250X20
20厚1:2.5 水泥砂浆

钢筋混凝土

∅6,l=150

±0.00

基础详结施

A—A剖面图
本图引自景观围墙详图(1)。

550
20 530
150 230 150
450

2.55

80

630

2550

1290

460

不锈钢槽

磨砂玻璃

山东白麻光面贴面花岗石
规格:530X200X20

山东白麻光面贴面花岗石,密拼
规格:200X120X20

山东白麻火烧面花岗石,密拼
规格:250X250X20
20厚1:2.5 水泥砂浆
钢筋混凝土(详结施)

预埋电缆管

±0.00

基础详结施

B—B剖面图
本图引自景观围墙详图(1)。

30X30方钢黑色
与扁钢焊牢
注:方钢菱形尖角向外。

100宽6厚通长扁钢
与基座预埋件焊牢

$\frac{A}{(1)}$ **方钢与通长扁钢连接示意图**

20

20厚花岗石

$\frac{B}{1}$ **转角做法**
注:围墙的各转角都采用此做法。

150
20

山东白麻光面花岗石贴面
规格:550X150X70
山东白麻光面花岗石贴面
规格:530X200X20

山东白麻光烧面花岗石,密拼
规格:400X275X20
预埋∅6钢筋,l=100
预埋钢板-5X80X80
L56X56X5黑色,对焊

灯具安装位置

$\frac{C}{(1)}$ **端头做法**

图 2-75 景观围墙详图(2)

82

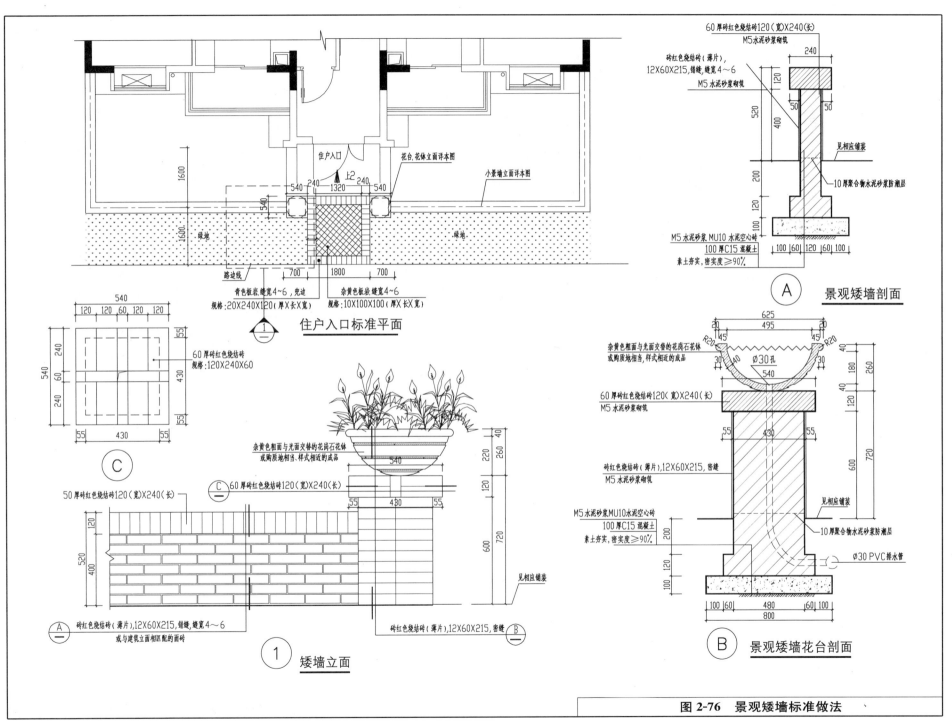

60厚砖红色烧结砖120（宽）X240（长）
M5水泥砂浆砌筑

砖红色烧结砖（薄片），
12X60X215，错缝，缝宽4～6
M5水泥砂浆砌筑

见相应铺装

10厚聚合物水泥砂浆防潮层

M5水泥砂浆 MU10水泥空心砖
100厚C15混凝土
素土夯实，密实度≥90%。

Ⓐ 景观矮墙剖面

1600

住户入口
花台,花钵立面详本图
小景墙立面详本图

540 240 1320 240 540

540

绿地

绿地

1600

路边线

700 1800 700

青色板岩,缝宽4～6,兜边
规格:20X240X120（厚X长X宽）

杂黄色板岩,缝宽4～6
规格:10X100X100（厚X长X宽）

① 住户入口标准平面

540
120 120 60 120 120

540
240 60 240

55 430 55

55 430 55

60厚砖红色烧结砖
规格:120X240X60

Ⓒ

杂黄色粗面与光面交替的花岗石花钵
或购质地相当、样式相近的成品

540

60厚砖红色烧结砖120（宽）X240（长）

40 260 220 120

55 430 55

50厚砖红色烧结砖120（宽）X240（长）

Ⓒ

120

520 400

720 600

见相应铺装

砖红色烧结砖（薄片），12X60X215,错缝,缝宽4～6
或与建筑立面相匹配的面砖

Ⓐ

砖红色烧结砖（薄片），12X60X215,密缝
Ⓑ

① 矮墙立面

杂黄色粗面与光面交替的花岗石花钵
或购质地相当、样式相近的成品

625
20 495 45

R20 R20
30 40 40 40
Ø30孔
540

60厚砖红色烧结砖120（宽）X240（长）
M5水泥砂浆砌筑

砖红色烧结砖（薄片），12X60X215，密缝
M5水泥砂浆砌筑

M5水泥砂浆MU10水泥空心砖
100厚C15混凝土
素土夯实，密实度≥90%。

40 180 260
120

55 430 55

720 600

见相应铺装

10厚聚合物水泥砂浆防潮层

200
100 120

Ø30 PVC排水管

100 60 480 60 100
800

Ⓑ 景观矮墙花台剖面

图2-76 景观矮墙标准做法

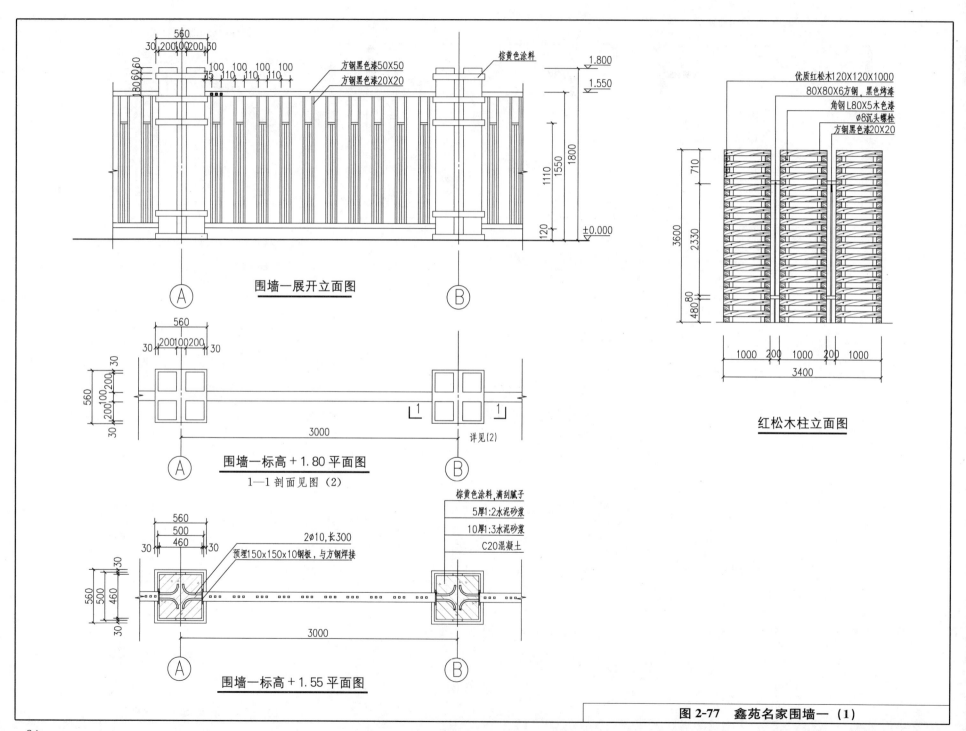

围墙一展开立面图

方钢黑色漆50X50
方钢黑色漆20X20
棕黄色涂料

优质红松木120X120X1000
80X80X6方钢，黑色烤漆
角钢L80X5木色漆
∅8沉头螺栓
方钢黑色漆20X20

红松木柱立面图

围墙一标高＋1.80平面图
1—1剖面见图（2）

详见(2)

围墙一标高＋1.55平面图

2∅10，长300
预埋150x150x10钢板，与方钢焊接

棕黄色涂料，满刮腻子
5厚1:2水泥砂浆
10厚1:3水泥砂浆
C20混凝土

图2-77　鑫苑名家围墙一（1）

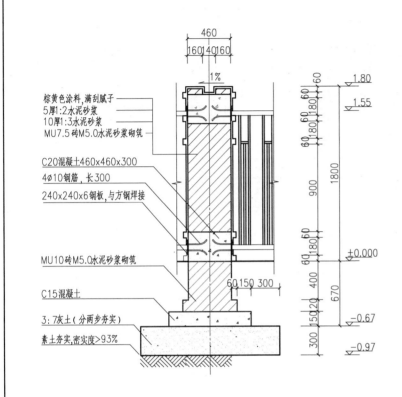

棕黄色涂料,满刮腻子
5厚1:2水泥砂浆
10厚1:3水泥砂浆
MU7.5砖M5.0水泥砂浆砌筑

C20混凝土460x460x300
4Φ10钢筋,长300
240x240x6钢板,与方钢焊接

MU10砖M5.0水泥砂浆砌筑

C15混凝土

3:7灰土(分两步夯实)
素土夯实,密实度>93%

1—1剖面图
详见围墙一(1)

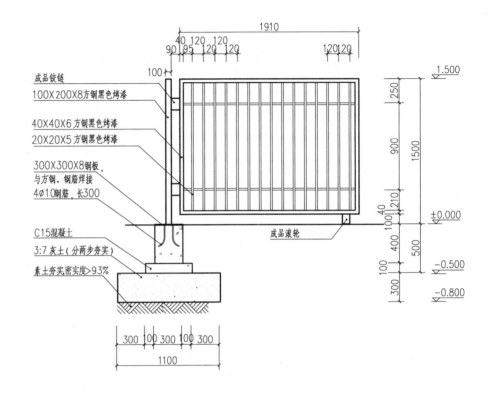

成品铰链
100X200X8方钢黑色烤漆

40X40X6方钢黑色烤漆
20X20X5方钢黑色烤漆

300X300X8钢板,
与方钢、钢筋焊接
4Φ10钢筋,长300

C15混凝土
3:7灰土(分两步夯实)
素土夯实密实度>93%

成品滚轮

大门立面及基础

图2-78 鑫苑名家围墙一(2)

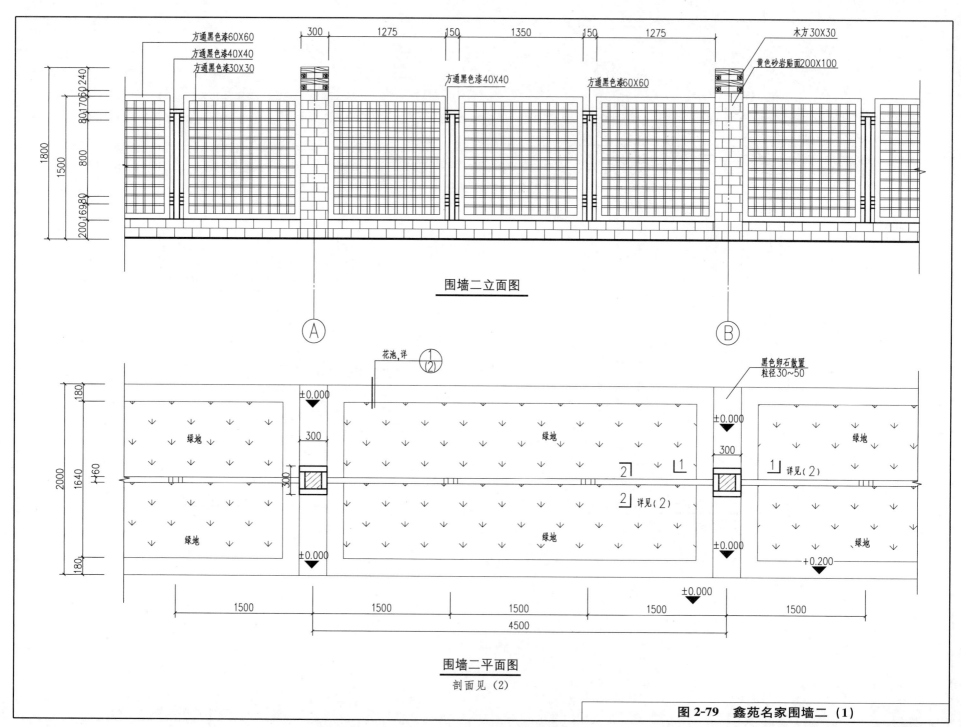

围墙二立面图

方通黑色漆60X60
方通黑色漆40X40
方通黑色漆30X30
方通黑色漆40X40
方通黑色漆60X60
木方30X30
黄色砂岩贴面200X100

花池,详 ①(2)

黑色卵石散置
粒径30~50

绿地
绿地
绿地
绿地
绿地
绿地

±0.000
±0.000
±0.000
±0.000
+0.200
±0.000

详见(2)
详见(2)

围墙二平面图
剖面见(2)

图2-79 鑫苑名家围墙二（1）

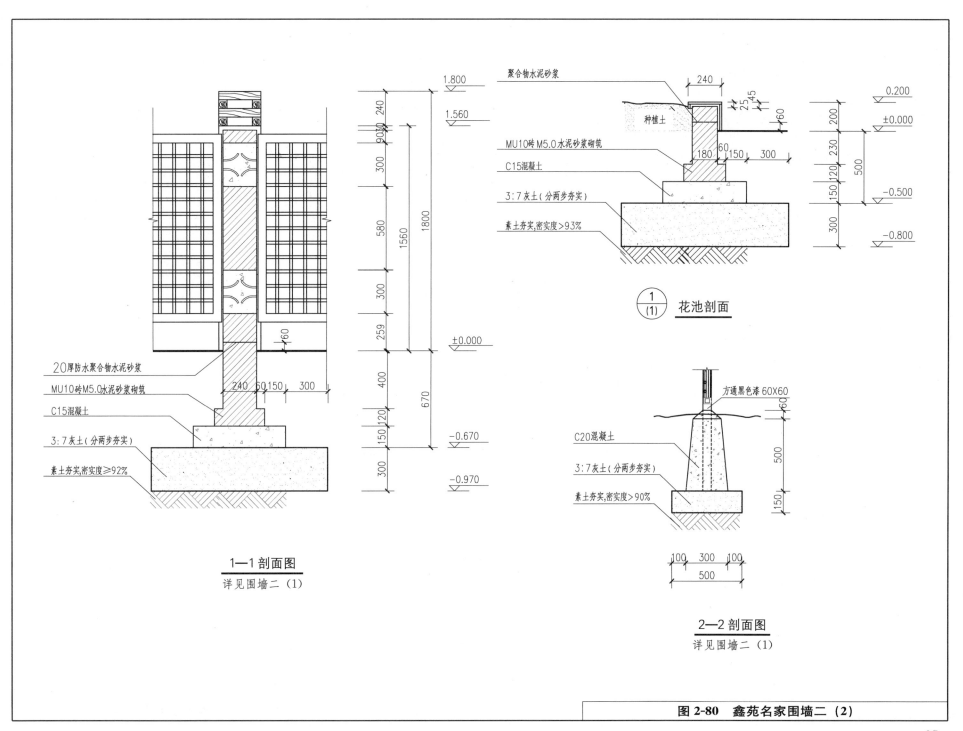

聚合物水泥砂浆

种植土

MU10砖 M5.0水泥砂浆砌筑

C15混凝土

3:7灰土(分两步夯实)

素土夯实,密实度>93%

①
(1)
花池剖面

方通黑色漆60X60

C20混凝土

3:7灰土(分两步夯实)

素土夯实,密实度>90%

2—2剖面图
详见围墙二(1)

20厚防水聚合物水泥砂浆

MU10砖M5.0水泥砂浆砌筑

C15混凝土

3:7灰土(分两步夯实)

素土夯实,密实度≥92%

1—1剖面图
详见围墙二(1)

图2-80 鑫苑名家围墙二(2)

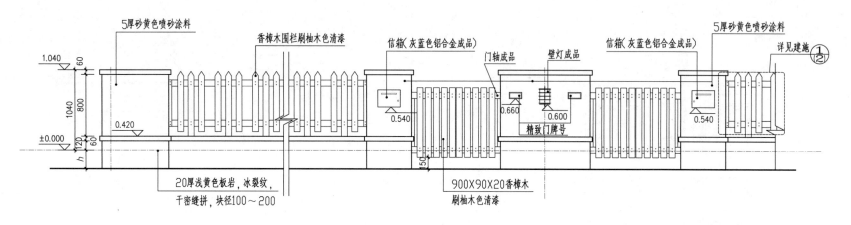

围墙（一）标准段立面图

图中标注文字：

5厚砂黄色喷砂涂料

香樟木围栏刷柚木色清漆

信箱（灰蓝色铝合金成品）

门轴成品

壁灯成品

信箱（灰蓝色铝合金成品）

5厚砂黄色喷砂涂料

详见建施 ①/②

1.040　60

1.040　800

0.420

±0.000　120　60

h

0.540

0.660

0.600

精致门牌号

0.540

20厚浅黄色板岩，冰裂纹，

干密缝拼，块径100～200

900X90X20香樟木

刷柚木色清漆

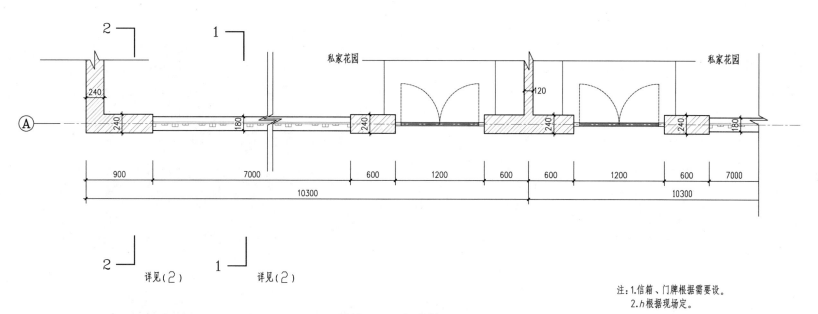

围墙（一）标准段平面图

图中标注文字：

2　1

240

A

240　180　240　120　240　240　180

私家花园

私家花园

900　7000　600　1200　600　600　1200　600　7000

10300　10300

2　1

详见（2）　详见（2）

注：1.信箱、门牌根据需要设。
　　2.h根据现场定。

图 2-81　天鸿山庄围墙（1）

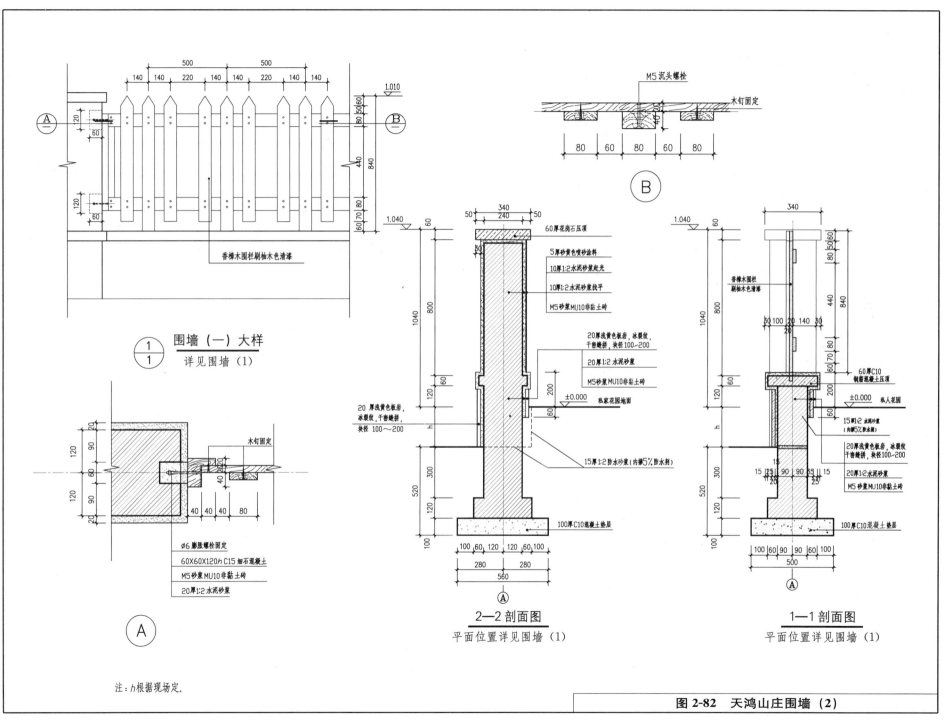

围墙（一）大样

1/1 详见围墙（1）

香樟木围栏刷柚木色清漆

M5沉头螺栓

木钉固定

B

木钉固定

∅6膨胀螺栓固定
60X60X120h C15细石混凝土
M5砂浆MU10非黏土砖
20厚1:2水泥砂浆

A

2—2剖面图
平面位置详见围墙（1）

60厚花岗石压顶
5厚砂黄色喷砂涂料
10厚1:2水泥砂浆起光
10厚1:2水泥砂浆找平
M5砂浆MU10非黏土砖
20厚浅黄色板岩，冰裂纹，干密缝拼，块径100～200
20厚1:2水泥砂浆
M5砂浆MU10非黏土砖
私家花园地面
20厚浅黄色板岩，冰裂纹，干密缝拼，块径100～200
15厚1:2防水砂浆(内掺5%防水剂)
100厚C10混凝土垫层

1—1剖面图
平面位置详见围墙（1）

香樟木围栏刷柚木色清漆
60厚C10钢筋混凝土压顶
私人花园
15厚1:2水泥砂浆(内掺5%防水剂)
20厚浅黄色板岩，冰裂纹，干密缝拼，块径100～200
20厚1:2水泥砂浆
M5砂浆MU10非黏土砖
100厚C10混凝土垫层

注：h根据现场定。

图2-82 天鸿山庄围墙（2）

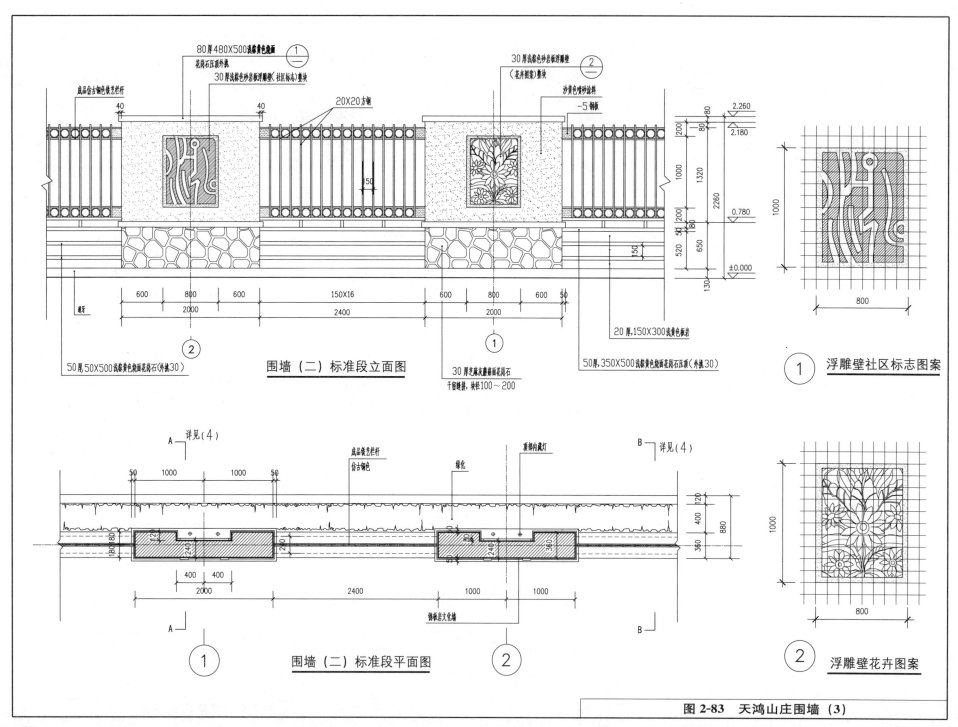

围墙（二）标准段立面图

① 浮雕壁社区标志图案

围墙（二）标准段平面图

② 浮雕壁花卉图案

图2-83 天鸿山庄围墙（3）

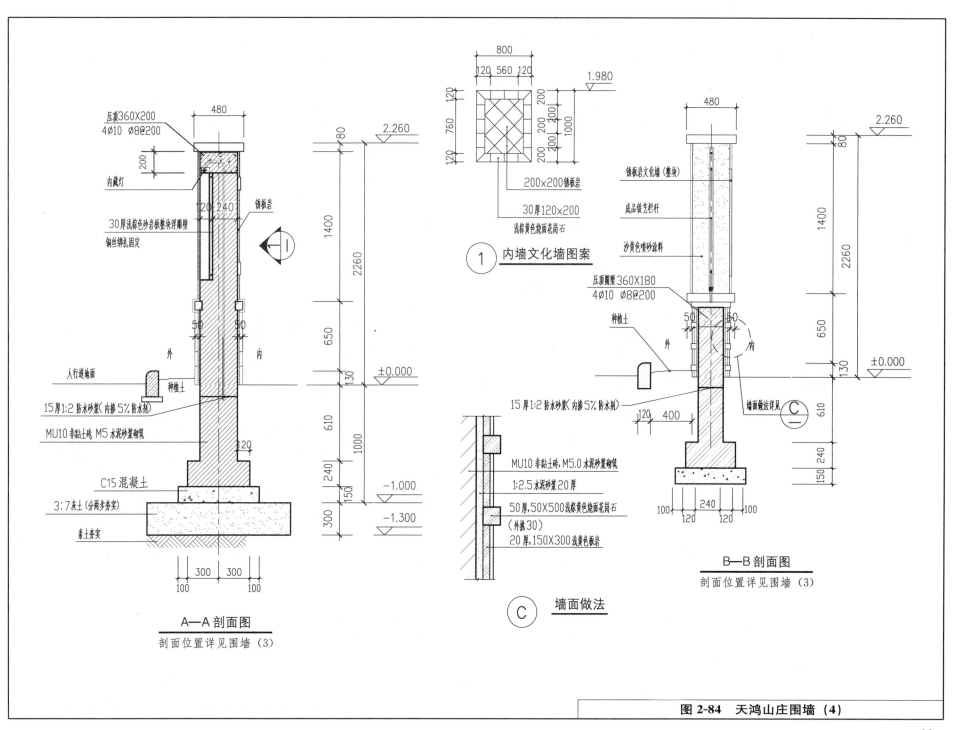

压顶360X200
4Φ10 Φ8@200

480

80

2.260

内藏灯

200

120 240

锈板岩

30厚浅棕色砂板岩整块浮雕壁
铜丝绑扎固定

1400

2260

人行道地面

外 内

种植土

±0.000

15厚1:2 防水砂浆（内掺5%防水剂）

650

130

MU10 非黏土砖，M5 水泥砂浆砌筑

120

C15 混凝土

610

1000

240

3:7灰土（分两步夯实）

-1.000

150

素土夯实

300

-1.300

300 300
100 100

A—A 剖面图
剖面位置详见围墙（3）

800
120 560 120

120

760

120

1.980

200 200
200 200
400 1000

200x200锈板岩

30厚120x200

浅棕黄色烧面花岗石

① 内墙文化墙图案

480

2.260

80

锈板岩文化墙（整块）

成品铁艺栏杆

沙黄色喷砂涂料

1400

2260

压顶圈梁360X180
4Φ10 Φ8@200

种植土

外 内

50 50

650

墙面做法详见

±0.000

C

610

130

MU10 非黏土砖，M5.0 水泥砂浆砌筑

1:2.5 水泥砂浆20厚

50厚，50X500浅棕黄色烧面花岗石
（外挂30）

20厚，150X300浅黄色板岩

15厚1:2 防水砂浆（内掺5%防水剂）

120 400

240

150

100 240 100
120 120

B—B 剖面图
剖面位置详见围墙（3）

C **墙面做法**

图 2-84　天鸿山庄围墙（4）

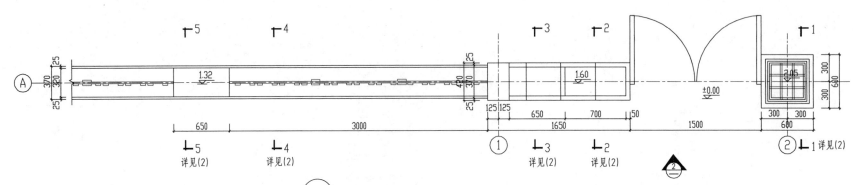

① 私家花园大门和围墙顶平面图

说明：1. 本图为私家花园标准单元施工图，私家花园平面及定位详总图；

　　　2. 本图所用单位除标高以米外均为毫米；

　　　3. 大门的智能设备请专业公司安装；

　　　4. 本图中所有剖面图见详图（2）。

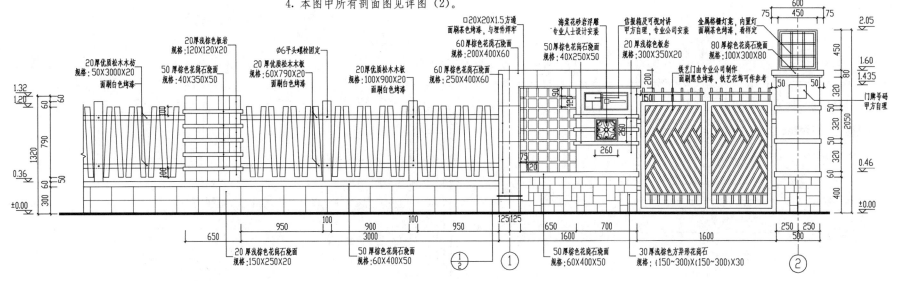

② 私家花园大门和围墙立面图

图 2-85　枫情水岸一期私家花园大门与围墙详图（1）

92

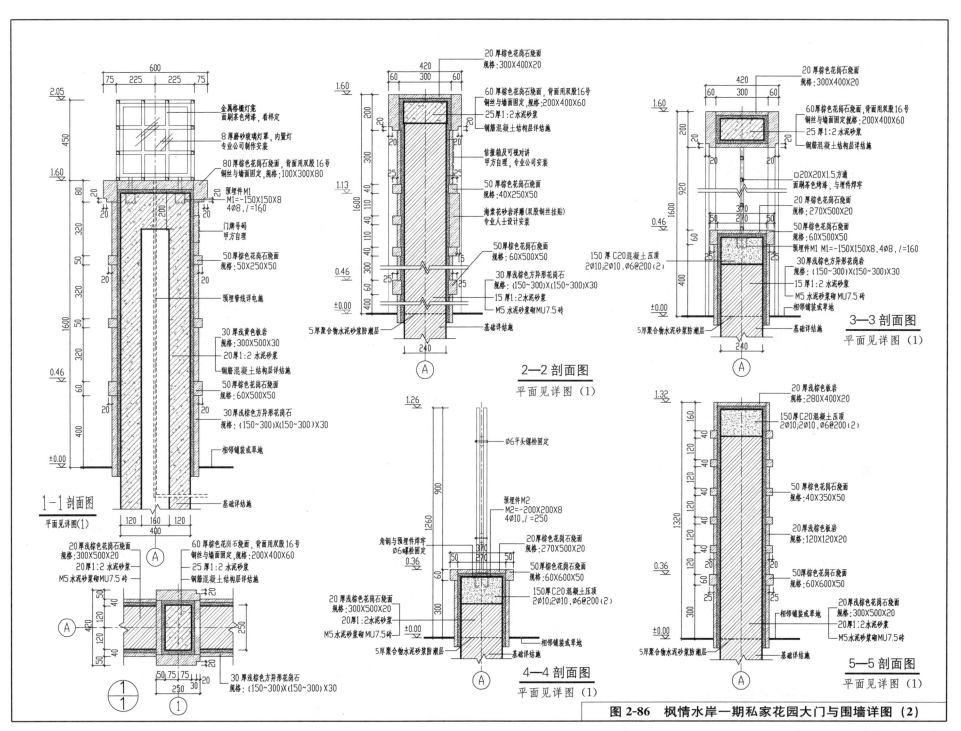

图2-86 枫情水岸一期私家花园大门与围墙详图 (2)

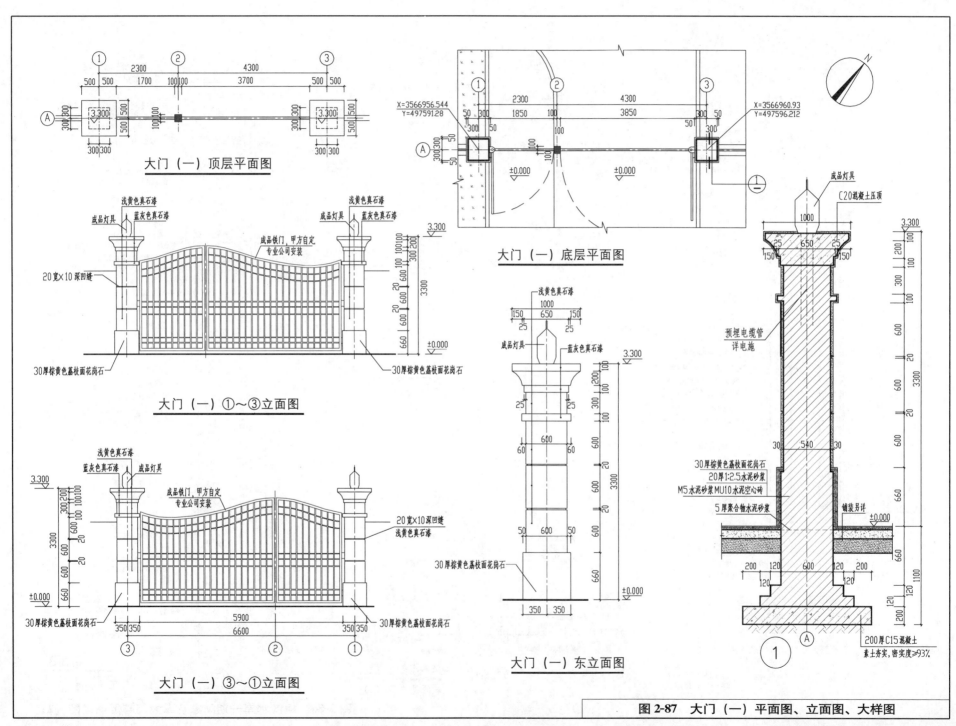

大门（一）顶层平面图

大门（一）底层平面图

大门（一）①～③立面图

大门（一）③～①立面图

大门（一）东立面图

图2-87 大门（一）平面图、立面图、大样图

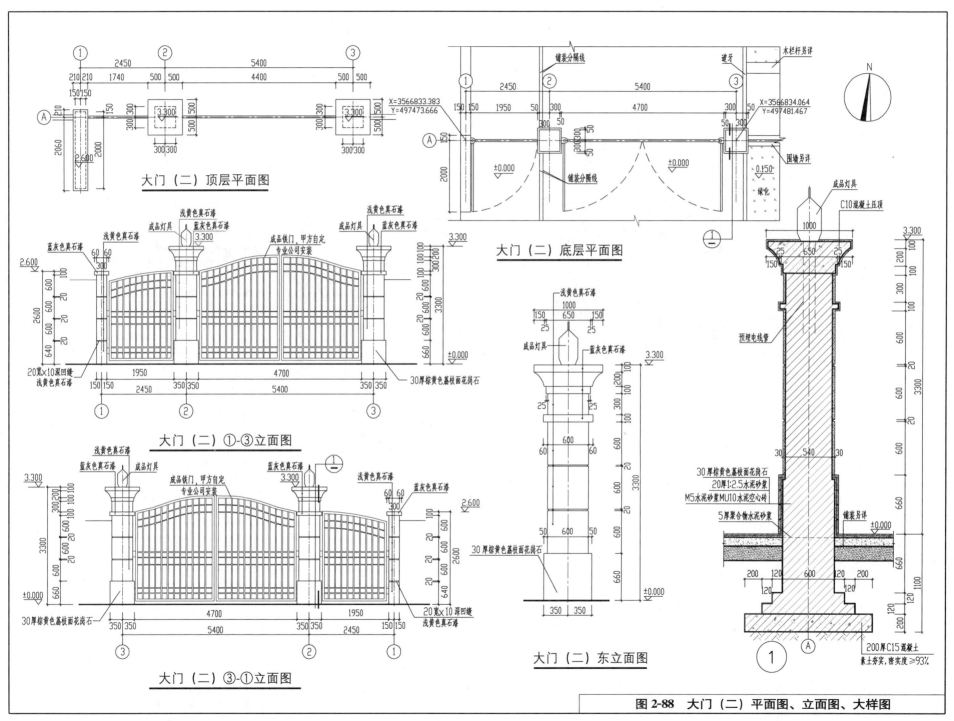

大门（二）顶层平面图

大门（二）底层平面图

大门（二）①-③立面图

大门（二）③-①立面图

大门（二）东立面图

图2-88 大门（二）平面图、立面图、大样图

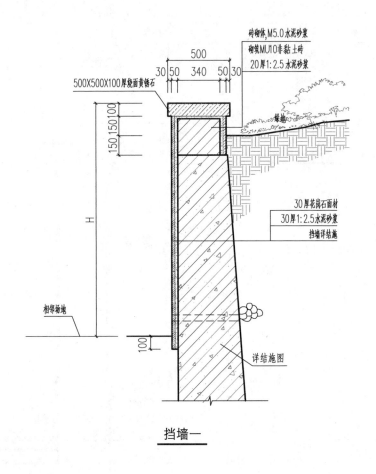

挡墙一

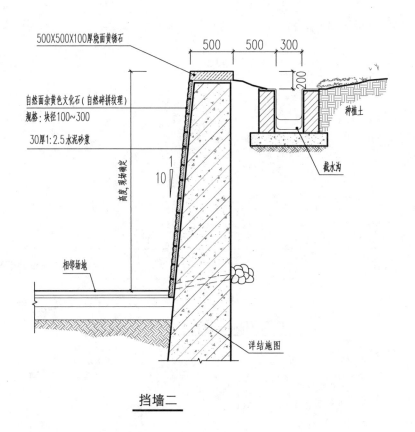

挡墙二

说明：

1. 挡土墙由结构专业设计。挡墙后的泄水孔按设计要求设置。

2. 挡土墙上下大于700mm高差，并上部有人活动时，顶部必须设置防护栏杆。

图 2-89　挡土墙（1）

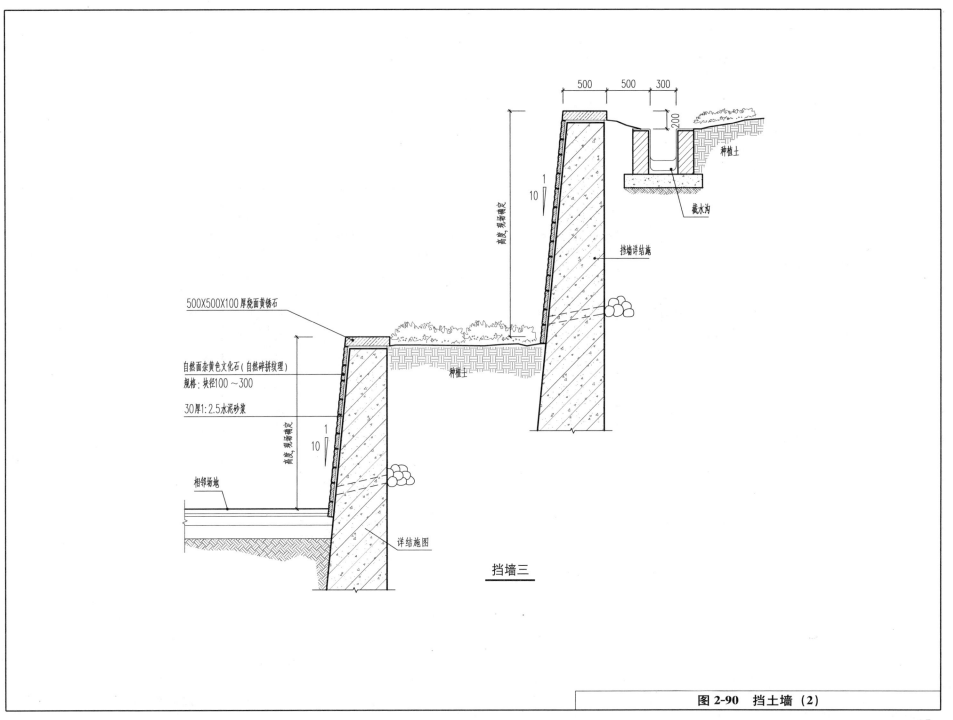

500X500X100 厚烧面黄锈石

自然面杂黄色文化石 (自然碎拼纹理)
规格 : 块径100～300

30 厚1:2.5 水泥砂浆

相邻场地

详结施图

高度, 现场确定

种植土

挡墙详结施

截水沟

种植土

高度, 现场确定

挡墙三

图 2-90　挡土墙 (2)

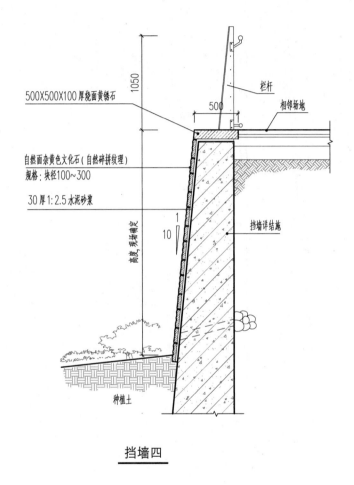

500X500X100厚烧面黄锈石

自然面杂黄色文化石（自然碎拼纹理）
规格：块径100~300

30厚1：2.5水泥砂浆

1050

500

栏杆

相邻场地

高度，现场确定

1

10

挡墙详结施

种植土

挡墙四

500X500X100厚烧面黄锈石

自然面杂黄色文化石（自然碎拼纹理）
规格：块径100~300

30厚1：2.5水泥砂浆

600

500

500

栏杆

相邻场地

高度，现场确定

1

10

挡墙详结施

种植土

挡墙五

图2-91 挡土墙（3）

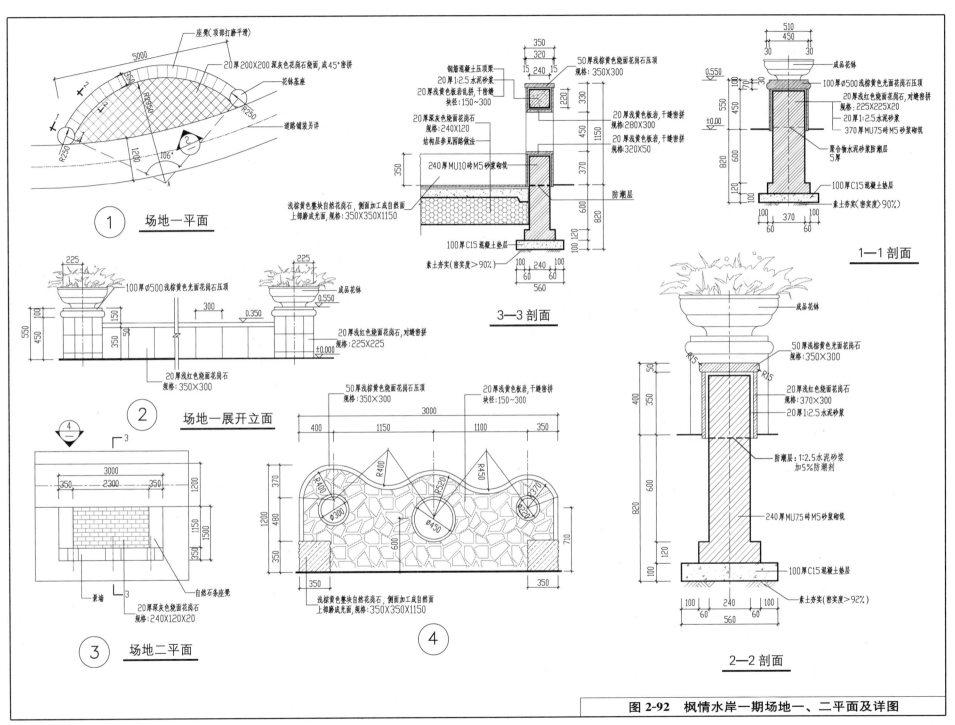

座凳(顶部打磨平滑)
20厚200X200深灰色花岗石烧面,成45°密拼
花钵基座
道路铺装另详

① 场地一平面

钢筋混凝土压顶梁
20厚1:2.5水泥砂浆
20厚浅黄色板岩乱拼
块径:150~300
20厚深灰色烧面花岗石
规格:240X120
结构层参见园路做法
240厚MU10砖M5砂浆砌筑
浅棕黄色整块自然花岗石,侧面加工成自然面
上部磨成光面,规格:350X350X1150
100厚C15混凝土垫层
素土夯实(密实度>90%)

50厚浅黄色烧面花岗石压顶
规格:350X300
20厚浅黄色板岩,干缝密拼
规格:280X300
20厚浅黄色板岩,干缝密拼
规格:320X50
防潮层

3—3 剖面

成品花钵
100厚ø500浅棕黄色光面花岗石压顶
20厚浅红色烧面花岗石,对缝密拼
规格:225X225X20
20厚1:2.5水泥砂浆
370厚MU7.5砖M5砂浆砌筑
聚合物水泥砂浆防潮层
5厚
100厚C15混凝土垫层
素土夯实(密实度>90%)

1—1 剖面

100厚ø500浅棕黄色光面花岗石压顶
成品花钵
20厚浅红色烧面花岗石,对缝密拼
规格:225X225
20厚浅红色烧面花岗石
规格:350X300

② 场地一展开立面

③ 场地二平面

景墙
自然石条座凳
20厚深灰色烧面花岗石
规格:240X120X20

50厚浅棕黄色烧面花岗石压顶
规格:350X300
20厚浅黄色板岩,干缝密拼
块径:150~300
浅棕黄色整块自然花岗石,侧面加工成自然面
上部磨成光面,规格:350X350X1150

④

成品花钵
50厚浅棕黄色光面花岗石
规格:350X300
20厚浅红色烧面花岗石
规格:370X300
20厚1:2.5水泥砂浆
防潮层:1:2.5水泥砂浆
加5%防潮剂
240厚MU7.5砖M5砂浆砌筑
100厚C15混凝土垫层
素土夯实(密实度>92%)

2—2 剖面

图 2-92 枫情水岸一期场地一、二平面及详图

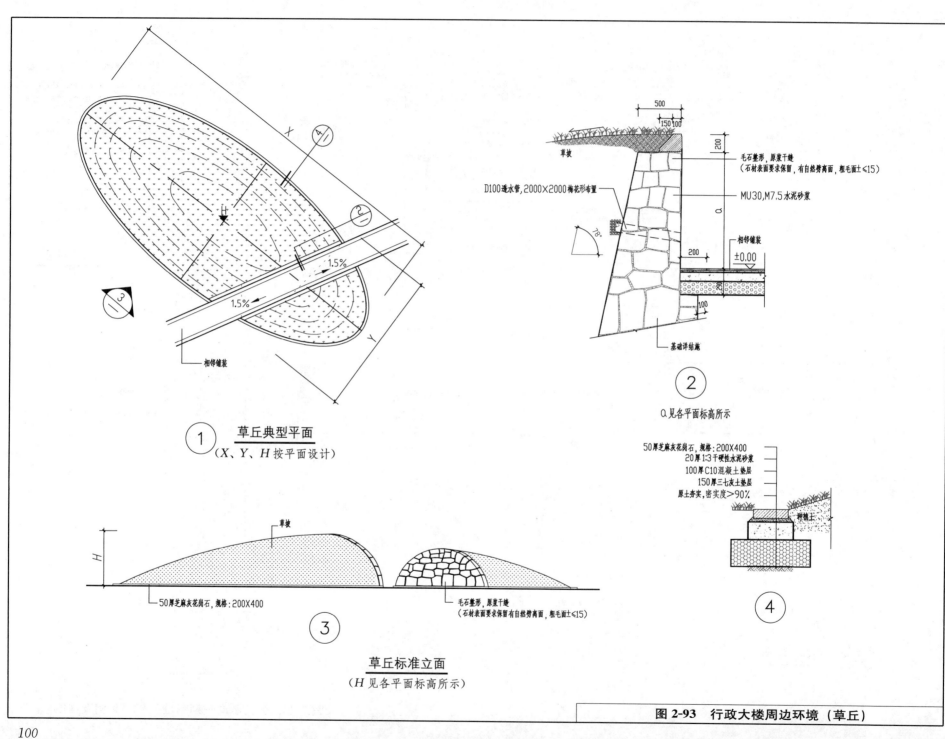

① 草丘典型平面
(*X*、*Y*、*H* 按平面设计)

1.5%
1.5%

相邻铺装

500
150 100
草坡
200

D100透水管,2000×2000梅花形布置

毛石垒形,原浆干缝
(石材表面要求保留,有自然劈离面,粗毛面土≤15)

MU30,M7.5水泥砂浆

相邻铺装
±0.00

78°

200

100

基础详结施

②

Q 见各平面标高所示

50厚芝麻灰花岗石,规格:200×400
20厚1:3干硬性水泥砂浆
100厚C10混凝土垫层
150厚三七灰土垫层
原土夯实,密实度>90%

种植土

④

草坡

H

50厚芝麻灰花岗石,规格:200×400

毛石垒形,原浆干缝
(石材表面要求保留有自然劈离面,粗毛面土≤15)

③

草丘标准立面
(*H* 见各平面标高所示)

图 2-93 **行政大楼周边环境（草丘）**

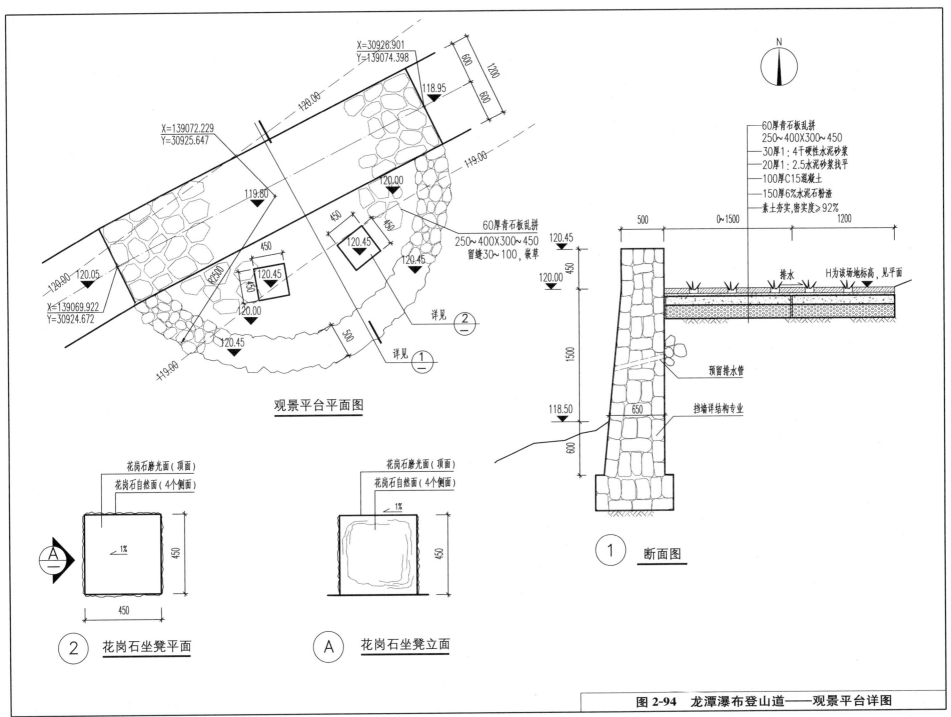

观景平台平面图

X=30926.901
Y=139074.398

X=139072.229
Y=30925.647

X=139069.922
Y=30924.672

60厚青石板乱拼
250～400X300～450
留缝30～100,嵌草

详见 ②

详见 ①

60厚青石板乱拼
250～400X300～450
30厚1:4干硬性水泥砂浆
20厚1:2.5水泥砂浆找平
100厚C15混凝土
150厚6%水泥石粉渣
素土夯实,密实度≥92%

排水　H为该场地标高,见平面

预留排水管

挡墙详见结构专业

① 断面图

② 花岗石坐凳平面

花岗石磨光面(顶面)
花岗石自然面(4个侧面)

Ⓐ 花岗石坐凳立面

花岗石磨光面(顶面)
花岗石自然面(4个侧面)

图 2-94　龙潭瀑布登山道——观景平台详图

101

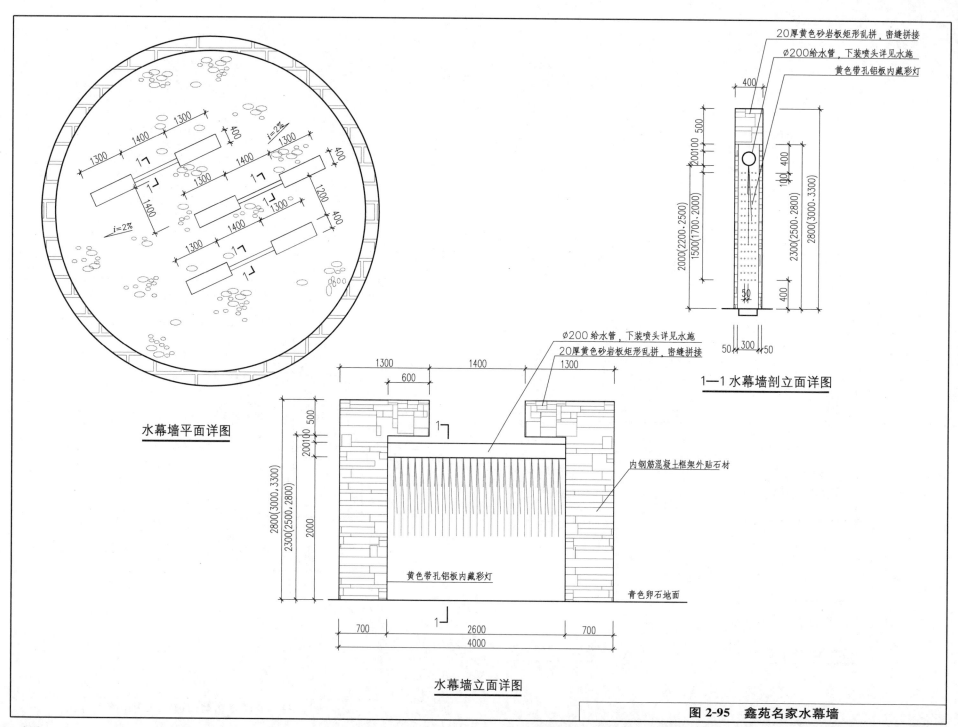

20厚黄色砂岩板矩形乱拼, 密缝拼接

Φ200给水管, 下装喷头详见水施

黄色带孔铝板内藏彩灯

1—1 水幕墙剖立面详图

Φ200给水管, 下装喷头详见水施
20厚黄色砂岩板矩形乱拼, 密缝拼接

水幕墙平面详图

内钢筋混凝土框架外贴石材

黄色带孔铝板内藏彩灯

青色卵石地面

水幕墙立面详图

图 2-95　鑫苑名家水幕墙

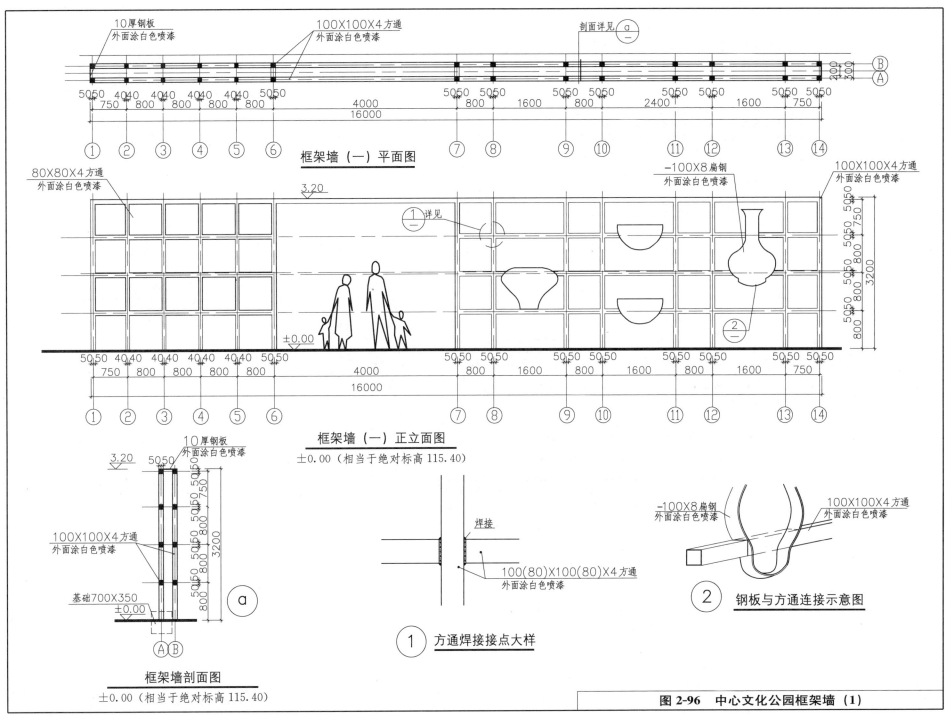

框架墙（一）平面图

框架墙（一）正立面图
±0.00（相当于绝对标高 115.40）

框架墙剖面图
±0.00（相当于绝对标高 115.40）

a

① 方通焊接接点大样

② 钢板与方通连接示意图

图2-96 中心文化公园框架墙（1）

103

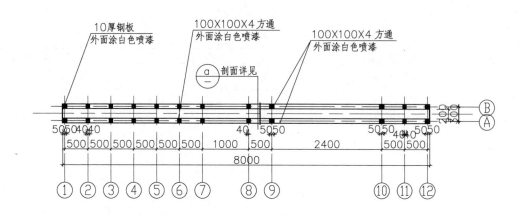

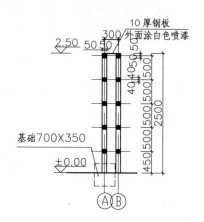

框架墙（二）平面图

框架墙（二）剖面图
±0.00（相当于绝对标高 115.40）

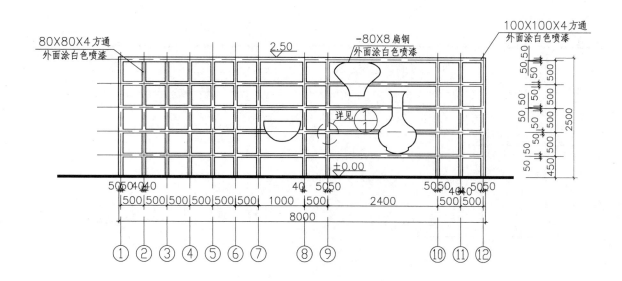

框架墙（二）立面图
±0.00（相当于绝对标高 115.40）

图 2-97 中心文化公园框架墙（2）

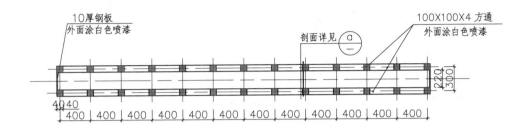

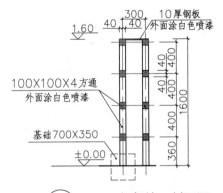

框架墙（三）平面图

框架墙三剖面图

±0.00（相当于绝对标高115.40）

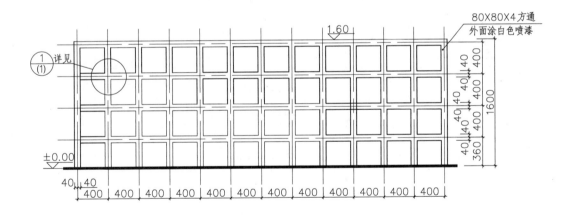

框架墙（三）立面图

±0.00（相当于绝对标高115.40）

图 2-98　中心文化公园框架墙（3）

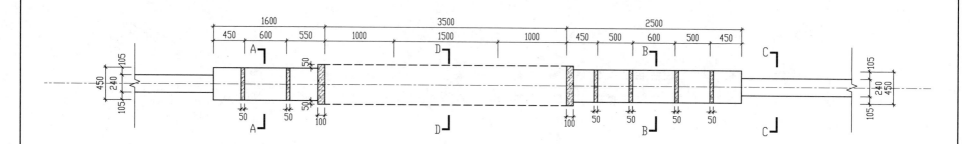

入口景墙平面图

注：剖面详见入口景墙详图（2）。

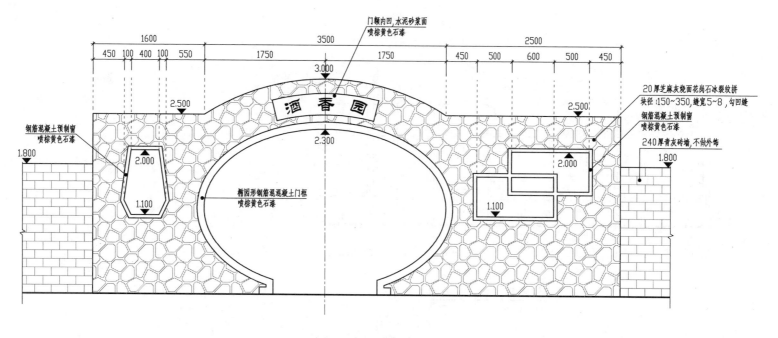

门顿内凹,水泥砂浆面
喷棕黄色石漆

20厚芝麻灰烧面花岗石冰裂纹拼
块径:150~350,缝宽5~8,勾凹缝

钢筋混凝土预制窗
喷棕黄色石漆

钢筋混凝土预制窗
喷棕黄色石漆

240厚青灰砖墙,不做外饰

椭圆形钢筋混凝混凝土门框
喷棕黄色石漆

酒香园

入口景墙立面图

图 2-99 美林青城 入口景墙详图（1）

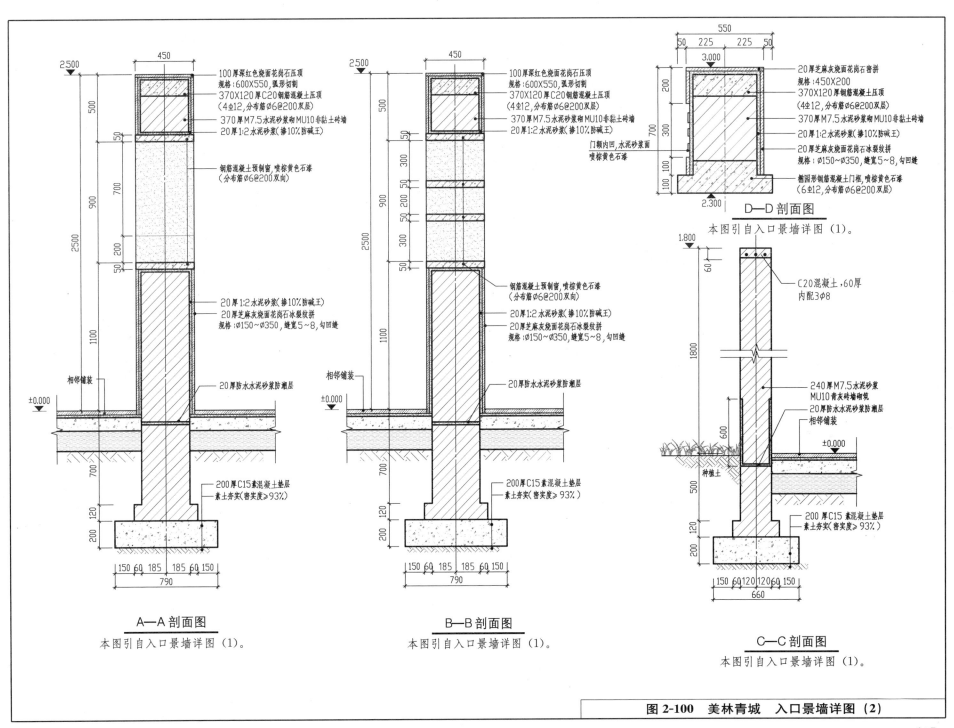

A—A 剖面图

本图引自入口景墙详图（1）。

100厚深红色烧面花岗石压顶
规格:600X550,弧形切割
370X120厚C20钢筋混凝土压顶
(4Φ12,分布筋Ø6@200双层)
370厚M7.5水泥砂浆砌MU10非黏土砖墙
20厚1:2水泥砂浆(掺10%防碱王)

钢筋混凝土预制窗,喷棕黄色石漆
(分布筋Ø6@200双向)

20厚1:2水泥砂浆(掺10%防碱王)
20厚芝麻灰烧面花岗石冰裂纹拼
规格:Ø150～Ø350,缝宽5～8,勾凹缝

相邻铺装
20厚防水水泥砂浆防潮层

±0.000

200厚C15素混凝土垫层
素土夯实(密实度≥93%)

B—B 剖面图

本图引自入口景墙详图（1）。

100厚深红色烧面花岗石压顶
规格:600X550,弧形切割
370X120厚C20钢筋混凝土压顶
(4Φ12,分布筋Ø6@200双层)
370厚M7.5水泥砂浆砌MU10非黏土砖墙
20厚1:2水泥砂浆(掺10%防碱王)

钢筋混凝土预制窗,喷棕黄色石漆
(分布筋Ø6@200双向)

20厚1:2水泥砂浆(掺10%防碱王)
20厚芝麻灰烧面花岗石冰裂纹拼
规格:Ø150～Ø350,缝宽5～8,勾凹缝

相邻铺装
20厚防水水泥砂浆防潮层

±0.000

200厚C15素混凝土垫层
素土夯实(密实度≥93%)

D—D 剖面图

本图引自入口景墙详图（1）。

20厚芝麻灰烧面花岗石密拼
规格:450X200
370X120厚钢筋混凝土压顶
(4Φ12,分布筋Ø6@200双层)
370厚M7.5水泥砂浆砌MU10非黏土砖墙
20厚1:2水泥砂浆(掺10%防碱王)

门顿内凹,水泥砂浆面

20厚芝麻灰烧面花岗石冰裂纹拼
规格:Ø150～Ø350,缝宽5～8,勾凹缝

椭圆形钢筋混凝土门框,喷棕黄色石漆
(6Φ12,分布筋Ø6@200双层)

C—C 剖面图

本图引自入口景墙详图（1）。

C20混凝土,60厚
内配3Φ8

240厚M7.5水泥砂浆
MU10青灰砖墙砌筑
20厚防水水泥砂浆防潮层
相邻铺装

±0.000

种植土

200厚C15素混凝土垫层
素土夯实(密实度≥93%)

图2-100　美林青城　入口景墙详图（2）

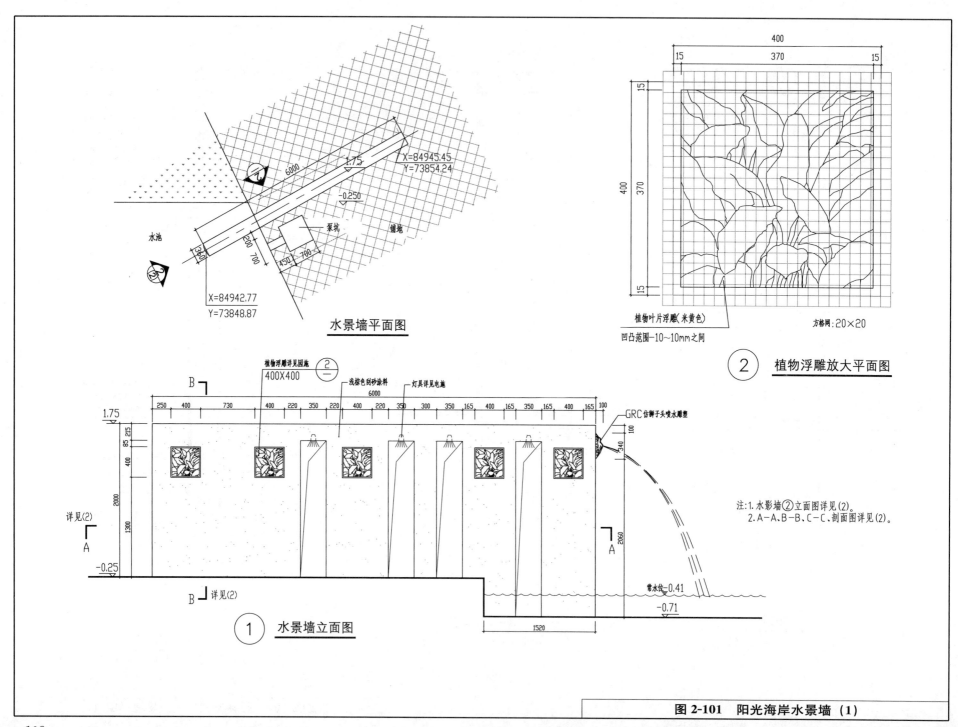

水景墙平面图

植物叶片浮雕(米黄色)

凹凸范围-10~10mm之间

方格网:20×20

② 植物浮雕放大平面图

植物浮雕详见园施
400X400

浅棕色刮砂涂料

灯具详见电施

GRC仿狮子头喷水雕塑

注:1.水影墙②立面图详见(2)。
2.A-A、B-B、C-C、剖面图详见(2)。

常水位-0.41

① 水景墙立面图

图2-101 阳光海岸水景墙 (1)

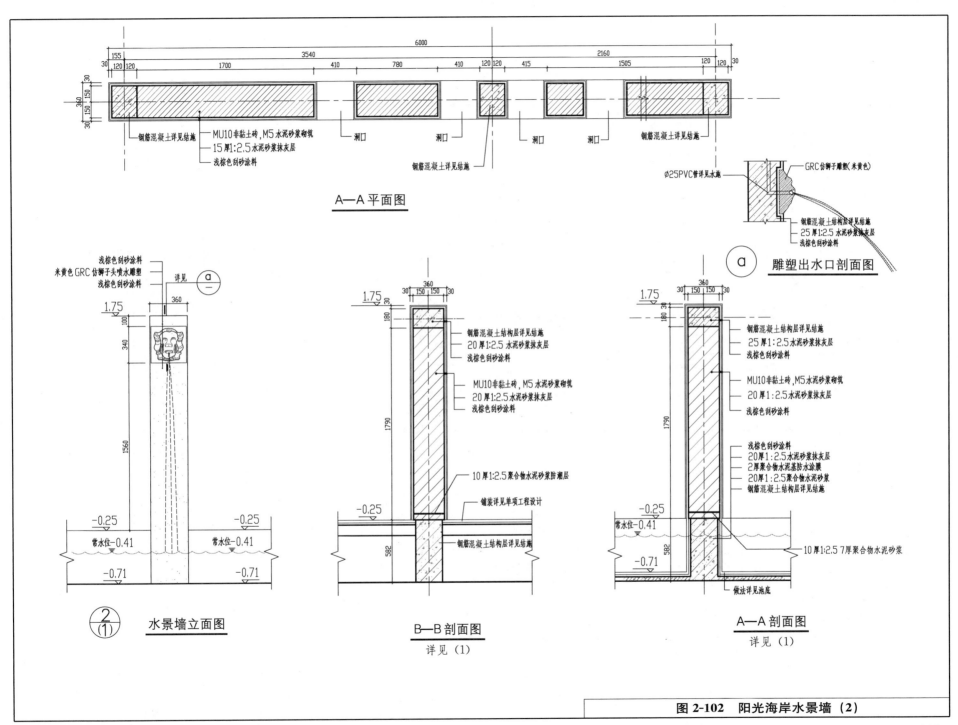

钢筋混凝土详见结构

MU10非黏土砖，M5水泥砂浆砌筑

15厚1:2.5水泥砂浆抹灰层

浅棕色刮砂涂料

洞口

洞口

钢筋混凝土详见结构

洞口

洞口

钢筋混凝土详见结构

A—A平面图

Ø25PVC管详见水施

GRC仿狮子雕塑(米黄色)

钢筋混凝土结构层详见结构

25厚1:2.5水泥砂浆抹灰层

浅棕色刮砂涂料

雕塑出水口剖面图

浅棕色刮砂涂料

米黄色GRC仿狮子头喷水雕塑

浅棕色刮砂涂料

详见 a

常水位—0.41

常水位—0.41

水景墙立面图

钢筋混凝土结构层详见结构

20厚1:2.5水泥砂浆抹灰层

浅棕色刮砂涂料

MU10非黏土砖，M5水泥砂浆砌筑

20厚1:2.5水泥砂浆抹灰层

浅棕色刮砂涂料

10厚1:2.5聚合物水泥砂浆防潮层

铺装详见单项工程设计

钢筋混凝土结构层详见结构

B—B剖面图
详见（1）

钢筋混凝土结构层详见结构

25厚1:2.5水泥砂浆抹灰层

浅棕色刮砂涂料

MU10非黏土砖，M5水泥砂浆砌筑

20厚1:2.5水泥砂浆抹灰层

浅棕色刮砂涂料

20厚1:2.5水泥砂浆抹灰层

2厚聚合物水泥基防水涂膜

20厚1:2.5聚合物水泥砂浆

钢筋混凝土结构层详见结构

常水位—0.41

10厚1:2.5 7厚聚合物水泥砂浆

做法详见池底

A—A剖面图
详见（1）

图2-102 阳光海岸水景墙（2）

109

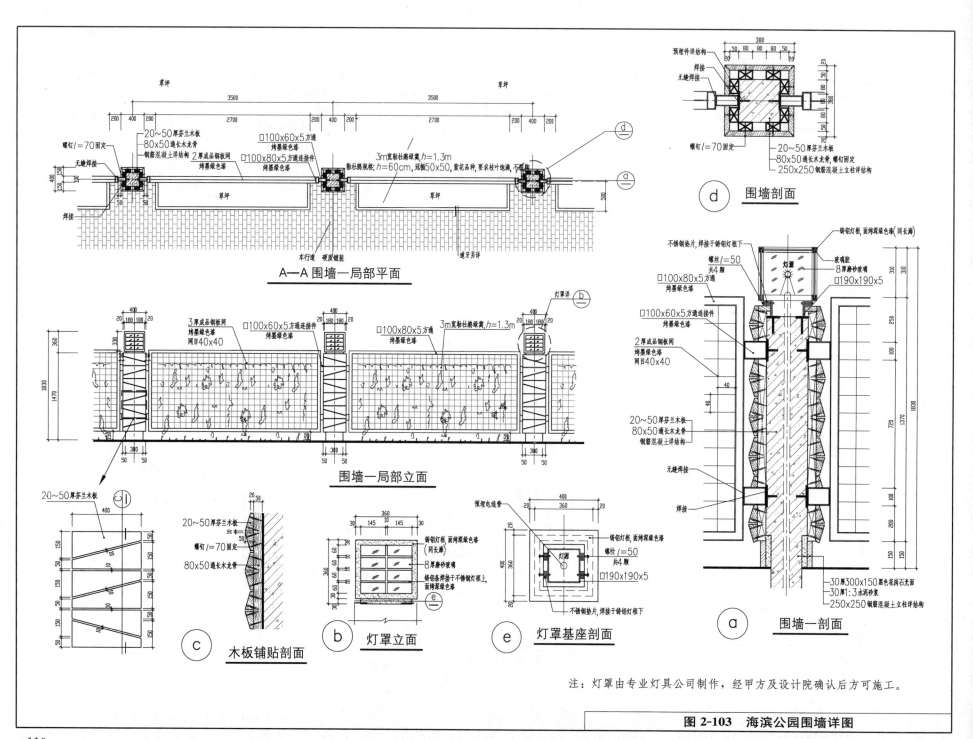

A—A围墙一局部平面

围墙一局部立面

c 木板铺贴剖面

b 灯罩立面

e 灯罩基座剖面

a 围墙一剖面

d 围墙剖面

注：灯罩由专业灯具公司制作，经甲方及设计院确认后方可施工。

图 2-103　海滨公园围墙详图

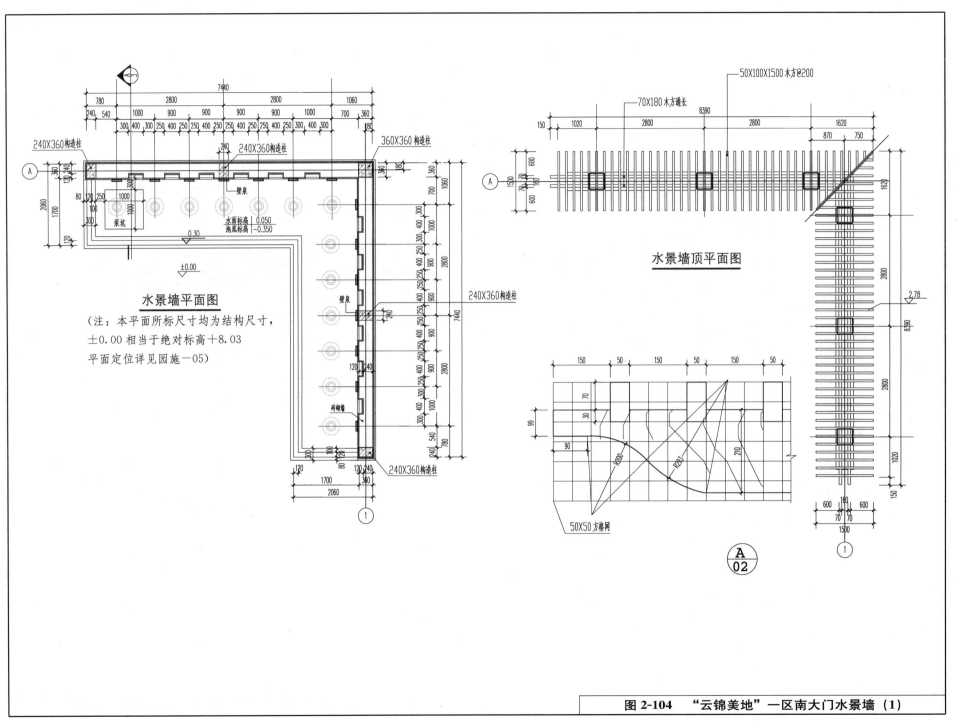

水景墙平面图

（注：本平面所标尺寸均为结构尺寸，
±0.00 相当于绝对标高＋8.03
平面定位详见园施—05）

水景墙顶平面图

图 2-104 "云锦美地"一区南大门水景墙（1）

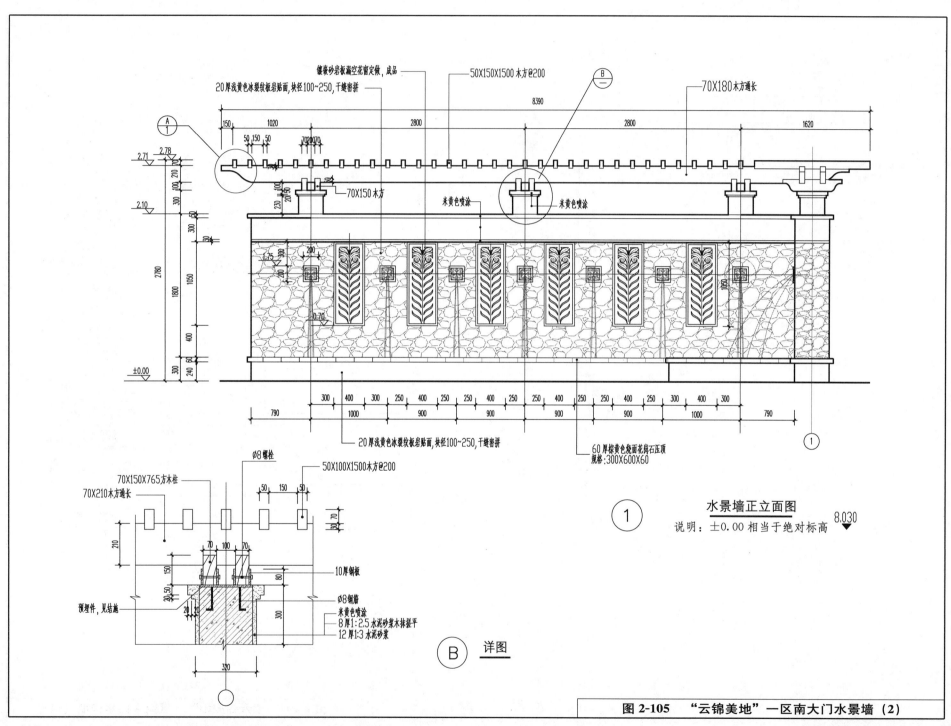

镶嵌砂岩板漏空花窗定做,成品

50X150X1500 木方@200

70X180木方通长

20厚浅黄色冰裂纹板岩贴面,块径100~250,干缝密拼

8390

150 1020 2800 2800 1620

50 150 50 7020070

70X150木方

米黄色喷涂

米黄色喷涂

2.71 2.78

2.10

±0.00

20厚浅黄色冰裂纹板岩贴面,块径100~250,干缝密拼

60厚棕黄色烧面花岗石压顶
规格:300X600X60

300 400 300 250 400 250 250 400 250 250 400 250 250 400 250 300 400 300

790 1000 900 900 900 900 1000 790

水景墙正立面图
说明:±0.00相当于绝对标高 8.030

①

70X150X765方木柱

Ø8螺栓

50X100X1500木方@200

70X210木方通长

10厚钢板

Ø8钢筋

预埋件,见结施

米黄色喷涂
8厚1:2.5水泥砂浆木抹搓平
12厚1:3水泥砂浆

320

B 详图

图 2-105 "云锦美地"一区南大门水景墙 (2)

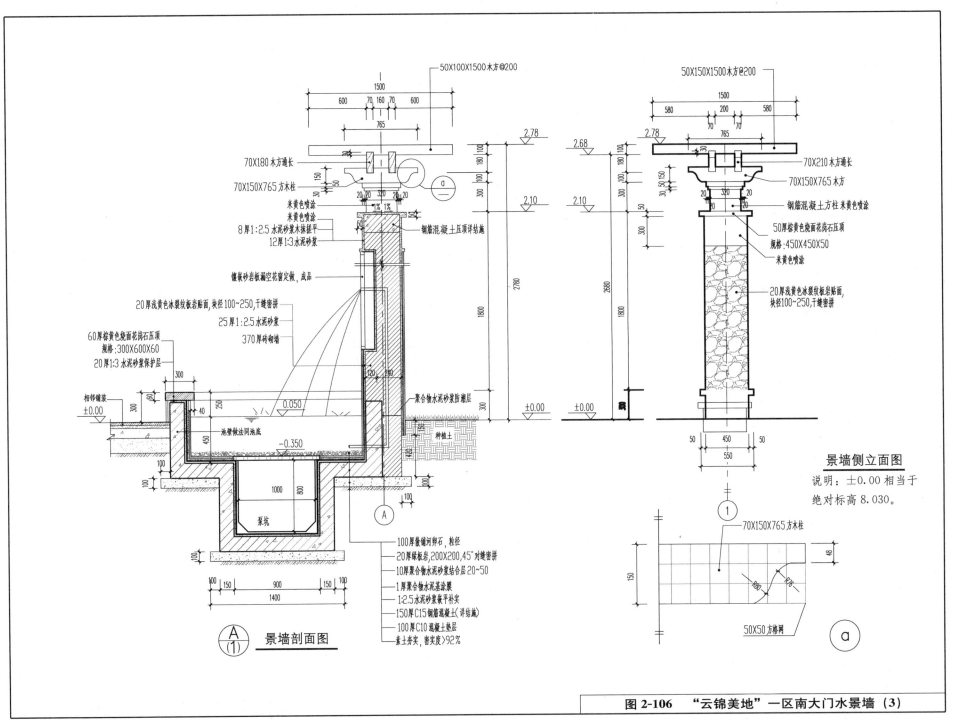

50X100X1500木方@200

1500
600 70 160 70 600
765

70X180 木方通长
70X150X765 方木柱
米黄色喷涂
米黄色喷涂
8厚1:2.5 水泥砂浆木抹搓平
12厚1:3 水泥砂浆
镶嵌砂岩板漏空花窗定做, 成品
20厚浅黄色冰裂纹板岩贴面, 块径100~250, 干缝密拼
25厚1:2.5 水泥砂浆
370厚砖砌墙
60厚棕黄色烧面花岗石压顶
规格:300X600X60
20厚1:3 水泥砂浆保护层
相邻铺装
池壁做法同池底
钢筋混凝土压顶详结施
聚合物水泥砂浆防油层
种植土

±0.00
0.050
0.350
泵坑

100厚散铺河卵石, 粒径
20厚绿板岩, 200X200, 45°对缝密拼
10厚聚合物水泥砂浆结合层 20~50
1厚聚合物水泥基涂膜
1:2.5水泥砂浆嵌补实
150厚C15钢筋混凝土(详结施)
100厚C10混凝土垫层
素土夯实, 密实度>92%

A/(1) 景墙剖面图

2.78
2.10
±0.00

50X150X1500木方@200

1500
580 200 580
70 70
765

2.68
2.78
2.10
±0.00

70X210 木方通长
70X150X765 木方
钢筋混凝土方柱 米黄色喷涂
50厚棕黄色烧面花岗石压顶
规格:450X450X50
米黄色喷涂
20厚浅黄色冰裂纹板岩贴面, 块径100~250, 干缝密拼

450
550

景墙侧立面图
说明:±0.00 相当于绝对标高8.030。

70X150X765 方木柱
50X50 方格网

a

图 2-106 "云锦美地" 一区南大门水景墙（3）

113

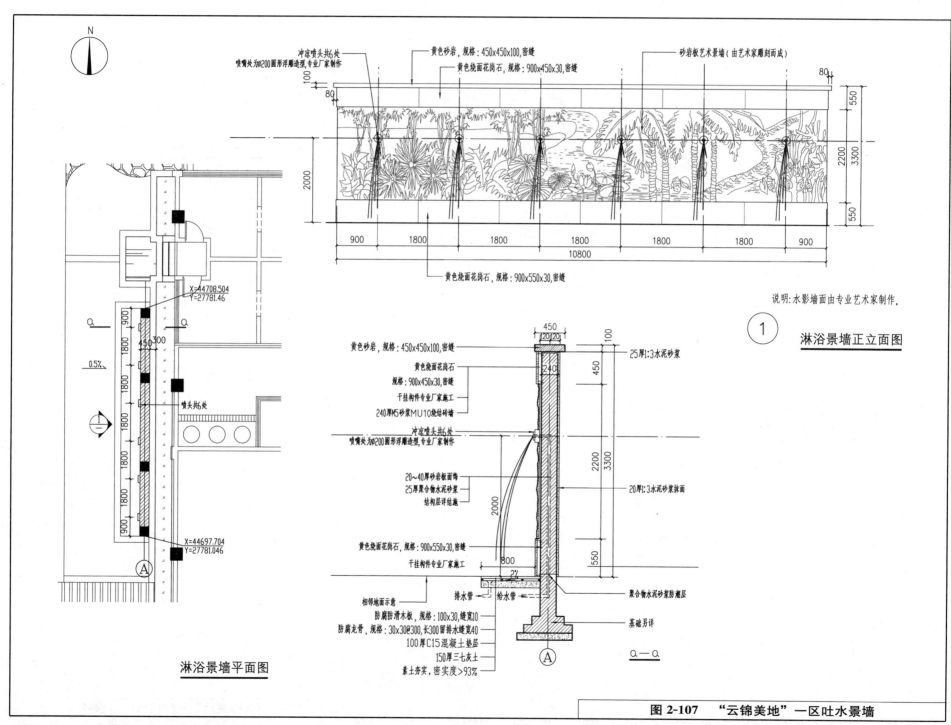

淋浴景墙正立面图

① 说明:水影墙面由专业艺术家制作。

淋浴景墙平面图

a—a

图2-107 "云锦美地"一区吐水景墙

114

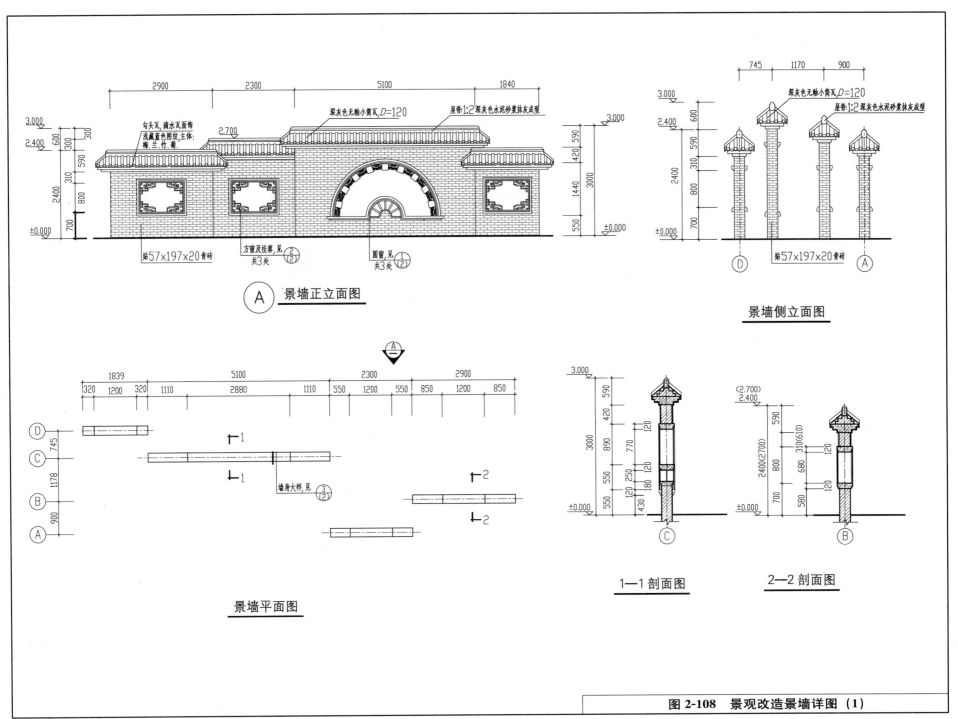

景墙正立面图

景墙侧立面图

景墙平面图

1—1剖面图

2—2剖面图

图2-108 景观改造景墙详图（1）

115

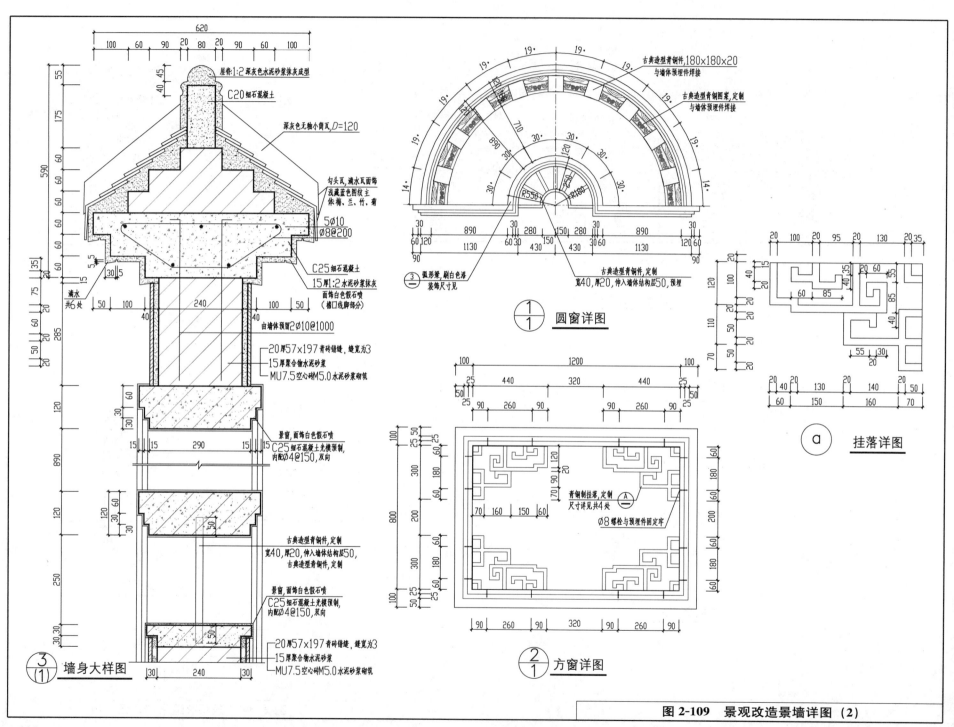

屋脊1:2深灰色水泥砂浆抹灰成型

C20细石混凝土

深灰色无釉小筒瓦, D=120

勾头瓦, 滴水瓦面饰浅藏蓝色图纹主体梅、兰、竹、菊

5∅10
∅8@200

C25细石混凝土
15厚1:2水泥砂浆抹灰
面饰白色假石喷
(檐口线脚部分)

滴水
共6处

由墙体预留2∅10@1000

20厚57x197青砖错缝, 缝宽为3
15厚聚合物水泥砂浆
MU7.5空心砖M5.0水泥砂浆砌筑

景窗, 面饰白色假石喷
C25细石混凝土光模预制,
内配∅4@150, 双向

古典造型青铜件, 定制
宽40, 厚20, 伸入墙体结构层50,
古典造型青铜件, 定制

景窗, 面饰白色假石喷
C25细石混凝土光模预制,
内配∅4@150, 双向

20厚57x197青砖错缝, 缝宽为3
15厚聚合物水泥砂浆
MU7.5空心砖M5.0水泥砂浆砌筑

3/1 墙身大样图

古典造型青铜件, 180x180x20
与墙体预埋件焊接

古典造型青铜图案, 定制
与墙体预埋件焊接

弧形梁, 刷白色漆
装饰尺寸见
3

古典造型青铜件, 定制
宽40, 厚20, 伸入墙体结构层50, 预埋

1/1 圆窗详图

a 挂落详图

青铜制挂落, 定制
尺寸详见共4处
A

∅8螺栓与预埋件固定牢

2/1 方窗详图

图2-109 景观改造景墙详图 (2)

116

2.8 坡道

（1）坡道是交通和绿化系统中重要的设计元素之一，直接影响到使用和感观效果。小区道路最大纵坡不应大于8%；园路不应大于4%；自行车专用道路最大纵坡控制在3.5%以内；轮椅坡道一般为6%，最大不超过8.5%，并采用防滑路面；人行道纵坡不宜大于2.5%。

（2）坡度的视觉感受与适用场所见表2-7。

坡道视觉感受及适用场所　　　　　　　　　　表2-7

坡度（%）	视觉感受	适用场所	选择材料
1	平坡,行走方便,排水困难	渗水路面,局部活动场	地砖,料石
2～3	微坡,较平坦,活动方便	室外场地,车道,草皮路,绿化种植区,园路	混凝土,沥青,水刷石
4～10	缓坡,导向性强	草坪广场,自行车道	种植砖,砌块
10～25	陡坡,坡型明显	坡面草皮	种植砖,砌块

（3）园路、人行道坡道宽一般为1.2m，但考虑到轮椅的通行，可设定为1.5m以上，有轮椅交错的地方其宽度应达到1.8m。

（4）无障碍坡道、园路、人行道设计实例见图2-110～图2-112。

2.9 台阶

（1）台阶在园林设计中起到不同高程之间的连接和引导视线的作用，可丰富空间的层次感，尤其是高差较大的台阶会形成不同的近景和远景的效果。

（2）台阶的踏步高度（h）和宽度（b）是决定台阶舒适性的主要参数，两者的关系如下：$2h+b=60～62cm$ 为宜，一般室外踏步高度设计为12～14cm，踏步宽度32～36cm，低于10cm的高差，不宜设置台阶，可以考虑做成坡道。

（3）台阶长度超过3m或需改变攀登方向的地方，应在中间设置休息平台，平台宽度应大于1.2m，台阶坡度一般控制在1/4～1/7范围内，踏面应做防滑处理，并保持1%的排水坡度。

（4）室外10步以上的楼梯踏步在一侧或两侧设小的 $R30～R50$ 半圆形的排水槽，踏步面微微做坡，利于排水。

（5）为了方便晚间人们行走，台阶附近应设照明装置，人员集中的场所可在台阶踏步上暗装地灯。

（6）过水台阶和跌流台阶的阶高可依据水流效果确定，同时也要考虑儿童进入时的防滑处理。

（7）台阶设计实例见图2-113～图2-117。

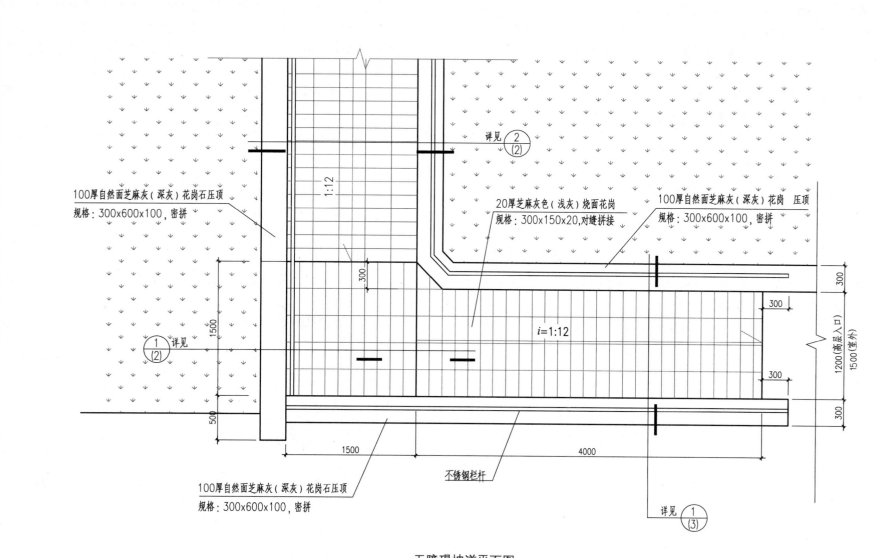

100厚自然面芝麻灰（深灰）花岗石压顶
规格：300x600x100，密拼

1:12

20厚芝麻灰色（浅灰）烧面花岗
规格：300x150x20,对缝拼接

100厚自然面芝麻灰（深灰）花岗 压顶
规格：300x600x100，密拼

详见 2
(2)

详见 1
(2)

300

1500

500

i=1:12

300

300

1200(高层入口)

1500(室外)

300

1500

4000

100厚自然面芝麻灰（深灰）花岗石压顶
规格：300x600x100，密拼

不锈钢栏杆

详见 1
(3)

无障碍坡道平面图

图 2-110 龙城公园 无障碍坡道详图（1）

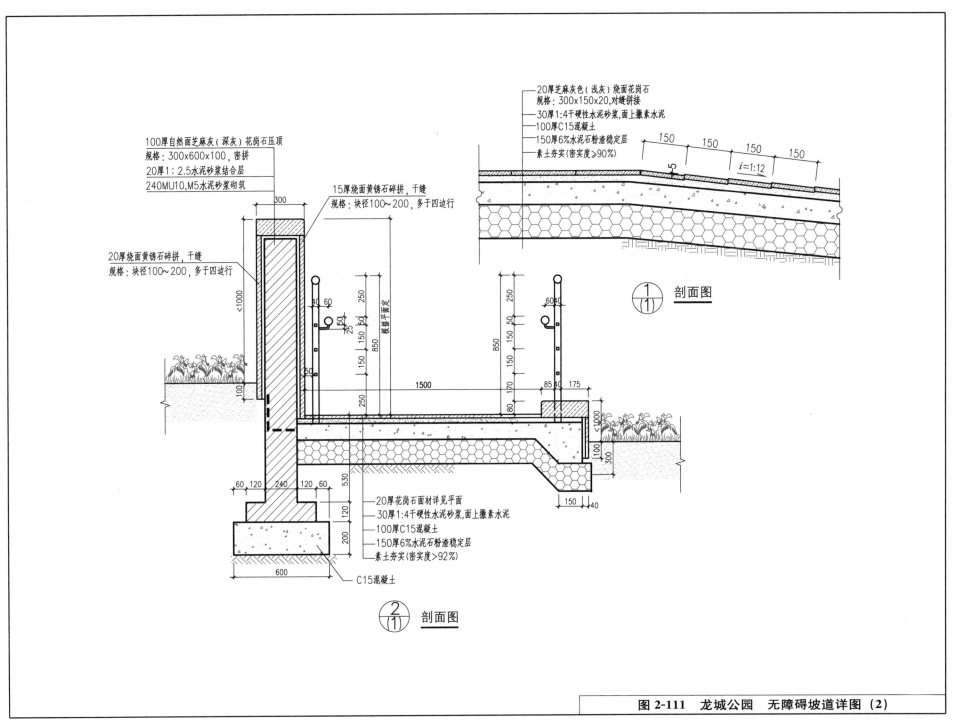

100厚自然面芝麻灰（深灰）花岗石压顶
规格：300x600x100，密拼
20厚1：2.5水泥砂浆结合层
240MU10，M5水泥砂浆砌筑

15厚烧面黄锈石碎拼，干缝
规格：块径100～200，多于四边行

20厚烧面黄锈石碎拼，干缝
规格：块径100～200，多于四边行

20厚花岗石面材详见平面
30厚1：4干硬性水泥砂浆，面上撒素水泥
100厚C15混凝土
150厚6％水泥石粉渣稳定层
素土夯实(密实度>92％)

C15混凝土

① 剖面图
②/① 剖面图

20厚芝麻灰色（浅灰）烧面花岗石
规格：300x150x20，对缝拼接
30厚1：4干硬性水泥砂浆，面上撒素水泥
100厚C15混凝土
150厚6％水泥石粉渣稳定层
素土夯实(密实度>90％)

i=1：12

① 剖面图
①/①

图2-111 龙城公园 无障碍坡道详图（2）

119

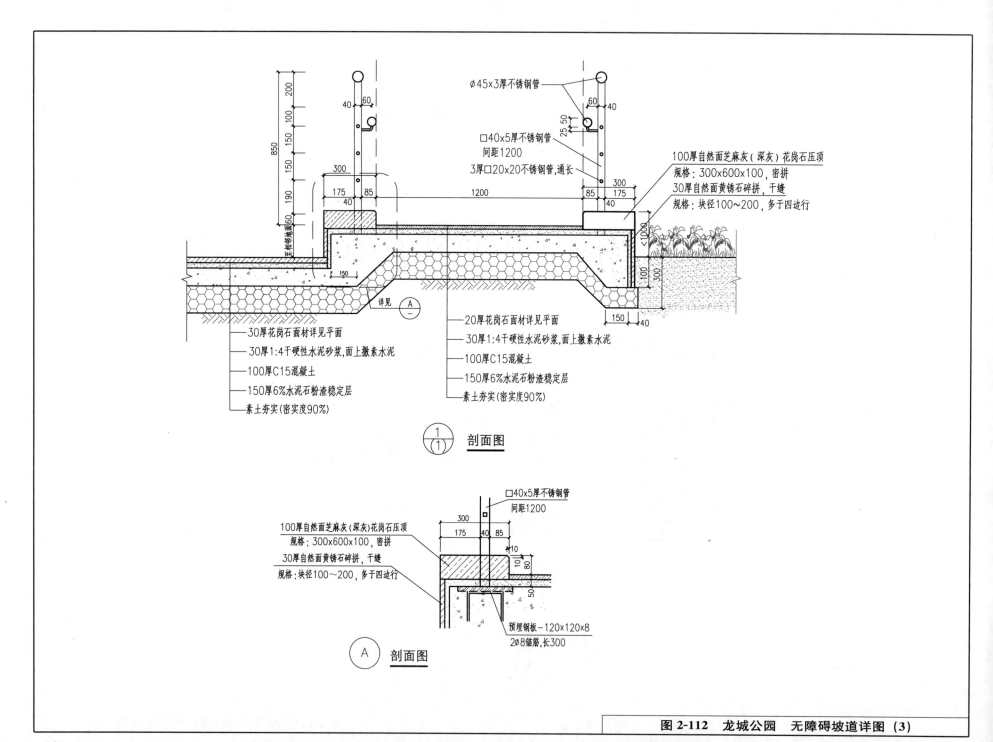

Ø45x3厚不锈钢管

□40x5厚不锈钢管
间距1200

3厚□20x20不锈钢管,通长

100厚自然面芝麻灰(深灰)花岗石压顶
规格:300x600x100,密拼
30厚自然面黄锈石碎拼,干缝
规格:块径100～200,多于四边行

300

175 | 85

40

1200

85 | 175

300

40

40 | 60

40

60 | 40

25 50

200

100

850

150

150

190

60

至相邻地面60

300

150

详见 A

30厚花岗石面材详见平面

30厚1:4干硬性水泥砂浆,面上撒素水泥

100厚C15混凝土

150厚6%水泥石粉渣稳定层

素土夯实(密实度90%)

20厚花岗石面材详见平面

30厚1:4干硬性水泥砂浆,面上撒素水泥

100厚C15混凝土

150厚6%水泥石粉渣稳定层

素土夯实(密实度90%)

<1000

100

300

150 | 40

①/① 剖面图

□40x5厚不锈钢管
间距1200

100厚自然面芝麻灰(深灰)花岗石压顶
规格:300x600x100,密拼
30厚自然面黄锈石碎拼,干缝
规格:块径100～200,多于四边行

300

175 | 40 | 85

10

10 | 80

50

预埋钢板—120x120x8

2Ø8锚筋,长300

A 剖面图

图 2-112　龙城公园　无障碍坡道详图 (3)

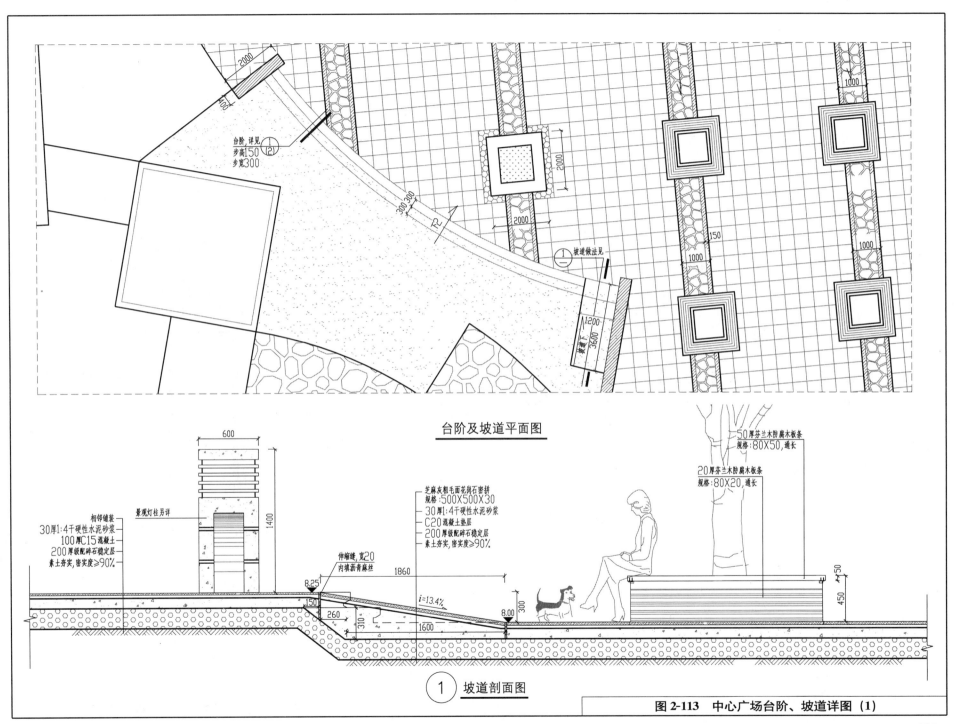

台阶及坡道平面图

台阶 详见 ②
步高150
步宽300

坡道做法见 ①

覆土
3600

2000

2000

1000

1000

1000

150

1200

50厚芬兰木防腐木板条
规格:80X50,通长

20厚芬兰木防腐木板条
规格:80X20,通长

芝麻灰粗毛面花岗石密拼
规格:500X500X30
30厚1:4干硬性水泥砂浆
C20混凝土垫层
200厚级配碎石稳定层
素土夯实,密实度≥90%

景观灯柱另详

相邻铺装
30厚1:4干硬性水泥砂浆
100厚C15混凝土
200厚级配碎石稳定层
素土夯实,密实度≥90%

600

1400

伸缩缝,宽20
内填沥青麻丝

8.25

150

260

310

$i=13.4\%$

1860

1600

8.00

300

450

450

① 坡道剖面图

图2-113 中心广场台阶、坡道详图(1)

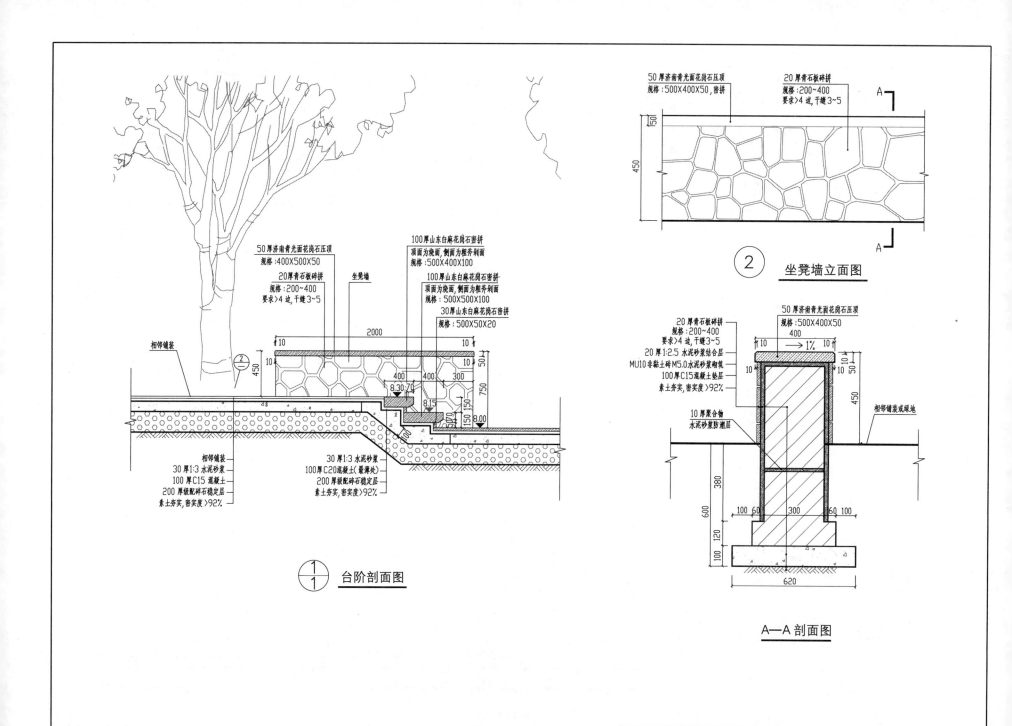

50厚济南青光面花岗石压顶
规格:500X400X50,密拼

20厚青石板碎拼
规格:200~400
要求>4 边,干缝3~5

A

450

50

② 坐凳墙立面图

100厚山东白麻花岗石密拼
顶面为烧面,侧面为粗斧剁面
规格:500X400X100

100厚山东白麻花岗石密拼
顶面为烧面,侧面为粗斧剁面
规格:500X500X100

30厚山东白麻花岗石密拼
规格:500X50X20

50厚济南青光面花岗石压顶
规格:400X500X50

20厚青石板碎拼
规格:200~400
要求>4 边,干缝3~5

坐凳墙

相邻铺装

450

2000

10   10

10   10

400 400 300

8.30 7.0

8.15

50 50
150 150

570

8.00

750

相邻铺装
30 厚1:3 水泥砂浆
100 厚C15 混凝土
200 厚级配碎石稳定层
素土夯实,密实度>92%

30 厚1:3 水泥砂浆
100厚C20混凝土(最薄处)
200厚级配碎石稳定层
素土夯实,密实度>92%

① 台阶剖面图
1

20 厚青石板碎拼
规格:500X400X50
要求>4 边,干缝3~5
20 厚1:2.5 水泥砂浆结合层
MU10 非粘土砖M5.0水泥砂浆砌筑
100厚C15混凝土垫层
素土夯实,密实度>92%

50厚济南青光面花岗石压顶
规格:500X400X50

400
10   →1%   10

10   10
50 50

450

10 厚聚合物
水泥砂浆防潮层

相邻铺装或绿地

380

600

100 60   300   60 100

120

100

620

A—A 剖面图

图 2-114 中心广场台阶、坡道详图 (2)

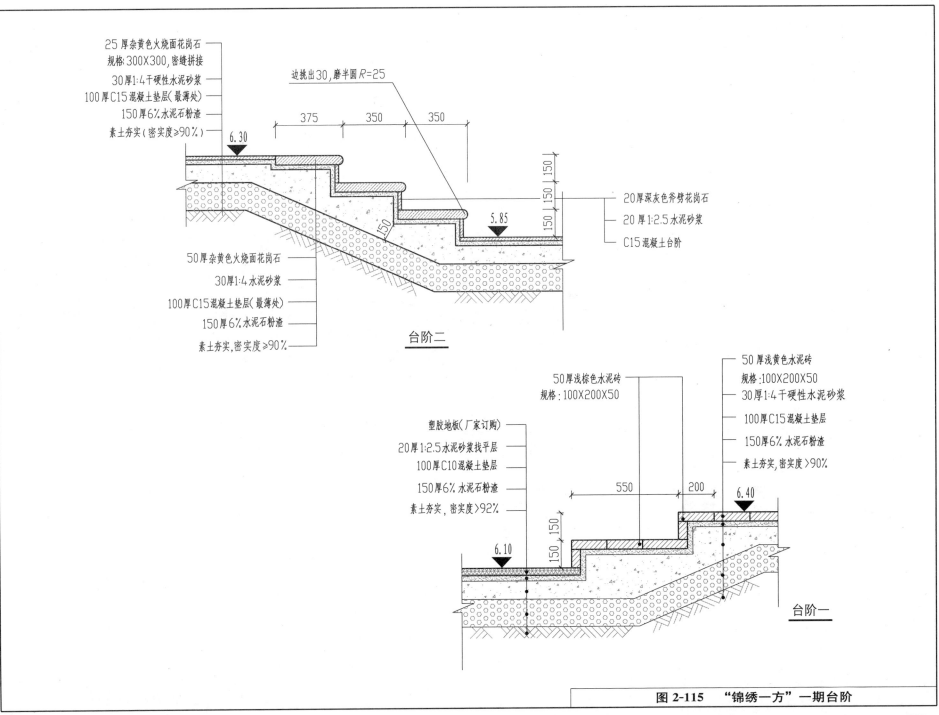

25厚杂黄色火烧面花岗石
规格:300X300,密缝拼接
30厚1:4硬性水泥砂浆
100厚C15混凝土垫层(最薄处)
150厚6%水泥石粉渣
素土夯实(密实度≥90%)

边挑出30,磨半圆 R=25

375　350　350

6.30

5.85

20厚深灰色斧劈花岗石
20厚1:2.5水泥砂浆
C15混凝土台阶

150　150
150
150

150

50厚杂黄色火烧面花岗石
30厚1:4水泥砂浆
100厚C15混凝土垫层(最薄处)
150厚6%水泥石粉渣
素土夯实,密实度≥90%

台阶二

50厚浅棕色水泥砖
规格:100X200X50

50厚浅黄色水泥砖
规格:100X200X50
30厚1:4干硬性水泥砂浆
100厚C15混凝土垫层
150厚6%水泥石粉渣
素土夯实,密实度>90%

塑胶地板(厂家订购)
20厚1:2.5水泥砂浆找平层
100厚C10混凝土垫层
150厚6%水泥石粉渣
素土夯实,密实度>92%

550　200

6.40

6.10

150　150
150

台阶一

图 2-115　"锦绣一方"一期台阶

123

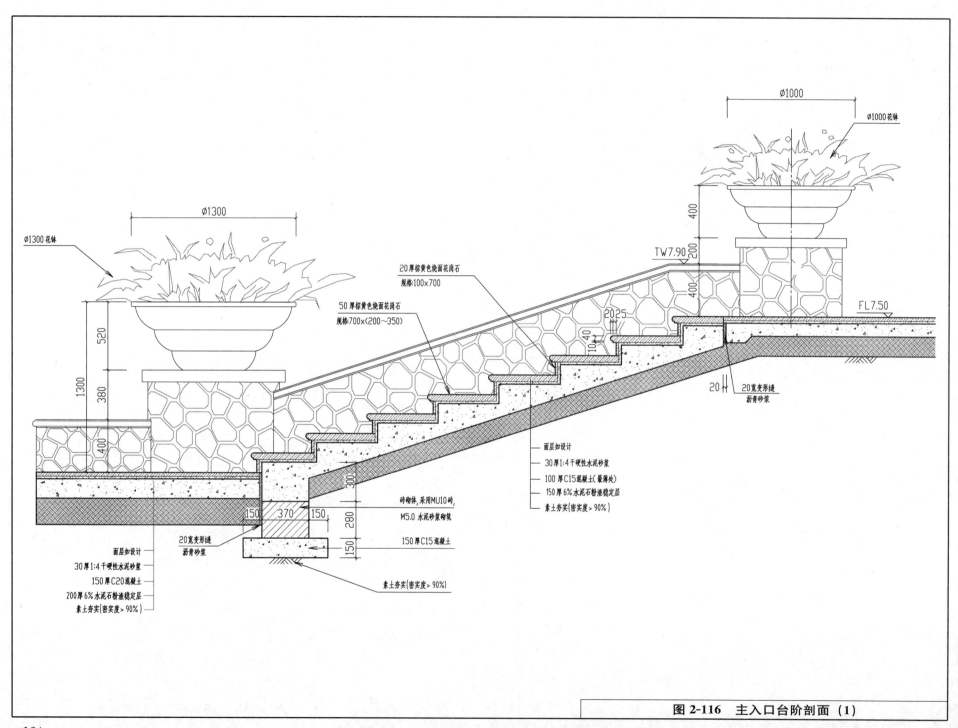

Ø1000

Ø1000花钵

Ø1300

Ø1300花钵

20厚棕黄色烧面花岗石
规格:100×700

50厚棕黄色烧面花岗石
规格:700×(200~350)

TW7.90

FL7.50

520

1300

380

400

2025

10 40

300

280

150

150 370 150

20宽变形缝
沥青砂浆

20 20宽变形缝
沥青砂浆

面层如设计
30厚1:4干硬性水泥砂浆
100厚C15混凝土(最薄处)
150厚6%水泥石粉渣稳定层
素土夯实(密实度>90%)

砖砌体,采用MU10砖,
M5.0水泥砂浆砌筑

150厚C15混凝土

面层如设计
30厚1:4干硬性水泥砂浆
150厚C20混凝土
200厚6%水泥石粉渣稳定层
素土夯实(密实度>90%)

素土夯实(密实度>90%)

图 2-116　主入口台阶剖面（1）

124

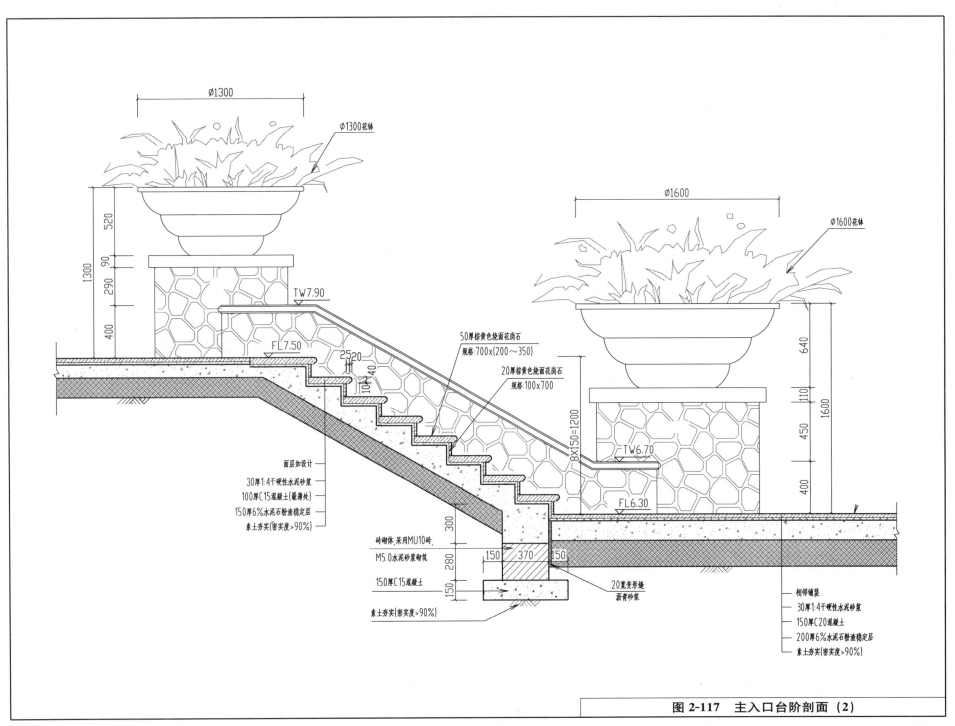

Ø1300

Ø1300花钵

520

90

1300

290

400

TW7.90

FL7.50

25 20

10 40

50厚棕黄色烧面花岗石
规格:700x(200～350)

20厚棕黄色烧面花岗石
规格:100x700

面层如设计

30厚1:4干硬性水泥砂浆

100厚C15混凝土(最薄处)

150厚6%水泥石粉渣稳定层

素土夯实(密实度>90%)

300

砖砌体,采用MU10砖,

M5.0水泥砂浆砌筑

150厚C15混凝土

素土夯实(密实度>90%)

280

150

150 370 150

20宽变形缝
沥青砂浆

8X150=1200

Ø1600

Ø1600花钵

640

110

450

400

1600

TW6.70

FL6.30

相邻铺装

30厚1:4干硬性水泥砂浆

150厚C20混凝土

200厚6%水泥石粉渣稳定层

素土夯实(密实度>90%)

图 2-117 主入口台阶剖面（2）

125

2.10 种植容器

(1) 花盆。

① 花盆是景观设计中传统种植器的一种形式。花盆具有可移动性和可组合性，能巧妙地点缀环境，烘托气氛。花盆的尺寸应适合所栽种植物的生长特性，有利于根茎的发育，一般可按以下标准选择：花草类盆深 20cm 以上，灌木类盆深 40cm 以上，中木类盆深 45cm 以上。

② 花盆用材，应具备有一定的吸水保温能力，不易引起盆内过热和干燥。花盆可独立摆放，也可成套摆放，采用模数化设计能够使单体组合成整体，形成大花坛。

③ 花盆用栽培土，应具有保湿性、渗水性和蓄肥性，其上部可铺撒树皮屑作覆盖层，起到保湿装饰作用。任何种植容器，包括地下室顶板上的种植土都必须有通畅的排水渠道。

(2) 树池、树池箅。

① 树池是树木移植时根球（根钵）的所需空间，一般由树高、树径和根系的大小决定。

树池深度至少深于树根球以下 250mm。

树池箅是树木根部的保护装置，它既可保护树木根部免受践踏，又便于雨水的渗透和步行人的安全。

② 树池箅应选择能渗水的石材、卵石、砾石等天然材料，也可选择具有

图案拼装的人工预制材料，如铸铁、混凝土、塑料等，这些护树面层宜做成格栅装，并能承受一般的车辆荷载。

(3) 树池及树池箅选用见表 2-8。

树池及树池箅尺寸 表 2-8

树高	树池尺寸(m)		树池箅尺寸(直径)(m)
	直径	深度	
3m 左右	0.6	0.5	0.75
4～5m	0.8	0.6	1.2
6m 左右	1.2	0.9	1.5
7m 左右	1.5	1.0	1.8
8～10m	1.8	1.2	2.0

(4) 屋顶花园。

① 屋顶花园不应种植大小乔木，必须有土层以下的排水和防强风措施。

② 地下室顶板上的绿化，消防车道、广场、构筑物、人行道等所有面上负荷都必须与结构专业核实，土层下应有排水渠道，详见表 2-9。

绿化植物种植必需的最低土层厚度（cm） 表 2-9

植被类型	草本花卉	草坪地被	小灌木	大灌木	浅根乔木	深根乔木
土层厚度	30	30	45	60	90	150
排水层厚度	—	—	10	15	20	30

(5) 种植树池、花池设计实例见图 2-118～图 2-142。

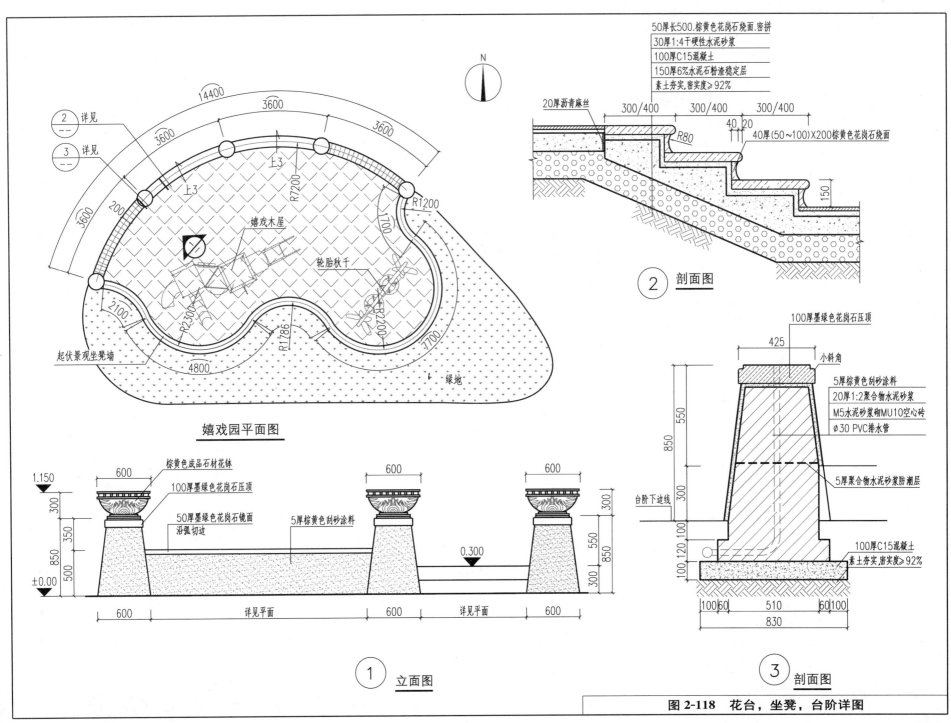

50厚长500,棕黄色花岗石烧面,密拼
30厚1:4干硬性水泥砂浆
100厚C15混凝土
150厚6%水泥石粉渣稳定层
素土夯实,密实度≥92%

20厚沥青麻丝

300/400 300/400 300/400

R80

40 20

40厚(50~100)X200棕黄色花岗石烧面

150

② 剖面图

100厚墨绿色花岗石压顶

425

小斜角

5厚棕黄色刮砂涂料
20厚1:2聚合物水泥砂浆
M5水泥砂浆砌MU10空心砖
Ø30 PVC排水管

550

850

300

台阶下边线

5厚聚合物水泥砂浆防潮层

100 120 100

100 60 510 60 100

830

100厚C15混凝土
素土夯实,密实度≥92%

③ 剖面图

嬉戏园平面图

14400
3600
3600
3600
3600

② 详见 — —
③ 详见 — —

N

200

R7200

R1200

上3
上3

嬉戏木屋

轮胎秋千

R2300
R'2300

R1786
4800

R2200
7700

起伏景观坐凳墙

绿地

棕黄色成品石材花钵
100厚墨绿色花岗石压顶
50厚墨绿色花岗石镜面
沿弧切边
5厚棕黄色刮砂涂料

1.150
300
350
850
500
±0.00

600
600
600

0.300

600 详见平面 800 详见平面 600

① 立面图

图 2-118 花台,坐凳,台阶详图

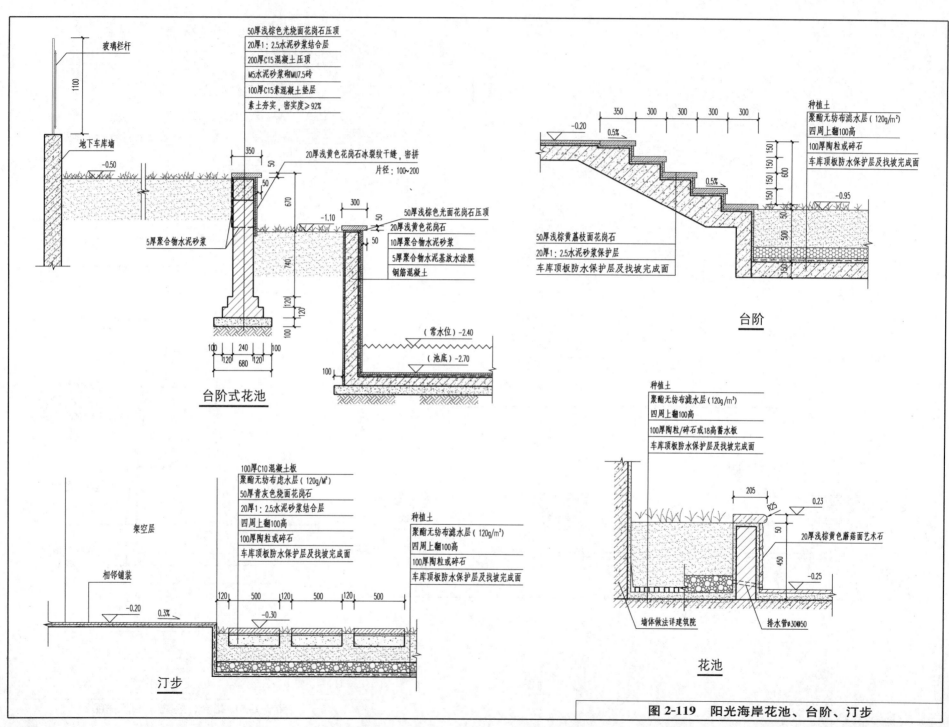

图 2-119 阳光海岸花池、台阶、汀步

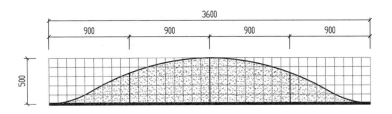

种植池立面图

注：网格尺寸为
100mm×100mm。

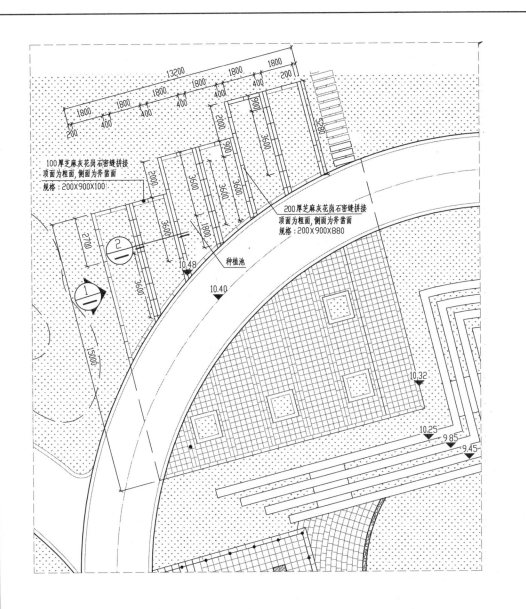

100厚芝麻灰花岗石密缝拼接
顶面为粗面,侧面为斧凿面
规格:200X900X100

200厚芝麻灰花岗石密缝拼接
顶面为粗面,侧面为斧凿面
规格:200X900X880

种植池

种植池平面图

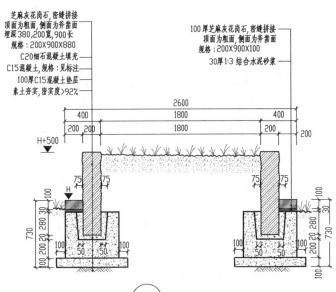

芝麻灰花岗石,密缝拼接
顶面为粗面,侧面为斧凿面
埋深380,200宽,900长
规格:200X900X880

C20细石混凝土填充
C15混凝土,规格:见标注
100厚C15混凝土垫层
素土夯实,密实度>92%

100厚芝麻灰花岗石,密缝拼接
顶面为粗面,侧面为斧凿面
规格:200X900X100
30厚1:3 结合水泥砂浆

种植池剖面图

图 2-120 种植池详图

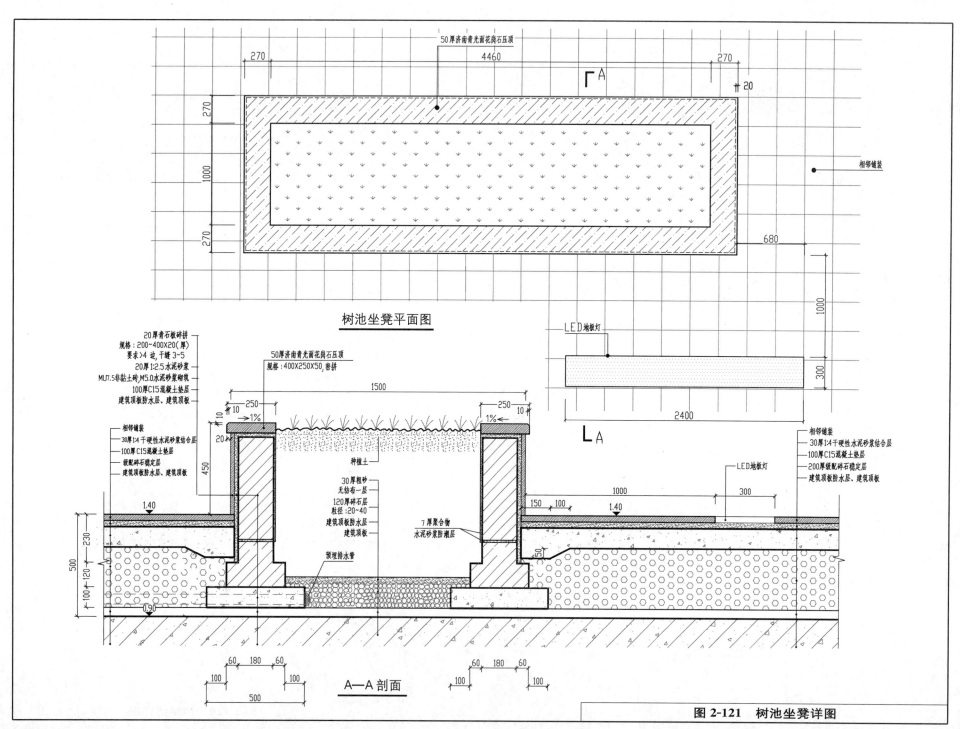

50厚济南青光面花岗石压顶

270 4460 270

⌐A

20

270

1000

相邻铺装

270

680

1000

树池坐凳平面图

LED地板灯

300

LA

2400

20厚青石板碎拼
规格：200~400X20（厚）
要求>4 边，干缝 3~5
20厚1:2.5水泥砂浆
MU7.5非黏土砖,M5.0水泥砂浆砌筑
100厚C15混凝土垫层
建筑顶板防水层、建筑顶板

50厚济南青光面花岗石压顶
规格：400X250X50，密拼

1500

250 250

10 10

相邻铺装
30厚1:4干硬性水泥砂浆结合层
100厚C15混凝土垫层
级配碎石稳定层
建筑顶板防水层、建筑顶板

1% 1%

20

450

种植土

30厚粗砂
无纺布一层
120厚碎石层
粒径：20~40
建筑顶板防水层
建筑顶板

7厚聚合物
水泥砂浆防潮层

预埋排水管

相邻铺装
30厚1:4干硬性水泥砂浆结合层
100厚C15混凝土垫层
200厚级配碎石稳定层
建筑顶板防水层、建筑顶板

LED地板灯

1.40

1000 300

150 100 1.40

1.40

230

500

120

100

0.90

50

60 180 60

100 100

60 180 60

100 100

500

A—A 剖面

图 2-121 树池坐凳详图

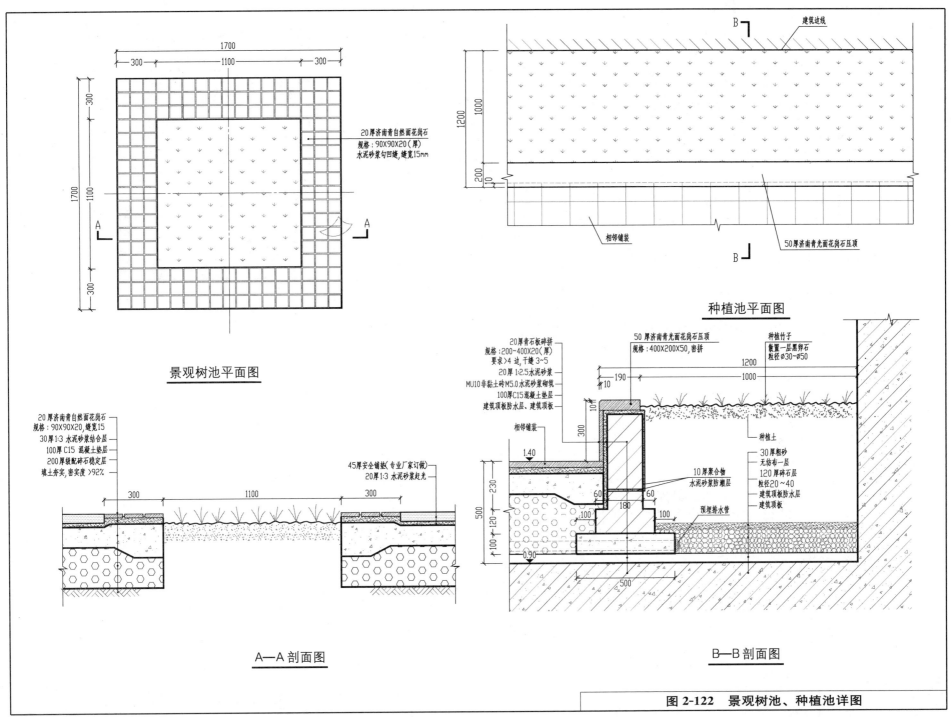

景观树池平面图

20厚济南青自然面花岗石
规格：90X90X20（厚）
水泥砂浆勾凹缝，缝宽15mm

种植池平面图

建筑边线

50厚济南青光面花岗石压顶

相邻铺装

20 厚青石板碎拼
规格：200~400X20（厚）
要求>4 边，干缝 3~5
20厚 1:2.5水泥砂浆
MU10非黏土砖M5.0水泥砂浆砌筑
100厚C15混凝土垫层
建筑顶板防水层、建筑顶板

50 厚济南青光面花岗石压顶
规格：400X200X50，密拼

种植竹子
散置一层黑卵石
粒径Ø30~Ø50

相邻铺装

10 厚聚合物
水泥砂浆防潮层

种植土

30 厚粗砂
无纺布一层
120 厚碎石层
粒径20~40
建筑顶板防水层
建筑顶板

预埋排水管

A—A 剖面图

20 厚济南青自然面花岗石
规格：90X90X20，缝宽15
30厚1:3 水泥砂浆结合层
100厚 C15 混凝土垫层
200厚级配碎石稳定层
填土夯实，密实度 >92%

45厚安全铺垫（专业厂家订做）
20厚1:3 水泥砂浆找光

B—B 剖面图

图 2-122　景观树池、种植池详图

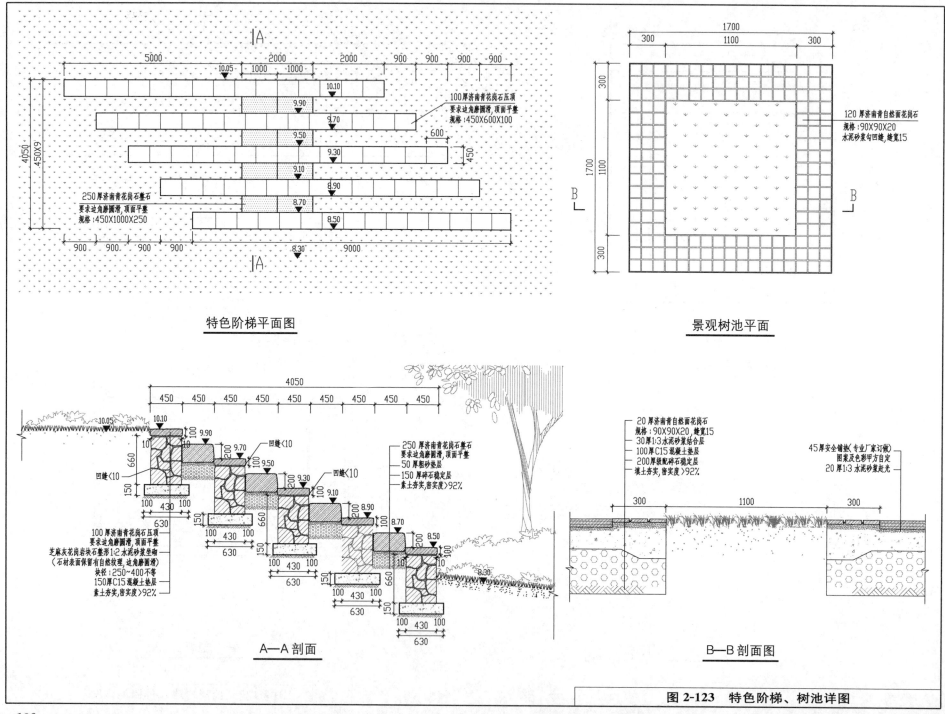

100厚济南青花岗石压顶
要求边角磨圆滑,顶面平整
规格:450X600X100

120厚济南青自然面花岗石
规格:90X90X20
水泥砂浆勾凹缝,缝宽15

250厚济南青花岗石垫石
要求边角磨圆滑,顶面平整
规格:450X1000X250

特色阶梯平面图

景观树池平面

250厚济南青花岗石垫石
要求边角磨圆滑,顶面平整
50厚粗砂垫层
150厚碎石稳定层
素土夯实,密实度>92%

20厚济南青自然面花岗石
规格:90X90X20,缝宽15
30厚1:3水泥砂浆结合层
100厚C15混凝土垫层
200级配碎石稳定层
填土夯实,密实度>92%

45厚安全铺垫(专业厂家订做)
图案及色彩甲方自定
20厚1:3水泥砂浆赶光

100厚济南青花岗石压顶
要求边角磨圆滑,顶面平整
芝麻灰花岗岩块石垫形1:2水泥砂浆坐砌
(石材表面保留有自然纹理,边角磨圆滑)
块径:250~400不等
150厚C15混凝土垫层
素土夯实,密实度>92%

回缝<10

A—A剖面

B—B剖面图

图2-123 特色阶梯、树池详图

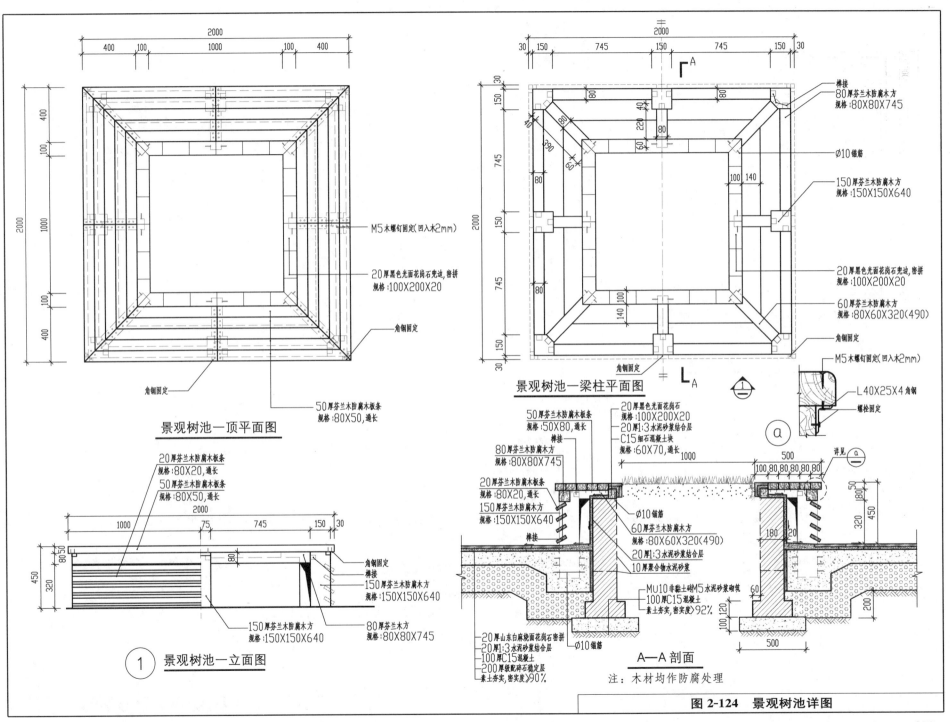

景观树池—顶平面图

① 景观树池—立面图

景观树池—梁柱平面图

A—A 剖面

注：木材均作防腐处理

20厚黑色光面花岗石兜边,密拼
规格:100X200X20

M5木螺钉固定(凹入木2mm)

角钢固定

角钢固定

50厚芬兰木防腐木板条
规格:80X50,通长

20厚芬兰木防腐木板条
规格:80X20,通长
50厚芬兰木防腐木板条
规格:80X50,通长

榫接

150厚芬兰木防腐木方
规格:150X150X640

80厚芬兰方
规格:80X80X745

角钢固定

榫接
80厚芬兰木防腐木方
规格:80X80X745

∅10锚筋

150厚芬兰木防腐木方
规格:150X150X640

20厚黑色光面花岗石兜边,密拼
规格:100X200X20

60厚芬兰木防腐木方
规格:80X60X320(490)

角钢固定

M5木螺钉固定(凹入木2mm)

L40X25X4角钢

螺栓固定

50厚芬兰木防腐木板条
规格:50X80,通长

80厚芬兰木防腐木方
规格:80X80X745

20厚芬兰木防腐木板条
规格:80X20,通长

150厚芬兰木防腐木方
规格:150X150X640

20厚黑色光面花岗石
规格:100X200X20
20厚1:3水泥砂浆结合层
C15细石混凝土块
规格:60X70,通长

∅10锚筋

60厚芬兰木防腐木方
规格:80X60X320(490)

20厚1:3水泥砂浆结合层

10厚聚合物水泥砂浆

MU10非黏土砖M5水泥砂浆砌筑

100厚C15混凝土
素土夯实,密实度)92%

20厚山东白麻烧面花岗石密拼
20厚1:3水泥砂浆结合层
100厚C15混凝土
200厚级配碎石稳定层
素土夯实,密实度)90%

∅10锚筋

图 2-124 景观树池详图

133

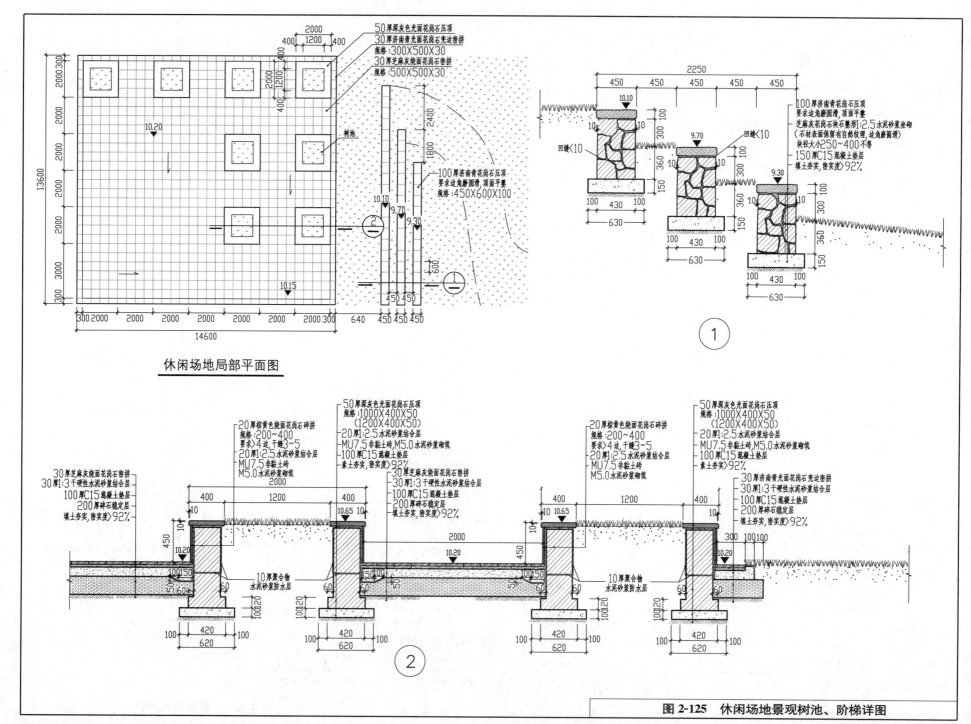

休闲场地局部平面图

图 2-125 休闲场地景观树池、阶梯详图

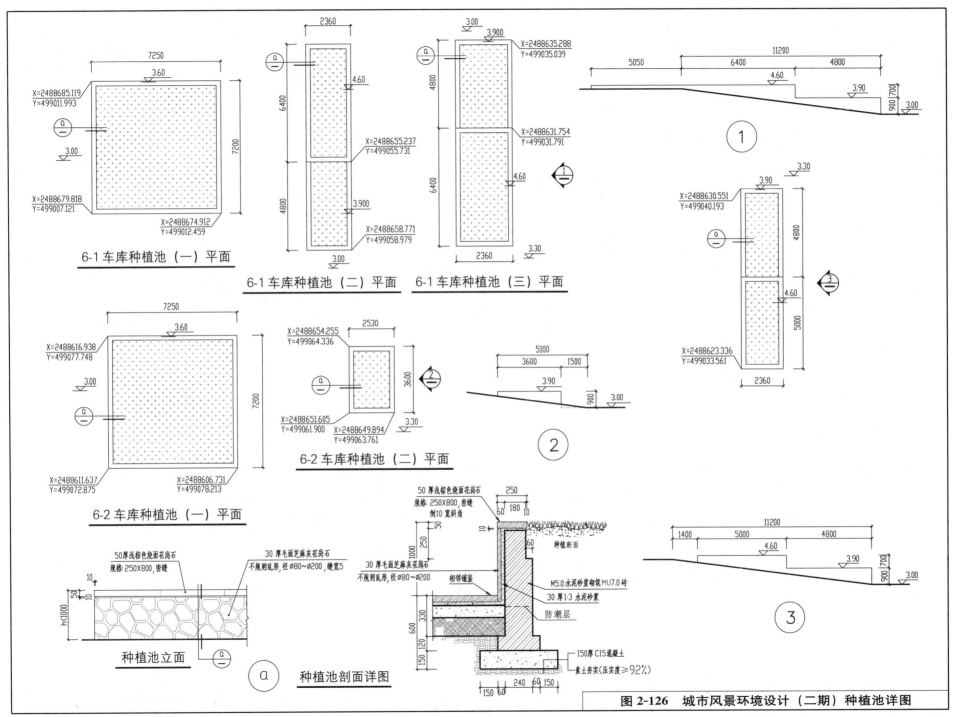

6-1 车库种植池（一）平面

6-1 车库种植池（二）平面

6-1 车库种植池（三）平面

6-2 车库种植池（一）平面

6-2 车库种植池（二）平面

种植池立面

种植池剖面详图

图 2-126　城市风景环境设计（二期）种植池详图

135

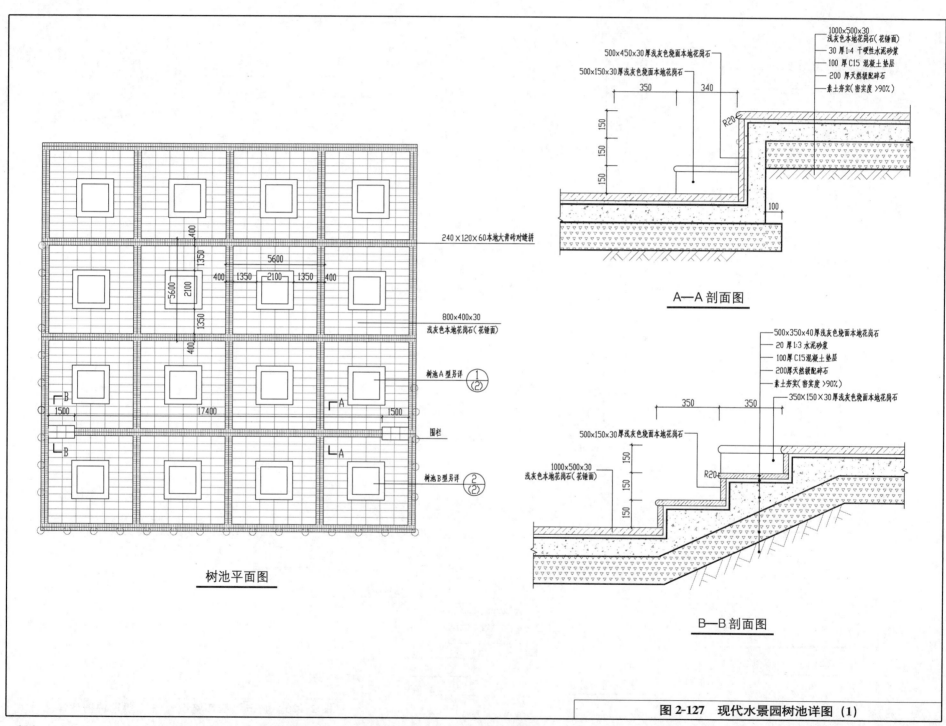

树池平面图

240×120×60本地大青砖对缝拼

800×400×30
浅灰色本地花岗石（花锤面）

树池A型另详 ①/②

围栏

树池B型另详 ②/②

400
1350
5600
2100
1350
400
400
1350
2100
1350
400
5600
1500
17400
1500

A—A 剖面图

1000×500×30
浅灰色本地花岗石（花锤面）
30 厚1:4 干硬性水泥砂浆
100 厚C15 混凝土垫层
200 厚天然级配碎石
素土夯实（密实度 >90%）

500×450×30 厚浅灰色烧面本地花岗石

500×150×30 厚浅灰色烧面本地花岗石

350
340
150
150
150
R20
100

B—B 剖面图

500×350×40 厚浅灰色烧面本地花岗石
20 厚1:3 水泥砂浆
100 厚C15 混凝土垫层
200 厚天然级配碎石
素土夯实（密实度 >90%）

500×150×30 厚浅灰色烧面本地花岗石

350×150×30 厚浅灰色烧面本地花岗石

1000×500×30
浅灰色本地花岗石（花锤面）

350
350
150
150
150
150
R20

图 2-127 现代水景园树池详图（1）

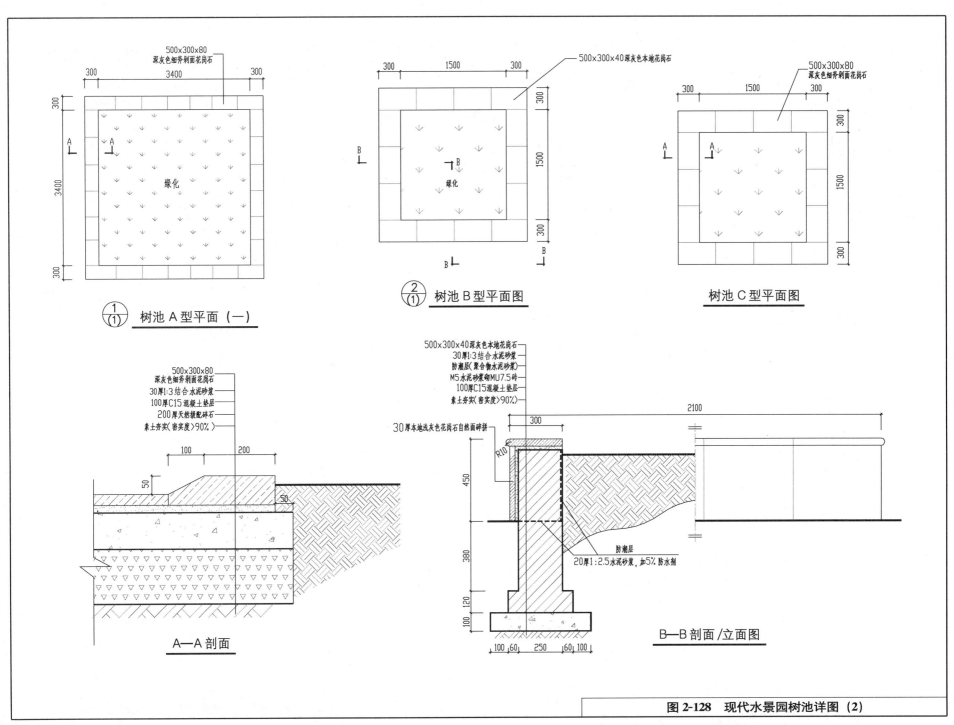

500×300×80
深灰色细斧剁面花岗石

绿化

①/(1) 树池 A 型平面（一）

500×300×40深灰色本地花岗石

绿化

②/(1) 树池 B 型平面图

500×300×80
深灰色细斧剁面花岗石

树池 C 型平面图

500×300×80
深灰色细斧剁面花岗石
30厚1:3结合水泥砂浆
100厚C15混凝土垫层
200厚天然级配碎石
素土夯实（密实度>90%）

A—A 剖面

500×300×40深灰色本地花岗石
30厚1:3结合水泥砂浆
防潮层（聚合物水泥砂浆）
M5水泥砂浆砌MU7.5砖
100厚C15混凝土垫层
素土夯实（密实度>90%）

30厚本地浅灰色花岗石自然面碎拼

防潮层
20厚1:2.5水泥砂浆，加5%防水剂

B—B 剖面/立面图

图 2-128　现代水景园树池详图（2）

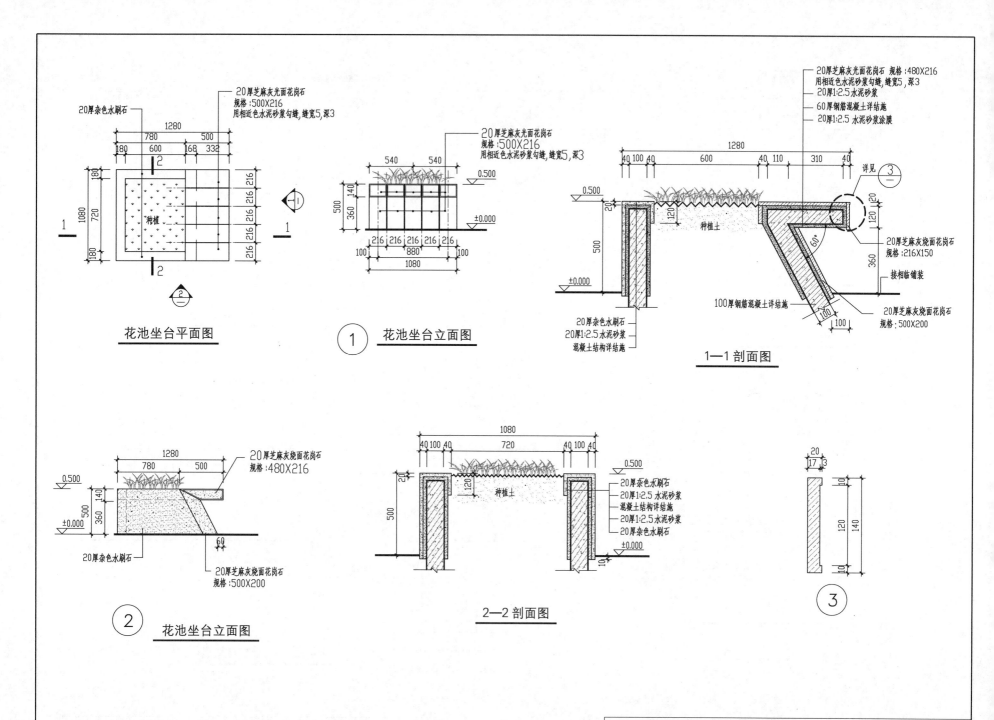

20厚杂色水刷石

20厚芝麻灰光面花岗石
规格:500X216
用相近色水泥砂浆勾缝,缝宽5,深3

种植

花池坐台平面图

20厚芝麻灰光面花岗石
规格:500X216
用相近色水泥砂浆勾缝,缝宽5,深3

① 花池坐台立面图

20厚芝麻灰光面花岗石 规格:480X216
用相近色水泥砂浆勾缝,缝宽5,深3
20厚1:2.5水泥砂浆
60厚钢筋混凝土详结施
20厚1:2.5水泥砂浆涂膜

种植土

详见 ③
—

20厚芝麻灰烧面花岗石
规格:216X150

接相临铺装

100厚钢筋混凝土详结施

20厚芝麻灰烧面花岗石
规格:500X200

1—1 剖面图

20厚芝麻灰烧面花岗石
规格:480X216

20厚杂色水刷石

20厚杂色水刷石
20厚1:2.5水泥砂浆
混凝土结构详结施

② 花池坐台立面图

种植土

20厚杂色水刷石
20厚1:2.5水泥砂浆
混凝土结构详结施
20厚1:2.5水泥砂浆
20厚杂色水刷石

2—2 剖面图

③

图2-129 行政大楼周边环境 花池坐台详图

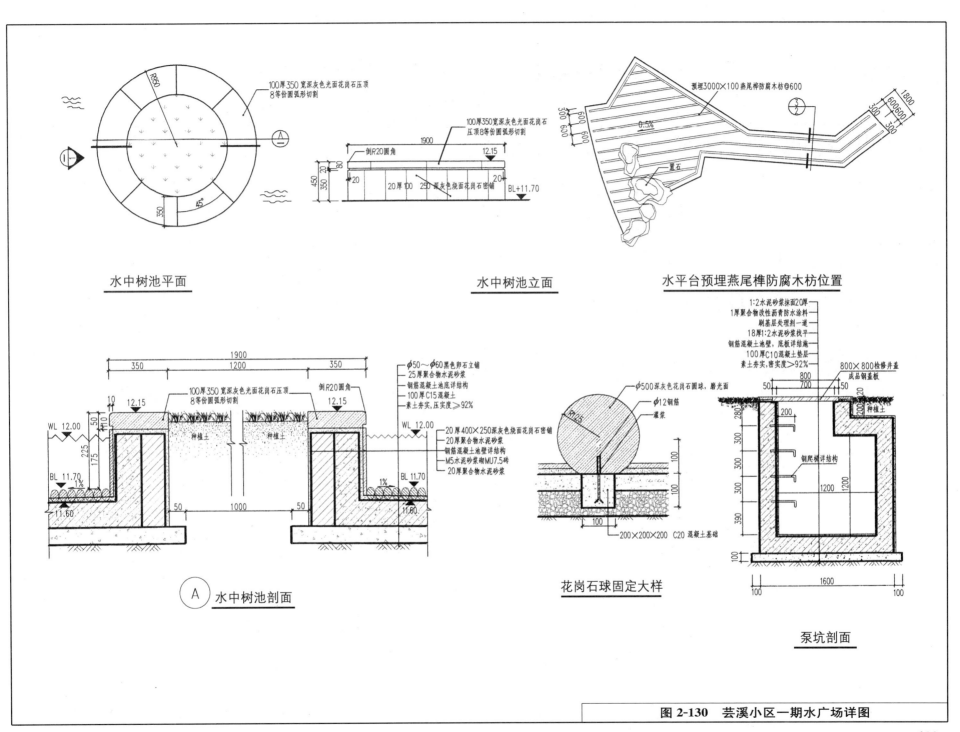

水中树池平面

100厚350宽深灰色光面花岗石压顶
8等份圆弧形切割

R950

45°
350
350

水中树池立面

100厚350宽深灰色光面花岗石
压顶8等份圆弧形切割

倒R20圆角
1900
12.15

80
20
350
450
20
20厚100 250深灰色烧面花岗石密铺
BL+11.70

水平台预埋燕尾榫防腐木枋位置

预埋3000×100燕尾榫防腐木枋@600

300
600
600
600
0.5%
置石

1800
600 600
300
300

A 水中树池剖面

1900
350
1200
350
1200

100厚350宽深灰色光面花岗石压顶
8等份圆弧形切割

倒R20圆角

12.15
50
10
10
WL 12.00
225
175

种植土
种植土

BL 11.70
50
1000
50

11.60
1%

12.15
WL 12.00

BL 11.70
11.60
1%

φ50～φ60黑色卵石立铺
25厚聚合物水泥砂浆
钢筋混凝土池底详结构
100厚C15混凝土
素土夯实,压实度≥92%

20厚400×250深灰色烧面花岗石密铺
20厚聚合物水泥砂浆
钢筋混凝土池壁详结构
M5水泥砂浆砌MU7.5砖
20厚聚合物水泥砂浆

花岗石球固定大样

φ500深灰色花岗石圆球,磨光面

R125

φ12钢筋

灌浆

100
100

100

200×200×200 C20混凝土基础

泵坑剖面

1:2水泥砂浆抹面20厚
1厚聚合物改性沥青防水涂料
刷基层处理剂一道
18厚1:2水泥砂浆找平
钢筋混凝土池壁、底板详结构
100厚C10混凝土垫层
素土夯实,密实度≥92%

800×800检修井盖
成品钢盖板

280
50
800
700
50
200
300
300
300
390
1200
1200

钢爬梯详结构

种植土
200
20

100
1600
100

图 2-130 芸溪小区一期水广场详图

139

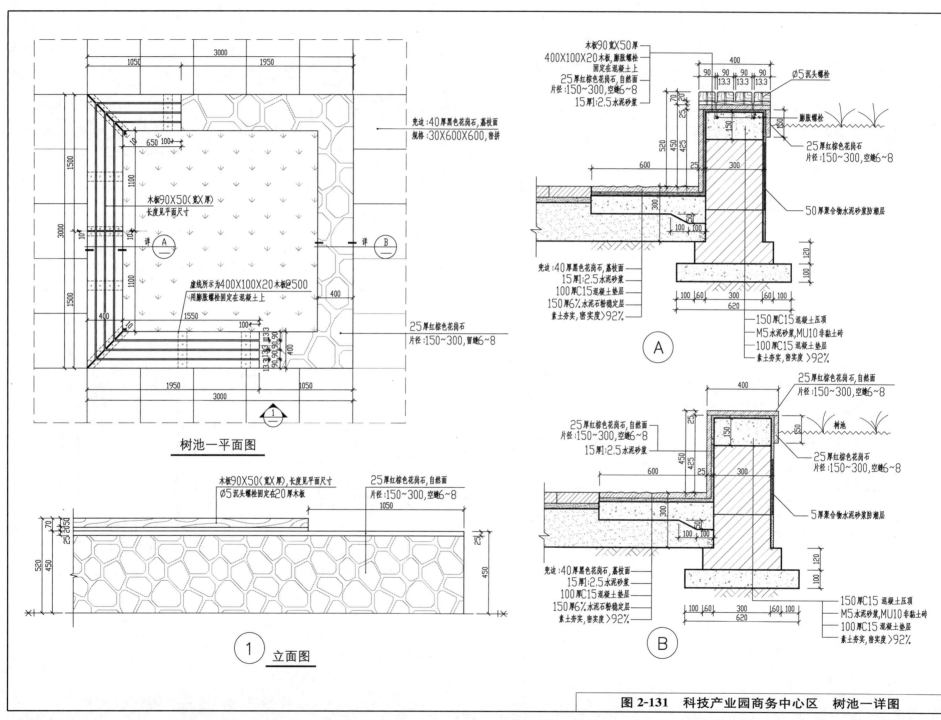

树池一平面图

兜边:40厚黑色花岗石,荔枝面
规格:30X600X600,密拼

木板90X50(宽X厚)
长度见平面尺寸

虚线所示为400X100X20木板@500
用膨胀螺栓固定在混凝土上

25厚红棕色花岗石
片径:150~300,留缝6~8

木板90X50(宽X厚),长度见平面尺寸
Ø5沉头螺栓固定在20厚木板

25厚红棕色花岗石,自然面
片径:150~300,空缝6~8

① 立面图

木板90厚X50厚
400X100X20木板,膨胀螺栓
固定在混凝土上
25厚红棕色花岗石,自然面
片径:150~300,空缝6~8
15厚1:2.5水泥砂浆

Ø5沉头螺栓

膨胀螺栓

25厚红棕色花岗石
片径:150~300,空缝6~8

50厚聚合物水泥砂浆防潮层

兜边:40厚黑色花岗石,荔枝面
15厚1:2.5水泥砂浆
100厚C15混凝土垫层
150厚6%水泥石粉稳定层
素土夯实,密实度>92%

150厚C15混凝土压顶
M5水泥砂浆,MU10非黏土砖
100厚C15混凝土垫层
素土夯实,密实度>92%

Ⓐ

25厚红棕色花岗石,自然面
片径:150~300,空缝6~8

25厚红棕色花岗石,自然面
片径:150~300,空缝6~8
15厚1:2.5水泥砂浆

25厚红棕色花岗石
片径:150~300,空缝6~8

树池

5厚聚合物水泥砂浆防潮层

兜边:40厚黑色花岗石,荔枝面
15厚1:2.5水泥砂浆
100厚C15混凝土垫层
150厚6%水泥石粉稳定层
素土夯实,密实度>92%

150厚C15混凝土压顶
M5水泥砂浆,MU10非黏土砖
100厚C15混凝土垫层
素土夯实,密实度>92%

Ⓑ

图2-131 科技产业园商务中心区 树池一详图

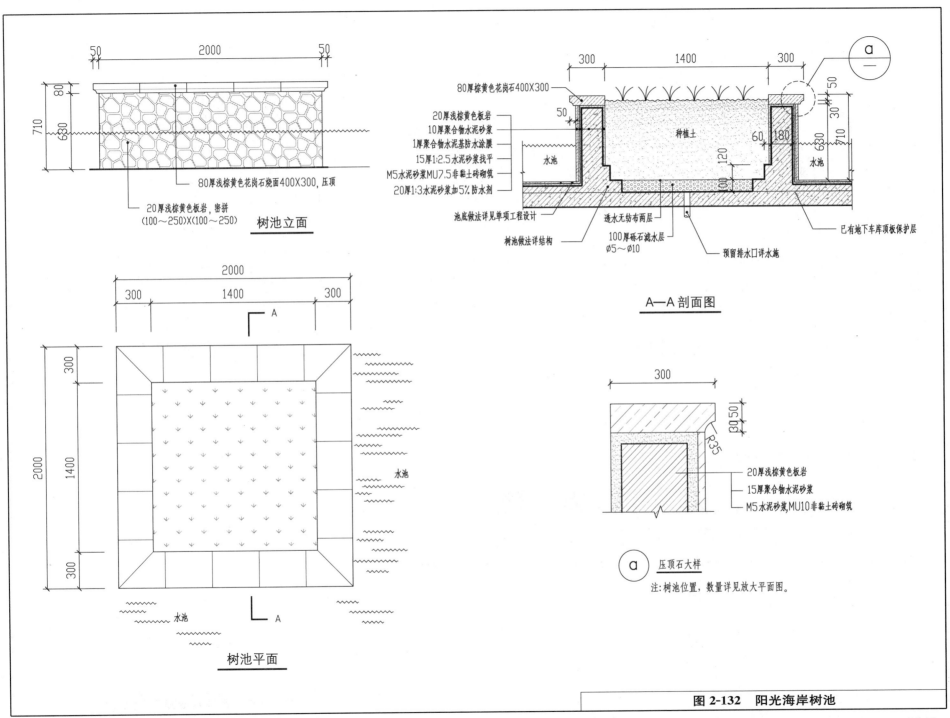

树池立面

50 | 2000 | 50

80 630 710

80厚浅棕黄色花岗石烧面400X300,压顶

20厚浅棕黄色板岩,密拼
(100～250)X(100～250)

树池平面

2000
300 | 1400 | 300
A
300 1400 300 2000
水池
水池

A—A剖面图

300 | 1400 | 300 | a

80厚棕黄色花岗石400X300
20厚浅棕黄色板岩
10厚聚合物水泥砂浆
1厚聚合物水泥基防水涂膜
15厚1:2.5水泥砂浆找平
M5水泥砂浆MU7.5非黏土砖砌筑
20厚1:3水泥砂浆加5%防水剂
池底做法详见单项工程设计
树池做法详见结构
种植土
水池
水池
120
60 180
630 710
透水无纺布两层
100厚砾石滤水层
Ø5～Ø10
预留排水口详水施
已有地下车库顶板保护层

压顶石大样 a

300
30 50
R35
20厚浅棕黄色板岩
15厚聚合物水泥砂浆
M5水泥砂浆,MU10非黏土砖砌筑

注:树池位置,数量详见放大平面图。

图 2-132 阳光海岸树池

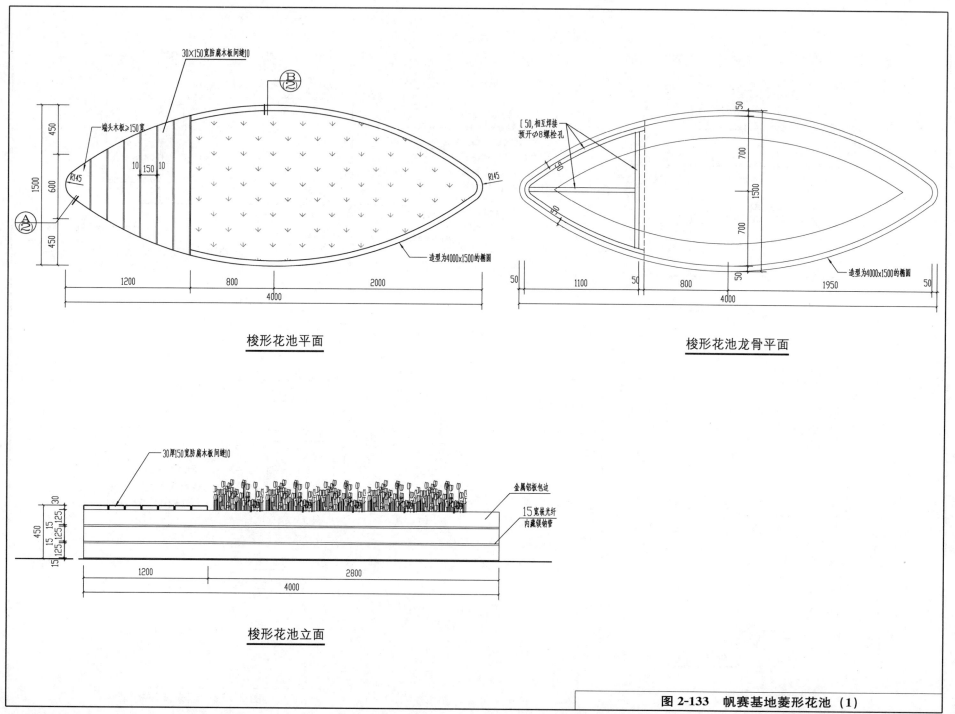

30×150宽防腐木板间缝10

B/2

一端头木板≥150宽

30×150宽防腐木板间缝10

450
1500
600
450

R145
10 150 10
R145

A/2

造型为4000x1500的椭圆

1200   800   2000
4000

梭形花池平面

[50,相互焊接
预开φ8螺栓孔

50
700
1500
700

造型为4000x1500的椭圆

50   1100   50   800   50   1950   50
4000

梭形花池龙骨平面

30厚150宽防腐木板间缝10

金属铝板包边

15宽嵌光纤
内藏镁钢管

450
30
15 15
125 125 125

1200   2800
4000

梭形花池立面

图 2-133　帆赛基地菱形花池（1）

142

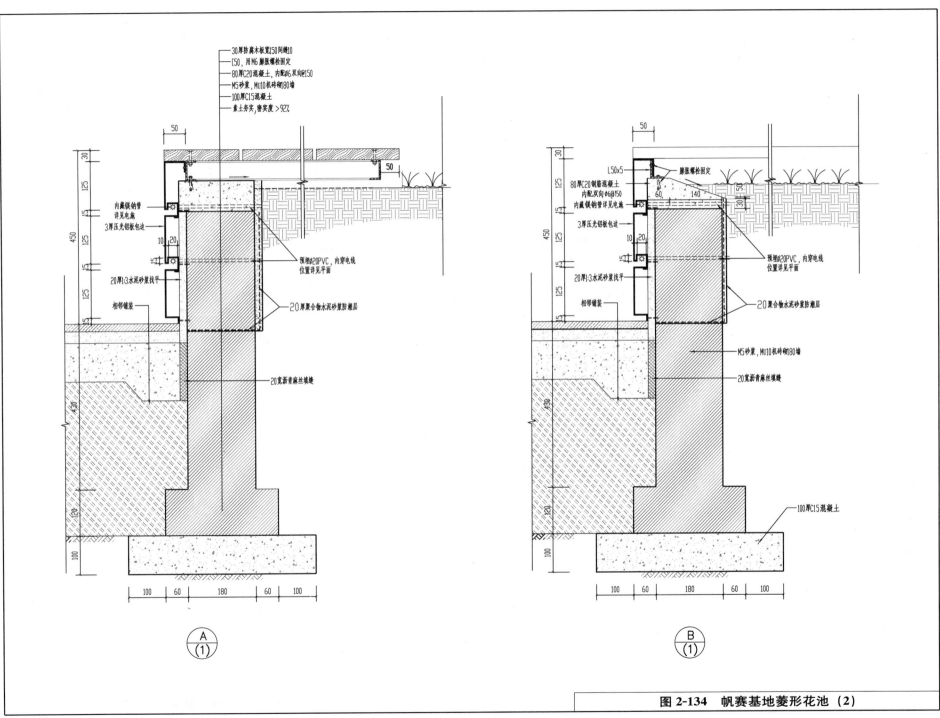

图2-134 帆赛基地菱形花池（2）

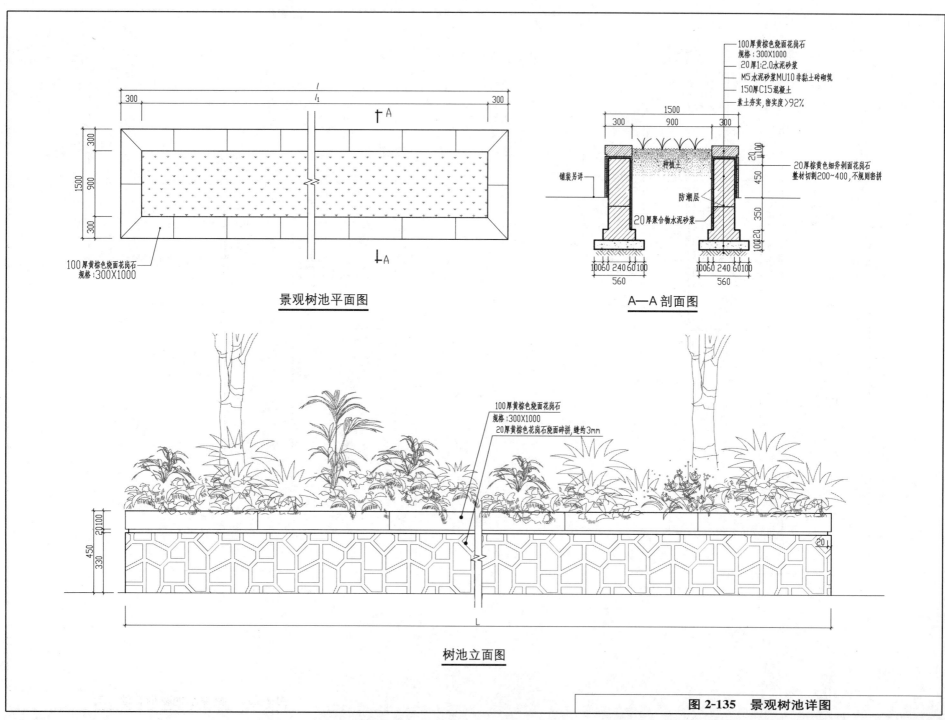

景观树池平面图

100厚黄棕色烧面花岗石
规格:300X1000

A—A 剖面图

100厚黄棕色烧面花岗石
规格:300X1000
20厚1:2.0水泥砂浆
M5水泥砂浆MU10非黏土砖砌筑
150厚C15混凝土
素土夯实,密实度>92%

20厚棕黄色细斧剁面花岗石
整材切割200~400,不规则密拼

铺装另详

防潮层

20厚聚合物水泥砂浆

树池立面图

100厚黄棕色烧面花岗石
规格:300X1000
20厚黄棕色花岗石烧面碎拼,缝约3mm

图 2-135 景观树池详图

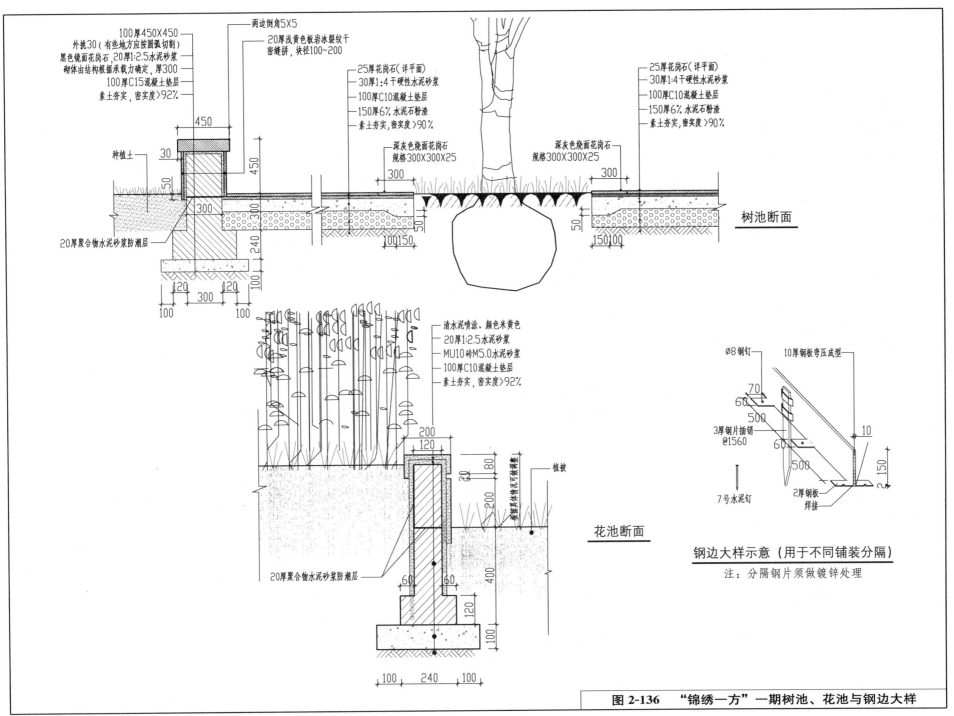

树池断面

花池断面

钢边大样示意（用于不同铺装分隔）

注：分隔钢片须做镀锌处理

图 2-136 "锦绣一方"一期树池、花池与钢边大样

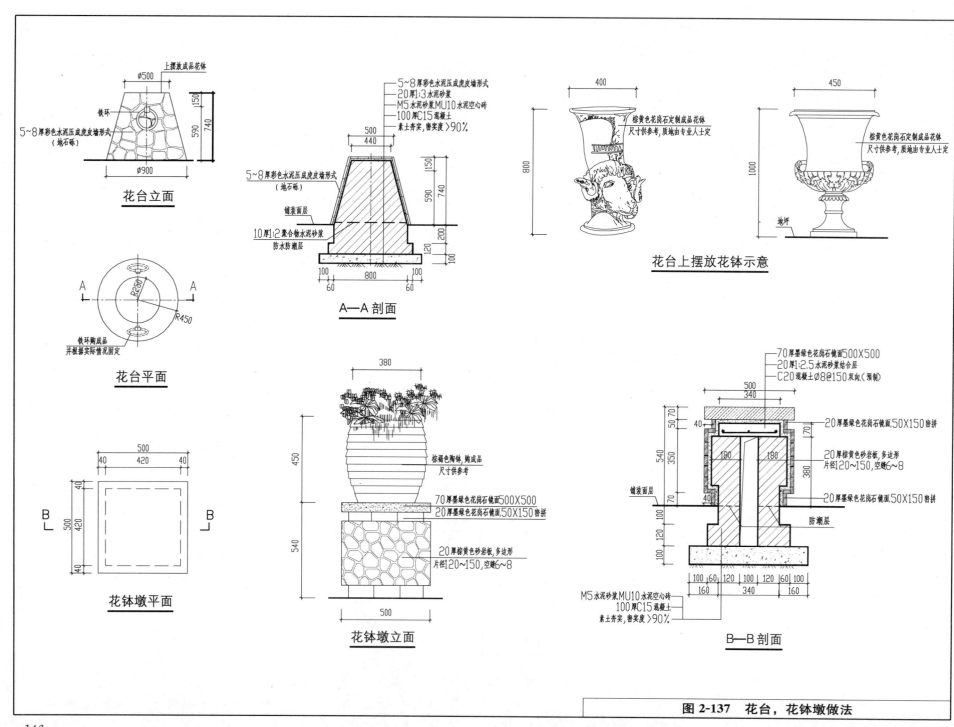

上摆放成品花钵
Ø500
铁环
5~8厚彩色水泥压成虎皮墙形式
（地石砾）
Ø900

花台立面

A   A
R250
R450

铁环购成品
并根据实际情况固定

花台平面

500
40   420   40
40
500   420
40
B   B
40

花钵墩平面

5~8厚彩色水泥压成虎皮墙形式
20厚1:3水泥砂浆
M5水泥砂浆,MU10水泥空心砖
100厚C15混凝土
素土夯实,密实度>90%

500
440

5~8厚彩色水泥压成虎皮墙形式
（地石砾）

铺装面层

10厚1:2聚合物水泥砂浆
防水防潮层

150
590 740
200
120
100

100   800   100
60   60

A—A 剖面

400

棕黄色花岗石定制成品花钵
尺寸供参考,质地由专业人士定

800

花台上摆放花钵示意

450

棕黄色花岗石定制成品花钵
尺寸供参考,质地由专业人士定

1000

地坪

380

棕褐色陶钵,购成品
尺寸供参考

70厚墨绿色花岗石镜面500X500
20厚墨绿色花岗石镜面,50X150密拼

450

540

20厚棕黄色砂岩板,多边形
片径120~150,空缝6~8

500

花钵墩立面

70厚墨绿色花岗石镜面500X500
20厚1:2.5水泥砂浆结合层
C20混凝土Ø8@150双向,（预制）

500
340

50 70
350
540

40

20厚墨绿色花岗石镜面,50X150密拼

180   180

20厚棕黄色砂岩板,多边形
片径120~150,空缝6~8

170
380

20厚墨绿色花岗石镜面,50X150密拼

铺装面层

70

防潮层

100
120
100

M5水泥砂浆,MU10水泥空心砖
100厚C15混凝土
素土夯实,密实度>90%

100 60 120 100 120 60 100
160   340   160

B—B 剖面

图 2-137 花台，花钵墩做法

146

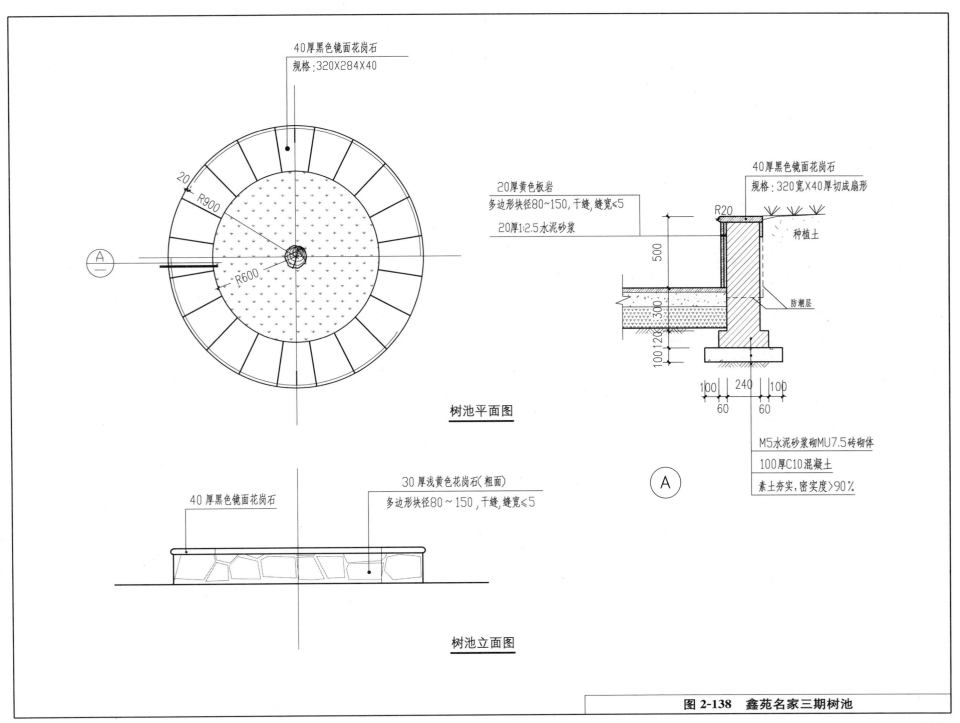

40厚黑色镜面花岗石
规格:320X284X40

20厚黄色板岩
多边形块径80~150,干缝,缝宽≤5
20厚1:2.5水泥砂浆

40厚黑色镜面花岗石
规格:320宽X40厚切成扇形

种植土

防潮层

树池平面图

M5水泥砂浆砌MU7.5砖砌体
100厚C10混凝土
素土夯实,密实度>90%

Ⓐ

40厚黑色镜面花岗石

30厚浅黄色花岗石(粗面)
多边形块径80~150,干缝,缝宽≤5

树池立面图

图2-138　鑫苑名家三期树池

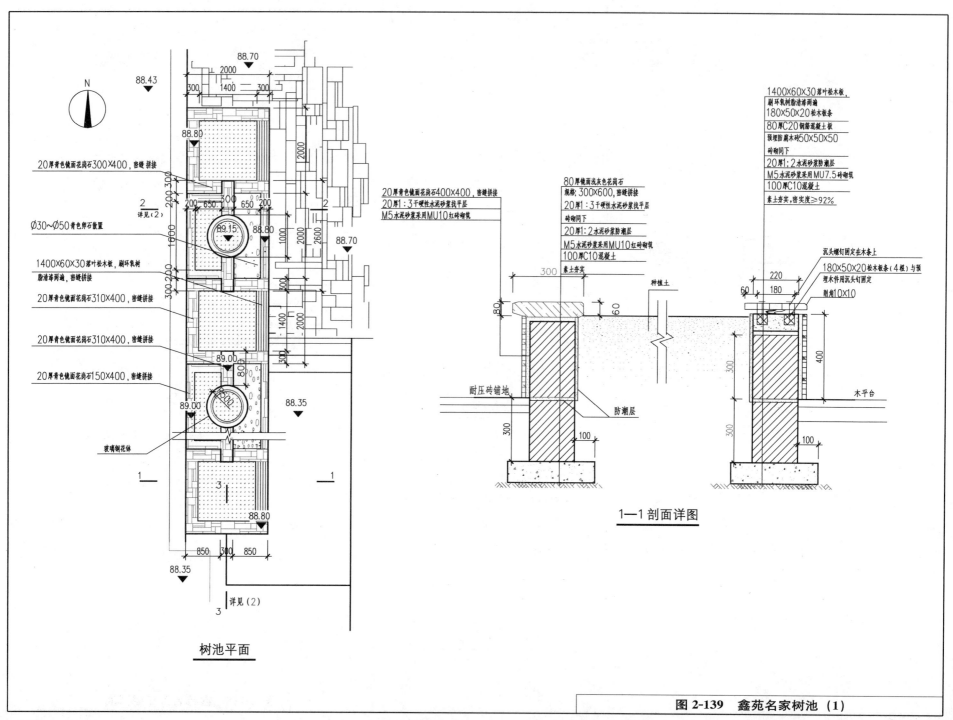

20厚青色镜面花岗石300×400,密缝拼接

Ø30~Ø50青色卵石散置

1400×60×30落叶松木板,刷环氧树脂清漆两遍,密缝拼接

20厚青色镜面花岗石310×400,密缝拼接

20厚青色镜面花岗石310×400,密缝拼接

20厚青色镜面花岗石150×400,密缝拼接

玻璃钢花钵

树池平面

20厚青色镜面花岗石400×400,密缝拼接
20厚1:3干硬性水泥砂浆找平层
M5水泥砂浆采用MU10红砖砌筑

80厚镜面浅灰色花岗石
规格:300×600,密缝拼接
20厚1:3干硬性水泥砂浆找平层
砖砌同下
20厚1:2水泥砂浆防潮层
M5水泥砂浆采用MU10红砖砌筑
100厚C10混凝土
素土夯实

耐压砖铺地

种植土

防潮层

木平台

1400×60×30落叶松木板,
刷环氧树脂清漆两遍
180×50×20松木板条
80厚C20钢筋混凝土板
预埋防腐木砖50×50×50
砖砌同下
20厚1:2水泥砂浆防潮层
M5水泥砂浆采用MU7.5砖砌筑
100厚C10混凝土
素土夯实,密实度≥92%

沉头螺钉固定在木条上
180×50×20松木板条(4板)与预
埋木件用沉头钉固定
削角10×10

1—1剖面详图

图2-139　鑫苑名家树池（1）

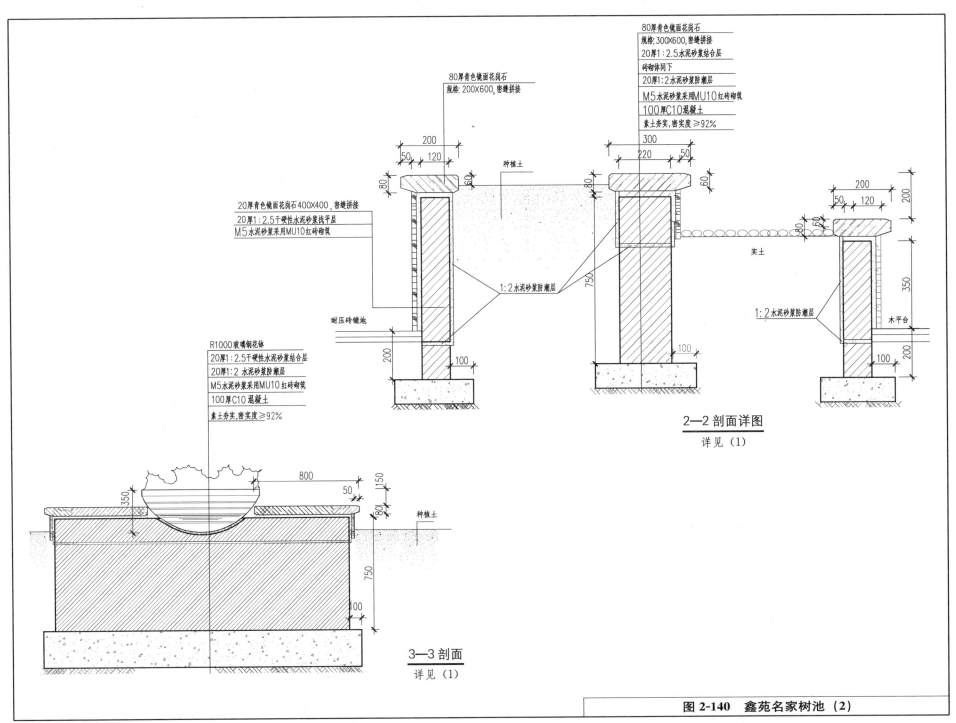

80厚青色镜面花岗石
规格:300×600,密缝拼接
20厚1:2.5水泥砂浆结合层
砖砌体同下
20厚1:2水泥砂浆防潮层
M5水泥砂浆采用MU10红砖砌筑
100厚C10混凝土
素土夯实,密实度≥92%

80厚青色镜面花岗石
规格:200×600,密缝拼接

种植土

20厚青色镜面花岗石400×400,密缝拼接
20厚1:2.5干硬性水泥砂浆找平层
M5水泥砂浆采用MU10红砖砌筑

耐压砖铺地

1:2水泥砂浆防潮层

实土

木平台

1:2水泥砂浆防潮层

R1000玻璃钢花钵
20厚1:2.5干硬性水泥砂浆结合层
20厚1:2水泥砂浆防潮层
M5水泥砂浆采用MU10红砖砌筑
100厚C10混凝土
素土夯实,密实度≥92%

2—2 剖面详图
详见（1）

种植土

3—3 剖面
详见（1）

图 2-140 鑫苑名家树池（2）

149

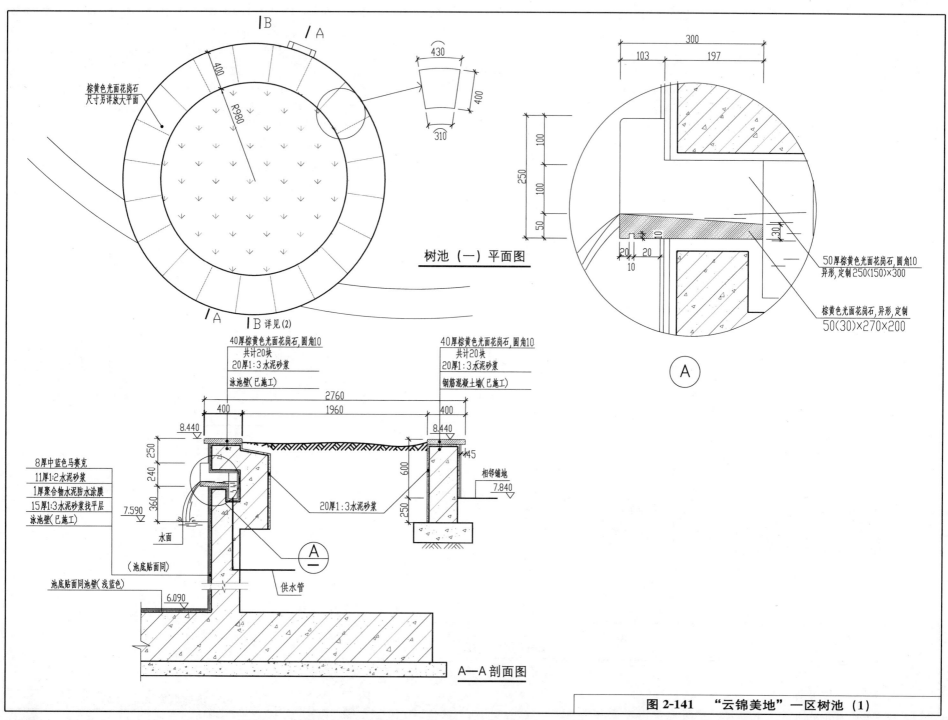

棕黄色光面花岗石
尺寸另详放大平面

R980

树池（一）平面图

430

310

400

300
103   197

100
250   100
50

20 20
10

50厚棕黄色光面花岗石,圆角10
异形,定制250(150)×300

棕黄色光面花岗石,异形,定制
50(30)×270×200

Ⓐ

40厚棕黄色光面花岗石,圆角10
共计20块
20厚1:3水泥砂浆
泳池壁(已施工)

40厚棕黄色光面花岗石,圆角10
共计20块
20厚1:3水泥砂浆
钢筋混凝土墙(已施工)

2760
400   1960   400

8.440

8.440

45

250
240
360

600

相邻铺地
7.840

8厚中蓝色马赛克
11厚1:2水泥砂浆
1厚聚合物水泥防水涂膜
15厚1:3水泥砂浆找平层
泳池壁(已施工)

20厚1:3水泥砂浆

250

7.590

水面

Ⓐ

（池底贴面同）

供水管

池底贴面同池壁(浅蓝色)

6.090

A—A 剖面图

图 2-141 "云锦美地"一区树池（1）

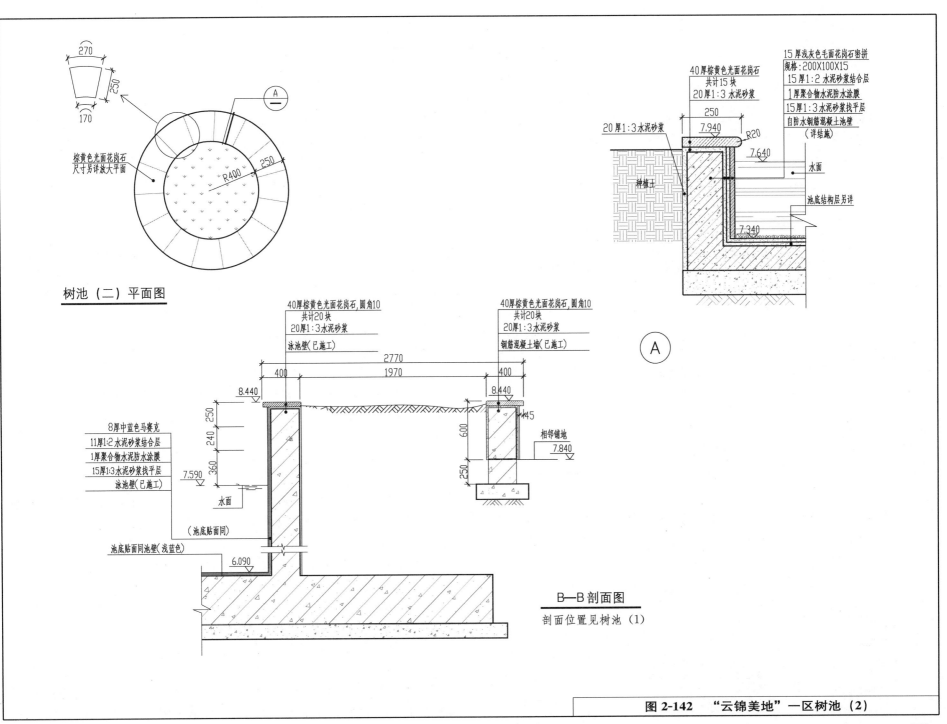

270

250

170

A

棕黄色光面花岗石
尺寸另详放大平面

R400

250

树池（二）平面图

15厚浅灰色毛面花岗石密拼
规格：200X100X15
15厚1:2水泥砂浆结合层
1厚聚合物水泥防水涂膜
15厚1:3水泥砂浆找平层
自防水钢筋混凝土池壁
（详结施）

40厚棕黄色光面花岗石
共计15块
20厚1:3水泥砂浆

20厚1:3水泥砂浆

250

7.940

R20

7.640

种植土

水面

池底结构层另详

7.340

40厚棕黄色光面花岗石，圆角10
共计20块
20厚1:3水泥砂浆

泳池壁(已施工)

40厚棕黄色光面花岗石，圆角10
共计20块
20厚1:3水泥砂浆

钢筋混凝土墙(已施工)

A

2770

1970

400

400

8厚中蓝色马赛克
11厚1:2水泥砂浆结合层
1厚聚合物水泥防水涂膜
15厚1:3水泥砂浆找平层
泳池壁(已施工)

8.440

250

240

360

250

7.590

水面

8.440

600

R45

250

相邻铺地

7.840

（池底贴面同）

池底贴面同池壁(浅蓝色)

6.090

B—B剖面图
剖面位置见树池（1）

图2-142 "云锦美地"一区树池（2）

151

3 水 景 景 观

水景景观以水为主。水景设计应结合场地气候、地形及水源条件。南方干热地区应尽可能为市民提供亲水环境，北方地区在设计不结冰期的水景时，还必须考虑结冰期的枯水景观。

3.1 自然水景

（1）自然水景与海、河、江、湖、溪相关联。这类水景设计必须服从原有自然生态景观，自然水景线与局部环境水体的空间关系，正确利用借景、对景等手法，充分发挥自然条件，形成纵向景观、横向景观和鸟瞰景观。应能融合区内外部的景观元素，创造出新的亲水居住形态。

（2）自然水景的构成元素见表 3-1

自然景观的构成元素　　　　　　　表 3-1

景观元素	内 容
水体	水体流向,水体色彩,水体倒影,溪流,水源
沿水驳岸	沿水道路,沿岸建筑(码头、古建筑等),沙滩,雕石
水上跨越结构	桥梁,栈桥,索道
水边山体树木(远景)	山岳,丘陵,峭壁,林木
水生动植物(近景)	水面浮生植物,水下植物,鱼鸟类
水面天光映衬	光线折射漫射,水雾,云彩

（3）驳岸。

① 驳岸是亲水景观中应重点处理的部位。驳岸与水线形成的连续景观线是否能与环境相协调，不但取决于驳岸与水面间的高差关系，还取决于驳岸的类型及用材的选择。驳岸类型见表 3-2。

驳岸类型及材质选用　　　　　　　表 3-2

序号	驳岸类型	材 质 选 用
1	普通驳岸	砌块(砖、石、混凝土)
2	缓坡驳岸	砌块,砌石(卵石、块石),人工海滩砂石
3	带河岸裙墙的驳岸	边框式绿化,木桩锚固卵石
4	阶梯驳岸	踏步砌块,仿木阶梯
5	带平台的驳岸	石砌平台
6	缓坡、阶梯复合驳岸	阶梯砌石,缓坡种植保护

驳岸坡度在大于 33°时，应做防渗驳岸，以防土坡滑塌。

人工湖由其所处土层及地下水位等条件决定是否设防渗、防水层。设计前要取得该地地下水位资料，再决定做水体景观湖或者枯水期时枯水景观场景。防渗层可以用简易的黏土层或防渗土工布，也可用较贵的防渗毯。防渗层上部必须铺到最高水位 0.1～0.2m 以上。

② 驳岸（池岸）无论规模大小，无论是规则几何式驳岸（池岸）还是不规则驳岸（池岸），驳岸的高度、水的深浅设计都应满足人的亲水性要求，驳岸（池岸）尽可能贴近水面，以人手能触摸到水为最佳。亲水环境中的其他设施（如水上平台、汀步、栈桥、栏索等），也应以人与水体的尺度关系为基准进行设计。

③ 驳岸、跌水设计实例见图 3-1～图 3-11。

（4）景观桥。

① 桥在自然水景和人工水景中都起到不可缺少的景观作用，其功能作用主要有：形成交通跨越点；横向分割河流和水面空间；形成地区标志物和视线集合点；眺望河流和水面的良好观景场所，其独特的造型具有自身的艺术价值。

② 景观桥分为钢制桥、混凝土桥、拱桥、原木桥、锯材木桥、仿木桥和吊桥等。居住区一般采用木桥、仿木桥和石拱桥为主，体量不宜过大，应追求自然简洁，精工细做。木板平桥可以设在混凝土板上，也可以铺设在钢梁上。钢梁断面应根据其跨度大小而选定，具体可参考表 3-3。钢梁之间的间隔，40mm 厚木板为 600mm，50mm 厚木板为 700mm。

③ 景观桥设计实例见图 3-12～图 3-43。

（5）木栈道。

① 邻水木栈道为人们提供了行走、休息、观景和交流的多功能场所。由于木板材料具有一定的弹性和粗朴的质感，因此，行走其上比一般石铺砖砌的栈道更为舒适。木栈道多用于要求较高的环境中。

② 木栈道由表面平铺的面板（或密集排列的木条）和木方架空层两部分组成。木面板常用桉木、柚木、冷杉木、松木等木材，其厚度要根据下部木架空层的支撑点间距而定，一般为 3～5cm 厚，板宽为 10～20cm 之间，板与

钢梁桥面层木平台结构体系钢梁的选用			表 3-3

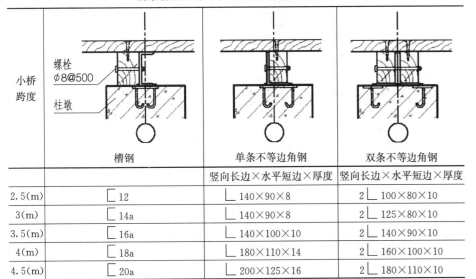

小桥跨度	槽钢	单条不等边角钢	双条不等边角钢
		竖向长边×水平短边×厚度	竖向长边×水平短边×厚度
2.5(m)	⌷ 12	∟ 140×90×8	2∟ 100×80×10
3(m)	⌷ 14a	∟ 140×90×8	2∟ 125×80×10
3.5(m)	⌷ 16a	∟ 140×100×10	2∟ 140×90×10
4(m)	⌷ 18a	∟ 180×110×14	2∟ 160×100×10
4.5(m)	⌷ 20a	∟ 200×125×16	2∟ 180×110×10

板之间宜留出 3～5mm 宽的缝隙。不应采用企口拼接方式。面板不应直接铺在地面上，下部要有至少 2cm 的架空层，以避免雨水的浸泡，保持木材底部的干燥通风。设在水面上的架空层，其木方的断面选用要经计算确定。

③ 木栈道所用木料必须进行严格地防腐和干燥处理。为了保持木质的本色和增强耐久性，木材在使用前应浸泡在透明的防腐液中 6～15d，然后进行烘干或自然干燥，使含水量不大于 8％，以确保在长期使用中不产生变形。个别地区由于条件所限，也可采用涂刷桐油和防腐剂的方式进行防腐处理。

④ 连接和固定木板和木方的金属配件（如螺栓、支架等）应采用不锈钢或镀锌材料制作。

⑤ 硬底人工水体、近岸边、亲水平台、亲水栈道等 2.0m 范围内的水深，不得大于 0.7m，达不到此要求的应设护栏。无护栏的园桥、汀步附近 2.0m 范围内水深不得大于 0.5m。

⑥ 木栈道、木平台设计实例见图 3-44～图 3-53。

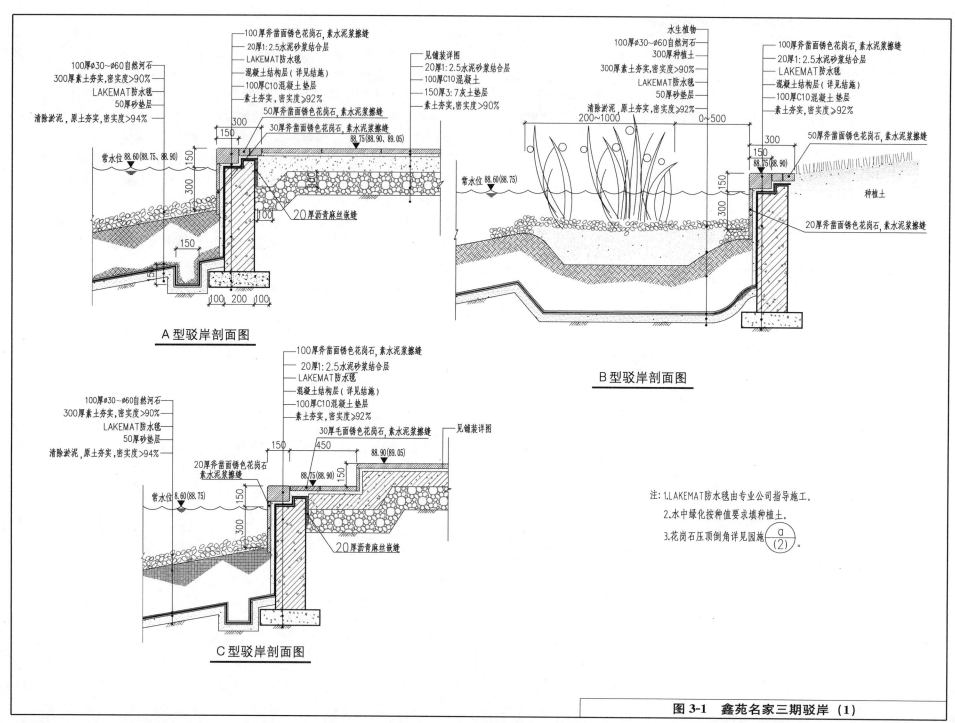

100厚斧凿面锈色花岗石,素水泥浆擦缝
20厚1:2.5水泥砂浆结合层
LAKEMAT防水毯
混凝土结构层(详见结施)
100厚C10混凝土垫层
素土夯实,密实度>92%

100厚φ30~φ60自然河石
300厚素土夯实,密实度>90%
LAKEMAT防水毯
50厚砂垫层
清除淤泥,原土夯实,密实度>94%

见铺装详图
20厚1:2.5水泥砂浆结合层
100厚C10混凝土
150厚3:7灰土垫层
素土夯实,密实度>90%

50厚斧凿面锈色花岗石,素水泥浆擦缝
30厚斧凿面锈色花岗石,素水泥浆擦缝
88.75(88.90、89.05)

常水位 88.60(88.75、88.90)
300
150
300
150
100
20厚沥青麻丝嵌缝
150
100 200 100

A型驳岸剖面图

水生植物
100厚φ30~φ60自然河石
300厚种植土
300厚素土夯实,密实度>90%
LAKEMAT防水毯
50厚垫层
清除淤泥,原土夯实,密实度>92%
200~1000
0~500

100厚斧凿面锈色花岗石,素水泥浆擦缝
20厚1:2.5水泥砂浆结合层
LAKEMAT防水毯
混凝土结构层(详见结施)
100厚C10混凝土垫层
素土夯实,密实度>92%

50厚斧凿面锈色花岗石,素水泥浆擦缝

常水位 88.60(88.75)
300
150
88.75(88.90)

种植土
20厚斧凿面锈色花岗石,素水泥浆擦缝

B型驳岸剖面图

100厚斧凿面锈色花岗石,素水泥浆擦缝
20厚1:2.5水泥砂浆结合层
LAKEMAT防水毯
混凝土结构层(详见结施)
100厚C10混凝土垫层
素土夯实,密实度>92%

100厚φ30~φ60自然河石
300厚素土夯实,密实度>90%
LAKEMAT防水毯
50厚砂垫层
清除淤泥,原土夯实,密实度>94%

见铺装详图
30厚毛面锈色花岗石,素水泥浆擦缝
88.90(89.05)

20厚斧凿面锈色花岗石
素水泥浆擦缝
150
450
88.75(88.90)
150

常水位 8.60(88.75)
150
300
20厚沥青麻丝嵌缝

C型驳岸剖面图

注:1.LAKEMAT防水毯由专业公司指导施工。
2.水中绿化按种值要求填种植土。
3.花岗石压顶倒角详见园施 $\frac{a}{(2)}$ 。

图3-1 鑫苑名家三期驳岸(1)

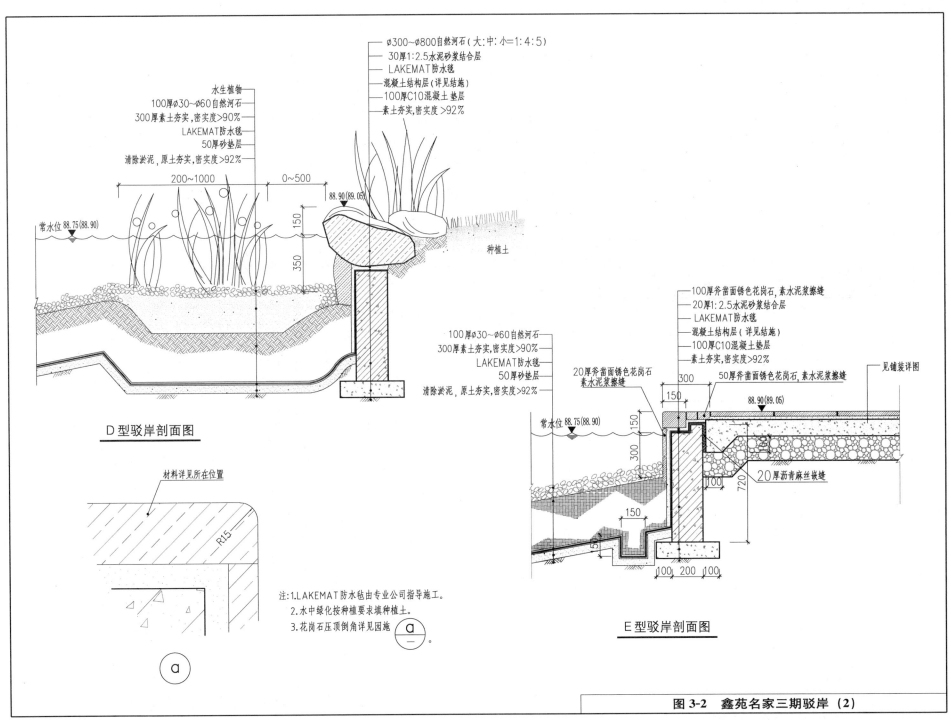

∅300～∅800自然河石(大:中:小=1:4:5)
30厚1:2.5水泥砂浆结合层
LAKEMAT防水毯
混凝土结构层(详见结施)
100厚C10混凝土垫层
素土夯实,密实度>92%

水生植物
100厚∅30～∅60自然河石
300厚素土夯实,密实度>90%
LAKEMAT防水毯
50厚砂垫层
清除淤泥,原土夯实,密实度>92%

200～1000   0～500

88.90(89.05)

种植土

常水位 88.75(88.90)

150

350

100厚斧凿面锈色花岗石,素水泥浆擦缝
20厚1:2.5水泥砂浆结合层
LAKEMAT防水毯
混凝土结构层(详见结施)
100厚C10混凝土垫层
素土夯实,密实度>92%

100厚∅30～∅60自然河石
300厚素土夯实,密实度>90%
LAKEMAT防水毯
50厚砂垫层
清除淤泥,原土夯实,密实度>92%

20厚斧凿面锈色花岗石
素水泥浆擦缝

50厚斧凿面锈色花岗石,素水泥浆擦缝

见铺装详图

300

150

88.90(89.05)

常水位 88.75(88.90)

150

300

20厚沥青麻丝嵌缝

100

720

150

D 型驳岸剖面图

材料详见所在位置

R15

注:1.LAKEMAT防水毯由专业公司指导施工。
　　2.水中绿化按种植要求填种植土。
　　3.花岗石压顶倒角详见园施 ⓐ 。

ⓐ

100 200 100

E 型驳岸剖面图

图 3-2　鑫苑名家三期驳岸 (2)

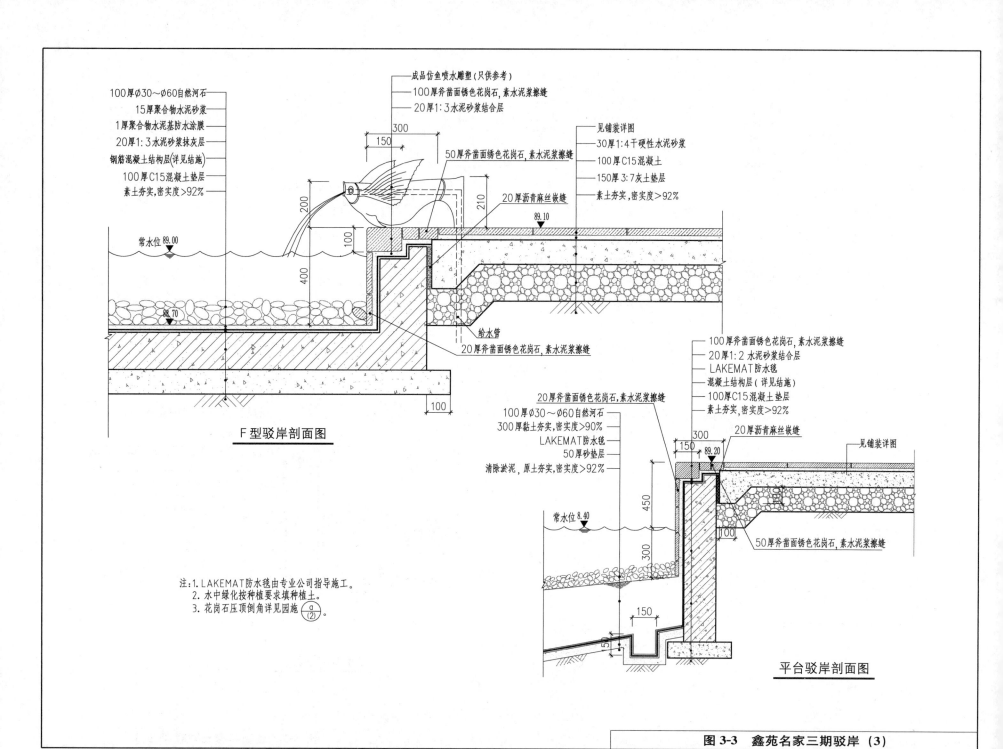

100厚∅30～∅60自然河石
15厚聚合物水泥砂浆
1厚聚合物水泥基防水涂膜
20厚1:3水泥砂浆抹灰层
钢筋混凝土结构层(详见结施)
100厚C15混凝土垫层
素土夯实,密实度>92%

成品仿鱼喷水雕塑(只供参考)
100厚斧凿面锈色花岗石,素水泥浆擦缝
20厚1:3水泥砂浆结合层

见铺装详图
30厚1:4干硬性水泥砂浆
100厚C15混凝土
150厚3:7灰土垫层
素土夯实,密实度>92%

50厚斧凿面锈色花岗石,素水泥浆擦缝

20厚沥青麻丝嵌缝

89.10

300
150
200
210
100
400
100

常水位 89.00

88.70

给水管
20厚斧凿面锈色花岗石,素水泥浆擦缝

F型驳岸剖面图

20厚斧凿面锈色花岗石,素水泥浆擦缝
100厚∅30～∅60自然河石
300厚黏土夯实,密实度>90%
LAKEMAT防水毯
50厚砂垫层
清除淤泥,原土夯实,密实度>92%

100厚斧凿面锈色花岗石,素水泥浆擦缝
20厚1:2水泥砂浆结合层
LAKEMAT防水毯
混凝土结构层(详见结施)
100厚C15混凝土垫层
素土夯实,密实度>92%

20厚沥青麻丝嵌缝
见铺装详图

89.20
300
150
100

450
300

150

常水位 8.40

50厚斧凿面锈色花岗石,素水泥浆擦缝

注:1.LAKEMAT防水毯由专业公司指导施工。
2.水中绿化按种植要求填种植土。
3.花岗石压顶倒角详见园施 $\frac{g}{2}$ 。

平台驳岸剖面图

图3-3　鑫苑名家三期驳岸（3）

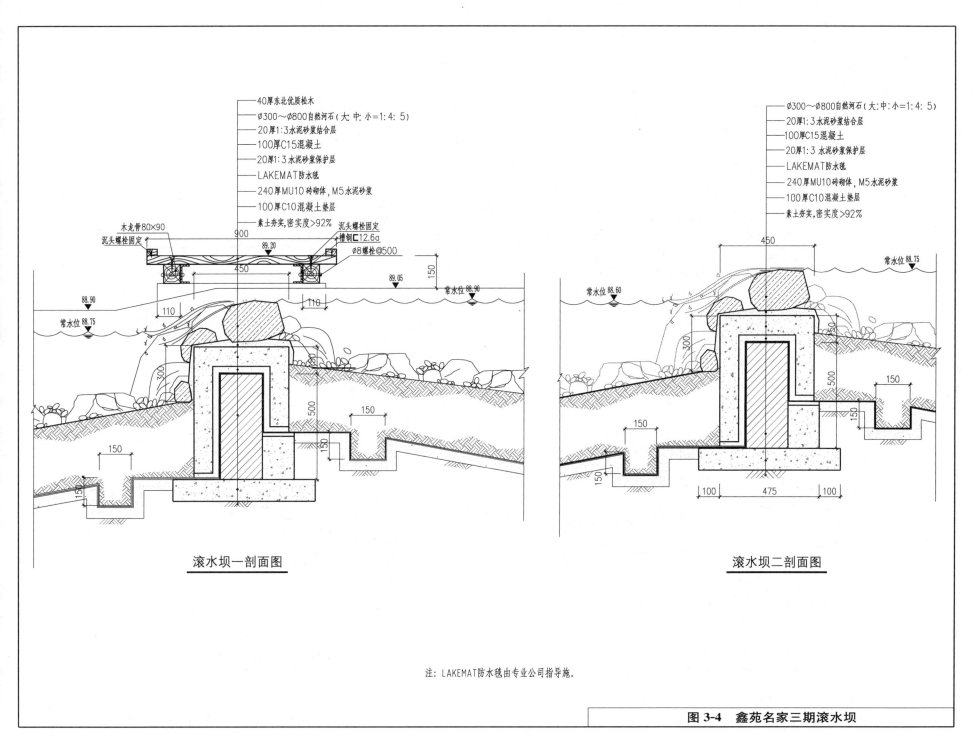

滚水坝一剖面图

滚水坝二剖面图

注：LAKEMAT防水毯由专业公司指导施。

图 3-4　鑫苑名家三期滚水坝

157

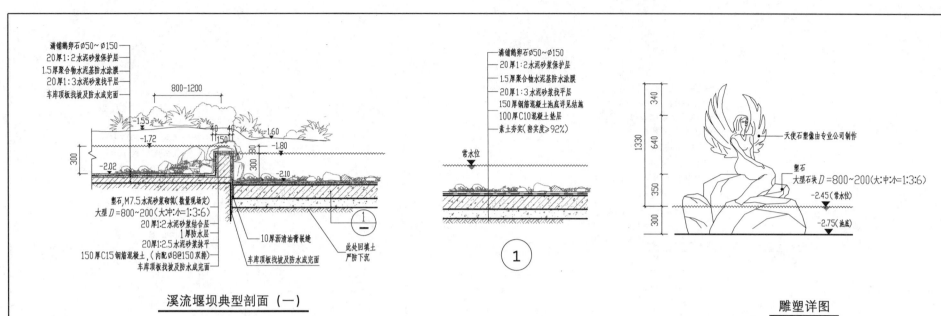

満铺鹅卵石∅50～∅150
20厚1:2水泥砂浆保护层
1.5厚聚合物水泥基防水涂膜
20厚1:3水泥砂浆找平层
车库顶板找坡及防水成完面

800-1200

-1.55
-1.72
-1.60
-1.80
-2.02
-2.10

300
40 40
150
300

塑石，M7.5水泥砂浆砌筑（数量现场定）
大型D=800～200（大:中:小=1:3:6）
20厚1:2水泥砂浆结合层
1厚防水层
20厚1:2.5水泥砂浆抹平
150厚C15钢筋混凝土（内配∅8@150双排）
车库顶板找坡及防水成完面

10厚沥青油膏嵌缝
车库顶板找坡及防水成完面

此处回填土
严防下沉

溪流堰坝典型剖面（一）

注：库顶板与池底钢筋混凝土交接处。

満铺鹅卵石∅50～∅150
20厚1:2水泥砂浆保护层
1.5厚聚合物水泥基防水涂膜
20厚1:3水泥砂浆找平层
150厚钢筋混凝土池底详见结施
100厚C10混凝土垫层
素土夯实（密实度>92%）

常水位

①

340
640
350
300
1330

天使石塑像由专业公司制作

塑石
大型D=800～200（大:中:小=1:3:6）

-2.45（常水位）

-2.75（池底）

雕塑详图

塑石
小型D=200～60（大:中:小=1:3:6）
数量现场定

塑石 M7.5水泥砂浆砌筑
20 150 20
190
沥青油膏嵌缝
塑石，数量现场定
大型D=800～200（大:中:小=1:3:6）
常水位（-2.45）
池底标高（-2.75）

常水位标高（-1.95）
水底标高（-2.25）
300
100

塑石 大型D=800～200（大:中:小=1:3:6）
15厚1:3水泥砂浆保护层
10厚1:2:4HB水泥砂浆防水层
15厚1:2水泥砂浆粘结层
150厚C25素混凝土
（内配双层双向钢筋∅10@150,C25,P6）
100厚C10混凝土垫层
素土夯实，密实度>92%

1
25

溪流堰坝典型剖面（二）

満铺鹅卵石∅50～∅150
20厚1:2水泥砂浆保护层
1.5厚聚合物水泥基防水涂膜
20厚1:3水泥砂浆找平层
150厚C20混凝土
（内配双层双向钢筋∅10@200,C25,P6）
100厚C10混凝土垫层
150厚3:7灰土垫层
素土夯实（密实度>92%）

塑石，大型D=800～200（大:中:小=1:3:6）

B B
种植土

溪流驳岸典型剖面图

图3-5 阳光海岸春兰雾溪驳岸节点详图

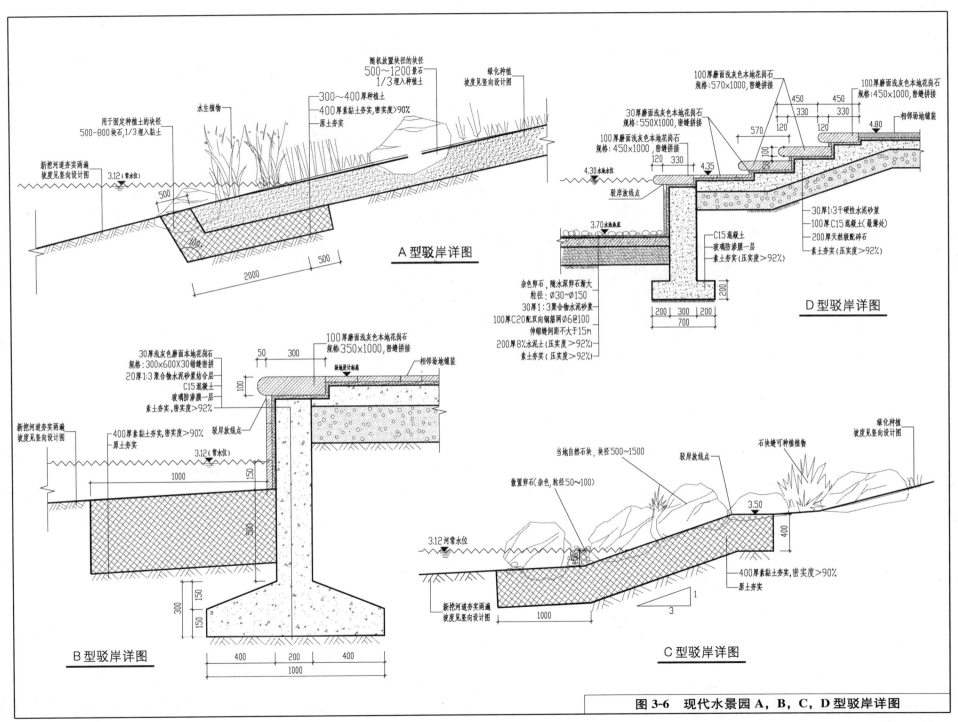

随机放置块径的块径
500~1200景石
1/3埋入种植土

300~400厚种植土
400厚素黏土夯实,密实度>90%
原土夯实

绿化种植
坡度见竖向设计图

水生植物

用于固定种植土的块径
500-800块石,1/3埋入黏土

新挖河道夯实两遍
坡度见竖向设计图

3.12(常水位)

500

500

2000

A型驳岸详图

100厚磨面浅灰色本地花岗石
规格:570×1000,密缝拼接

100厚磨面浅灰色本地花岗石
规格:450×1000,密缝拼接

30厚磨面浅灰色本地花岗石
规格:550×1000,密缝拼接

100厚磨面浅灰色本地花岗石
规格:450×1000,密缝拼接

相邻场地铺装

450

450

330

330

570

120

120

4.80

120

330

4.35

4.30 水池水位

驳岸放线点

30厚1:3干硬性水泥砂浆
100厚C15混凝土(最薄处)
200厚天然级配碎石
素土夯实(压实度>92%)

3.70水池底

C15混凝土
玻璃防渗膜一层
素土夯实(压实度>92%)

杂色卵石,随水深卵石渐大
粒径:∅30~∅150
30厚1:3聚合物水泥砂浆
100厚C20配双向钢筋网∅6@100
伸缩缝间距不大于15m
200厚8%水泥土(压实度>92%)
素土夯实(压实度>92%)

200

300

200

700

1200

D型驳岸详图

30厚浅灰色磨面本地花岗石
规格:300×600X30错缝密拼
20厚1:3聚合物水泥砂浆结合层
C15混凝土
玻璃防渗膜一层
素土夯实,密实度>92%

100厚磨面浅灰色本地花岗石
规格:350×1000,密缝拼接

50

300

场地设计标高

相邻场地铺装

100

400厚素黏土夯实,密实度>90%
原土夯实

驳岸放线点

新挖河道夯实两遍
坡度见竖向设计图

3.12(常水位)

1000

150

500

400

200

400

1000

300

150

150

B型驳岸详图

当地自然石块,块径500~1500

驳岸放线点

石块缝可种植植物

绿化种植
坡度见竖向设计图

散置卵石(杂色,粒径50~100)

3.50

400

3.12河常水位

400厚素黏土夯实,密实度>90%
原土夯实

新挖河道夯实两遍
坡度见竖向设计图

1000

1

3

C型驳岸详图

图3-6 现代水景园A,B,C,D型驳岸详图

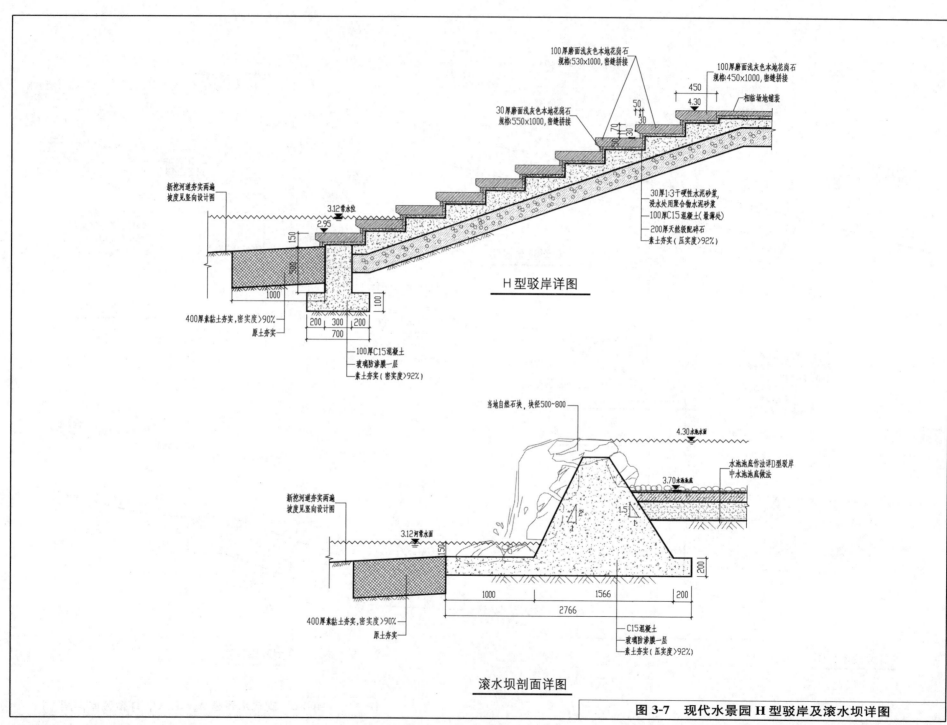

100厚磨面浅灰色本地花岗石
规格530×1000,密缝拼接

100厚磨面浅灰色本地花岗石
规格450×1000,密缝拼接

相临场地铺装

30厚磨面浅灰色本地花岗石
规格550×1000,密缝拼接

30厚1:3干硬性水泥砂浆,
浸水处用聚合物水泥砂浆
100厚C15混凝土(最薄处)
200厚天然级配碎石
素土夯实(压实度)92%

新挖河道夯实两遍
坡度见竖向设计图

3.12常水位

H型驳岸详图

400厚素黏土夯实,密实度>90%

原土夯实

100厚C15混凝土
玻璃防渗膜一层
素土夯实(密实度)92%

当地自然石块,块径500~800

4.30水池水面

水池池底作法详D型驳岸
中水池池底做法

3.70水池底

新挖河道夯实两遍
坡度见竖向设计图

3.12河常水面

400厚素黏土夯实,密实度>90%

原土夯实

C15混凝土
玻璃防渗膜一层
素土夯实(压实度)92%

滚水坝剖面详图

图 3-7   现代水景园 H 型驳岸及滚水坝详图

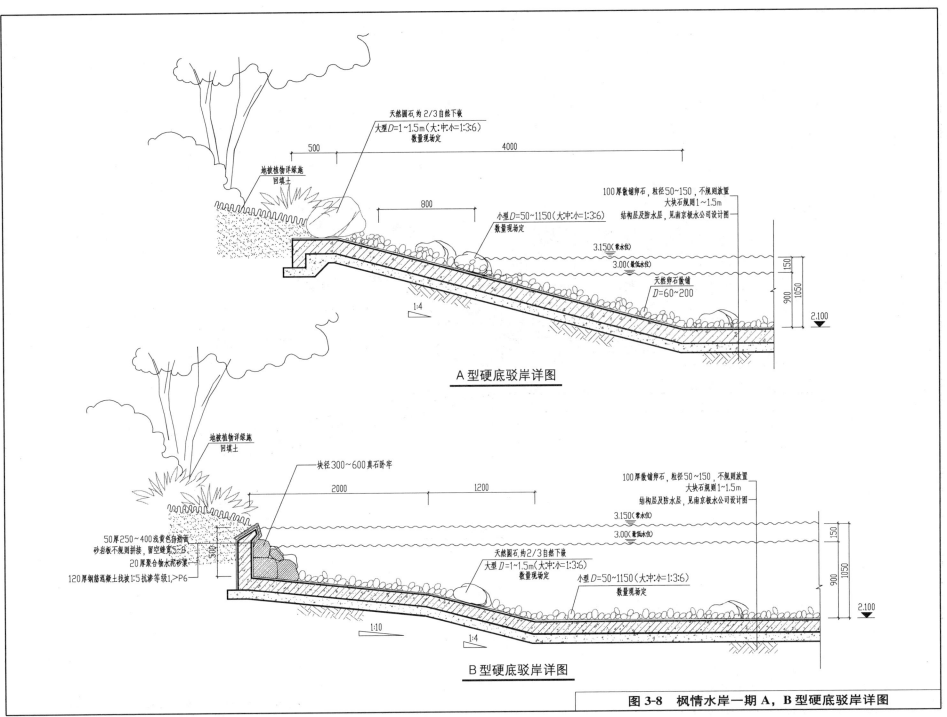

天然圆石, 约2/3自然下嵌
大型D=1~1.5m(大:中:小=1:3:6)
数量现场定

500　　　　　　　　　4000

地被植物详绿施
回填土

800

小型D=50~1150(大:中:小=1:3:6)
数量现场定

100厚散铺卵石, 粒径50~150, 不规则放置
大块石规则1~1.5m
结构层及防水层, 见南京极水公司设计图

3.150(常水位)
3.00(最低水位)

天然卵石散铺
D=60~200

150

1050

900

1:4

2.100

A型硬底驳岸详图

地被植物详绿施
回填土

块径300~600真石卧牢

2000　　　　　　　　　1200

100厚散铺卵石, 粒径50~150, 不规则放置
大块石规则1~1.5m
结构层及防水层, 见南京极水公司设计图

3.150(常水位)
3.00(最低水位)

50厚250~400浅黄色自然面
砂岩板不规则拼接, 留空缝宽5~8
20厚聚合物水泥砂浆
120厚钢筋混凝土找坡1:5抗渗等级1/>P6

500

天然圆石, 约2/3自然下嵌
大型D=1~1.5m(大:中:小=1:3:6)
数量现场定

小型D=50~1150(大:中:小=1:3:6)
数量现场定

150

1050

900

1:10

1:4

2.100

B型硬底驳岸详图

图 3-8　枫情水岸一期 A，B 型硬底驳岸详图

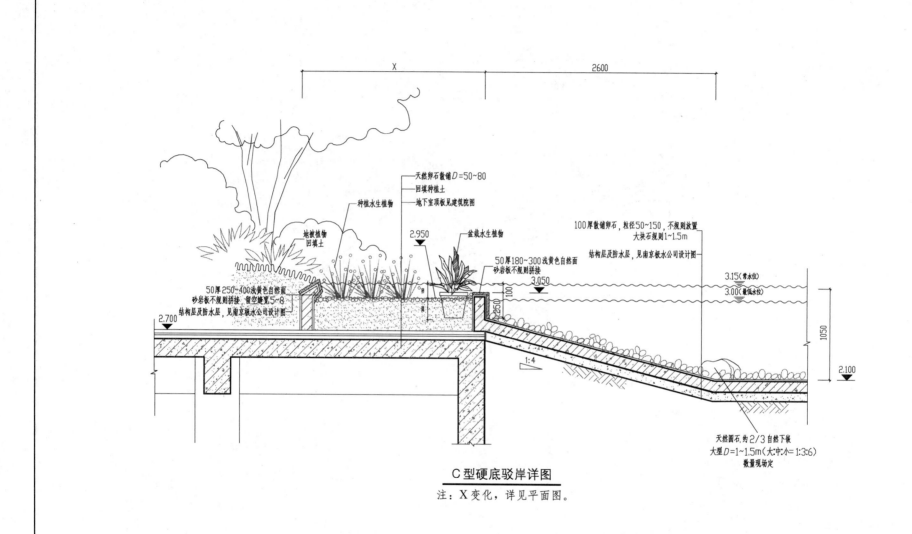

图中标注文字：

2600

X

天然卵石散铺 D=50~80
回填种植土
地下室顶板见建筑院图

100厚散铺卵石，粒径50~150，不规则放置
大块石规则1~1.5m
结构层及防水层，见南京极水公司设计图

种植水生植物

盆栽水生植物

3.15（常水位）
3.00（最低水位）

地被植物
回填土

2.950

50厚180~300浅黄色自然面
砂岩板不规则拼接

3.050

50厚250~400浅黄色自然面
砂岩板不规则拼接，留空缝宽5~8
结构层及防水层，见南京极水公司设计图

1050

2.700

100
250

1:4

2.100

天然圆石，约2/3自然下嵌
大型 D=1~1.5m（大:中:小 = 1:3:6）
数量现场定

C 型硬底驳岸详图

注：X 变化，详见平面图。

图 3-9　枫情水岸一期 C 型硬底驳岸详图

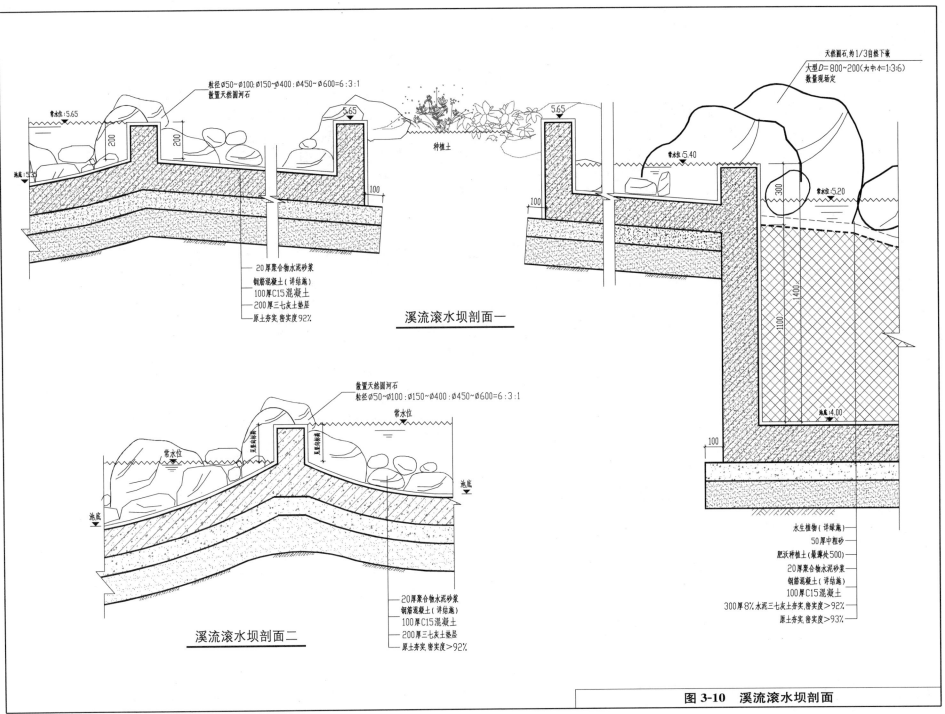

粒径∅50~∅100:∅150~∅400:∅450~∅600=6:3:1
散置天然圆河石

天然圆石,约1/3自然下嵌
大型D=800~200(大中小=1:3:6)
散置现场定

常水位:5.65

常水位:5.40

常水位:5.20

常水位:5.65

200

200

100

100

300

1100

1400

池底:5.33

池底:4.00

种植土

20厚聚合物水泥砂浆
钢筋混凝土(详结施)
100厚C15混凝土
200厚三七灰土垫层
原土夯实,密实度92%

溪流滚水坝剖面一

散置天然圆河石
粒径∅50~∅100:∅150~∅400:∅450~∅600=6:3:1

常水位

瓦系向縱石
瓦系向縱石

常水位

池底

池底

20厚聚合物水泥砂浆
钢筋混凝土(详结施)
100厚C15混凝土
200厚三七灰土垫层
原土夯实,密实度>92%

溪流滚水坝剖面二

水生植物(详绿施)
50厚中粗砂
肥沃种植土(最薄处500)
20厚聚合物水泥砂浆
钢筋混凝土(详结施)
100厚C15混凝土
300厚8%水泥三七灰土夯实,密实度>92%
原土夯实,密实度>93%

图3-10 溪流滚水坝剖面

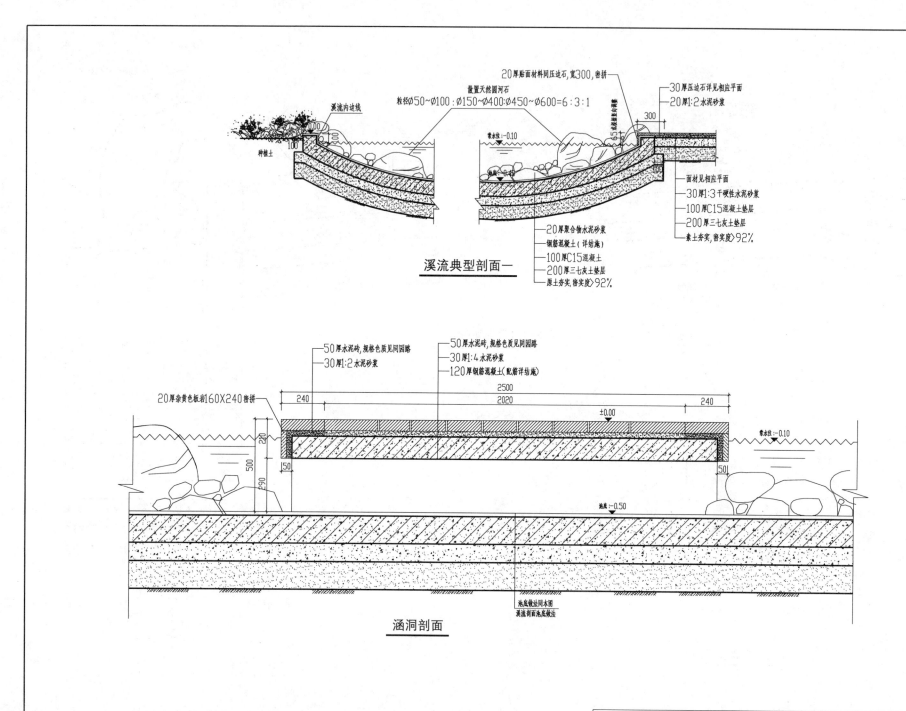

20厚贴面材料同压边石,宽300,密拼

散置天然圆河石
粒径∅50~∅100:∅150~∅400:∅450~∅600=6:3:1

30厚压边石详见相应平面
20厚1:2水泥砂浆

溪流内边线

常水位:-0.10

300

面材见相应平面
30厚1:3干硬性水泥砂浆
100厚C15混凝土垫层
200厚三七灰土垫层
素土夯实,密实度≥92%

种植土

20厚聚合物水泥砂浆
钢筋混凝土(详结施)
100厚C15混凝土
200厚三七灰土垫层
原土夯实,密实度≥92%

溪流典型剖面一

50厚水泥砖,规格色质见同图路
30厚1:2水泥砂浆

50厚水泥砖,规格色质见同图路
30厚1:4水泥砂浆
120厚钢筋混凝土(配筋详结施)

2500

2020

±0.00

常水位:-0.10

240

240

20厚杂黄色板岩160X240密拼

220

500

290

50

50

池底:-0.50

池底做法同本图
溪流剖面池底做法

涵洞剖面

图 3-11 溪流典型剖面,涵洞剖面详图

164

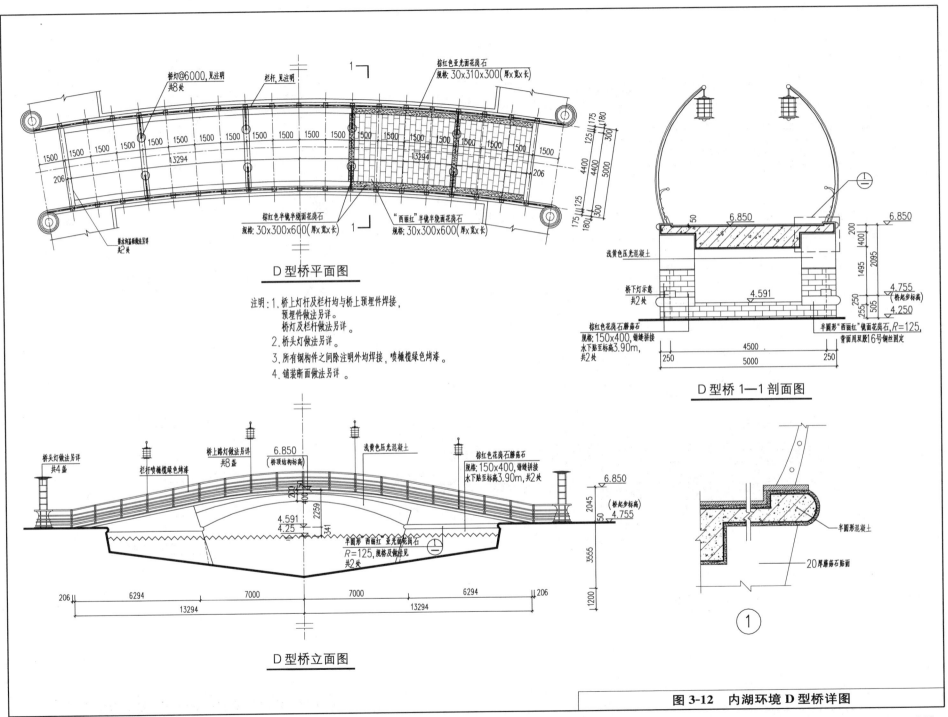

桥灯@6000,见注明
共8处

栏杆,见注明

棕红色亚光面花岗石
规格:30×310×300(厚x宽x长)

1500 1500 1500 1500 1500 1500 1500 1500 1500 1500 1500 1500 1500 1500 1500

13294

13294

175 175
125 180
300

4400
4400
5000

206

175 125
180 300

206

棕红色半镜半烧面花岗石
规格:30×300×600(厚x宽x长)

"西丽红"半镜半烧面花岗石
规格:30×300×600(厚x宽x长)

排水构造做法另详
共2处

D型桥平面图

注明:1. 桥上灯杆及栏杆均与桥上预埋件焊接,
预埋件做法另详。
桥灯及栏杆做法另详。

2. 桥头灯做法另详。

3. 所有钢构件之间除注明外均焊接,喷橄榄绿色烤漆。

4. 铺装断面做法另详。

浅黄色压光混凝土

桥下灯示意
共2处

6.850

50 6.850

200
400
1495
2095

4.591

4.755
(桥起步标高)
4.250

棕红色花岗石蘑菇石
规格:150×400,错缝拼接
水下贴至标高3.90m,
共2处

半圆形"西丽红"镜面花岗石,R=125,
背面用双胶16号钢丝固定

250 250

4500
5000

D型桥1—1剖面图

桥头灯做法另详
共4盏

栏杆喷橄榄绿色烤漆

桥上踏灯做法另详
共8盏

6.850
(桥顶结构标高)

浅黄色压光混凝土

棕红色花岗石蘑菇石
规格:150×400,错缝拼接
水下贴至标高3.90m,共2处

6.850

200
400
2259
341

2045

50
4.755
(桥起步标高)

4.591
4.25

半圆形 西丽红 亚光面花岗石
R=125,规格及做法见
共2处

3555

1200

206 6294 7000 7000 6294 206

13294 13294

D型桥立面图

半圆形混凝土

20厚蘑菇石贴面

①

图 3-12 内湖环境 D 型桥详图

165

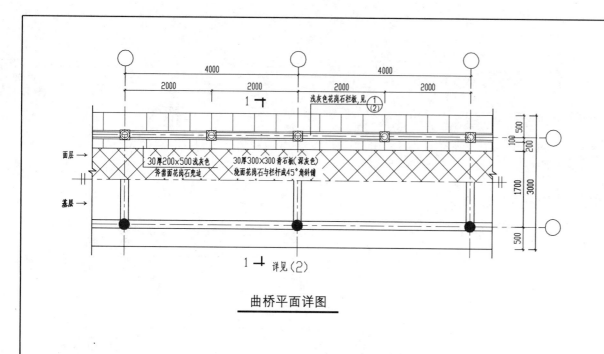

曲桥平面详图

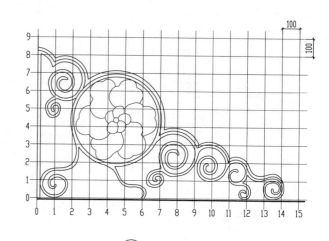

A 抱鼓石详图

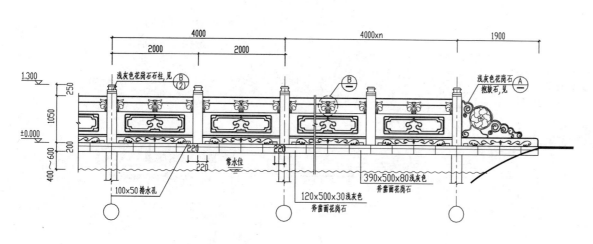

曲桥立面详图

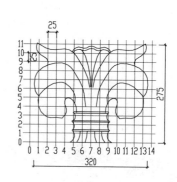

B 装饰柱头详图

图 3-13　水濂湖公园景观设计曲桥及栏板详图（1）

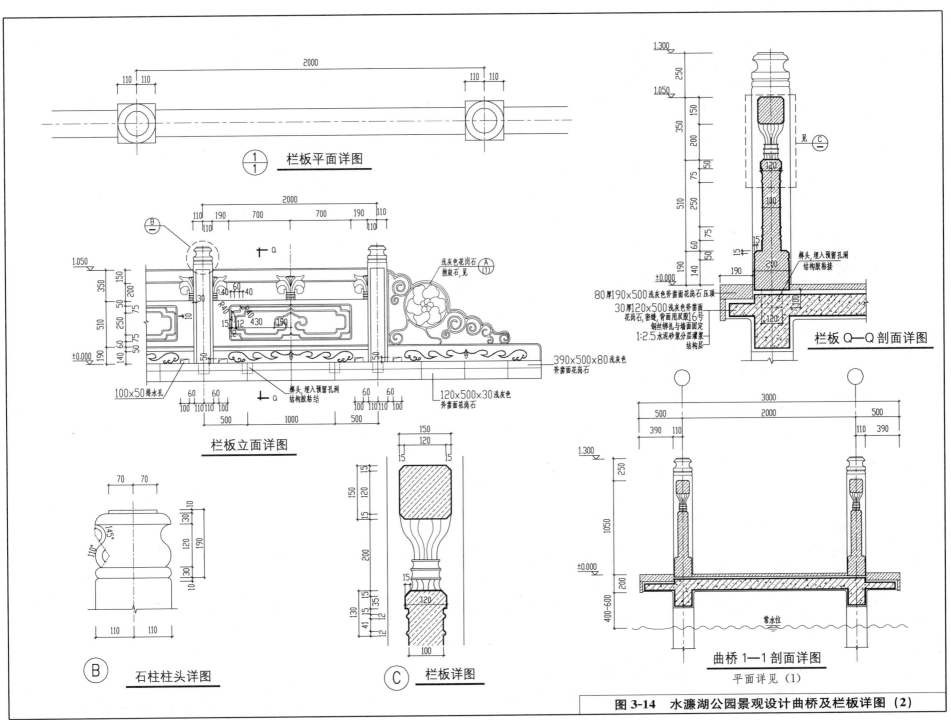

栏板平面详图

栏板立面详图

石柱柱头详图

栏板详图

栏板 Q—Q 剖面详图

曲桥 1—1 剖面详图
平面详见（1）

图 3-14　水濂湖公园景观设计曲桥及栏板详图（2）

167

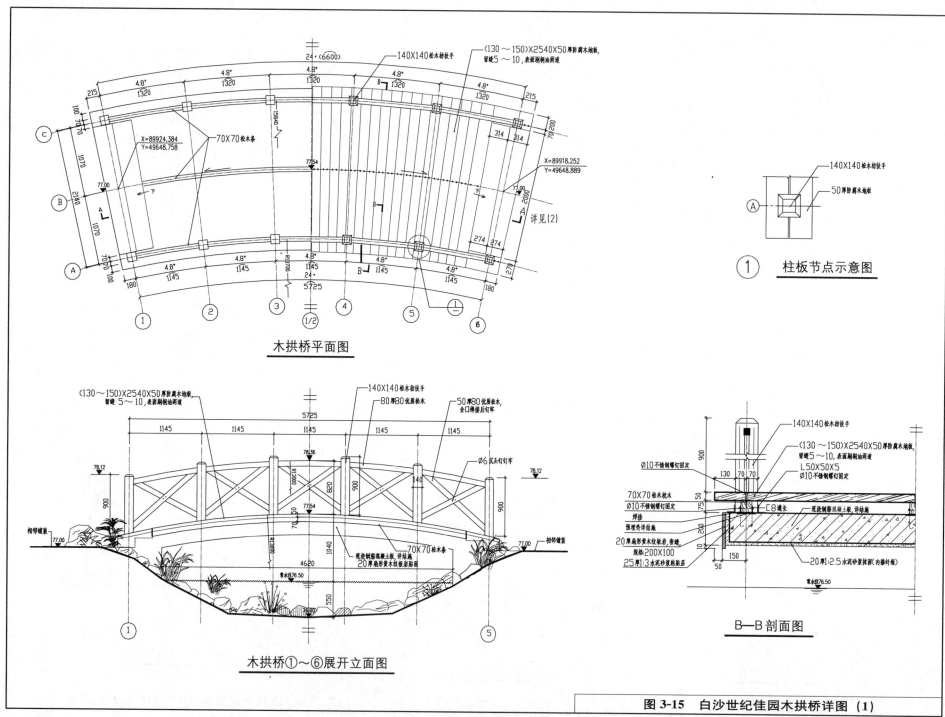

木拱桥平面图

① 柱板节点示意图

木拱桥①~⑥展开立面图

B—B剖面图

图 3-15 白沙世纪佳园木拱桥详图 (1)

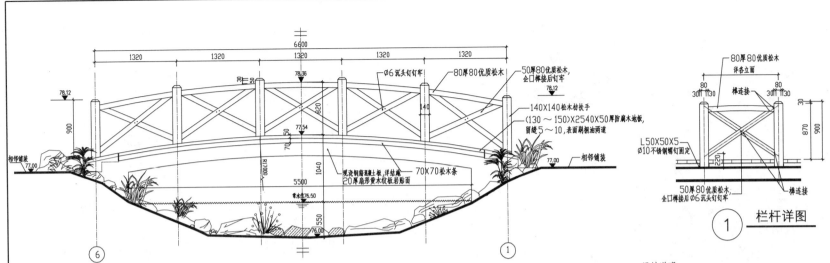

木拱桥⑥～①展开立面图

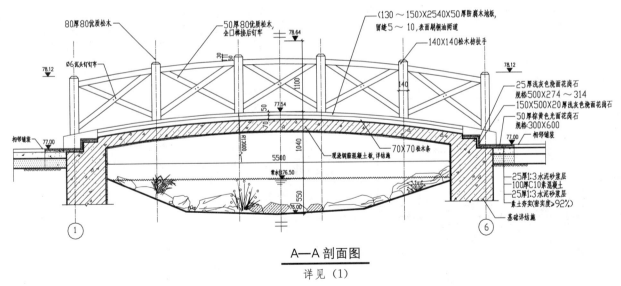

A—A 剖面图
详见（1）

设计说明：

1. 本工程平面位置见总图，本工程所有标高均为相对标高
2. 图中所有标注单位为mm，标高单位为m
3. 所有铁件之间连接采用满焊方式，焊缝高8（除特殊标注外）
4. 所有外露铁件表面漆处理方法如下：
 (1)钢结构材料采用Q235（即A3）钢材，钢材要求具有标准强度，伸长率，
   屈服强度及硫、磷含量的合格保证书，以及碳含量有保证书，符合
   结构钢技术条件。
 (2)电焊条选用E4315的手工电弧焊条型号，所有构件的焊缝高度均8mm
   焊缝长度见各大样。
 (3)钢结构的防护：
   a.除锈采用钢刷清除构件表面的毛刺、铁锈、油污及附着在构件表面的杂物；
   b.油漆采用硼酸酚醛防锈漆打底，酚醛磁漆二度。
5. 所有木梁除注明外塔接均以木榫连接，外露木件处理方法如下：
   所有木件均采用一级红松或同品质木材，须经过防腐处理后可使用。
 (1)防腐处理方法(1)
   木梁采用强化防腐油涂刷2～3次
   强化防腐油配合比97%混合防腐油，3%氯酚（用于底层）。
 (2)防腐处理方法(2)
   采用E-51双酚A环氧树脂刷2次（用于面层）。
6. 其余未尽事宜均按国家现行施工验收有关规定垫行。

① 栏杆详图

图 3-16　白沙世纪佳园木拱桥详图（2）

169

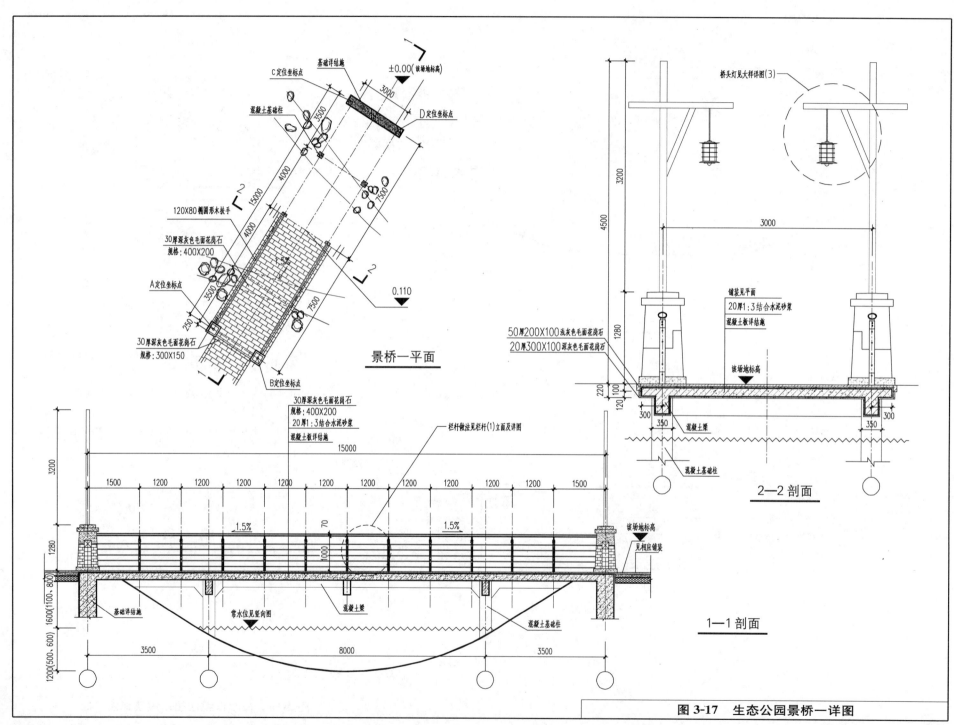

景桥一平面

2—2 剖面

1—1 剖面

图3-17 生态公园景桥一详图

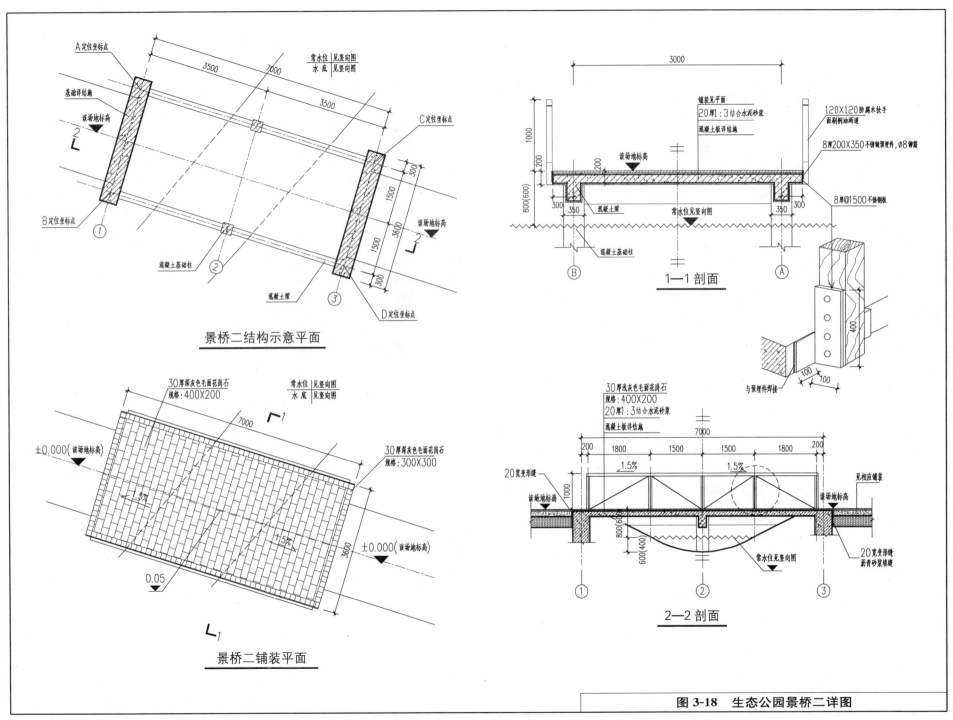

景桥二结构示意平面

景桥二铺装平面

1—1 剖面

2—2 剖面

图 3-18　生态公园景桥二详图

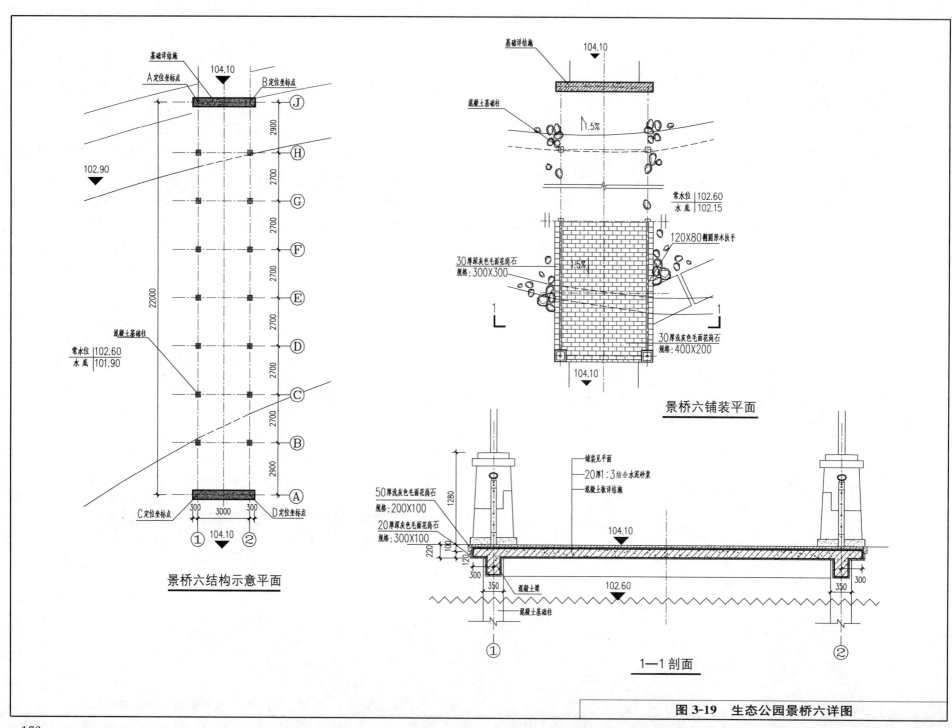

景桥六结构示意平面

景桥六铺装平面

1—1 剖面

图3-19 生态公园景桥六详图

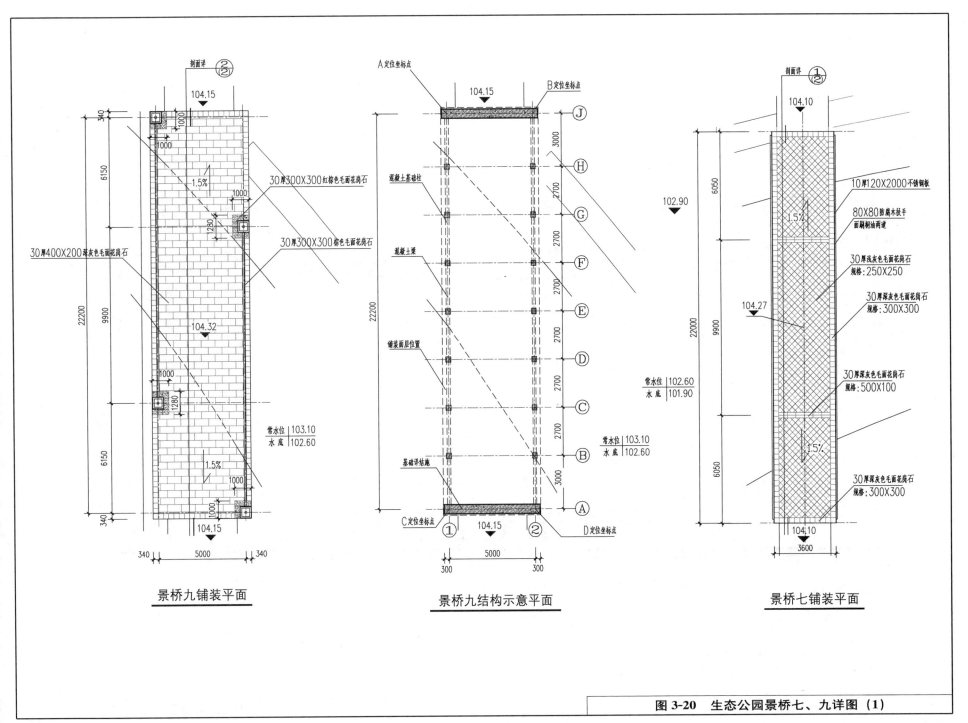

30厚400X200深灰色毛面花岗石

30厚300X300红棕色毛面花岗石

30厚300X300棕色毛面花岗石

剖面详 ②②

104.15

1.5%

104.32

常水位 103.10
水底 102.60

景桥九铺装平面

A定位坐标点

B定位坐标点

104.15

混凝土基础柱

混凝土梁

铺装面层位置

基础详结施

C定位坐标点

D定位坐标点

常水位 103.10
水底 102.60

104.15

景桥九结构示意平面

剖面详 ①②

104.10

102.90

10厚120X2000不锈钢板

80X80防腐木扶手
面刷铜油两道

30厚浅灰色毛面花岗石
规格：250X250

30厚深灰色毛面花岗石
规格：300X300

104.27

30厚深灰色毛面花岗石
规格：500X100

1.5%

常水位 102.60
水底 101.90

30厚深灰色毛面花岗石
规格：300X300

104.10

景桥七铺装平面

图 3-20 生态公园景桥七、九详图（1）

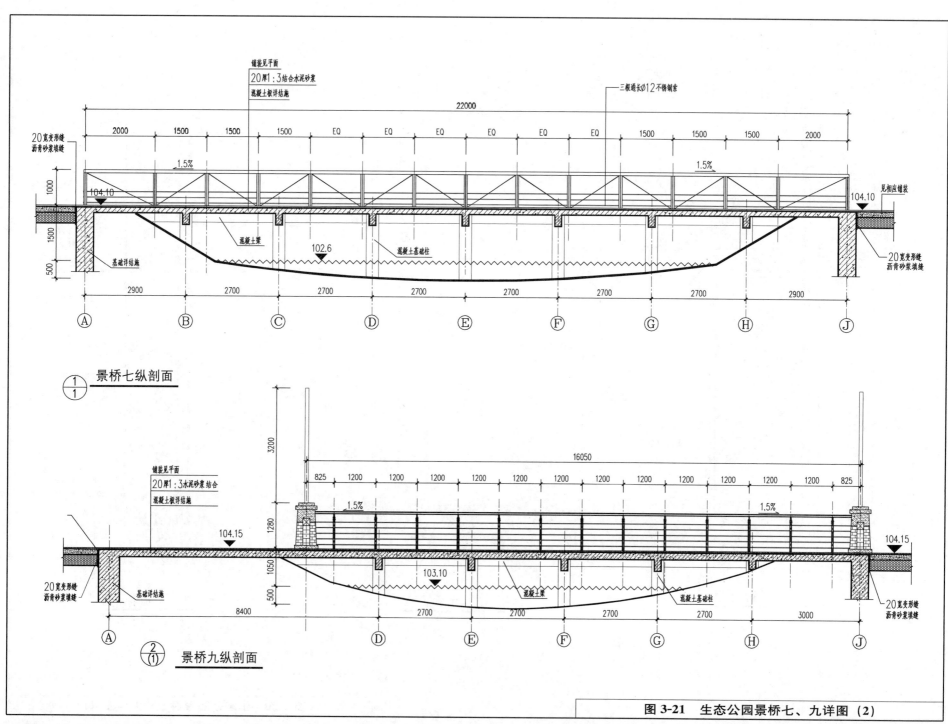

铺装见平面
20厚1：3结合水泥砂浆
混凝土板详结施

三根通长∅12不锈钢索

20宽变形缝
沥青砂浆填缝

22000

2000 1500 1500 1500 EQ EQ EQ EQ EQ EQ 1500 1500 1500 2000

1.5%   1.5%

1000

104.10   104.10

见相应铺装

1500

500

基础详结施   混凝土梁   102.6   混凝土基础柱   20宽变形缝
沥青砂浆填缝

2900 2700 2700 2700 2700 2700 2700 2900

Ⓐ Ⓑ Ⓒ Ⓓ Ⓔ Ⓕ Ⓖ Ⓗ Ⓙ

1/1 景桥七纵剖面

铺装见平面
20厚1：3水泥砂浆结合
混凝土板详结施

3200

16050

825 1200 1200 1200 1200 1200 1200 1200 1200 1200 1200 1200 1200 825

104.15   104.15

1280

1.5%   1.5%

1050

500

20宽变形缝
沥青砂浆填缝   基础详结施   103.10   混凝土梁   混凝土基础柱   20宽变形缝
沥青砂浆填缝

8400 2700 2700 2700 2700 3000

Ⓐ Ⓓ Ⓔ Ⓕ Ⓖ Ⓗ Ⓙ

2/1 景桥九纵剖面

图 3-21 生态公园景桥七、九详图（2）

174

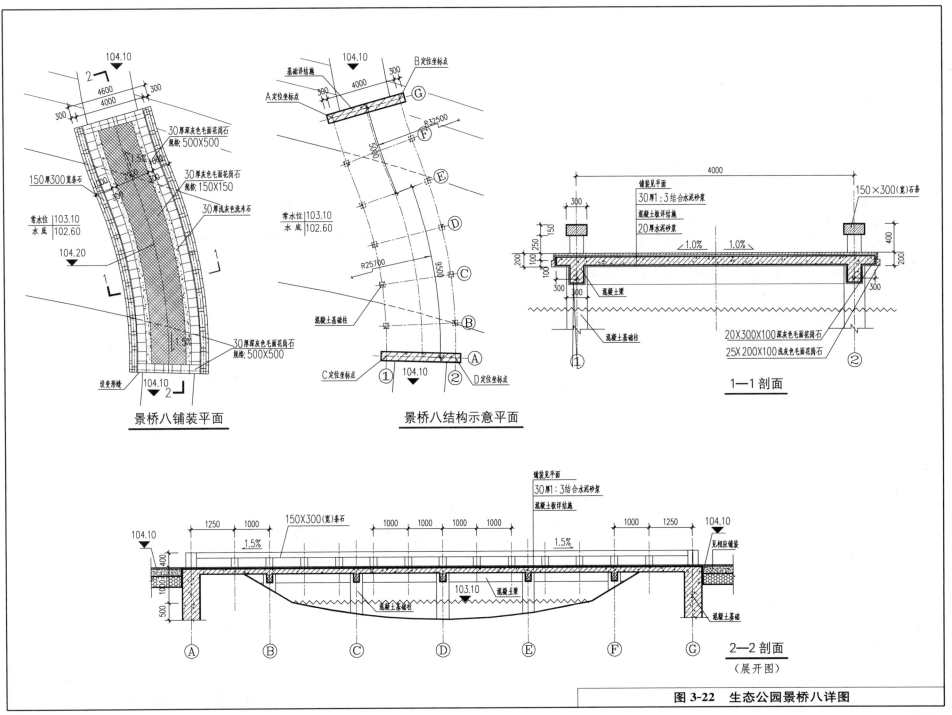

景桥八铺装平面

景桥八结构示意平面

1—1 剖面

2—2 剖面
（展开图）

图 3-22　生态公园景桥八详图

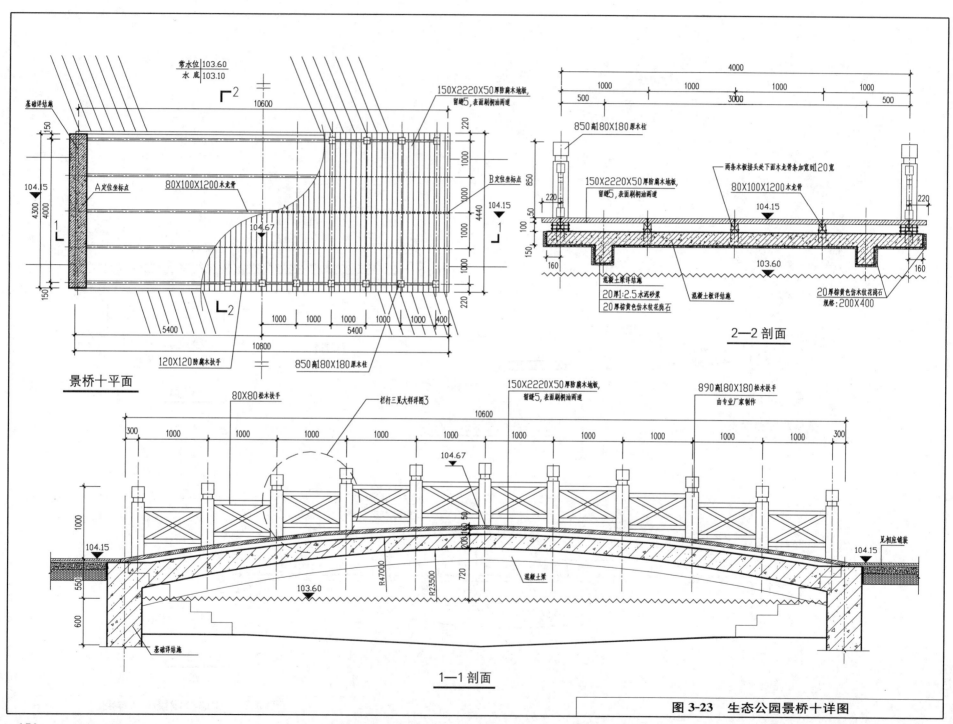

常水位 103.60
水 底 103.10

150X2220X50厚防腐木地板,
留缝5,表面刷桐油两道

基础详结施

150

104.15

4300
4000

A定位坐标点

80X100X1200木龙骨

104.67

B定位坐标点

220

1000

1000

1000

1000

220

4440
104.15

150

5400

1000 1000 1000 1000 1000 400

5400

10800

120X120防腐木扶手

850高180X180原木柱

景桥十平面

4000

1000   1000   1000   1000

500   3000   500

850高180X180原木柱

220

850

两条木板接头处下面木龙骨条加宽到120宽

150X2220X50厚防腐木地板,
留缝5,表面刷桐油两道

80X100X1200木龙骨

104.15

50

220

220

100

104.67

103.60

150

160

160

混凝土梁详结施

20厚1:2.5水泥砂浆
20厚棕黄色仿木纹花岗石

混凝土梁详结施

20厚棕黄色仿木纹花岗石
规格:200X400

2—2 剖面

80X80松木扶手

栏杆三见大样详图3

150X2220X50厚防腐木地板,
留缝5,表面刷桐油两道

890高180X180松木扶手
由专业厂家制作

10600

300 1000 1000 1000 1000 1000 1000 1000 1000 1000 300

104.67

1000

104.15

见相应铺装

104.15

550

R47000

R23500

720

混凝土梁

103.60

600

基础详结施

1—1 剖面

图 3-23 生态公园景桥十详图

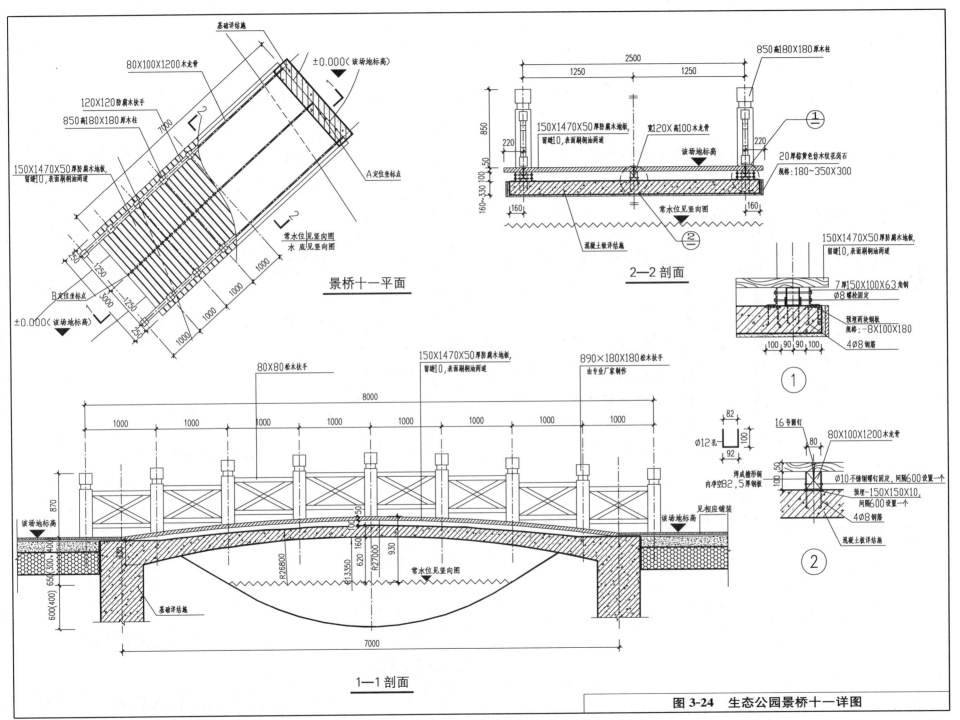

景桥十一平面

2—2 剖面

1—1 剖面

图 3-24　生态公园景桥十一详图

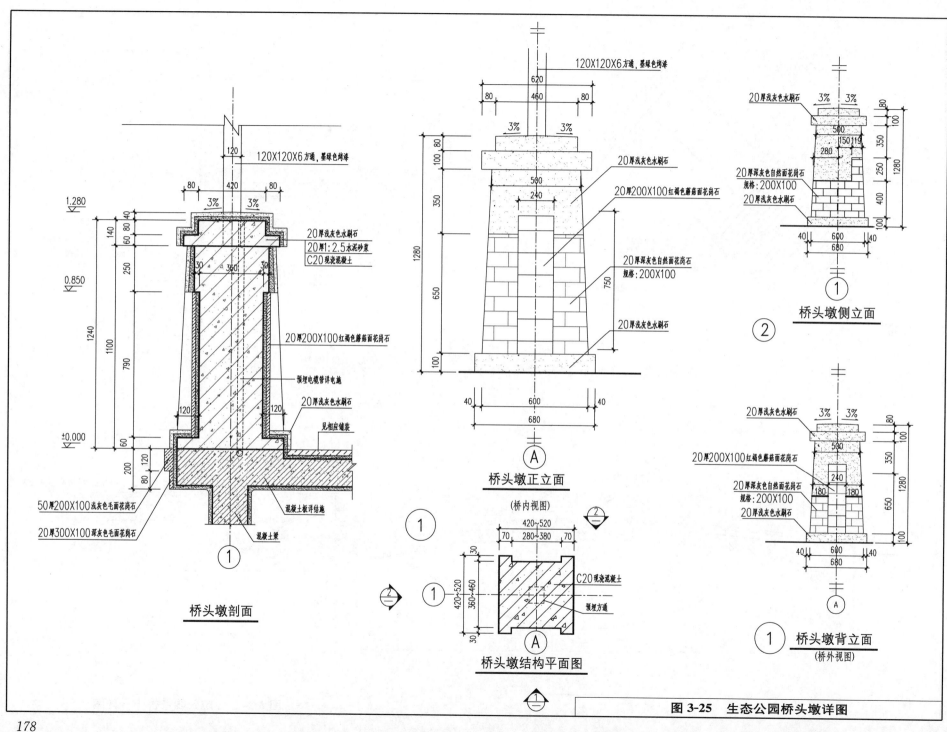

120X120X6方通,墨绿色烤漆

20厚浅灰色水刷石
20厚1:2.5水泥砂浆
C20现浇混凝土

20厚200X100红褐色蘑菇面花岗石

预埋电缆管详电施

20厚浅灰色水刷石

见相应铺装

50厚200X100浅灰色毛面花岗石

20厚300X100深灰色毛面花岗石

混凝土板详结施

混凝土梁

桥头墩剖面

120X120X6方通,墨绿色烤漆

20厚浅灰色水刷石

20厚200X100红褐色蘑菇面花岗石

20厚深灰色自然面花岗石
规格:200X100

20厚浅灰色水刷石

桥头墩正立面

(桥内视图)

C20现浇混凝土

预埋方通

桥头墩结构平面图

20厚浅灰色水刷石

20厚深灰色自然面花岗石
规格:200X100

20厚浅灰色水刷石

桥头墩侧立面

20厚浅灰色水刷石

20厚200X100红褐色蘑菇面花岗石

20厚深灰色自然面花岗石
规格:200X100

20厚浅灰色水刷石

桥头墩背立面

(桥外视图)

图3-25 生态公园桥头墩详图

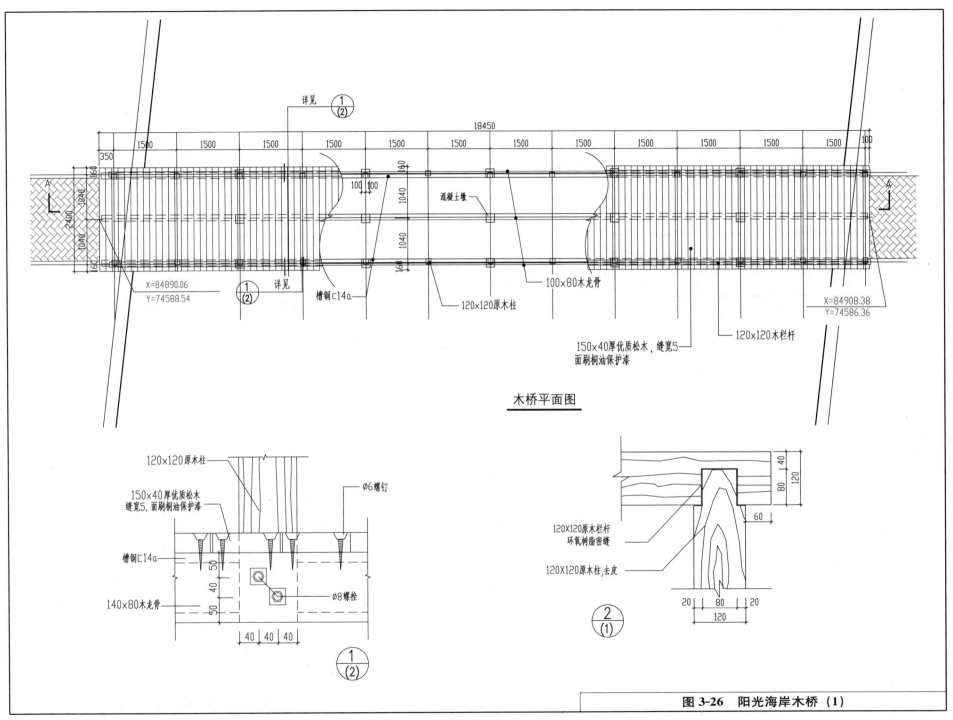

木桥平面图

图 3-26　阳光海岸木桥（1）

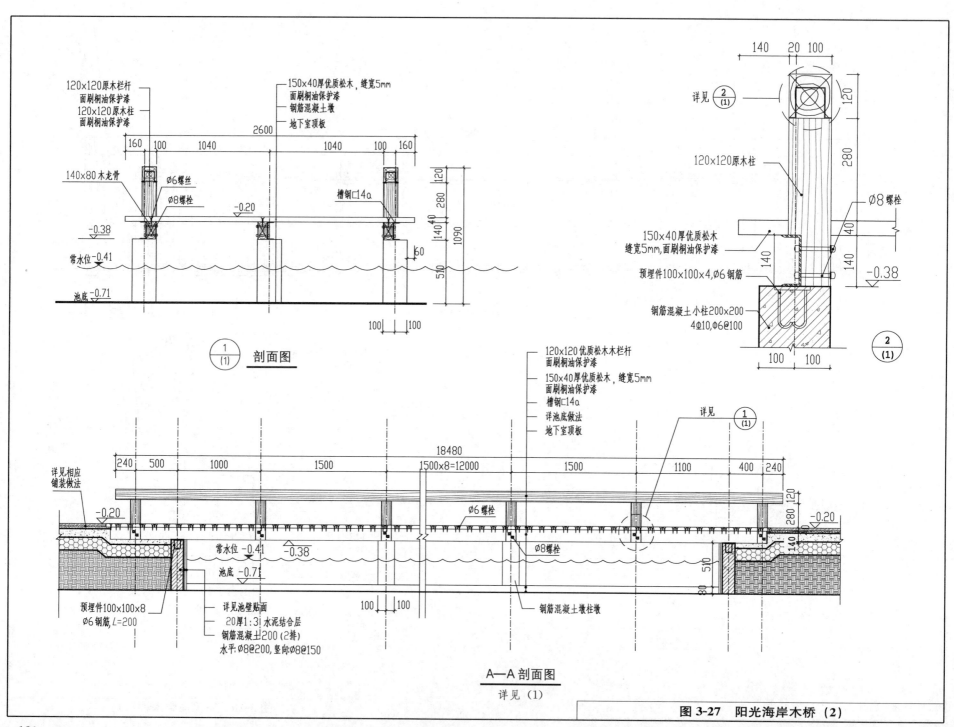

120x120原木栏杆
面刷桐油保护漆
120x120原木柱
面刷桐油保护漆

150x40厚优质松木，缝宽5mm
面刷桐油保护漆
钢筋混凝土墩
地下室顶板

140x80木龙骨
Ø6螺丝
Ø8螺栓

槽钢□14a

-0.20

-0.38

常水位-0.41

池底-0.71

160 100 1040   1040 100 160

2600

120
280
140 40
1090

510

60

100 100

①
(1) 剖面图

140 20 100

详见 ②
(1)

120

120x120原木柱

Ø8螺栓

280

150x40厚优质松木
缝宽5mm,面刷桐油保护漆

140

40

140

预埋件100x100x4,Ø6钢筋

-0.38

钢筋混凝土小柱200x200
4Φ10,Φ6@100

100 100

②
(1)

120x120优质松木木栏杆
面刷桐油保护漆
150x40厚优质松木，缝宽5mm
面刷桐油保护漆
槽钢□14a
详池底做法
地下室顶板

详见 ①
(1)

18480

240 500 1000 1500 1500x8=12000 1500 1100 400 240

详见相应
铺装做法

-0.20

Ø6螺栓

Ø8螺栓

常水位-0.41   -0.38

池底 -0.71

280 120

-0.20

140

510

80

100 100

预埋件100x100x8
Ø6钢筋,L=200

详见池壁贴面
20厚1:3i水泥结合层
钢筋混凝土200 (2排)
水平:Ø8@200,竖向:Ø8@150

钢筋混凝土墩柱墩

A—A剖面图
详见（1）

图3-27 阳光海岸木桥（2）

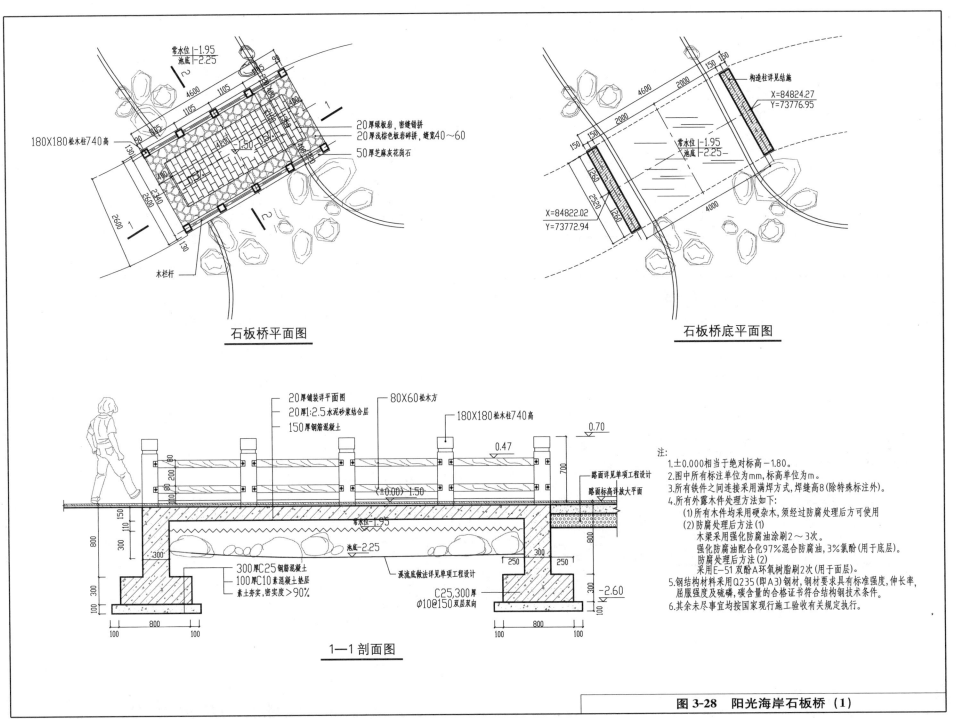

常水位 -1.95
池底 -2.25

180X180松木柱740高

20厚绿板岩，密缝错拼
20厚浅棕色板岩碎拼，缝宽40～60
50厚芝麻灰花岗石

木栏杆

石板桥平面图

构造柱详见结施
X=84824.27
Y=73776.95

常水位 -1.95
池底 -2.25

X=84822.02
Y=73772.94

石板桥底平面图

20厚铺装详见平面图
20厚1:2.5水泥砂浆结合层
150厚钢筋混凝土

80X60松木方

180X180松木柱740高

0.70
0.47
(±0.00) 1.50

路面详见单项工程设计
路面标高详见大平面

常水位 -1.95
池底 -2.25

溪流底做法详见单项工程设计

300厚C25钢筋混凝土
100厚C10素混凝土垫层
素土夯实，密实度>90%

C25,300厚
φ10@150双层双向

-2.60

1—1剖面图

注：
1.±0.000相当于绝对标高-1.80。
2.图中所有标注单位为mm，标高单位为m。
3.所有铁件之间连接采用满焊方式，焊缝高8(除特殊标注外)。
4.所有外露木件处理方法如下：
　(1)所有木件均采用硬杂木，须经过防腐处理后方可使用
　(2)防腐处理后方法(1)
　　木梁采用强化防腐油涂刷2～3次。
　　强化防腐油配合化97%混合防腐油，3%氯酚(用于底层)。
　　防腐处理后方法(2)
　　采用E-51双酚A环氧树脂刷2次(用于面层)。
5.钢结构材料采用Q235(即A3)钢材，钢材要求具有标准强度，伸长率，屈服强度及硫磷，碳含量的合格证书符合结构钢技术条件。
6.其余未尽事宜均按国家现行施工验收有关规定执行。

图3-28　阳光海岸石板桥（1）

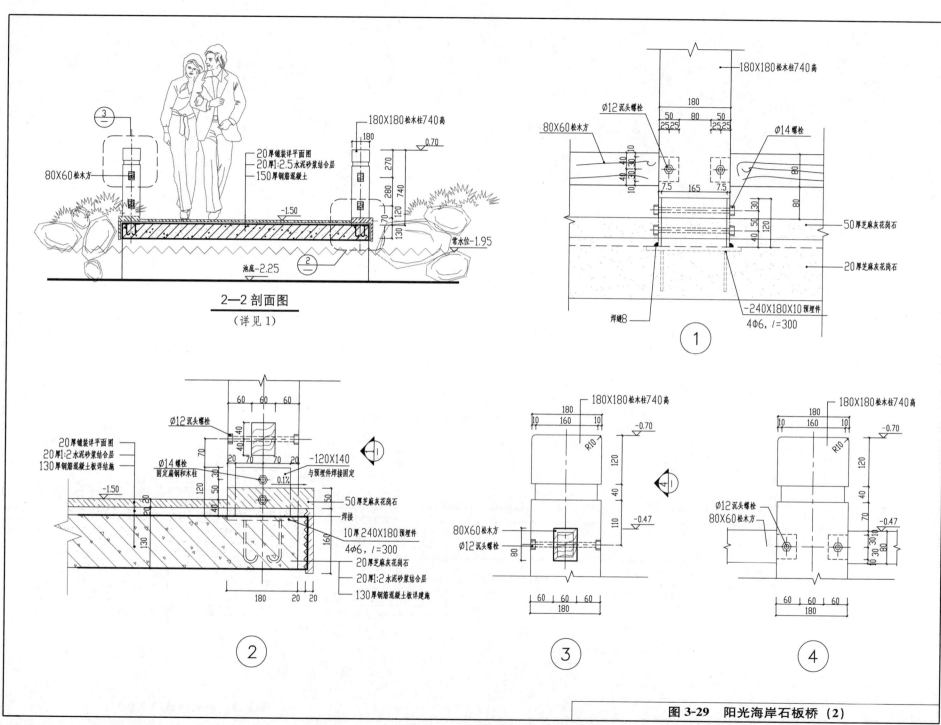

2—2 剖面图
（详见1）

80X60 松木方

180X180 松木柱740高

20厚铺装详平面图
20厚1:2.5水泥砂浆结合层
150厚钢筋混凝土

0.70

270

280

740

120

70

130

-1.50

常水位-1.95

池底-2.25

① 180X180 松木柱740高

180

50 80 50
2525 2525

80X60 松木方

Ø12 沉头螺栓

Ø14 螺栓

7.5 165 7.5

80

80

50厚芝麻灰花岗石

20厚芝麻灰花岗石

焊缝8

-240X180X10预埋件
4Φ6, l=300

②

60 60 60

Ø12 沉头螺栓

20厚铺装详平面图
20厚1:2水泥砂浆结合层
130厚钢筋混凝土板详建施

Ø14 螺栓
固定扁钢和木柱

-120X140
与预埋件焊接固定

-1.50

0.1%

50厚芝麻灰花岗石

焊接

10厚240X180预埋件
4Φ6, l=300

20厚芝麻灰花岗石
20厚1:2水泥砂浆结合层
130厚钢筋混凝土板详建施

180 20 20

③ 180X180 松木柱740高

180
10 160 10

-0.70

R10

120

40

110

-0.47

80X60 松木方
Ø12 沉头螺栓

80

60 60 60
180

④ 180X180 松木柱740高

180
10 160 10

-0.70

R10

120

40

70

-0.47

Ø12 沉头螺栓
80X60 松木方

60 60 60
180

图3-29 阳光海岸石板桥（2）

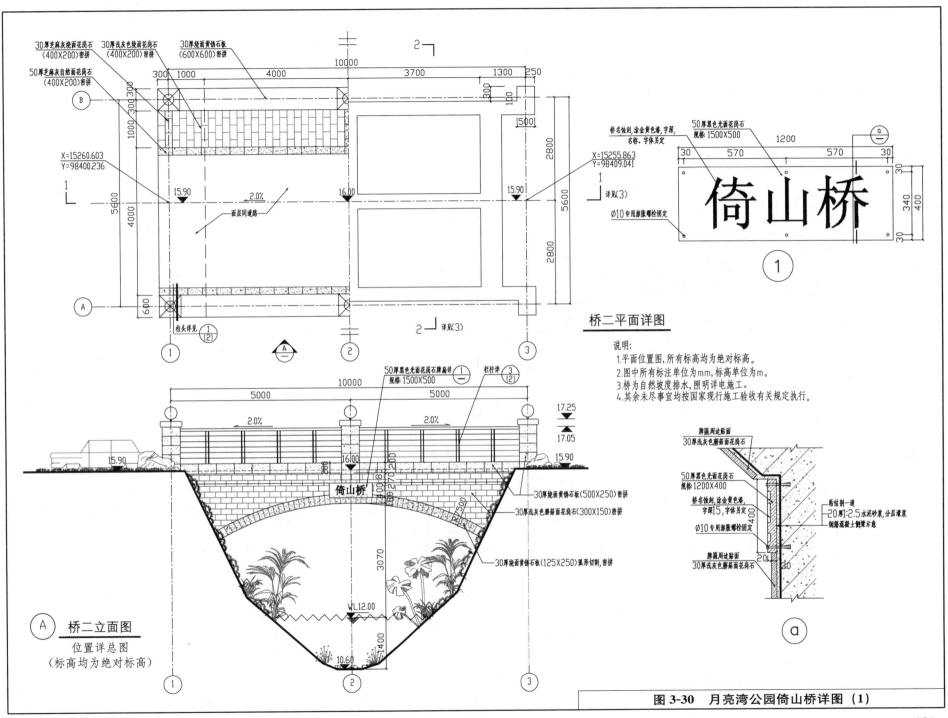

桥二平面详图

说明:
1.平面位置图,所有标高均为绝对标高。
2.图中所有标注单位为mm,标高单位为m。
3.桥为自然坡度排水,照明详电施工。
4.其余未尽事宜均按国家现行施工验收有关规定执行。

倚山桥

A 桥二立面图
位置详总图
(标高均为绝对标高)

图 3-30 月亮湾公园倚山桥详图 (1)

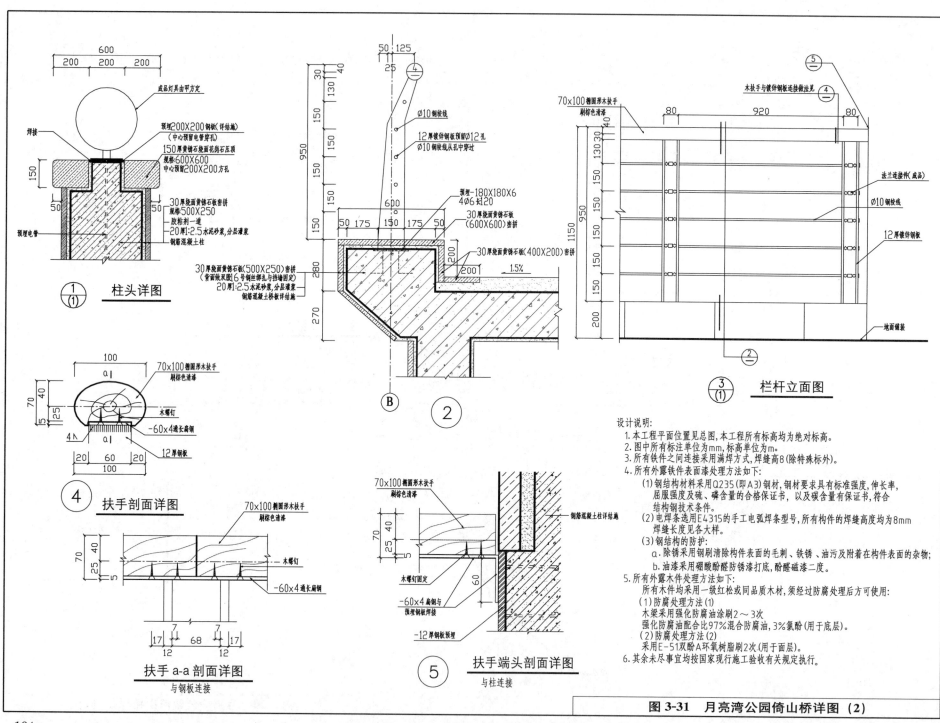

设计说明:
1. 本工程平面位置见总图,本工程所有标高均为绝对标高。
2. 图中所有标注单位为mm,标高单位为m。
3. 所有铁件之间连接采用满焊方式,焊缝高8(除特殊标外)。
4. 所有外露铁件表面漆处理方法如下:
　(1)钢结构材料采用Q235(即A3)钢材,钢材要求具有标准强度,伸长率,
　　　屈服强度及硫、磷含量的合格保证书,以及碳含量有保证书,符合
　　　结构钢技术条件。
　(2)电焊条选用E4315的手工电弧焊焊条型号,所有构件的焊缝高度均为8mm
　　　焊缝长度见各大样。
　(3)钢结构的防护:
　　　a.除锈采用钢刷清除构件表面的毛刺、铁锈、油污及附着在构件表面的杂物;
　　　b.油漆采用硼酸酚醛防锈漆打底,酚醛磁漆二度。
5. 所有外露木件处理方法如下:
　所有木件均采用一级红松或同品质木材,须经过防腐处理后方可使用:
　(1)防腐处理方法(1)
　木梁采用强化防腐油涂刷2～3次
　强化防腐油配合比97%混合防腐油,3%氯酚(用于底层)。
　(2)防腐处理方法(2)
　采用E-51双酚A环氧树脂刷2次(用于面层)。
6. 其余未尽事宜均按国家现行施工验收有关规定执行。

图3-31　月亮湾公园倚山桥详图 (2)

184

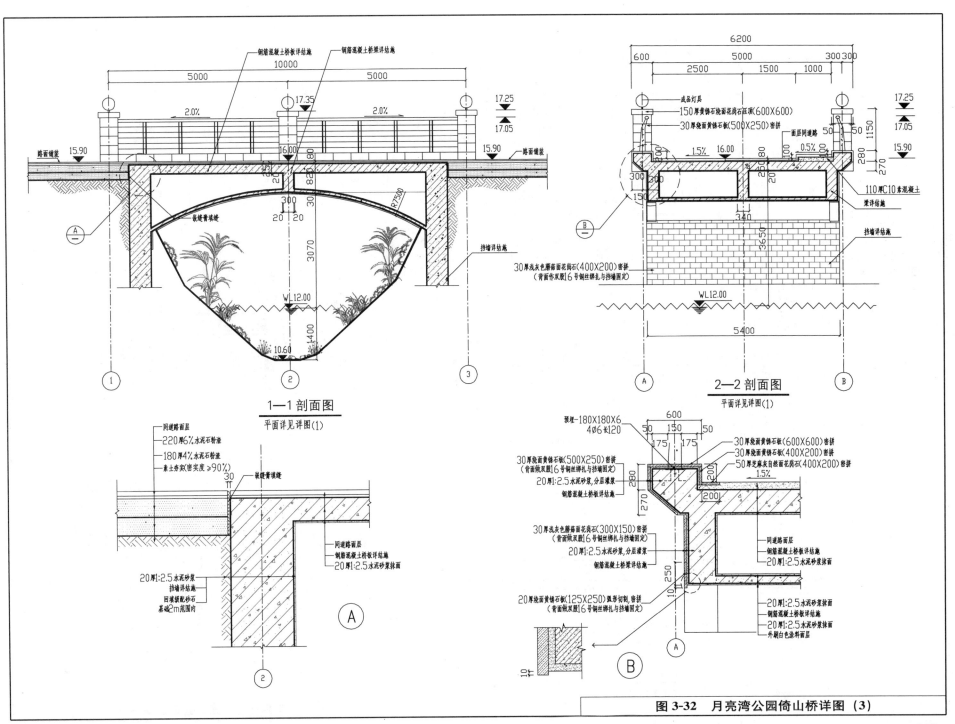

1—1 剖面图
平面详见详图(1)

2—2 剖面图
平面详见详图(1)

图3-32　月亮湾公园倚山桥详图（3）

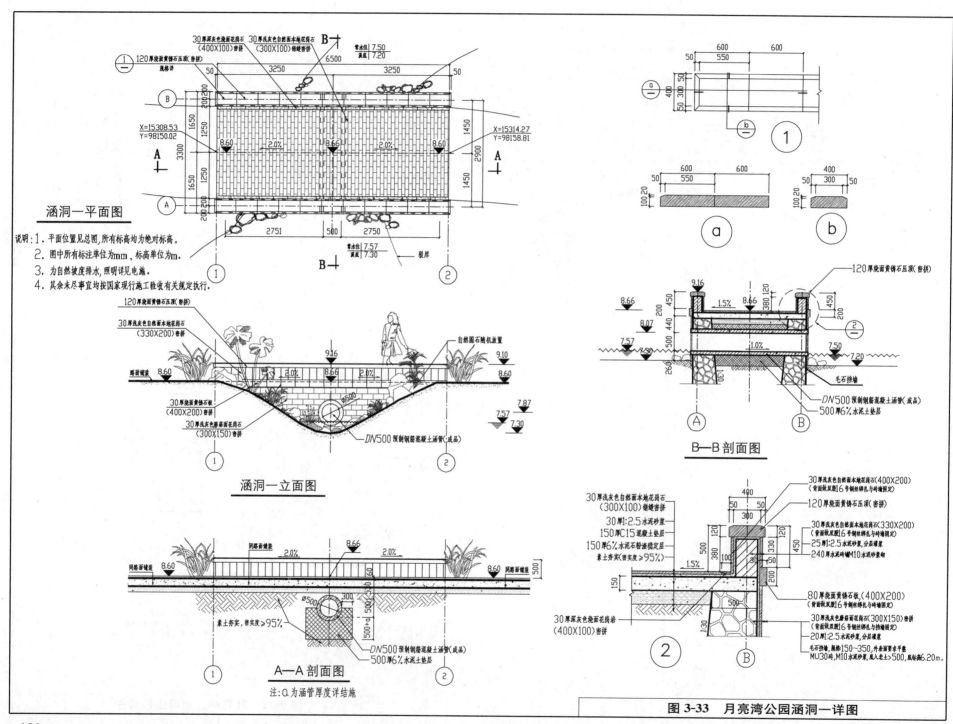

涵洞一平面图

说明：1. 平面位置见总图,所有标高均为绝对标高。
2. 图中所有标注单位为mm, 标高单位为m。
3. 为自然坡度排水, 照明详见电施。
4. 其余未尽事宜均按国家现行施工验收有关规定执行。

涵洞一立面图

A—A 剖面图

注:Q为涵管厚度详结施

B—B 剖面图

图3-33　月亮湾公园涵洞一详图

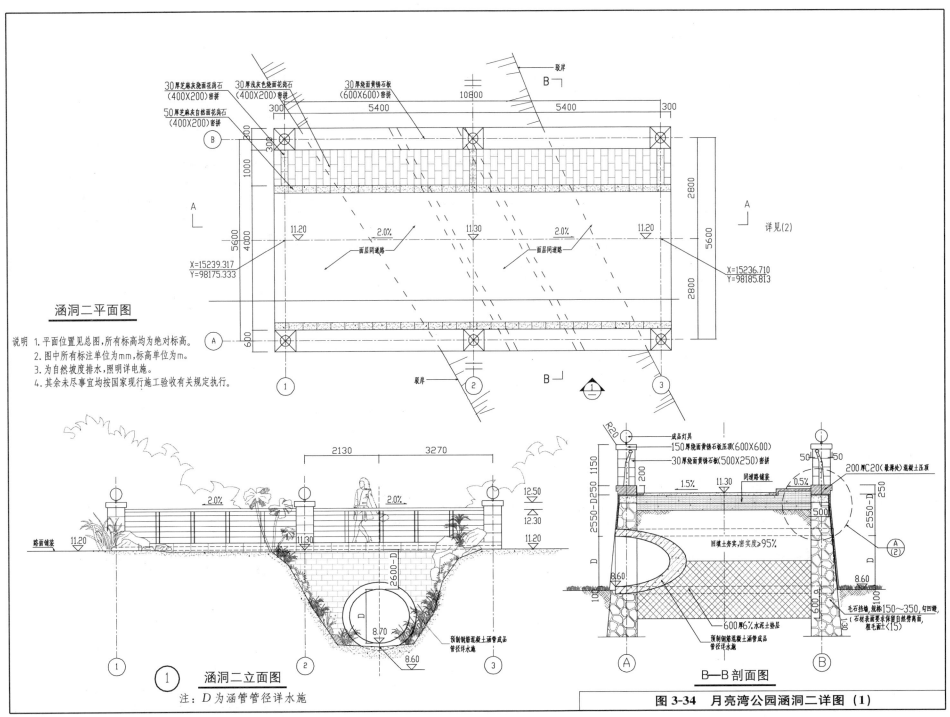

涵洞二平面图

说明 1.平面位置见总图,所有标高均为绝对标高。
 2.图中所有标注单位为mm,标高单位为m。
 3.为自然坡度排水,照明详电施。
 4.其余未尽事宜均按国家现行施工验收有关规定执行。

30厚芝麻灰烧面花岗石
(400X200)密拼
30厚浅灰色烧面花岗石
(400X200)密拼
50厚芝麻灰自然面花岗石
(400X200)密拼
30厚烧面黄锈石板
(600X600)密拼
驳岸

10800
5400
5400
300
300

11.20
11.30
11.20
2.0%
2.0%
面层同道路
面层同道路

X=15239.317
Y=98175.333

X=15236.710
Y=98185.813

① **涵洞二立面图**
注：D为涵管管径详水施

2130
3270

2.0%
2.0%
12.50
12.30
11.30
11.20
路面铺装
11.20
8.70
8.60
2600-D
D
预制钢筋混凝土涵管成品
管径详水施

B—B剖面图

成品灯具
150厚烧面黄锈石板压顶(600X600)
30厚烧面黄锈石板(500X250)密拼
200厚C20(最薄处)混凝土压顶
同道路铺装
1.5%
11.30
0.5%
回填土夯实,密实度>95%
600厚6%水泥土垫层
预制钢筋混凝土涵管成品
管径详水施
毛石挡墙,规格150～350,勾凹缝,
(石材表面要求保留自然劈裂面,
粗毛面土<15)

R20
1150
200
2550-D250
2550-D
250
500
D
D
600
8.60
8.60
100
100

图3-34 月亮湾公园涵洞二详图（1）

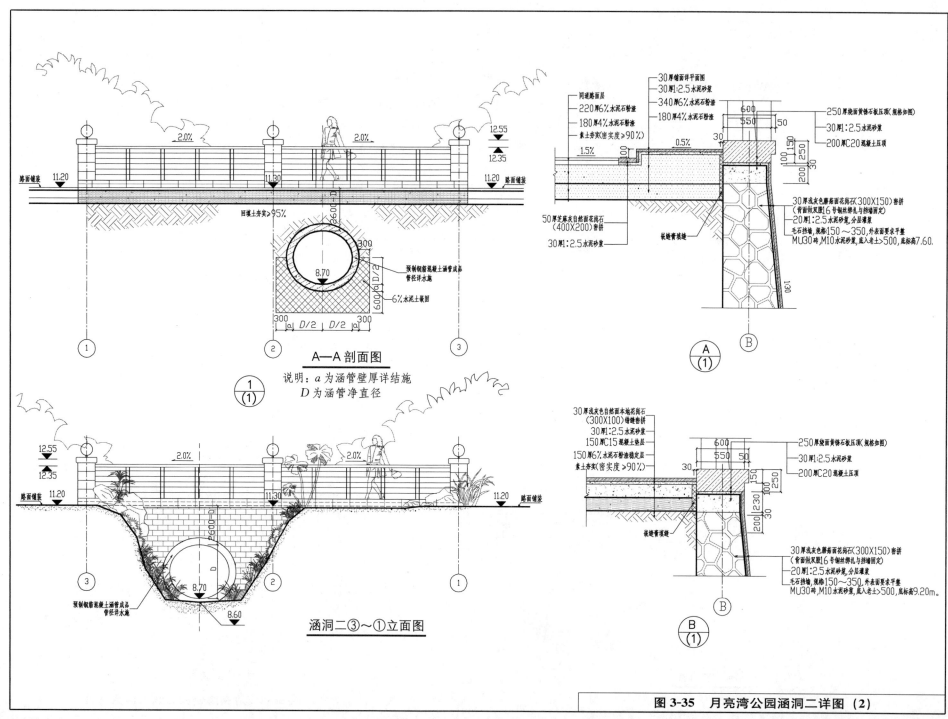

A—A 剖面图

说明：a为涵管壁厚详结施
D为涵管净直径

$\frac{1}{(1)}$

涵洞二③～①立面图

图3-35 月亮湾公园涵洞二详图（2）

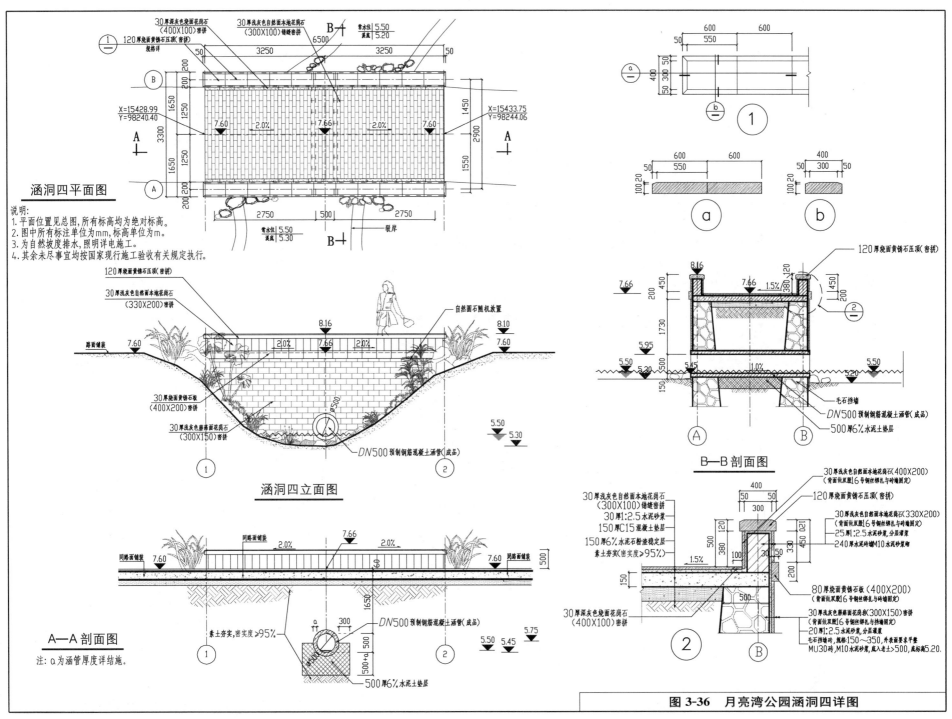

涵洞四平面图

说明：
1. 平面位置见总图，所有标高均为绝对标高。
2. 图中所有标注单位为mm，标高单位为m。
3. 为自然坡度排水，照明详电施工。
4. 其余未尽事宜均按国家现行施工验收有关规定执行。

涵洞四立面图

A—A 剖面图

注：a为涵管厚度详结施。

B—B 剖面图

图 3-36　月亮湾公园涵洞四详图

189

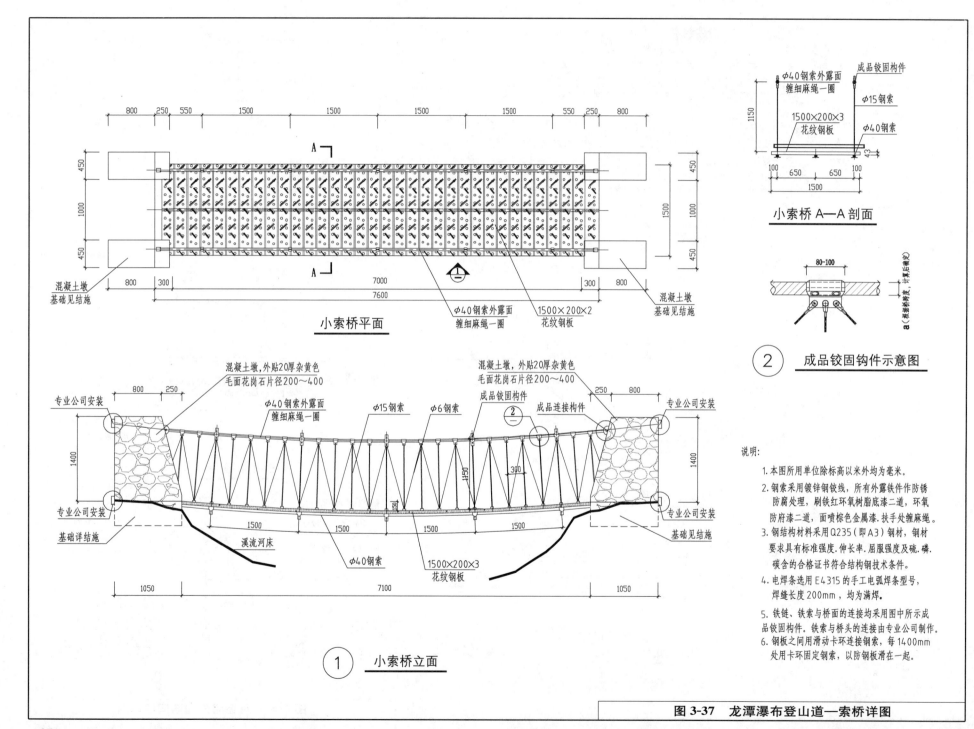

φ40钢索外露面
缠细麻绳一圈
成品铰固构件

1150

1500×200×3
花纹钢板

φ15钢索

φ40钢索

100 650 650 100

1500

小索桥 A—A 剖面

80-100

a（据装修厚度,计算后确定）

② **成品铰固钩件示意图**

800 250 550 1500 1500 1500 1500 550 250 800

A

450
1000
450

1500

450

A

800 300 7000 300 800

7600

混凝土墩
基础见结施

φ40钢索外露面
缠细麻绳一圈

1500×200×2
花纹钢板

混凝土墩
基础见结施

小索桥平面

800 250

混凝土墩,外贴20厚杂黄色
毛面花岗石片径200~400

专业公司安装

1400

混凝土墩,外贴20厚杂黄色
毛面花岗石片径200~400
成品铰固构件

250 800

专业公司安装

1400

φ40钢索外露面
缠细麻绳一圈

φ15钢索

φ6钢索

②

成品连接构件

专业公司安装

基础详结施

溪流河床

φ40钢索

1500 1500 1500 1500

1150 300 150

专业公司安装

基础见结施

1050

1500×200×3
花纹钢板

7100

1050

① **小索桥立面**

说明:
1. 本图所用单位除标高以米外均为毫米。
2. 钢索采用镀锌钢铰线,所有外露铁件作防锈
   防腐处理,刷铁红环氧树脂漆底漆二道,环氧
   防府漆二道,面喷棕色金属漆。扶手处缠麻绳。
3. 钢结构材料采用Q235(即A3)钢材,钢材
   要求具有标准强度.伸长率.屈服强度及硫.磷.
   碳含的合格证书符合结构钢技术条件。
4. 电焊条选用E4315的手工电弧焊条型号,
   焊缝长度200mm,均为满焊。
5. 铁链、铁索与桥面的连接均采用图中所示成
   品铰固构件。铁索与桥头的连接由专业公司制作。
6. 钢板之间用滑动卡环连接钢索,每1400mm
   处用卡环固定钢索,以防钢板滑在一起。

图3-37 龙潭瀑布登山道—索桥详图

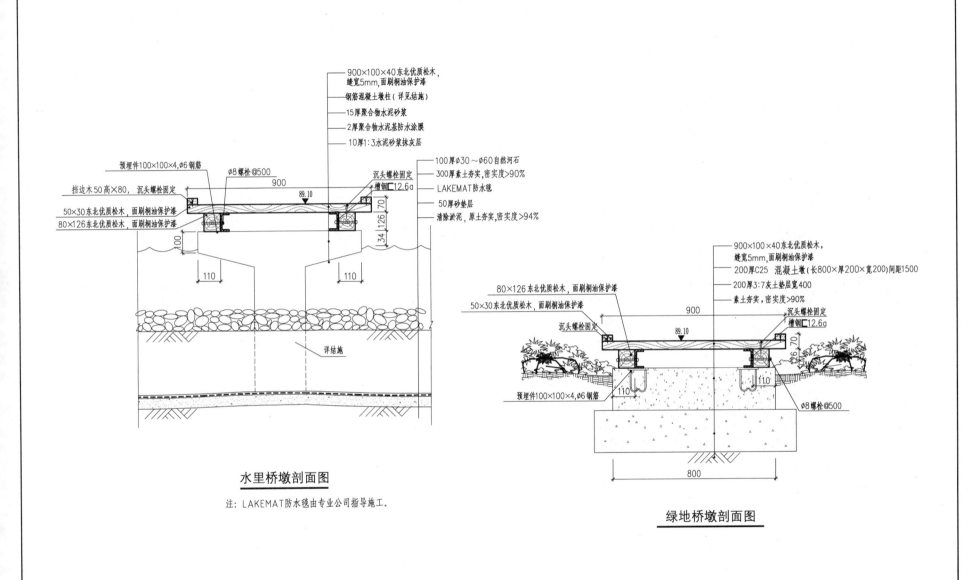

900×100×40东北优质松木，
缝宽5mm,面刷桐油保护漆

钢筋混凝土墩柱（详见结施）

15厚聚合物水泥砂浆

2厚聚合物水泥基防水涂膜

10厚1:3水泥砂浆抹灰层

100厚φ30～φ60自然河石

300厚素土夯实，密实度>90%

LAKEMAT防水毯

50厚砂垫层

清除淤泥，原土夯实,密实度>94%

预埋件100×100×4,φ6钢筋

φ8螺栓@500

沉头螺栓固定
槽钢⊏12.6a

挡边木50高×80，沉头螺栓固定

50×30东北优质松木，面刷桐油保护漆

80×126东北优质松木，面刷桐油保护漆

900

89.10

34 126 70

110

110

详结施

水里桥墩剖面图

注：LAKEMAT防水毯由专业公司指导施工。

900×100×40东北优质松木，
缝宽5mm,面刷桐油保护漆

200厚C25 混凝土墩(长800×厚200×宽200)间距1500

200厚3:7灰土垫层宽400

素土夯实，密实度>90%

80×126东北优质松木，面刷桐油保护漆

50×30东北优质松木，面刷桐油保护漆

沉头螺栓固定

预埋件100×100×4,φ6钢筋

沉头螺栓固定
槽钢⊏12.6a

φ8螺栓@500

900

89.10

126 70

110

110

800

绿地桥墩剖面图

图 3-38 鑫苑名家三期桥墩

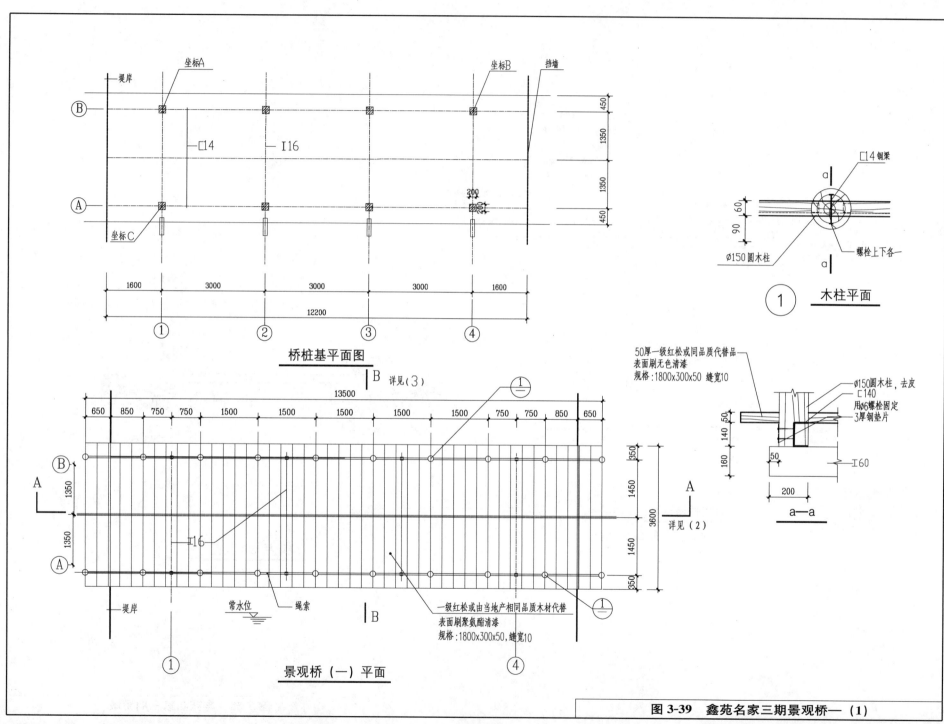

坐标A 坐标B 挡墙

堤岸

B

坐标C

□14 I16

450
1350
1350
450

200
200

Φ150圆木柱

□14钢梁

螺栓上下各一

① 木柱平面

1600 3000 3000 3000 1600

12200

① ② ③ ④

桥桩基平面图

B 详见(3)

13500

650 850 750 750 1500 1500 1500 1500 1500 750 750 850 650

50厚一级红松或同品质代替品
表面刷无色清漆
规格:1800x300x50 缝宽10

Φ150圆木柱,去皮
□140
用Φ6螺栓固定
3厚钢垫片

B

A A

1350 1450 3600

I16

1350 1450 350

A A

堤岸

常水位 绳索

一级红松或由当地产相同品质木材代替
表面刷聚氨酯清漆
规格:1800x300x50,缝宽10

B

① ④

景观桥(一)平面

160 140 50

50

200

a—a

图3-39 鑫苑名家三期景观桥—(1)

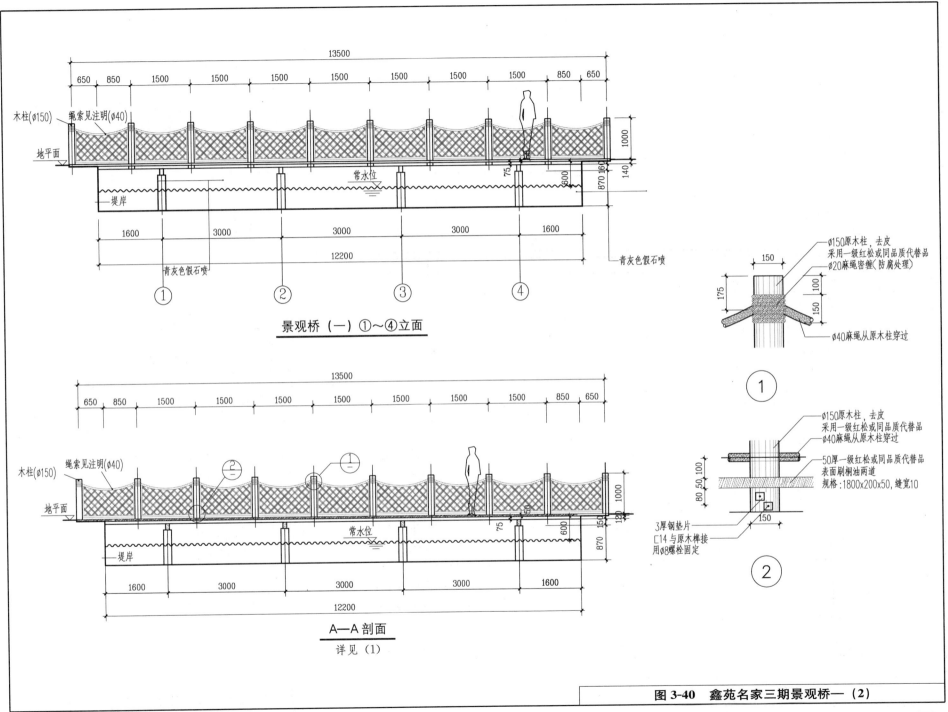

木柱(∅150)　绳索见注明(∅40)

13500
650　850　1500　1500　1500　1500　1500　1500　1500　850　650

1000

地平面

75　600　870　160　140

常水位

堤岸

1600　3000　3000　3000　1600
12200

青灰色假石喷

青灰色假石喷

① ② ③ ④

景观桥（一）①～④立面

∅150原木柱，去皮
采用一级红松或同品质代替品
∅20麻绳密缠（防腐处理）

150

175　100　150

∅40麻绳从原木柱穿过

①

木柱(∅150)　绳索见注明(∅40)

13500
650　850　1500　1500　1500　1500　1500　1500　1500　850　650

1000

地平面

②　①

75　50　600　150　120　870

常水位

堤岸

1600　3000　3000　3000　1600
12200

A—A剖面
详见（1）

∅150原木柱，去皮
采用一级红松或同品质代替品
∅40麻绳从原木柱穿过

50厚一级红松或同品质代替品
表面刷桐油两道
规格：1800x200x50, 缝宽10

80　50　100

150

3厚钢垫片
[14与原木榫接
用∅8螺栓固定

②

图 3-40　鑫苑名家三期景观桥一（2）

193

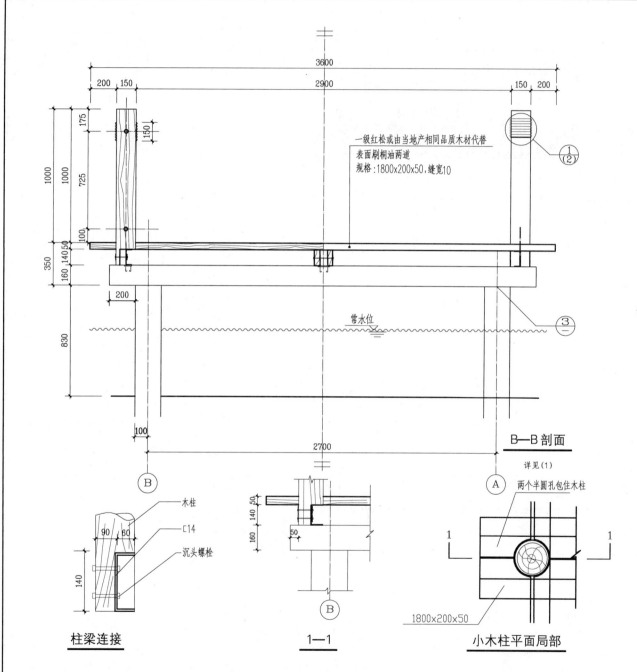

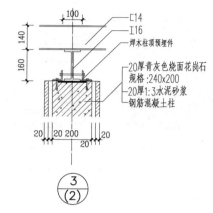

一级红松或由当地产相同品质木材代替
表面刷桐油两道
规格:1800x200x50,缝宽10

常水位

B—B 剖面

详见(1)

20厚青灰色烧面花岗石
规格:240x200
20厚1:3水泥砂浆
钢筋混凝土柱

焊木柱顶预埋件

木柱
C14
沉头螺栓

柱梁连接

两个半圆孔包住木柱

1—1

1800x200x50

小木柱平面局部

设计说明:
1. 本工程平面位置见总图.
2. 所有建筑色彩须做小样经设计方同意后方可大面积施工
3. 所有铁件之间连接采用满焊方式,焊缝高8(除特殊标注外).
4. 所有外露铁件表面漆处理方法如下:
 (1)钢结构材料采用Q235(即A3)钢材,钢材要求具有标准强度,伸长率,
   屈服强度及硫、磷含量的合格保证书,以及碳含量有保证书,符合
   结构钢技术条件.
 (2)电焊条选用E4315的手工电弧焊条型号,所有构件的焊缝高度均8mm
   焊缝长度见各大样.
 (3)钢结构的防护:
  a.除锈采用钢刷清除构件表面的毛刺、铁锈、油污及附着在构件表面的杂物;
  b.油漆采用硼酸酚醛防锈漆打底,酚醛磁漆二度.
5. 所有外露木件处理方法如下:
 所有木件均采用优质落叶松或相同品质木材,须经过防腐处理后方可使用.
 (1)防腐处理方法(1):
   木梁采用强化防腐油涂刷2~3次,
   强化防腐油配比97%混合防腐油,3%氯酚(用于底层).
 (2)防腐处理方法(2):
   采用E—51双酚A环氧树脂刷2次(用于面层).
6. 麻绳网扶手做法:
   绳网四边用ø40的麻绳,中间用ø15的麻绳,按上下边等分10段,
   左右边等分5段方法织网.麻绳需经防腐处理后方可使用.
7. 其余未尽事宜均按国家现行施工验收有关规定执行.

图 3-41 鑫苑名家三期景观桥—(3)

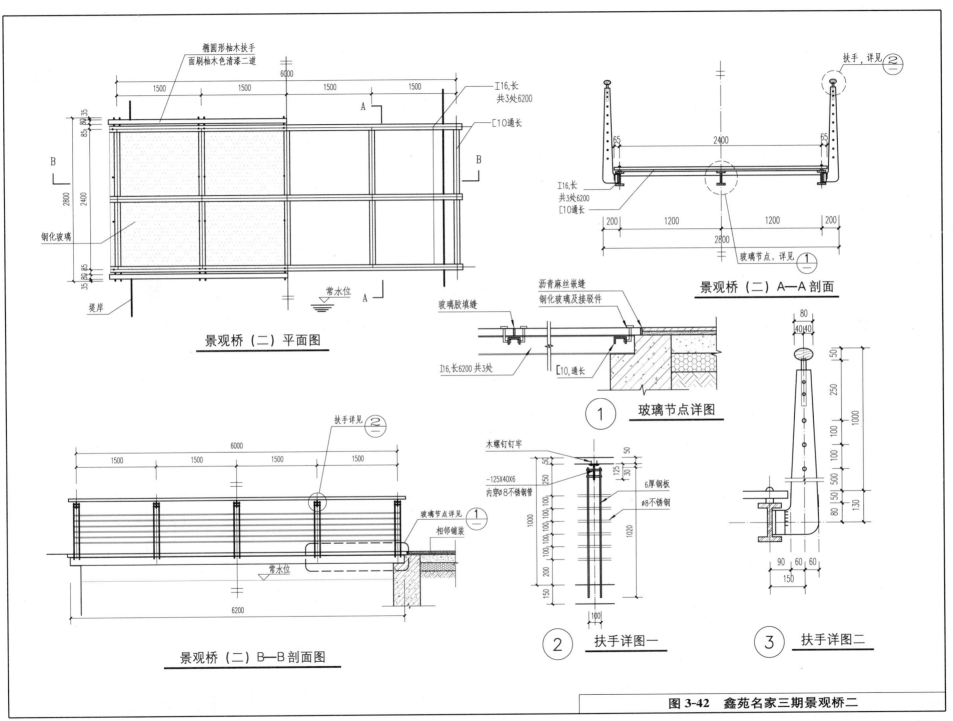

椭圆形柚木扶手
面刷柚木色清漆二道

6000

1500 1500 1500 1500

I16,长
共3处6200

[10通长

钢化玻璃

堤岸

常水位

景观桥（二）平面图

扶手，详见 ②
一

65 2400 65

I16,长
共3处6200

[10通长

200 1200 1200 200

2800

玻璃节点，详见 ①
一

景观桥（二）A—A剖面

沥青麻丝嵌缝
钢化玻璃及接驳件

玻璃胶填缝

I16,长6200 共3处

[10,通长

① 玻璃节点详图

80
40 40

景观桥（二）B—B剖面图

6000

1500 1500 1500 1500

扶手详见 ②
一

玻璃节点详见 ①
一

相邻铺装

常水位

6200

木螺钉钉牢

-125X40X6
内穿∅8不锈钢管

6厚钢板

∅8不锈钢

② 扶手详图一

③ 扶手详图二

90 60 60
150

图 3-42 鑫苑名家三期景观桥二

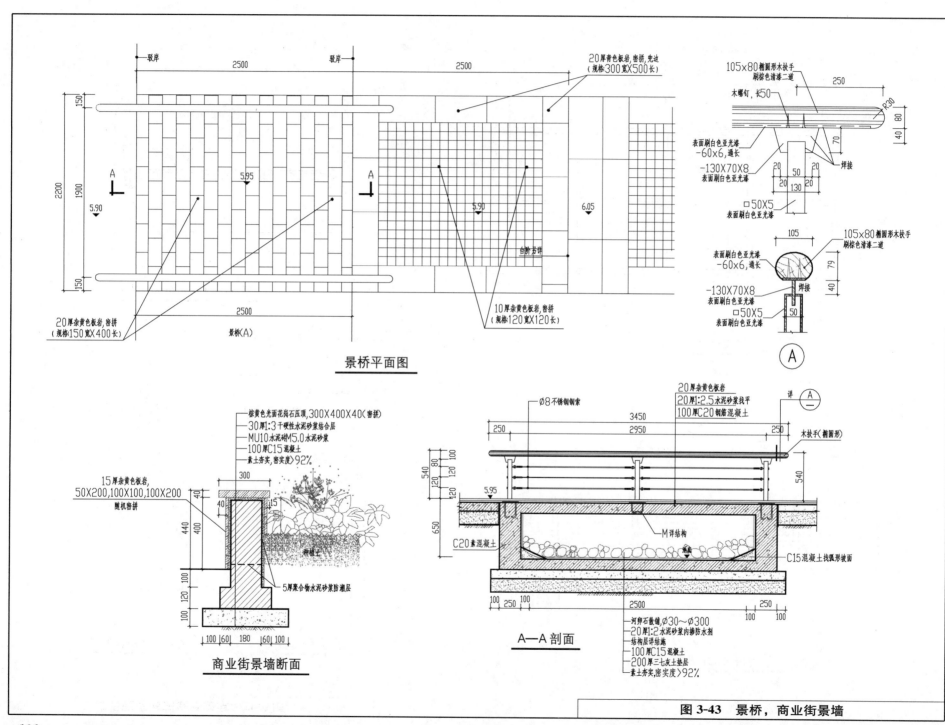

景桥平面图

商业街景墙断面

A—A剖面

图3-43 景桥，商业街景墙

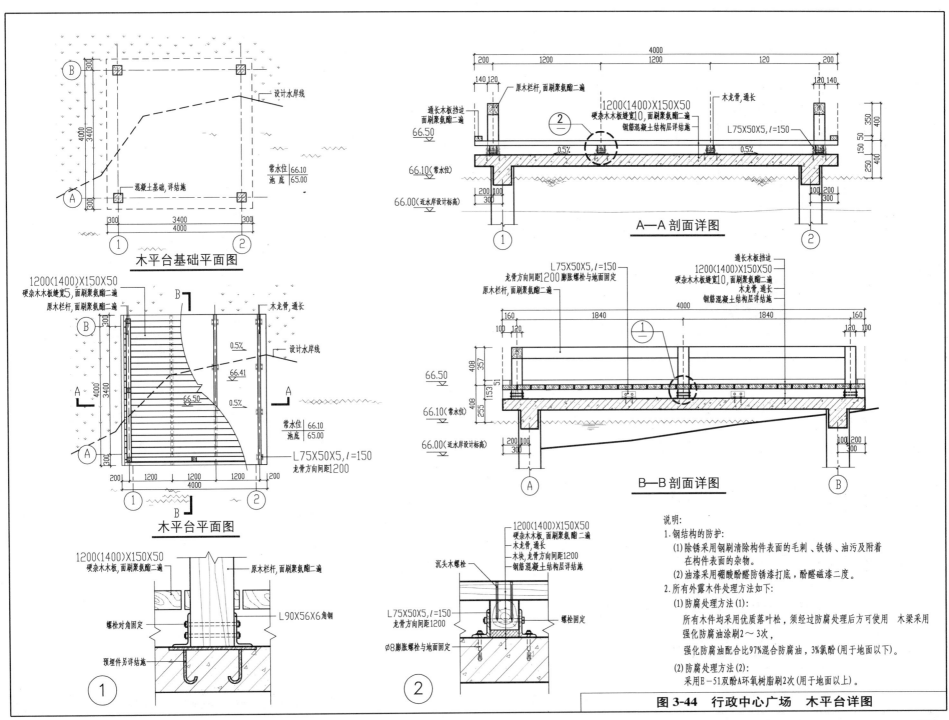

木平台基础平面图

木平台平面图

A—A 剖面详图

B—B 剖面详图

说明:
1. 钢结构的防护:
   (1) 除锈采用钢刷清除构件表面的毛刺、铁锈、油污及附着在构件表面的杂物。
   (2) 油漆采用硼酸酚醛防锈漆打底,酚醛磁漆二度。
2. 所有外露木件处理方法如下:
   (1) 防腐处理方法(1):
   　所有木件均采用优质落叶松,须经过防腐处理后方可使用 木梁采用强化防腐油涂刷2～3次,
   　强化防腐油配合比97%混合防腐油,3%氯酚(用于地面以下)。
   (2) 防腐处理方法(2):
   　采用E-51双酚A环氧树脂刷2次(用于地面以上)。

图3-44　行政中心广场　木平台详图

197

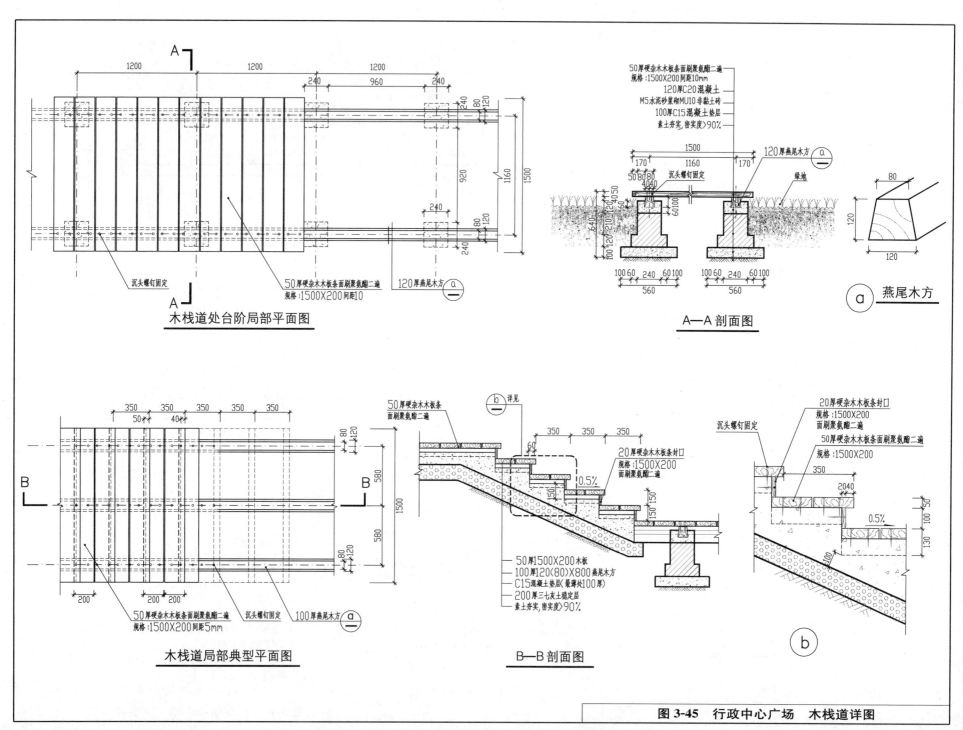

木栈道处台阶局部平面图

50厚硬杂木木板条面刷聚氨酯二遍
规格:1500X200同距10

120厚燕尾木方

沉头螺钉固定

A—A 剖面图

50厚硬杂木木板条面刷聚氨酯二遍
规格:1500X200同距10mm
120厚C20混凝土
M5水泥砂浆砌MU10非黏土砖
100厚C15混凝土垫层
素土夯实,密实度>90%

120厚燕尾木方

绿地

沉头螺钉固定

ⓐ 燕尾木方

木栈道局部典型平面图

50厚硬杂木木板条面刷聚氨酯二遍
规格:1500X200同距5mm
沉头螺钉固定
100厚燕尾木方

B—B 剖面图

50厚硬杂木木板条
面刷聚氨酯二遍

20厚硬杂木木板条封口
规格:1500X200
面刷聚氨酯二遍

0.5%

50厚1500X200木板
100厚120(80)X800燕尾木方
C15混凝土垫层(最薄处100厚)
200厚三七灰土稳定层
素土夯实,密实度>90%

20厚硬杂木木板条封口
规格:1500X200
面刷聚氨酯二遍

沉头螺钉固定

50厚硬杂木木板条面刷聚氨酯二遍
规格:1500X200

0.5%

图3-45 行政中心广场 木栈道详图

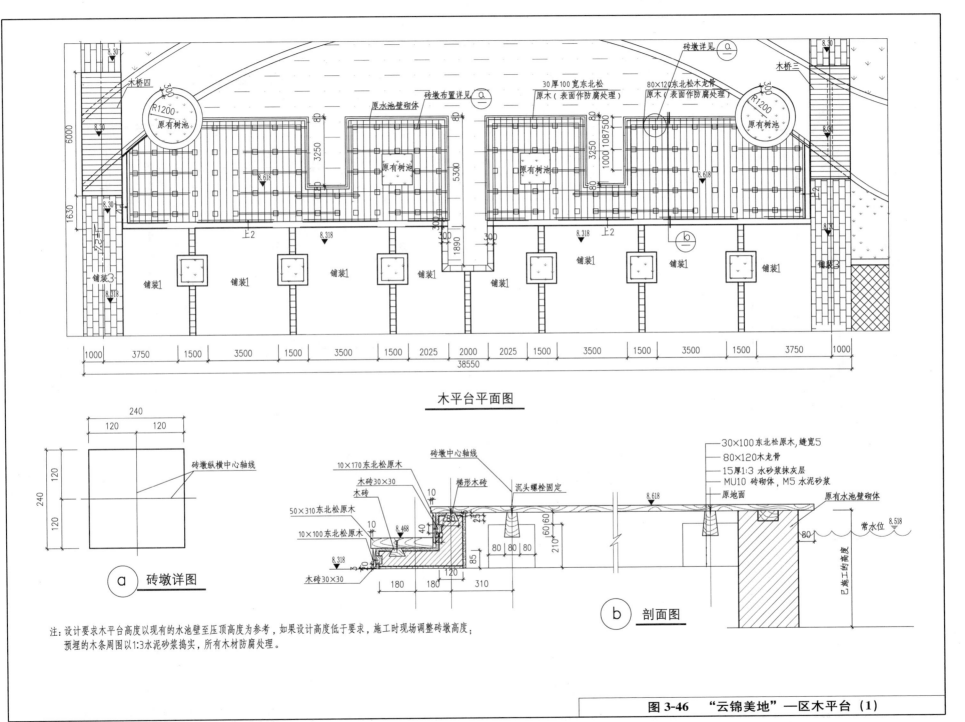

木平台平面图

ⓐ 砖墩详图

ⓑ 剖面图

注：设计要求木平台高度以现有的水池壁至压顶高度为参考，如果设计高度低于要求，施工时现场调整砖墩高度；
预埋的木条周围以1:3水泥砂浆捣实，所有木材防腐处理。

图3-46 "云锦美地"一区木平台（1）

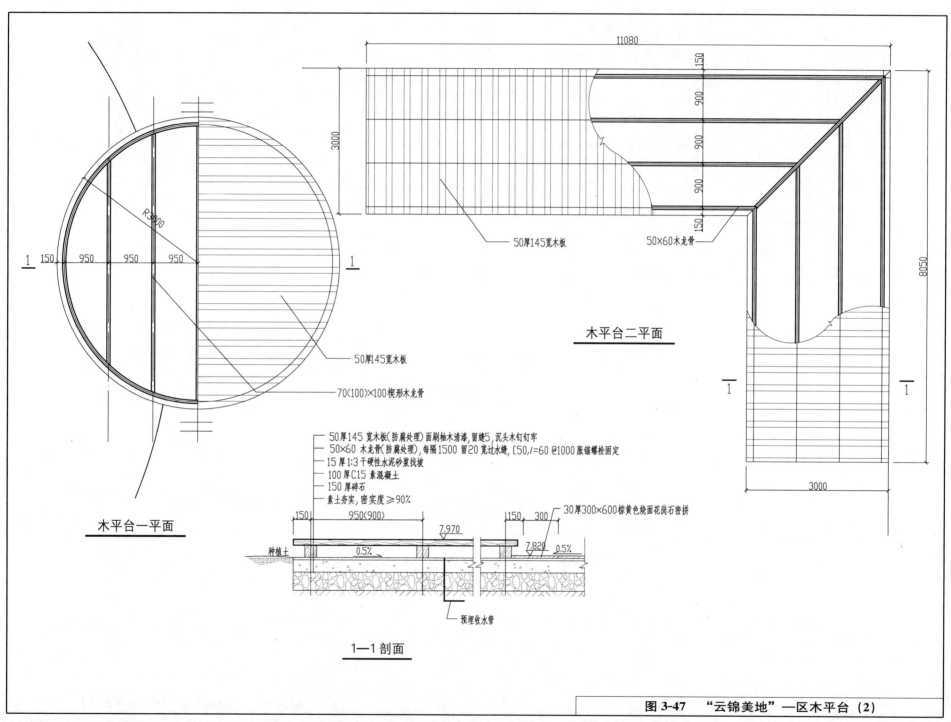

木平台二平面

50厚145宽木板

50×60木龙骨

木平台一平面

50厚145宽木板

70(100)×100楔形木龙骨

50厚145 宽木板(防腐处理)面刷柚木清漆,留缝5,沉头木钉钉牢
50×60 木龙骨(防腐处理),每隔1500 留20 宽过水缝,[50,l=60 @1000 胀锚螺栓固定
15 厚1:3 干硬性水泥砂浆找坡
100 厚C15 素混凝土
150 厚碎石
素土夯实,密实度≥90%

30厚300×600棕黄色烧面花岗石密拼

种植土

预埋收水管

1—1 剖面

图 3-47 "云锦美地"一区木平台(2)

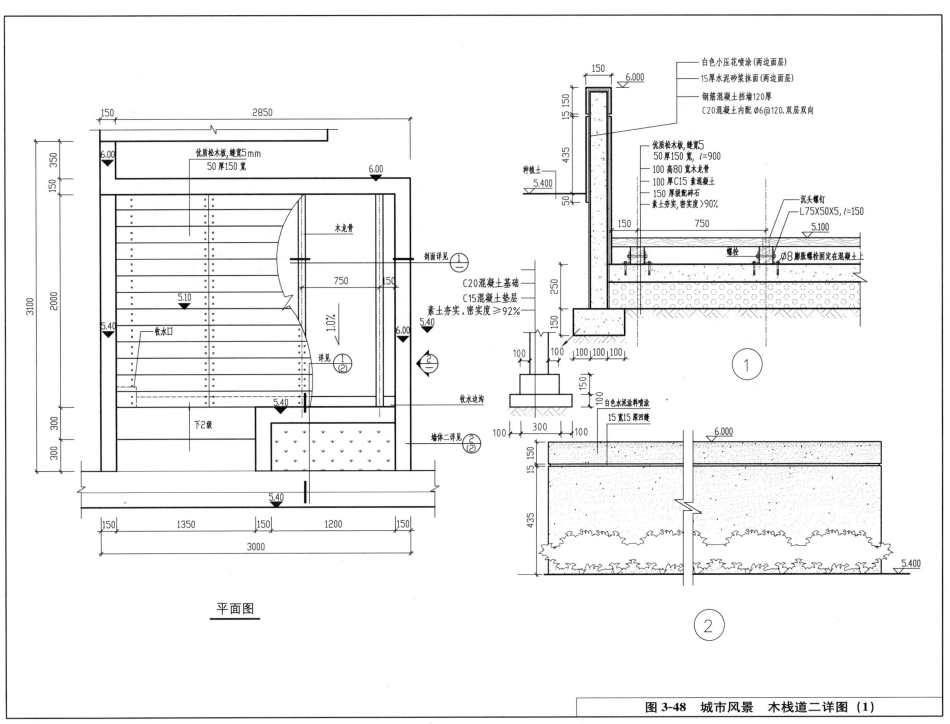

白色小压花喷涂(两边面层)

15厚水泥砂浆抹面(两边面层)

钢筋混凝土挡墙120厚
C20混凝土内配 Ø6@120,双层双向

优质松木板,缝宽5mm
50厚150宽

150

2850

6.00

6.00

木龙骨

剖面详见 ①

750

150

5.10

1.0%

5.40

收水口

详见 ①②

6.00

5.40

收水边沟

下2级

墙体二详见 ②②

5.40

150 1350 150 1200 150

3000

平面图

种植土

5.400

优质松木板,缝宽5
50厚150宽, l=900
100高80宽木龙骨
100厚C15 素混凝土
150 厚级配碎石
素土夯实,密实度>90%

150   750

沉头螺钉
L75X50X5, l=150

螺栓

Ø8膨胀螺栓固定在混凝土上

C20混凝土基础
C15混凝土垫层
素土夯实,密实度≥92%

100 100 100 100 100

100 300 100

①

白色水泥涂料喷涂

15宽15深四缝

6.000

435

5.400

②

图 3-48 城市风景 木栈道二详图（1）

201

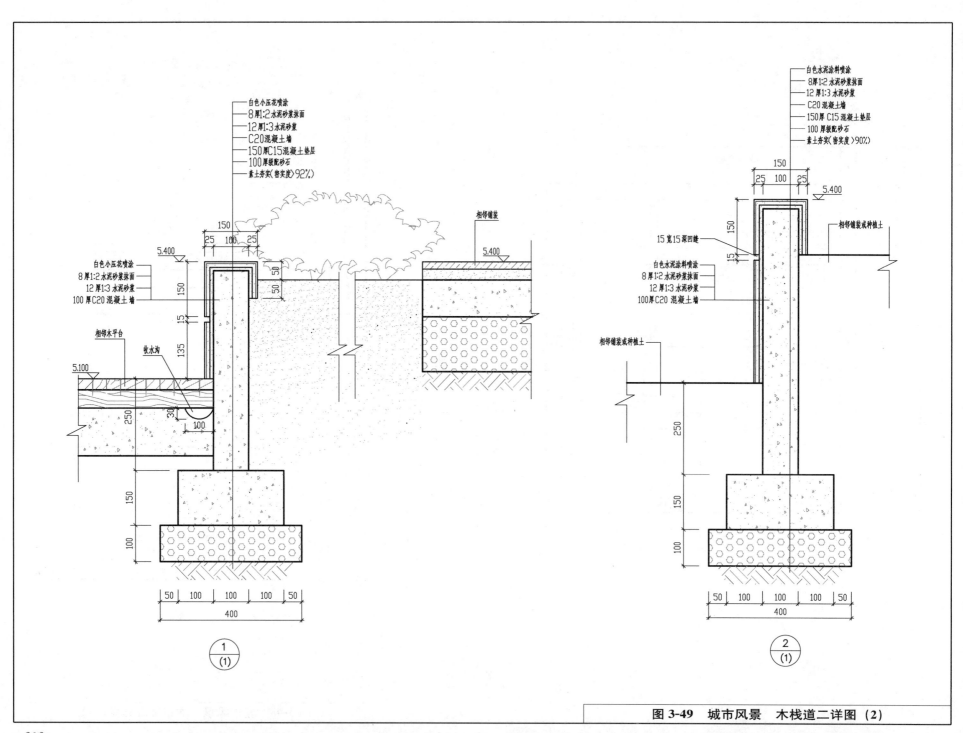

白色小压花喷涂
8厚1:2水泥砂浆抹面
12厚1:3水泥砂浆
C20混凝土墙
150厚C15混凝土垫层
100厚级配砂石
素土夯实(密实度)92%

白色小压花喷涂
8厚1:2水泥砂浆抹面
12厚1:3水泥砂浆
100厚C20混凝土墙

相邻铺装
5.400

相邻木平台
收水沟

白色水泥涂料喷涂
8厚1:2水泥砂浆抹面
12厚1:3水泥砂浆
C20混凝土墙
150厚C15混凝土垫层
100厚级配砂石
素土夯实(密实度)>90%

相邻铺装或种植土
5.400

15宽15深凹缝

白色水泥涂料喷涂
8厚1:2水泥砂浆抹面
12厚1:3水泥砂浆
100厚C20混凝土墙

相邻铺装或种植土

图 3-49 城市风景 木栈道二详图（2）

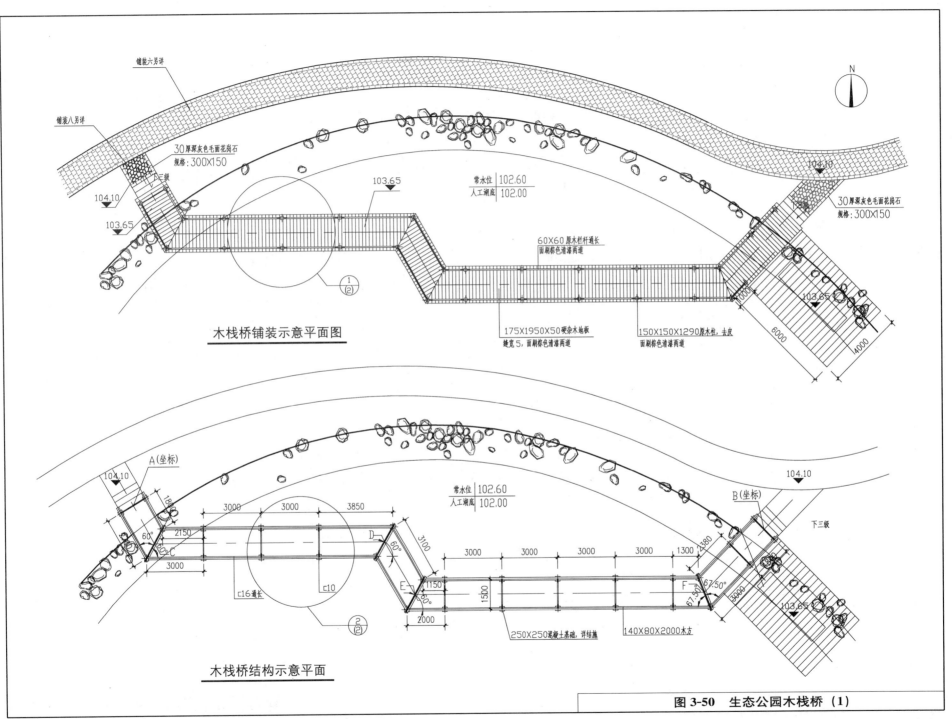

铺装六另详

铺装八另详

30厚翠灰色毛面花岗石
规格：300X150

104.10

103.65

常水位 102.60
人工湖底 102.00

60X60原木栏杆通长
面刷棕色清漆两道

30厚翠灰色毛面花岗石
规格：300X150

103.65

175X1950X50硬杂木地板
缝宽5，面刷棕色清漆两道

150X150X1290原木柱，去皮
面刷棕色清漆两道

6000

4000

木栈桥铺装示意平面图

A(坐标)

104.10

常水位 102.60
人工湖底 102.00

B(坐标)

下三级

3000   3000   3850

2150

3000

口16通长

口10

D

E

C

3100

60°

1150

60°

2000

250X250混凝土基础，详结施

3000   3000   3000   3000   1300

1500

140X80X2000木方

103.65

F

67.50°

67.50°

3000

104.10

木栈桥结构示意平面

图 3-50 生态公园木栈桥（1）

203

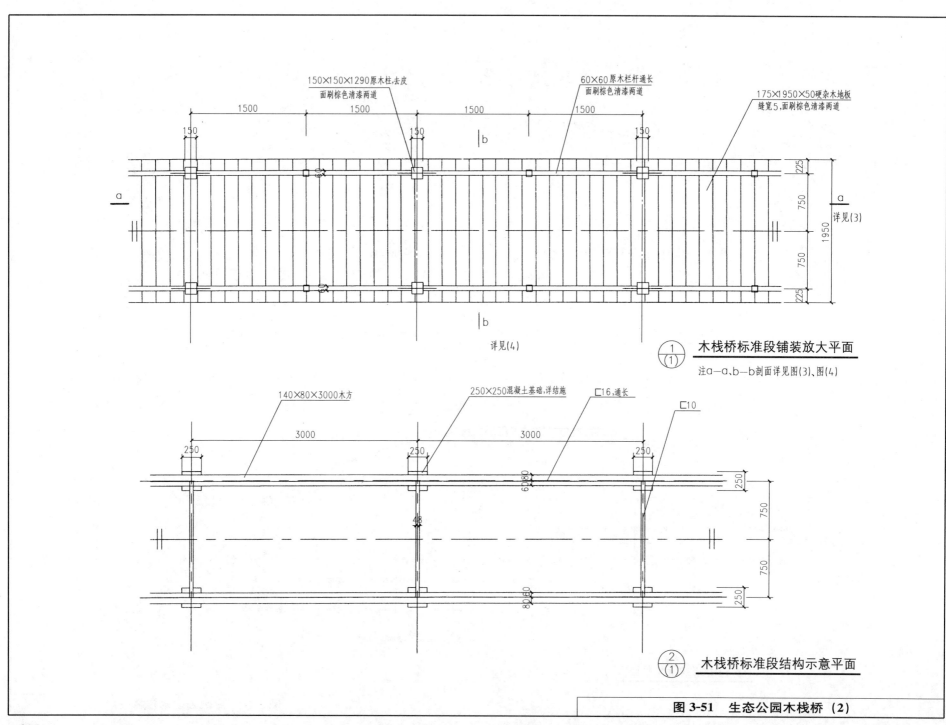

150×150×1290原木柱,去皮
面刷棕色清漆两道

60×60原木栏杆通长
面刷棕色清漆两道

175×1950×50硬杂木地板
缝宽5,面刷棕色清漆两道

1500 1500 1500 1500

150 150 150

225 750 1950 750 225

详见(3)

a

b

b

详见(4)

$\frac{1}{1}$ **木栈桥标准段铺装放大平面**

注a—a、b—b剖面详见(3)、图(4)

140×80×3000木方

250×250混凝土基础,详结施

□16,通长

□10

3000 3000

250 250 250

6D80

250 750 750 250

48

80,60

$\frac{2}{1}$ **木栈桥标准段结构示意平面**

图3-51　生态公园木栈桥（2）

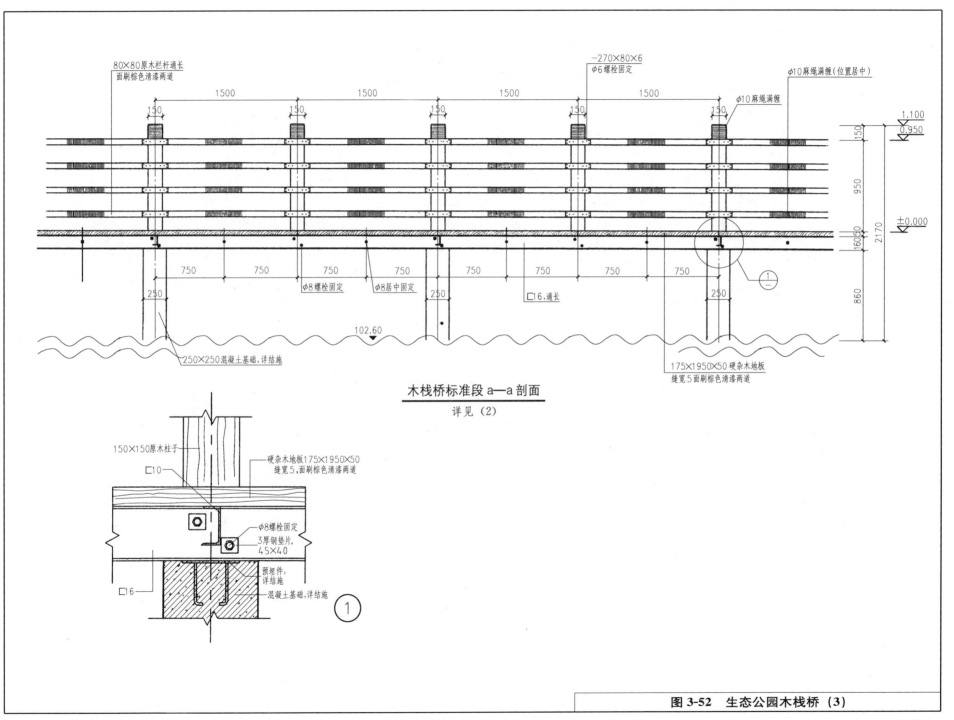

木栈桥标准段 a—a 剖面

详见（2）

图 3-52　生态公园木栈桥（3）

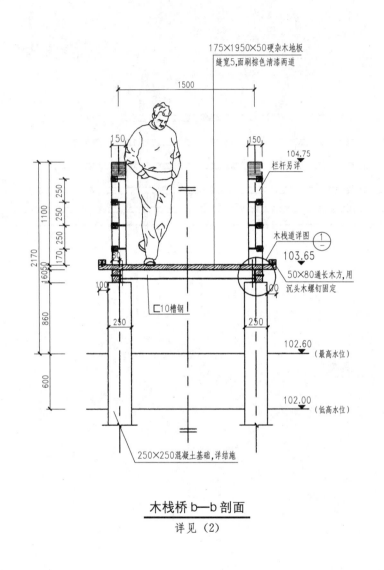

175×1950×50硬杂木地板
缝宽5,面刷棕色清漆两道

1500

150

150

104.75

栏杆另详

木栈道详图 ①

103.65

50×80通长木方,用
沉头木螺钉固定

□10槽钢

1100

250

250

250

170

250

2170

1605

860

600

250

250

102.60
（最高水位）

102.00
（低高水位）

250×250混凝土基础,详结施

木栈桥 b—b 剖面
详见（2）

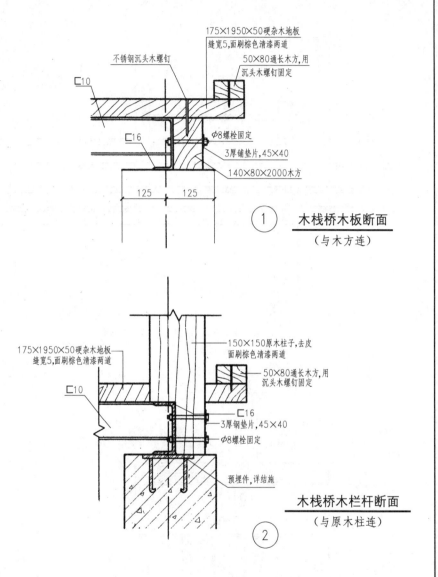

175×1950×50硬杂木地板
缝宽5,面刷棕色清漆两道

不锈钢沉头木螺钉

50×80通长木方,用
沉头木螺钉固定

□10

□16

φ8螺栓固定

3厚铺垫片,45×40

140×80×2000木方

125

125

① **木栈桥木板断面**
（与木方连）

175×1950×50硬杂木地板
缝宽5,面刷棕色清漆两道

150×150原木柱子,去皮
面刷棕色清漆两道

50×80通长木方,用
沉头木螺钉固定

□10

□16

3厚钢垫片,45×40

φ8螺栓固定

预埋件,详结施

② **木栈桥木栏杆断面**
（与原木柱连）

图3-53 生态公园木栈桥（4）

3.2 庭院水景、人工湖

（1）庭院水景通常为人工化水景为多。根据庭院空间的不同，采取多种手法进行引水造景（如跌水、溪流、瀑布、涉水池等），在场地中有自然水体的景观要保留利用，进行综合设计，使自然水景与人工水景融为一体。

（2）庭院水景设计要借助水的动态效果营造充满活力的氛围。水景效果特点见表3-4。

水体形态效果　　　　　　　　　　　　　　　表3-4

水体形态		水景效果			
		视觉	声响	飞溅	风中稳定性
静水	表面无干扰反射体（镜面水）	好	无	无	极好
	表面有干扰反射体（波纹）	好	无	无	极好
	表面有干扰反射体（鱼鳞波）	中等	无	无	极好
落水	水流速度快的水幕水堰	好	高	较大	好
	水流速度低的水幕水堰	中等	低	中等	尚可
	间断水流的水幕水堰	好	中等	较大	好
	动力喷涌、喷射水流	好	中等	较大	好
流淌	低流速平滑水墙	中等	小	无	极好
	中流速有纹路的水墙	极好	中等	中等	好
	低流速水溪、浅池	中等	无	无	极好
	高流速水溪、浅地	好	中等	无	极好
跌水	垂直方向瀑布跌水	好	中等	较大	极好
	不规则台阶状瀑布跌水	极好	中等	中等	好
	规则台阶状瀑布跌水	极好	中等	中等	好
	阶梯水池	好	中等	中等	极好
喷涌	水柱	好	中等	较大	尚可
	水雾	好	小	小	差
	水幕	好	小	小	差

（3）瀑布跌水。

① 瀑布按其跌落形式分为滑落式、阶梯式、瀑布式和丝带式等多种，并模仿自然景观，采用天然石材或仿石材设置瀑布的背景和引导水的流向（如景石、分流石、承瀑石等），考虑到观赏效果，不宜采用平整饰面的白色花岗石作为落水墙体。为了确保瀑布沿墙体、山体平稳滑落，应对落水口处山石做卷边处理，或对墙面做坡面处理。

② 瀑布因其水量不同，会产生不同视觉、听觉效果，因此，落水口的水流量和落水高差的控制成为设计的关键参数，人工瀑布落差宜在1m以下。

③ 跌水是呈阶梯式的多级跌落瀑布，其梯级宽高比宜3：2～1：1之间，梯面宽度宜在0.3～1.0m之间。

（4）溪流。

① 溪流的形态应根据环境条件、水量、流速、水深、水面宽和所用材料进行合理的设计。溪流分可涉入式和不可涉入式两种。可涉入式溪流的水深应小于0.3m，以防止儿童溺水，同时水底应做防滑处理。可供儿童嬉水的溪流，应安装水循环和过滤装置。不可涉入式溪流宜种养适应当地气候条件的水生动植物，增强观赏性和趣味性。

② 溪流配以山石可充分展现其自然风格，石景在溪流中所起到的景观效果见表3-5。

景石选用场地表　　　　　　　　　　表3-5

序号	名称	效果	应用部位
1	主景石	形成视线焦点，起到对景作用，点题，说明溪流名称及内涵	溪流的首尾或转向处
2	隔水石	形成局部小落差和细流声响	铺在局部水线变化位置
3	切水石	使水产生分流和波动	不规则布置在溪流中间
4	破浪石	使水产生分流和飞溅	用于坡度较大、水面较宽的溪流
5	河床石	观赏石材的自然造型和纹理	设在水面下
6	垫脚石	具有力度感和稳定感	用于支撑大石块
7	横卧石	调节水速和水流方向，形成隘口	溪流宽度变窄和转向处
8	铺底石	美化水底，种植苔藻	多采用卵石、砾石、水刷石、瓷砖铺在基底上
9	踏步石	装点水面，方便步行	横贯溪流，自然布置

③ 溪流的纵向坡度应根据地理条件及排水要求而定。普通溪流的坡度宜为0.5％，急流处为3％左右，缓流处不超过1％。溪流宽度宜在1～2m，水深一般为0.3～1m左右，超过0.4m时，应在溪流边采取防护措施（如石栏、木栏、矮墙等）。为了使景观在视觉上更为开阔，可适当增大宽度或使溪流蜿蜒曲折。溪流水岸宜采用散石和块石，并与水生或湿地植物的配置相结合，减少人工造景的痕迹。

(5) 生态水池、涉水池。

① 生态水池是适于水下动植物生长，又能美化环境、调节小气候供人观赏的水景。在生态水池多饲养观赏鱼虫和习水性植物（如鱼草、芦苇、荷花、莲花等），营造动物和植物互生互养的生态环境。

② 水池的深度应根据饲养鱼的种类、数量和水草在水下生存的深度而确定，一般为 0.3～1.5m。为了防止陆上动物的侵扰，池边平面与水面需保证有 0.15m 的高差。水池壁与池底需平整，以免伤鱼。池壁与池底以深色为佳。不足 0.3m 的浅水池，池底可做艺术处理，显示水的清澈透明。池底与池畔宜设隔水层，池底隔水层上覆盖 0.3～0.5m 种植土，种植水草。

③ 涉水池。涉水池可分水面下涉水和水面上涉水两种。水面下涉水主要用于儿童嬉水，其深度不得超过 0.3m，池底必须进行防滑处理，不能种植苔藻类植物。水面上涉水主要用于跨越水面，应设置安全可靠的踏步平台和踏步石（汀步），面积不小于 0.4m×0.4m，并满足连续跨越的要求。上述两种涉水方式应设水质过滤装置，保持水的清洁，以防儿童误饮池水。

庭院水景设计实例见图 3-54～图 3-64。

3.3 泳池水景

(1) 泳池水景以静为主，营造一个在心理和体能上的放松环境，同时突出人的参与性特征（如游泳池、水上乐园、海滨浴场等）。露天泳池不仅是锻炼身体和游乐的场所，也是邻里之间的重要交往场所。泳池的造型和水面也极具观赏价值。

(2) 游泳池。

① 泳池设计必须符合游泳池设计的相关标准规定。居住小区泳池平面不宜做成正规比赛用池，池边尽可能采用优美的曲线，以加强水的动感。泳池根据功能需要尽可能分为儿童泳池和成人泳池，儿童泳池深度为 0.6～0.9m 为宜，成人泳池为 1.2～2m。儿童池与成人池可统一考虑设计，一般将儿童池放在较高位置，水经阶梯式或斜坡式跌水流入成人泳池，既保证了安全又可丰富泳池的造型。

② 池岸必须做圆角处理，铺设软质渗水地面或防滑地砖。泳池周围多种灌木和乔木，并提供休息和遮阳设施，有条件的，可设计更衣室和供野餐的设备及区域。

③ 游泳池（按摩池）设计实例见图 3-65、图 3-66。

(3) 人工海滩浅水池。人工海滩浅水池主要让人领略日光浴的锻炼。池底基层上多铺白色细砂，坡度由浅至深，一般为 0.2～0.6m 之间，驳岸需做成缓坡，以木桩固定细砂，水池附近应设计冲砂池，以便于更衣。

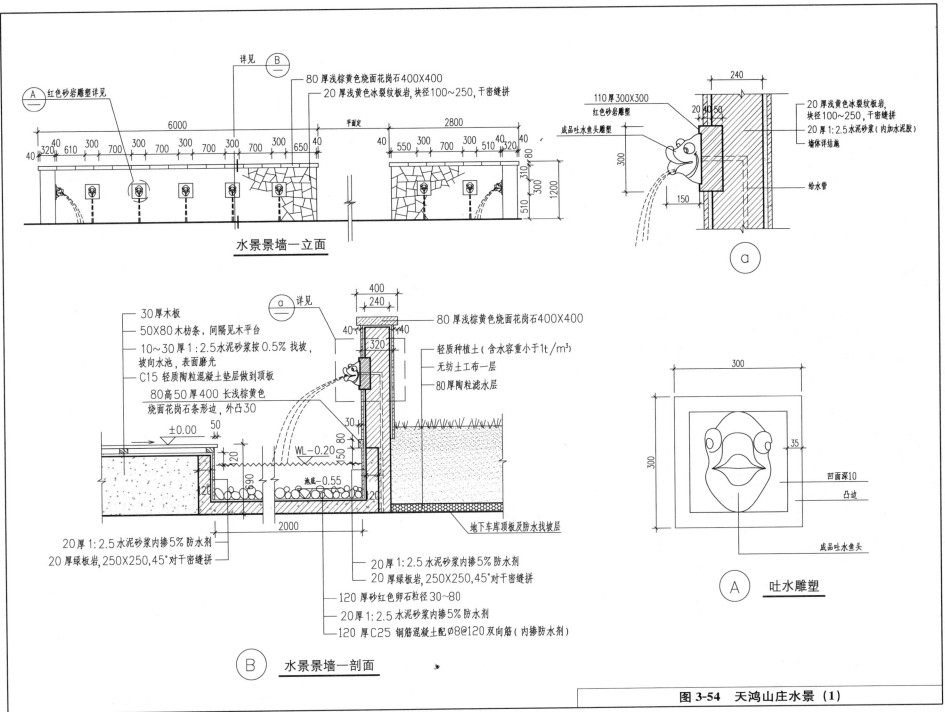

详见 B

红色砂岩雕塑详见 A

80厚浅棕黄色烧面花岗石400X400
20厚浅黄色冰裂纹板岩, 块径100~250, 干密缝拼

6000
平面定
2800

40 | 320 | 610 | 300 | 700 | 300 | 700 | 300 | 700 | 300 | 650 | 40
40 | 550 | 300 | 700 | 300 | 510 | 320 | 40

80
310
300
510
1200

水景景墙一立面

110厚 300X300
红色砂岩雕塑
成品吐水鱼头雕塑
300
150

20 40 50
240

20厚浅黄色冰裂纹板岩, 块径100~250, 干密缝拼
20厚1:2.5水泥砂浆(内加水泥胶)
墙体详结施
给水管

a

30厚木板
50X80木枋条, 间隔见木平台
10~30厚1:2.5水泥砂浆按0.5% 找坡, 坡向水池, 表面磨光
C15轻质陶粒混凝土垫层做到顶板
80高50厚400 长浅棕黄色 烧面花岗石条形边, 外凸30

±0.00
50

20
690
20

WL-0.20
150 80
30

池底-0.55

2000

a 详见

400
240

40 320 40

80厚浅棕黄色烧面花岗石400X400

轻质种植土(含水容重小于1t/m³)
无纺土工布一层
80厚陶粒滤水层

地下车库顶板及防水找坡层

20厚1:2.5水泥砂浆内掺5% 防水剂
20厚绿板岩, 250X250, 45° 对干密缝拼

20厚1:2.5水泥砂浆内掺5% 防水剂
20厚绿板岩, 250X250, 45° 对干密缝拼
120 厚砂红色卵石粒径30~80
20厚1:2.5水泥砂浆内掺5% 防水剂
120 厚C25 钢筋混凝土配∅8@120双向筋(内掺防水剂)

B 水景景墙一剖面

300

35

300

凹面深10
凸边
成品吐水鱼头

A 吐水雕塑

图3-54 天鸿山庄水景(1)

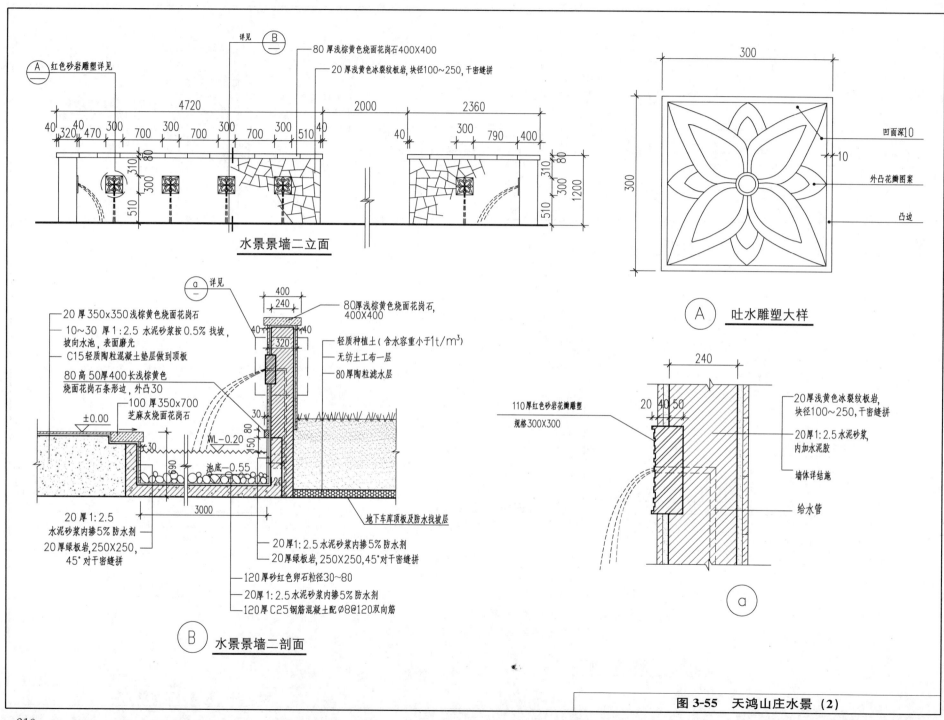

水景景墙二立面

A 红色砂岩雕塑详见

详见 B

80厚浅棕黄色烧面花岗石400X400

20厚浅黄色冰裂纹板岩,块径100~250,干密缝拼

300

300

凹面深10

10

外凸花瓣图案

凸边

A 吐水雕塑大样

a 详见

400
240

80厚浅棕黄色烧面花岗石,400X400

轻质种植土(含水容重小于1t/m³)

无纺土工布一层

80厚陶粒滤水层

20厚350x350浅棕黄色烧面花岗石

10~30 厚1:2.5 水泥砂浆按0.5% 找坡,坡向水池,表面磨光

C15轻质陶粒混凝土垫层做到顶板

80高 50厚400长浅棕黄色烧面花岗石条形边,外凸30

100 厚350x700芝麻灰烧面花岗石

±0.00

WL-0.20

池底-0.55

地下车库顶板及防水找坡层

110厚红色砂岩花瓣雕塑规格300X300

240

20 40 50

20厚浅黄色冰裂纹板岩,块径100~250,干密缝拼

20厚1:2.5水泥砂浆,内加水泥胶

墙体详结施

给水管

a

20 厚1:2.5 水泥砂浆内掺5%防水剂

20厚绿板岩,250X250,45°对干密缝拼

3000

20厚1:2.5水泥砂浆内掺5%防水剂

20厚绿板岩,250X250,45°对干密缝拼

120厚砂红色卵石粒径30~80

20厚1:2.5水泥砂浆内掺5%防水剂

120厚C25钢筋混凝土配Ø8@120双向筋

B 水景景墙二剖面

图 3-55 天鸿山庄水景 (2)

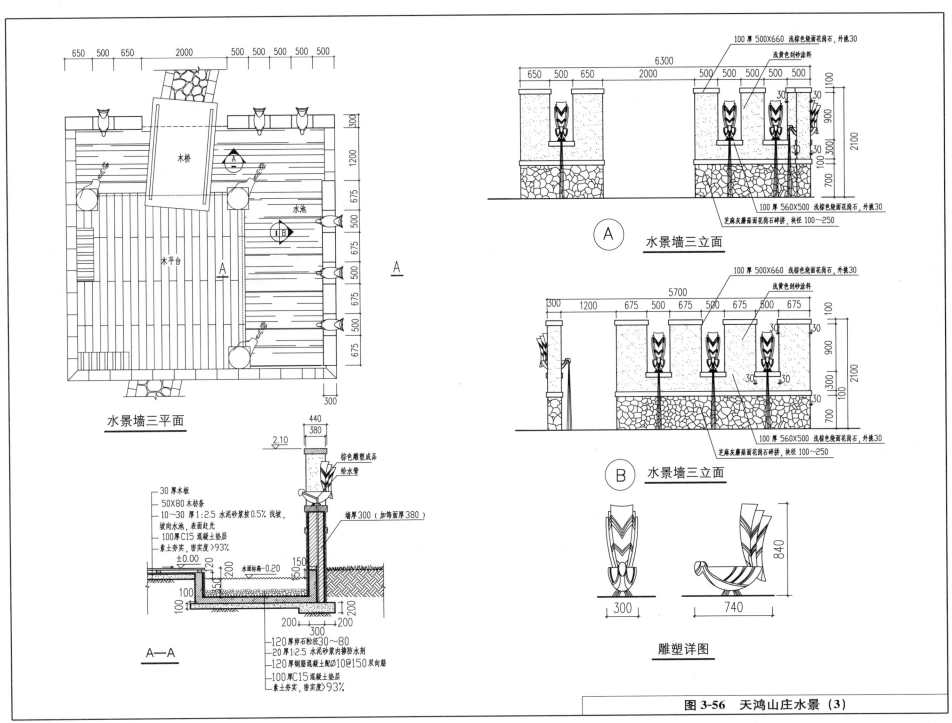

水景墙三平面

A—A

100 厚 500×660 浅棕色烧面花岗石，外挑30
浅黄色刮砂涂料

A 水景墙三立面

100 厚 560×500 浅棕色烧面花岗石，外挑30
芝麻灰蘑菇面花岗石碎拼，块径 100~250

100 厚 500×660 浅棕色烧面花岗石，外挑30
浅黄色刮砂涂料

B 水景墙三立面

100 厚 560×500 浅棕色烧面花岗石，外挑30
芝麻灰蘑菇面花岗石碎拼，块径 100~250

棕色雕塑成品
给水管
墙厚300（加饰面厚380）

30 厚木板
50×80 木枋条
10~30 厚 1:2.5 水泥砂浆按 0.5% 找坡，坡向水池，表面起光
100厚C15 混凝土垫层
素土夯实，密实度 >93%

120厚卵石粒径30~80
20 厚 1:2.5 水泥砂浆内掺防水剂
120厚钢筋混凝土配∅10@150双向筋
100厚C15 混凝土垫层
素土夯实，密实度 >93%

雕塑详图

图 3-56 天鸿山庄水景（3）

211

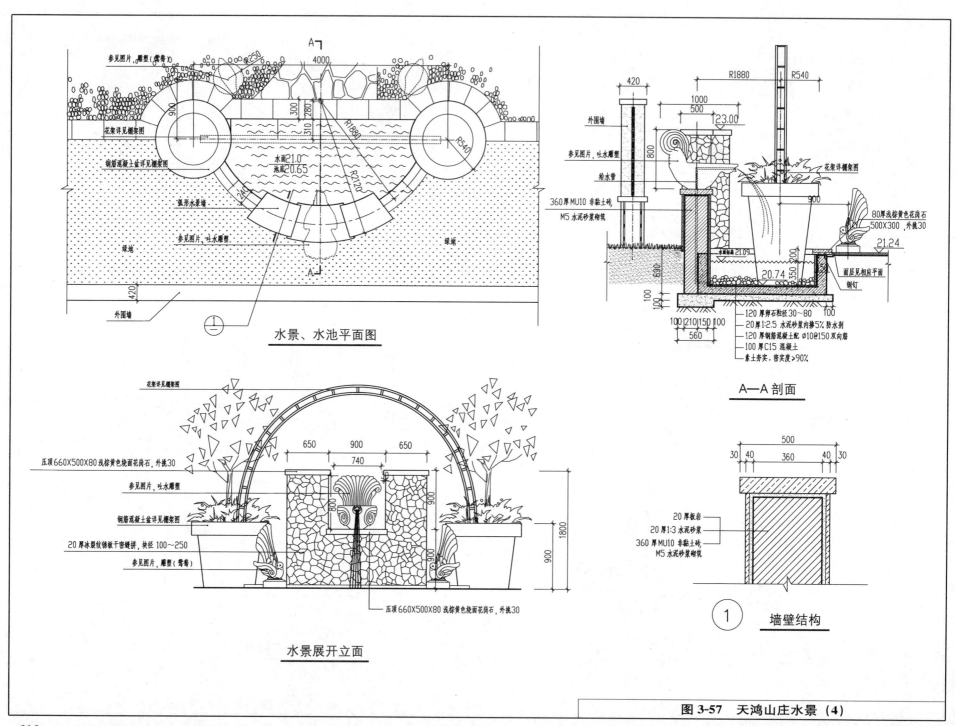

参见图片,雕塑(需要)

花架详见棚架图

钢筋混凝土盆详见棚架图

弧形水景墙

参见图片,吐水雕塑

绿地

绿地

外围墙

水面21.0
池底20.65

水景、水池平面图

A—A 剖面

外围墙

参见图片,吐水雕塑

给水管

360厚MU10 非黏土砖,
M5 水泥砂浆砌筑

水面标高21.09
20.74

23.00

花架详见棚架图

80厚浅棕黄色花岗石
500×300,外挑30

21.24

面层见相应平面

钢钉

120厚卵石粒径30~80
20厚1:2.5 水泥砂浆内掺5% 防水剂
120厚钢筋混凝土配 Ø10@150双向筋
100厚C15 混凝土
素土夯实,密实度≥90%

花架详见棚架图

压顶 660×500×80 浅棕黄色烧面花岗石,外挑30

参见图片,吐水雕塑

钢筋混凝土盆详见棚架图

20厚冰裂纹锈板干密缝拼,块径 100~250

参见图片,雕塑(需要)

压顶 660×500×80 浅棕黄色烧面花岗石,外挑30

水景展开立面

20厚板岩
20厚1:3 水泥砂浆
360厚MU10 非黏土砖,
M5 水泥砂浆砌筑

① 墙壁结构

图 3-57 天鸿山庄水景(4)

212

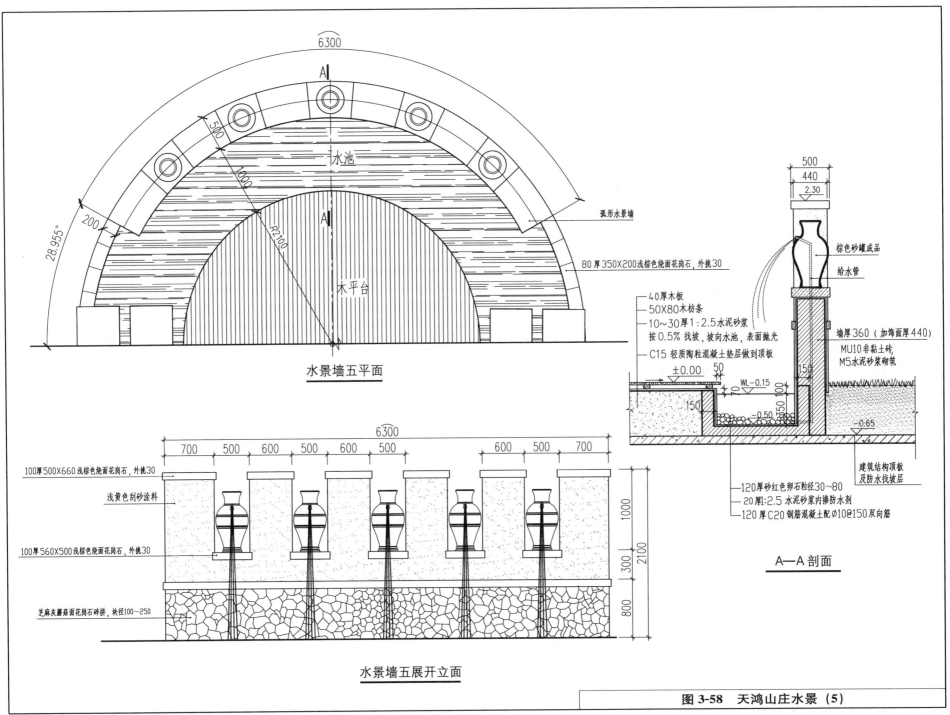

水景墙五平面

水景墙五展开立面

100厚500X660浅棕色烧面花岗石, 外挑30

浅黄色刮砂涂料

100厚560X500浅棕色烧面花岗石, 外挑30

芝麻灰蘑菇面花岗石碎拼, 块径100~250

弧形水景墙

80厚350X200浅棕色烧面花岗石, 外挑30

棕色砂罐成品

给水管

墙厚360 (加饰面厚440)
MU10非黏土砖,
M5水泥砂浆砌筑

40厚木板
50X80木枋条
10~30厚1:2.5水泥砂浆
按0.5%找坡, 坡向水池, 表面抛光
C15轻质陶粒混凝土垫层做到顶板

建筑结构顶板
及防水找坡层

120厚砂红色卵石粒径30~80
20厚1:2.5 水泥砂浆内掺防水剂
120 厚C20 钢筋混凝土配Ø10@150双向筋

A—A 剖面

图3-58 天鸿山庄水景 (5)

213

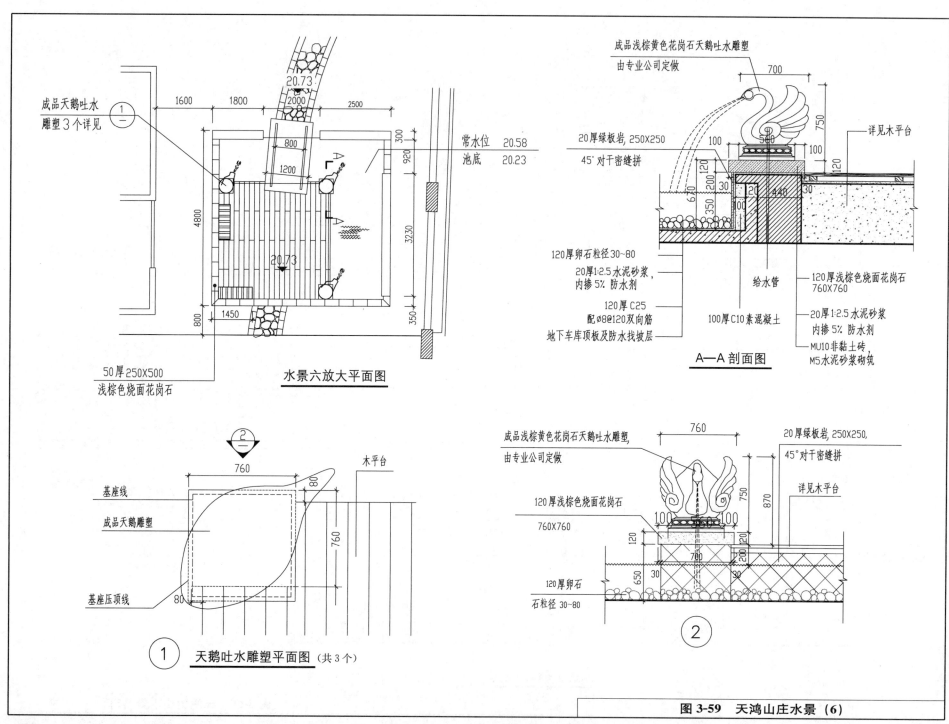

成品天鹅吐水
雕塑3个详见

①
一

成品浅棕黄色花岗石天鹅吐水雕塑
由专业公司定做

700

750

详见木平台

20厚绿板岩, 250X250

45°对干密缝拼

100

100

120

200 30

常水位 20.58
池底 20.23

300

920

4800

3230

350

20.73

800 1200

800 1450

580

440

610 350

120厚卵石粒径30~80

20厚1:2.5水泥砂浆,
内掺5% 防水剂

120厚 C25
配Ø8@120双向筋
地下车库顶板及防水找坡层

给水管

100厚C10素混凝土

120厚浅棕色烧面花岗石
760X760

20厚1:2.5水泥砂浆
内掺5% 防水剂

MU10非黏土砖,
M5水泥砂浆砌筑

A—A 剖面图

50 厚250X500
浅棕色烧面花岗石

水景六放大平面图

②
一

760

木平台

760

基座线

成品天鹅雕塑

基座压顶线

80

80

① 天鹅吐水雕塑平面图 (共3个)

成品浅棕黄色花岗石天鹅吐水雕塑
由专业公司定做

760

20厚绿板岩, 250X250,
45°对干密缝拼

120厚浅棕色烧面花岗石
760X760

详见木平台

100 100

750

870

120

100 100

200

120厚卵石

石粒径 30~80

650

700

30 30

②

图 3-59 天鸿山庄水景（6）

214

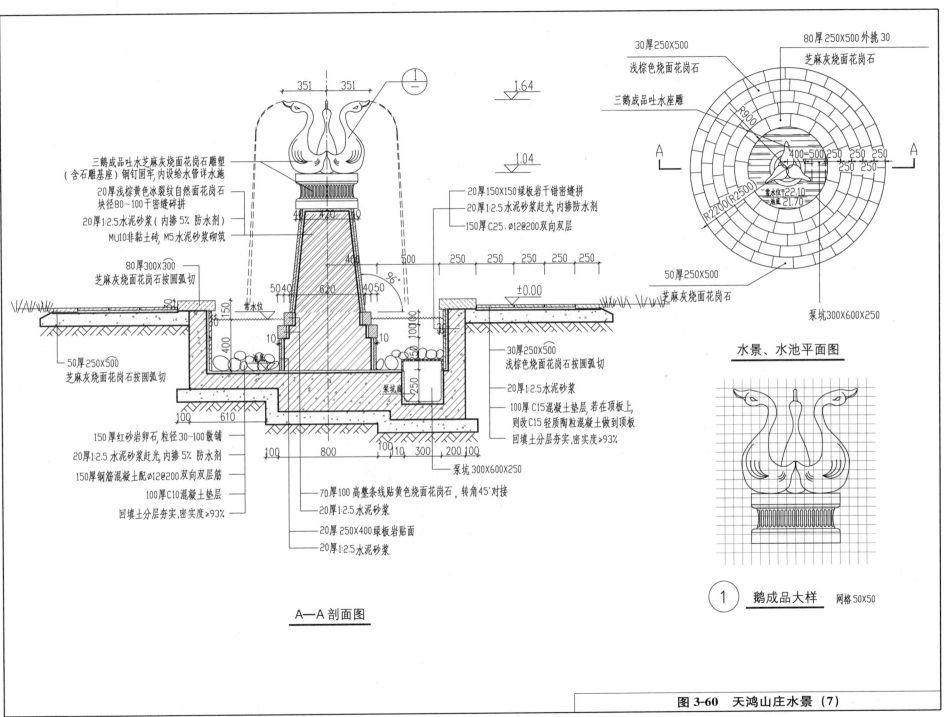

80厚250X500外挑30
芝麻灰烧面花岗石

30厚250X500
浅棕色烧面花岗石

三鹅成品吐水座雕

R900
R2200(R2500)

400=500 250 250 250
250 250

常水位22.10
池底 21.70

50厚250X500
芝麻灰烧面花岗石

泵坑300X600X250

水景、水池平面图

三鹅成品吐水芝麻灰烧面花岗石雕塑
(含石雕基座)钢钉固牢,内设给水管详水施
20厚浅棕黄色冰裂纹自然面花岗石
块径80~100干密缝碎拼
20厚1:2.5水泥砂浆(内掺5%防水剂)
MU10非黏土砖,M5水泥砂浆砌筑

20厚150X150绿板岩干错密缝拼
20厚1:2.5水泥砂浆赶光,内掺防水剂
150厚C25,ø12@200双向双层

351 351

1.64

1.04

80厚300X300
芝麻灰烧面花岗石按圆弧切

250 250 250 250 250

±0.00

96°

芝麻灰烧面花岗石

50厚250X500
芝麻灰烧面花岗石按圆弧切

常水位

50 40 820 40 50

10 10

30厚250X500
浅棕色烧面花岗石按圆弧切

20厚1:2.5水泥砂浆
100厚C15混凝土垫层,若在顶板上,
则改C15轻质陶粒混凝土做到顶板
回填土分层夯实,密实度>93%

泵坑300X600X250

150厚红砂岩卵石,粒径30~100散铺
20厚1:2.5水泥砂浆赶光,内掺5%防水剂
150厚钢筋混凝土配ø12@200双向双层筋
100厚C10混凝土垫层
回填土分层夯实,密实度>93%

100 610

100 800 100 110 300 200 100

泵坑300X600X250

70厚100高整条线贴黄色烧面花岗石,转角45°对接
20厚1:2.5水泥砂浆
20厚250X400绿板岩贴面
20厚1:2.5水泥砂浆

A—A 剖面图

① 鹅成品大样   网格50X50

图 3-60 天鸿山庄水景（7）

215

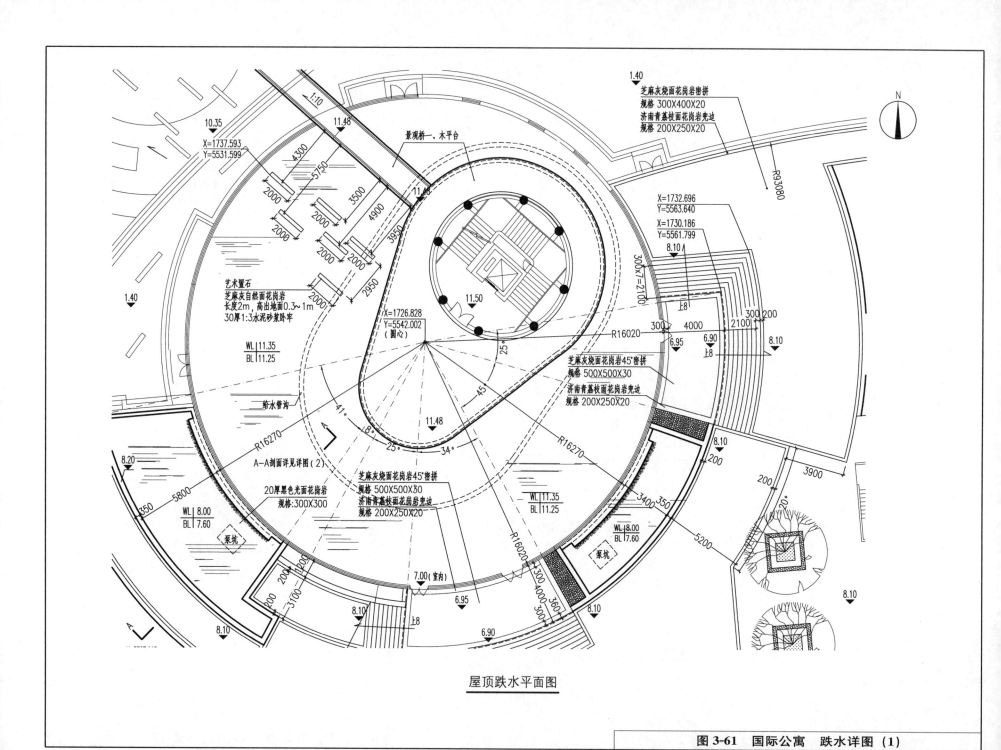

芝麻灰烧面花岗岩密拼
规格 300X400X20
济南青嶲枝面花岗岩兜边
规格 200X250X20

R93080

1.40

X=1737.593
Y=5531.599

1:10

10.35

11.48

景观桥一、木平台

4300

5750

3500

2000

2000

4900

2000

3950

X=1732.696
Y=5563.640

X=1730.186
Y=5561.799

8.10

300x7=2100

2000

2950

11.48

11.50

上8

300

4000

2100

300 200

艺术置石
芝麻灰自然面花岗岩
长度2m，高出地面0.3～1m
30厚1:3水泥砂浆卧牢

X=1726.828
Y=5542.002
（圆心）

25°

R16020

6.95

6.90

8.10

WL 11.35
BL 11.25

45°

芝麻灰烧面花岗岩45°密拼
规格 500X500X30

济南青嶲枝面花岗岩兜边
规格 200X250X20

8.10

给水管沟

41°

18°

R16270

25°

34°

11.48

R16270

200

8.20

A-A剖面详见详图（2）

8.10

200

3900

350

5800

20厚黑色光面花岗岩
规格:300X300

芝麻灰烧面花岗岩45°密拼
规格 500X500X30

济南青嶲枝面花岗岩兜边
规格 200X250X20

WL 11.35
BL 11.25

3400

350

5200

20°

WL 8.00
BL 7.60

泵坑

R16020

WL 8.00
BL 7.60

泵坑

8.10

350

200

3700

200

300

7.00（室内）

6.95

4000

360

300

8.10

A

8.10

8.10

上8

6.90

8.10

屋顶跌水平面图

图 3-61 国际公寓 跌水详图（1）

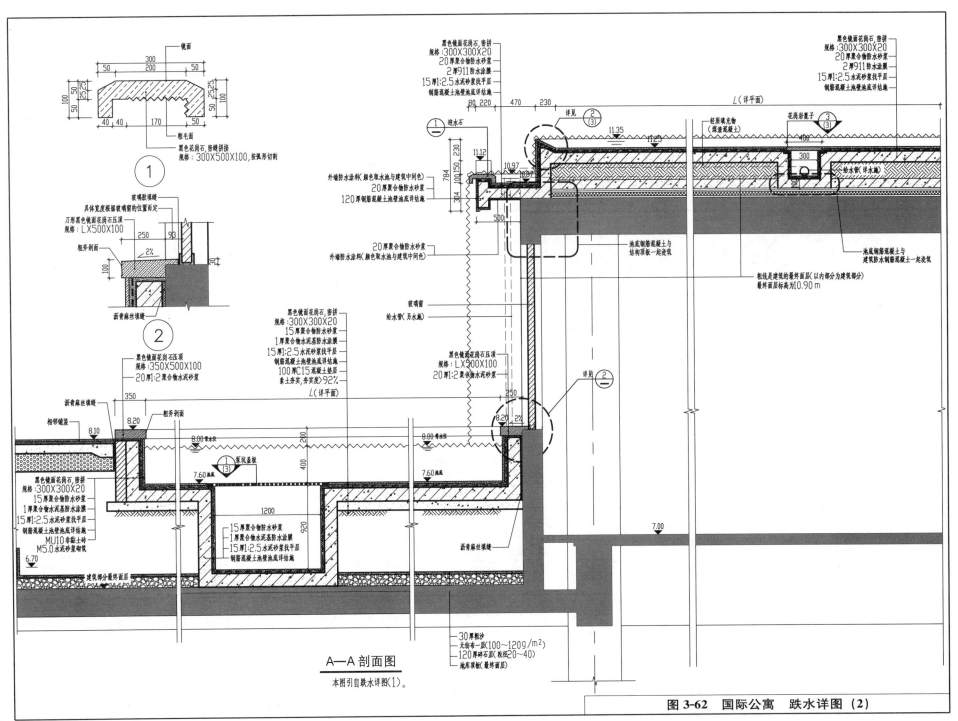

镜面

300
50 200 50

黑色花岗石，密缝拼接
规格：300X500X100，按弧形切割

①

玻璃胶填缝
具体宽度根据玻璃窗的位置而定
刀形黑色镜面花岗石压顶
规格：LX500X100
粗斧剁面
2%
沥青麻丝填缝

②

黑色镜面花岗石压顶
规格：350X500X100
20厚1:2聚合物水泥砂浆

350

沥青麻丝填缝
相邻铺装
粗斧剁面
8.10
8.20
8.00零水位

黑色镜面花岗石，密拼
规格：300X300X20
15厚聚合物防水砂浆
1厚聚合物水泥基防水涂膜
15厚1:2.5水泥砂浆找平层
钢筋混凝土池壁池底详结施
MU10非黏土砖
M5.0水泥砂浆砌筑
6.70
建筑部分最终面层

黑色镜面花岗石，密拼
规格：300X300X20
15厚聚合物防水砂浆
1厚聚合物水泥基防水涂膜
15厚1:2.5水泥砂浆找平层
钢筋混凝土池壁池底详结施
100厚C15混凝土垫层
素土夯实，夯实度92%
L（详平面）

黑色镜面花岗石压顶
规格：LX500X100
20厚1:2聚合物水泥砂浆

玻璃窗
给水管（另水施）

外墙防水涂料（颜色取水池与建筑中间色）
20厚聚合物防水砂浆
120厚钢筋混凝土池底详结施

外墙防水涂料（颜色取水池与建筑中间色）
20厚聚合物防水砂浆

迎水石
①

11.12
10.97
10.37

784
100 150 230
304
500

8.20 2%

①泵坑盖板
3
7.60池底

1200

920

15厚聚合物防水砂浆
1厚聚合物水泥基防水涂膜
15厚1:2.5水泥砂浆找平层
钢筋混凝土池壁池底详结施

0.00零水位
7.60池底

沥青麻丝填缝

详见②

黑色镜面花岗石，密拼
规格：300X300X20
20厚聚合物防水砂浆
2厚911防水涂膜
15厚1:2.5水泥砂浆找平层
钢筋混凝土池壁池底详结施

80 220 470 230

详见②3
11.35
11.25

黑色镜面花岗石，密拼
规格：300X300X20
20厚聚合物防水砂浆
2厚911防水涂膜
15厚1:2.5水泥砂浆找平层
钢筋混凝土池壁池底详结施

L（详平面）

轻质填充物
（煤渣混凝土）
花岗岩篦子
③3
300
给水管（详水施）

池底钢筋混凝土与
结构顶板一起浇筑

池底钢筋混凝土与
建筑防水钢筋混凝土一起浇筑

粗线是建筑的最终面层（以内部分为建筑部分）
最终面层标高为10.90 m

7.00

30厚粗沙
无纺布一层（100~120g/m²）
120厚碎石层（粒径20~40）
地库顶板（最终面层）

A—A 剖面图
本图引自跌水详图(1)。

图3-62 国际公寓 跌水详图（2）

217

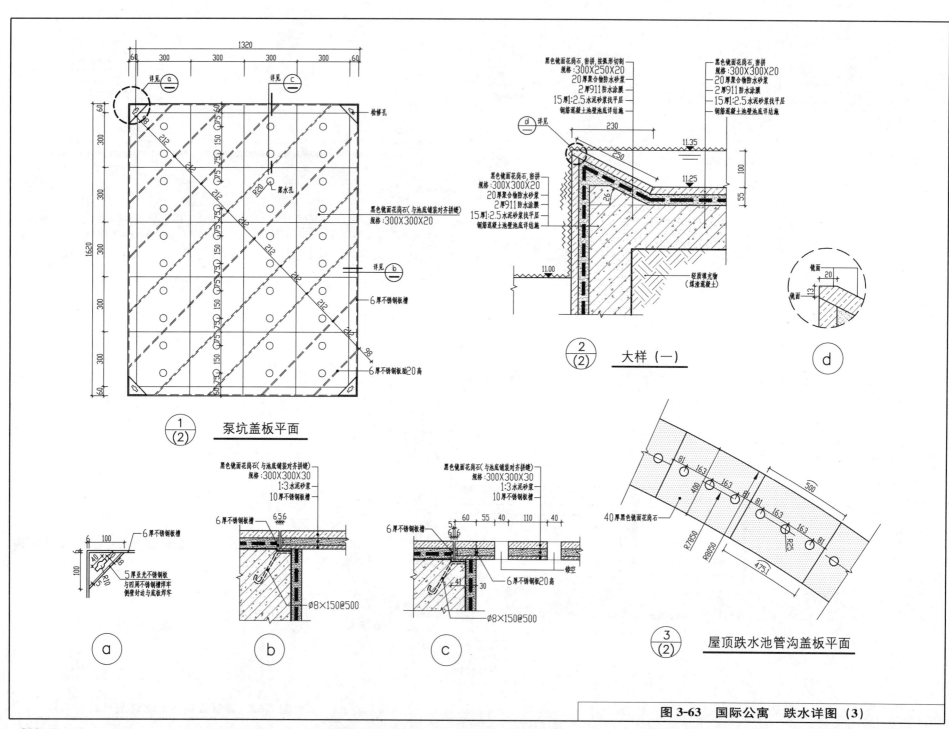

黑色镜面花岗石,密拼
规格:300X250X20
20厚聚合物防水砂浆
2厚911防水涂膜
15厚1:2.5水泥砂浆找平层
钢筋混凝土池壁池底详结施

黑色镜面花岗石,密拼
规格:300X300X20
20厚聚合物防水砂浆
2厚911防水涂膜
15厚1:2.5水泥砂浆找平层
钢筋混凝土池壁池底详结施

黑色镜面花岗石,密拼
规格:300X300X20
20厚聚合物防水砂浆
2厚911防水涂膜
15厚1:2.5水泥砂浆找平层
钢筋混凝土池壁池底详结施

轻质填充物
(煤渣混凝土)

$\frac{2}{(2)}$ 大样(一)

d

检修孔

落水孔

黑色镜面花岗石(与池底铺装对齐拼缝)
规格:300X300X20

6厚不锈钢槽

6厚不锈钢板肋20高

$\frac{1}{(2)}$ 泵坑盖板平面

黑色镜面花岗石(与池底铺装对齐拼缝)
规格:300X300X30
1:3水泥砂浆
10厚不锈钢槽

6厚不锈钢槽

黑色镜面花岗石(与池底铺装对齐拼缝)
规格:300X300X30
1:3水泥砂浆
10厚不锈钢槽

6厚不锈钢槽

6厚不锈钢板20高

镂空

6厚不锈钢槽

5厚亚光不锈钢板
与四周不锈钢槽焊牢
侧壁封边与底板焊牢

Ø8×150@500

Ø8×150@500

40厚黑色镜面花岗石

a

b

c

$\frac{3}{(2)}$ 屋顶跌水池管沟盖板平面

图3-63 国际公寓 跌水详图(3)

218

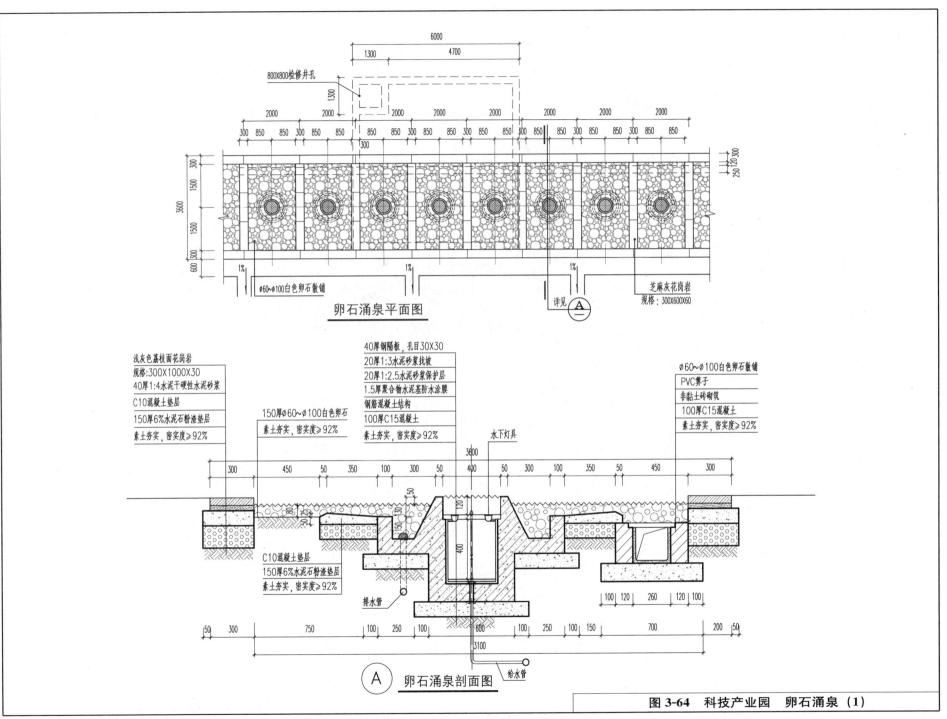

800X800检修井孔

6000
1300 4700
1300

2000 2000 2000 2000 2000 2000 2000 2000
300 850 850 300 850 850 850 850 850 850 850 850 850 850 300 850 850 300 850 850 300 850 850
300

300
1500
3600
1500
600

250 120 300

1%   1%   1%

Ø60～Ø100白色卵石散铺   芝麻灰花岗岩
规格：300X600X60

详见 A

卵石涌泉平面图

浅灰色荔枝面花岗岩
规格：300X1000X30
40厚1:4水泥干硬性水泥砂浆
C10混凝土垫层
150厚6%水泥石粉渣垫层
素土夯实，密实度≥92%

150厚Ø60～Ø100白色卵石
素土夯实，密实度≥92%

40厚钢隔板，孔目30X30
20厚1:3水泥砂浆找坡
20厚1:2.5水泥砂浆保护层
1.5厚聚合物水泥基防水涂膜
钢筋混凝土结构
100厚C15混凝土
素土夯实，密实度≥92%

Ø60～Ø100白色卵石散铺
PVC箅子
非黏土砖砌筑
100厚C15混凝土
素土夯实，密实度≥92%

300 450 50 350 100 50 400 50 300 100 350 50 450 300

3600

水下灯具

C10混凝土垫层
150厚6%水泥石粉渣垫层
素土夯实，密实度≥92%

排水管

100 120 260 120 100

50 300 750 100 250 100 600 100 250 100 150 700 200 50
3100

给水管

A **卵石涌泉剖面图**

图 3-64 科技产业园 卵石涌泉（1）

219

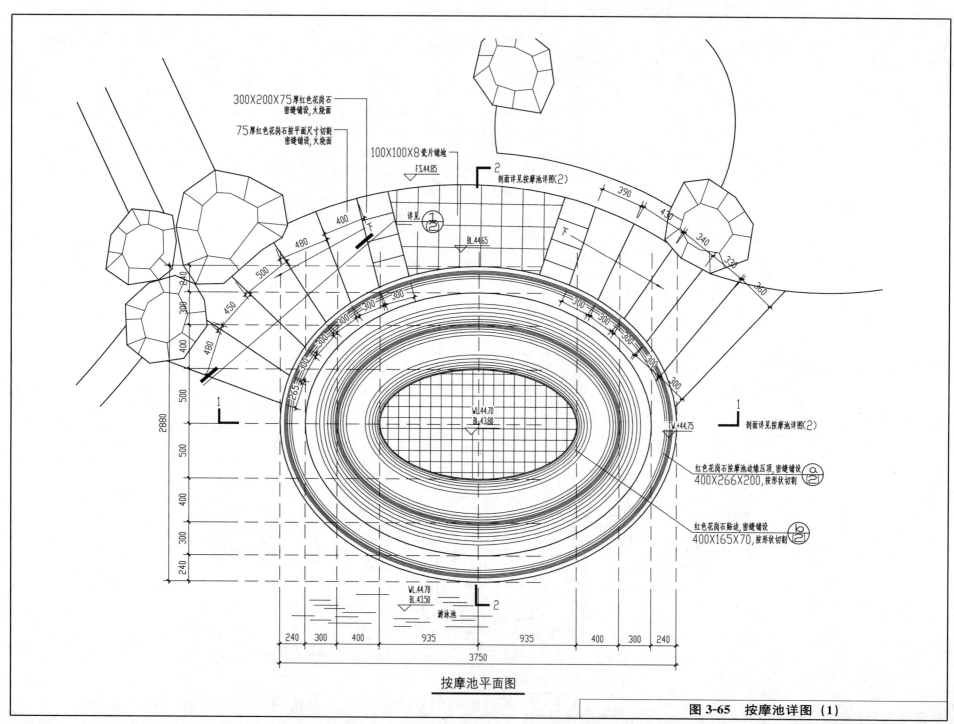

300X200X75厚红色花岗石
密缝铺设,火烧面

75厚红色花岗石按平面尺寸切割
密缝铺设,火烧面

100X100X8瓷片铺地

FS.44.85

剖面详见按摩池详图(2)

详见 ①
②

BL.44.65

红色花岗石按摩池边缘压顶,密缝铺设
400X266X200,按形状切割 a ②

红色花岗石贴边,密缝铺设
400X165X70,按形状切割 b ②

剖面详见按摩池详图(2)

TV+44.75

WL.44.70
BL.43.80

WL.44.70
BL.43.50

游泳池

按摩池平面图

图 3-65　按摩池详图（1）

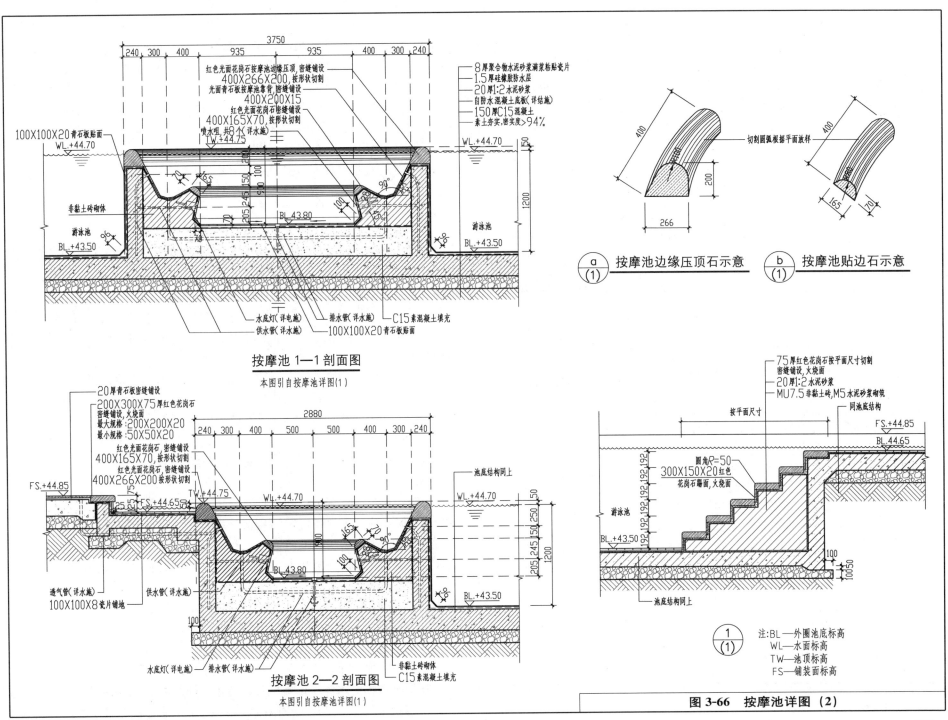

按摩池 1—1 剖面图

本图引自按摩池详图(1)

按摩池 2—2 剖面图

本图引自按摩池详图(1)

ⓐ 按摩池边缘压顶石示意
(1)

ⓑ 按摩池贴边石示意
(1)

注:BL—外圈池底标高
WL—水面标高
TW—池顶标高
FS—铺装面标高

图3-66 按摩池详图 (2)

3.4　装饰水景

（1）装饰水景不附带其他功能，起到赏心悦目，烘托环境的作用，这种水景往往构成环境景观的中心。装饰水景是通过人工对水流的控制（如排列、疏密、粗细、高低、大小、时间差等）达到艺术效果，并借助音乐和灯光的变化产生视觉上的冲击，进一步展示水体的活力和动态美，满足人的亲水要求。

（2）喷泉。

① 喷泉是完全靠设备制造出的水量，对水的射流控制是关键环节，采用不同的手法进行组合，会出现多姿多彩的变化形态。

② 喷泉景观的分类和适用场所见表 3-6。

喷泉特点及适用场所　　　　　　　　　　　表 3-6

名称	主要特点	适用场所
壁泉	由墙壁、石壁和玻璃板上喷出，顺流而下形成水帘和多股水流	广场，居住区入口，景观墙，挡土墙，庭院
涌泉	水由下向上涌出，呈水柱状，高度 0.6～0.8m 左右，可独立设置，也可组成图案	广场，居住区入口，庭院，假山，水池
间歇泉	模拟自然界的地质现象，每隔一定时间喷出水柱和汽柱	溪流，小径，泳池边，假山
旱地泉	将喷泉管道和喷头下沉到地面以下，喷水时水流回落到广场硬质铺装上，沿地面坡度排出。平常可作为休闲广场	广场，居住区入口
跳泉	射流非常光滑稳定，可以准确落在受水孔中，在计算机控制下，生成可变化长度和跳跃时间的水流	庭院，园路边，休闲场所
跳球喷泉	射流呈光滑的水球，水球大小和间歇时间可控制	庭院，园路边，休闲场所
雾化喷泉	由多组微孔喷管组成，水流通过微孔喷出，看似雾状，多呈柱形和球形	庭院，广场，休闲场所
喷水盆	外观呈盆状，下有支柱，可分多级，出水系统简单，多为独立设置	园路边，庭院，休闲场所
小品喷泉	从雕塑口中的器具（罐、盆）和动物（鱼、龙）口中出水，形象有趣	广场，群雕，庭院
组合喷泉	具有一定规律，喷水形式多样，有层次，有气势，喷射高度高	广场，居住区，入口

（3）倒影池。

① 光和水的互相作用是水景景观的精华所在，倒影池就是利用光影在水面形成的倒影，扩大视觉空间，丰富景物的空间层次，增加景观的美感。倒影池极具装饰性，可做得十分精致，无论水池大小都能产生特殊的借景效果，花草、树木、小品、岩石前都可设置倒影池。

② 倒影池的设计首先要保证池水一直处于平静状态，尽可能避免风的干扰。其次，是池底要采用黑色和深绿色材料铺装（如黑色塑料、沥青胶泥、黑色面砖等），以增强水的镜面效果。

（4）装饰水景设计实例见图 3-67～图 3-83。

3.5　景观用水

（1）给水排水。

① 景观给水一般用水点较分散，高程变化较大，通常采用树枝式管网和环状式管网布置。管网干管尽可能靠近供水点和水量调节设施，干管应避开道路（包括人行路）铺设，一般不超出绿化用地范围。

② 要充分利用地形，采取拦、阻、蓄、分、导等方式进行有效地排水，并考虑土壤对水分的吸收，注重保水保湿，利于植物的生长，与天然河渠相通的排水口。

③ 给排水管宜用塑料管，有条件的可采用铜管和不锈钢管给水管，在景观水景中优先选用潜水泵。采用潜水泵时，必须严防绝缘破坏，导致水体带电，但与人接触的戏水池、旱喷泉不应采用潜水泵。

（2）浇灌水方式。

绿化种植区应优先采用自动喷灌系统，但条件受限制时可采用人工灌溉。

（3）水位控制。

景观水位控制直接关系到造景效果，尤其对于喷射式水景更为敏感。在进行设计时，应考虑设置可靠的自动补水装置和溢流管路。较好的做法是采用独立的水位平衡水池和液压式水位控制阀，用联通管与水景水池连接。溢流管路应设置在水位平衡井中，保证景观水位的升降和射流的变化。

（4）水体净化。

① 水质保障措施和水质处理方法的选择应经技术经济比较后确定。

② 宜利用天然或人工河道，且应使水体流动。

③ 宜通过设置喷泉、瀑布、跌水等措施增加水体溶解氧。

④ 可因地制宜采取生态修复工程净化水质。

⑤ 应采取抑制水体中菌类生长，防止水体藻类滋生的措施。

⑥ 容积不大于 $500m^3$ 的景观水体宜采用物理化学处理方法，如混凝沉

淀、过滤、加药气浮和消毒等。

⑦ 容积大于 500m³ 的景观水体宜采用生态生化处理方法，如生物接触氧化、人工湿地等。

⑧ 水景水处理的方法通常有：物理法、化学法、生物法 3 种。水处理分类和工艺原理见表 3-7。

（5）景观检测井盖设计实例见图 3-84。

水景水处理原理及方法

表 3-7

分 类 名 称		工 艺 原 理	适 用 水 体
物理法	定期换水	稀释水体中的有害污染物浓度,防止水体变质和富营养化发生	适用于各种不同类型的水体
	曝气法	①向水体中补充氧气,以保证水生生物生命活动及微生物氧化分解有机物所需氧量,同时搅动水体达到水循环。 ②曝气方式主要有自然跌水曝气和机械曝气	适用于较大型水体(如湖、养鱼池、水洼)
化学法	格栅-过滤-加药	通过机械过滤去除颗粒杂质,降低浊度,采用直接向水中投化学药剂,杀死藻类,以防水体富营养化	适用于水面面积及水量较小的场合
	格栅-气浮-过滤	通过气浮工艺去除藻类和其他污染物质,兼有向水中充氧曝气作用	适用于水面面积及水量较大的场合
	格栅-生物处理-气浮-过滤	在格栅-气浮-过滤工艺中增加了生物处理工艺,技术先进,处理效率高	适用于水面面积和水量较大的场合
生物法	种植水生植物	以生态学原理为指导,将生态系统结构与功能应用于水质净化,充分利用自然净化与生物间的相克作用和食物链关系改善水质	适用于观赏用水等多种场合
	养殖水生鱼类		

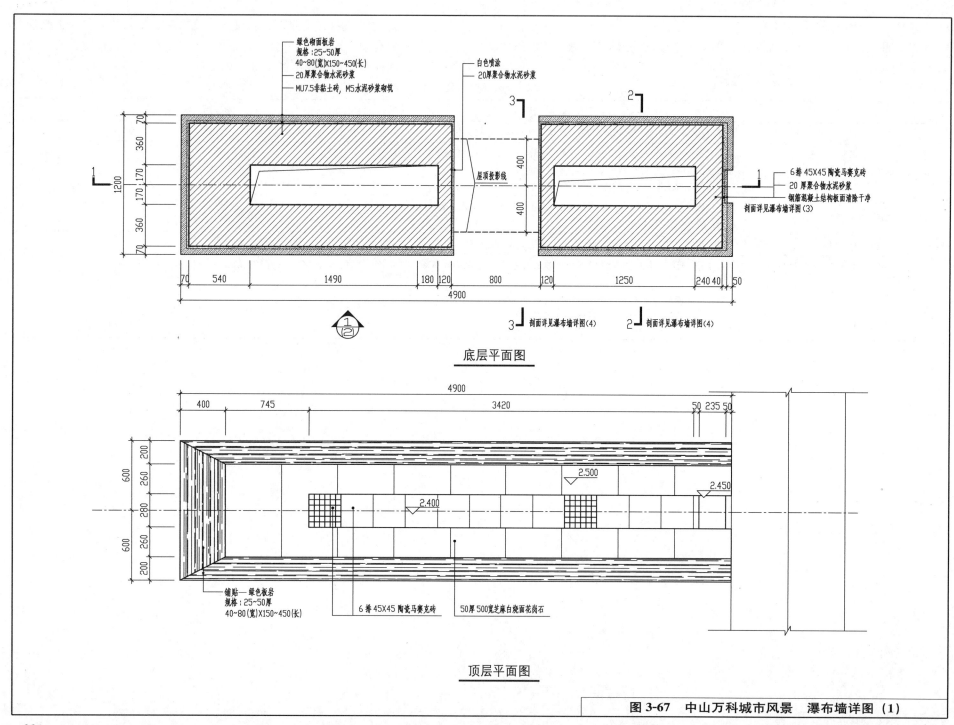

绿色砌面板岩
规格：25~50厚
40~80(宽)X150~450(长)
20厚聚合物水泥砂浆
MU7.5非黏土砖，M5水泥砂浆砌筑

白色喷涂
20厚聚合物水泥砂浆

屋顶投影线

6排45X45陶瓷马赛克砖
20厚聚合物水泥砂浆
钢筋混凝土结构板面清除干净
剖面详见瀑布墙详图(3)

70
360
170 170
170 170
360
70
1200

70 540 1490 180 120 800 120 1250 240 40 50
4900

剖面详见瀑布墙详图(4)
剖面详见瀑布墙详图(4)

底层平面图

4900
400 745 3420 50 235 50

200
260
280
260
200
600
600

2.500
2.400
2.450

铺贴—绿色板岩
规格：25~50厚
40~80(宽)X150~450(长)

6排45X45陶瓷马赛克砖
50厚500宽芝麻白烧面花岗石

顶层平面图

图 3-67　中山万科城市风景　瀑布墙详图（1）

224

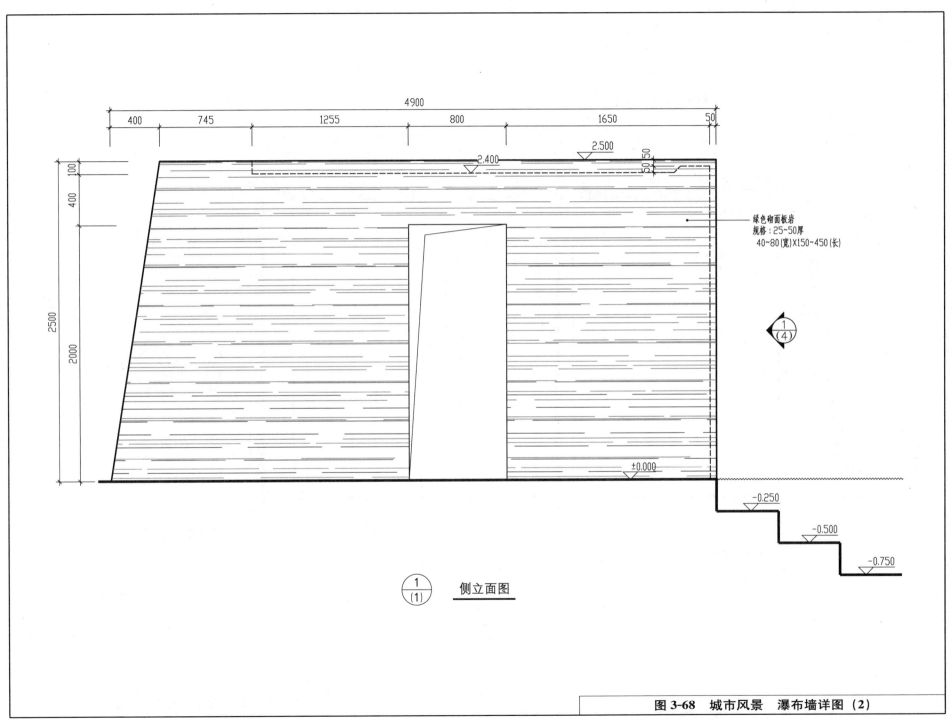

绿色砌面板岩
规格：25~50厚
40~80(宽)X150~450(长)

$\dfrac{1}{(4)}$

$\dfrac{1}{(1)}$　侧立面图

图 3-68　城市风景　瀑布墙详图（2）

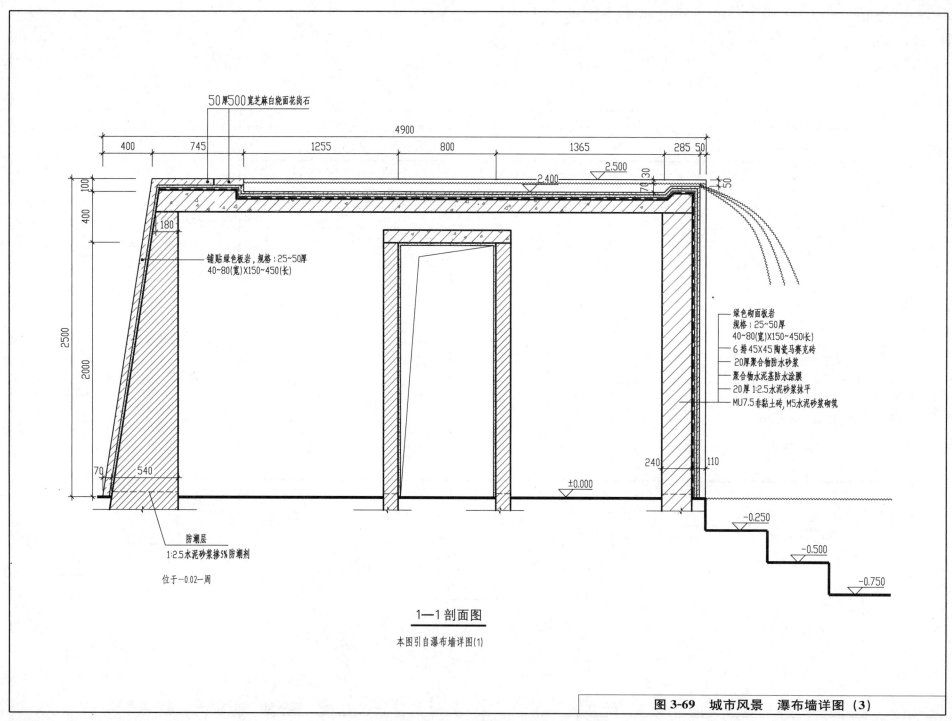

50厚500宽芝麻白烧面花岗石

4900

400 745 1255 800 1365 285 50

2.500

2.400

铺贴绿色板岩,规格:25~50厚
40~80(宽)X150~450(长)

绿色砌面板岩
规格:25~50厚
40~80(宽)X150~450(长)
6排45X45陶瓷马赛克砖
20厚聚合物防水砂浆
聚合物水泥基防水涂膜
20厚1:2.5水泥砂浆抹平
MU7.5非黏土砖,M5水泥砂浆砌筑

±0.000

防潮层
1:2.5水泥砂浆掺5%防潮剂

位于-0.02一周

-0.250

-0.500

-0.750

1—1剖面图

本图引自瀑布墙详图(1)

图3-69 城市风景 瀑布墙详图 (3)

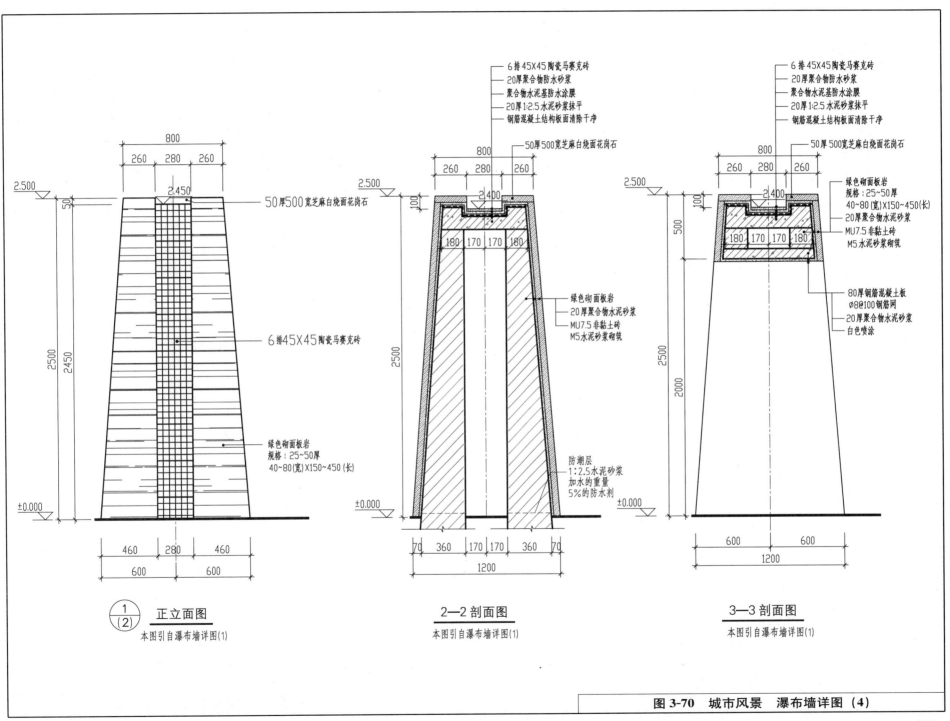

图 3-70　城市风景　瀑布墙详图（4）

227

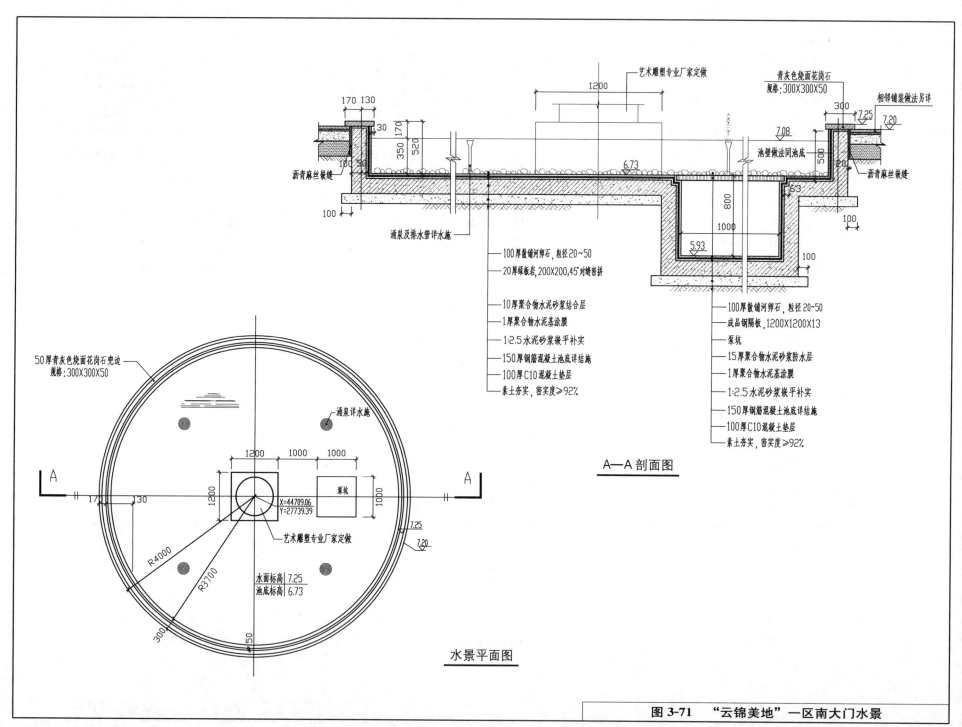

艺术雕塑专业厂家定做

青灰色烧面花岗石
规格:300X300X50

1200

相邻铺装做法另详

170 130

30

170

350

520

7.25

7.20

7.08

300

沥青麻丝嵌缝

100 50

池壁做法同池底

6.73

沥青麻丝嵌缝

500

涌泉及排水管详水施

100

008

6.73

5.93

1000

100

100厚散铺河卵石, 粒径20~50

20厚绿板岩, 200X200,45°对缝密拼

10厚聚合物水泥砂浆结合层

1厚聚合物水泥基涂膜

1:2.5水泥砂浆嵌平补实

150厚钢筋混凝土池底详水施

100厚C10混凝土垫层

素土夯实,密实度≥92%

100厚散铺河卵石, 粒径20~50

成品钢隔板,1200X1200X13

泵坑

15厚聚合物水泥砂浆防水层

1厚聚合物水泥基涂膜

1:2.5水泥砂浆嵌平补实

150厚钢筋混凝土池底详水施

100厚C10混凝土垫层

素土夯实,密实度≥92%

A—A 剖面图

50厚青灰色烧面花岗石兜边
规格:300X300X50

涌泉详水施

1200 1000 1000

泵坑

1000

X=44709.06
Y=27739.39

1200

A

A

170 130

R4000

R3700

艺术雕塑专业厂家定做

7.25

7.20

300

50

| 水面标高 | 7.25 |
| 池底标高 | 6.73 |

水景平面图

图 3-71　"云锦美地" 一区南大门水景

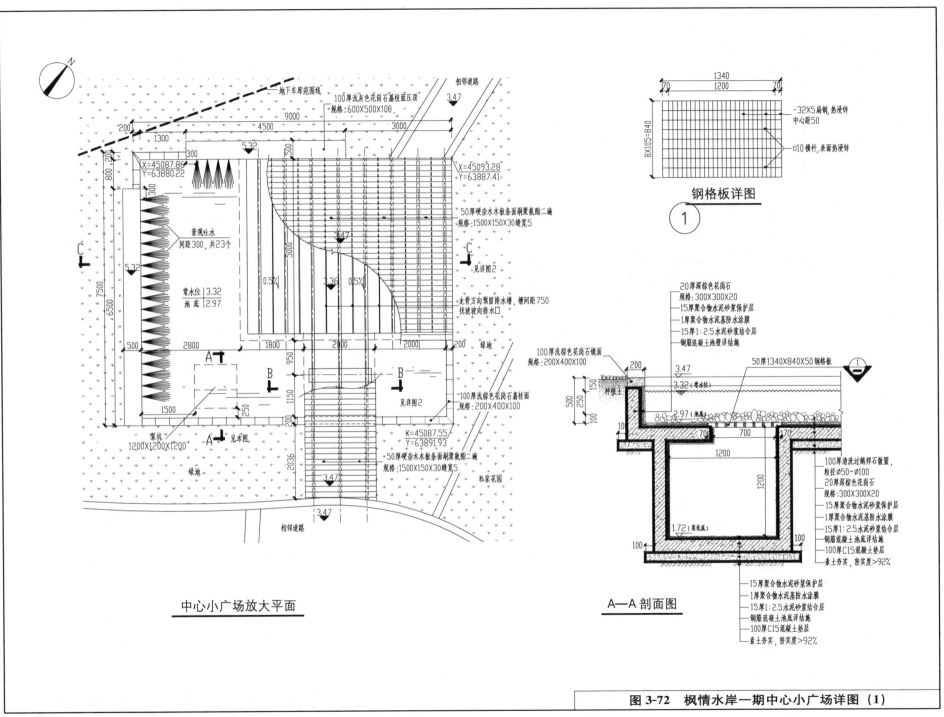

相邻道路
3.47

地下车库范围线
100厚浅灰色花岗石蘑菇面压顶
规格：600X500X100

9000
4500
3000
1300
200

300
5.32
500
300

X=45087.86
Y=63880.22

X=45093.28
Y=63887.41

800 200
300

景观吐水
间距300，共23个

50厚硬杂木木板条面刷聚氨酯二遍
规格：1500X150X30缝宽5

3.47
3.47

C
5.32

7500

6500

0.5%

3.36 0.5%

见详图2

常水位 3.32
池底 2.97

龙骨方向预留排水槽，槽间距750
找坡坡向排水口

500

2800
1800
2000
2000
200

A
950

B
1150

B
见详图2

100厚浅棕色花岗石蘑菇面
规格：200X400X100

1500
250

绿地

200

2036

泵坑
1200X1200X1200

A
见本图

X=45087.55
Y=63891.93

50厚硬杂木木板条面刷聚氨酯二遍
规格：1500X150X30缝宽5

绿地

3.47

私家花园

相邻道路
3.47

中心小广场放大平面

钢格板详图

1340
1200
70 70

8X105=840

-32X5扁钢，热浸锌
中心距50

口10横杆，表面热浸锌

①

20厚深棕色花岗石
规格：300X300X20
15厚聚合物水泥砂浆保护层
1厚聚合物水泥基防水涂膜
15厚1：2.5水泥砂浆结合层
钢筋混凝土池壁详结施

50厚1340X840X50钢格板

100厚浅棕色花岗石镜面
规格：200X400X100

200

150

250

3.47

3.32（常水位）

种植土

2.97（池底）

100
10

700

470

①

100厚清洗过鹅卵石散置，
粒径Ø50~Ø100
20厚深棕色花岗石
规格：300X300X20
15厚聚合物水泥砂浆保护层
1厚聚合物水泥基防水涂膜
15厚1：2.5水泥砂浆结合层
钢筋混凝土池底详结施
100厚C15混凝土垫层
素土夯实，密实度>92%

1200

1.72（泵坑底）

100

1200

15厚聚合物水泥砂浆保护层
1厚聚合物水泥基防水涂膜
15厚1：2.5水泥砂浆结合层
钢筋混凝土池底详结施
100厚C15混凝土垫层
素土夯实，密实度>92%

A—A剖面图

图3-72　枫情水岸一期中心小广场详图（1）

229

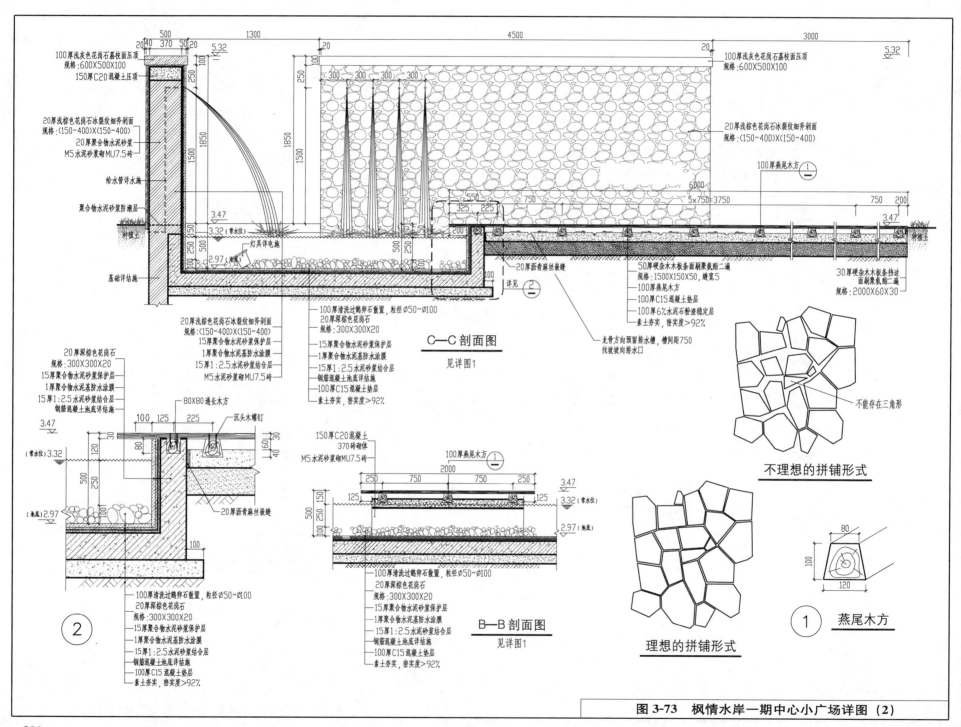

100厚浅灰色花岗石蘑菇面压顶
规格:600X500X100
150厚C20混凝土压顶

20厚浅棕色花岗石冰裂纹细斧剁面
规格:(150~400)X(150~400)
20厚聚合物水泥砂浆
M5水泥砂浆砌MU7.5砖

给水管详水施

聚合物水泥砂浆防潮层

种植土

基础详结施

100厚浅灰色花岗石蘑菇面压顶
规格:600X500X100

20厚棕色花岗石冰裂纹细斧剁面
规格:(150~400)X(150~400)

100厚燕尾木方 ①

20厚沥青麻丝嵌缝

灯具详电施

20厚浅棕色花岗石冰裂纹细斧剁面
规格:(150~400)X(150~400)
15厚聚合物水泥砂浆保护层
1厚聚合物水泥基防水涂膜
15厚1:2.5水泥砂浆结合层
M5水泥砂浆砌MU7.5砖

100厚清洗过鹅卵石散置,粒径∅50~∅100
20厚深棕色花岗石
规格:300X300X20
15厚聚合物水泥砂浆保护层
1厚聚合物水泥基防水涂膜
15厚1:2.5水泥砂浆结合层
钢筋混凝土池底详结施
100厚C15混凝土垫层
素土夯实,密实度>92%

C—C 剖面图
见详图1

龙骨方向预留排水槽,槽间距750
找坡坡向排水口

50厚硬杂木木板条刷面聚氨酯二遍
规格:1500X150X50,缝宽5
100厚燕尾木方
100厚C15混凝土垫层
100厚6%水泥石粉渣稳定层
素土夯实,密实度>92%

30厚硬杂木木板条挡边
面刷聚氨酯二遍
规格:2000X60X30

不能存在三角形

不理想的拼铺形式

理想的拼铺形式

80
100
120

① **燕尾木方**

20厚深棕色花岗石
规格:300X300X20
15厚聚合物水泥砂浆保护层
1厚聚合物水泥基防水涂膜
15厚1:2.5水泥砂浆结合层
钢筋混凝土池底详结施

80X80通长木方

沉头木螺钉

20厚沥青麻丝嵌缝

100厚清洗过鹅卵石散置,粒径∅50~∅100
20厚深棕色花岗石
规格:300X300X20
15厚聚合物水泥砂浆保护层
1厚聚合物水泥基防水涂膜
15厚1:2.5水泥砂浆结合层
钢筋混凝土池底详结施
100厚C15混凝土垫层
素土夯实,密实度>92%

②

150厚C20混凝土
370砖砌体
M5水泥砂浆砌MU7.5砖

100厚燕尾木方 ①

100厚清洗过鹅卵石散置,粒径∅50~∅100
20厚深棕色花岗石
规格:300X300X20
15厚聚合物水泥砂浆保护层
1厚聚合物水泥基防水涂膜
15厚1:2.5水泥砂浆结合层
钢筋混凝土池底详结施
100厚C15混凝土垫层
素土夯实,密实度>92%

B—B 剖面图
见详图1

图 3-73 枫情水岸一期中心小广场详图 (2)

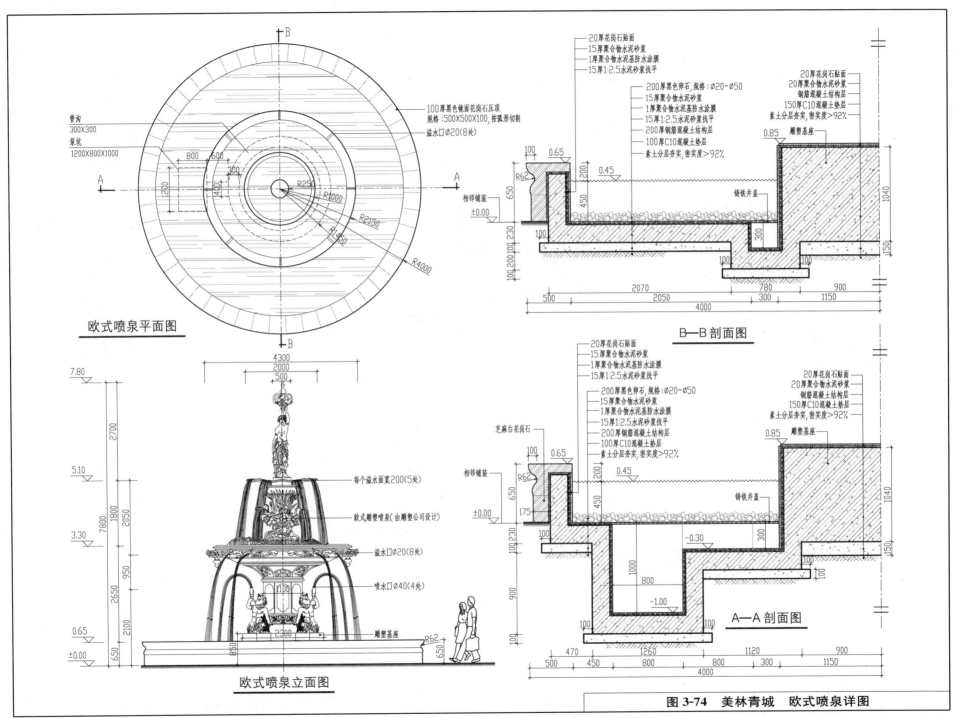

管沟
300X300

泵坑
1200X800X1000

100厚黑色镜面花岗石压顶
规格:500X500X100,按弧形切割

溢水口Ø20(8处)

R250
R1000
R2150
R1460
R4000

欧式喷泉平面图

每个溢水面宽200(5处)

欧式雕塑喷泉(由雕塑公司设计)

溢水口Ø20(8处)

喷水口Ø40(4处)

雕塑基座

R62

欧式喷泉立面图

7.80
5.10
3.30
0.65
±0.00

4300
2000
500
2700
7800
1800
2050
950
2650
2100
0.65
650
850
2300

20厚花岗石贴面
15厚聚合物水泥砂浆
1厚聚合物水泥基防水涂膜
15厚1:2.5水泥砂浆找平

200厚黑色卵石,规格:Ø20~Ø50
15厚聚合物水泥砂浆
1厚聚合物水泥基防水涂膜
15厚1:2.5水泥砂浆找平
200厚钢筋混凝土结构层
100厚C10混凝土垫层
素土分层夯实,密实度>92%

20厚花岗石贴面
20厚聚合物水泥砂浆
钢筋混凝土结构层
150厚C10混凝土垫层
素土分层夯实,密实度>92%

0.85 雕塑基座

相邻铺装

±0.00
0.65
R62
650
100
200
100
450
0.45
200
铸铁井盖
300
100
100
1040
150

500
2070
2050
780
300
1150
900
4000

B—B剖面图

20厚花岗石贴面
15厚聚合物水泥砂浆
1厚聚合物水泥基防水涂膜
15厚1:2.5水泥砂浆找平

200厚黑色卵石,规格:Ø20~Ø50
15厚聚合物水泥砂浆
1厚聚合物水泥基防水涂膜
15厚1:2.5水泥砂浆找平
200厚钢筋混凝土结构层
100厚C10混凝土垫层
素土分层夯实,密实度>92%

20厚花岗石贴面
20厚聚合物水泥砂浆
钢筋混凝土结构层
150厚C10混凝土垫层
素土分层夯实,密实度>92%

0.85 雕塑基座

芝麻白花岗石

相邻铺装

±0.00
0.65
R62
650
175
100
200
100
450
0.45
200
-0.30
铸铁井盖
300
1040
150

1000
800
-1.00
100
100

470
1260
1120
900
500
450
800
800
300
1150
4000

A—A剖面图

图 3-74 美林青城 欧式喷泉详图

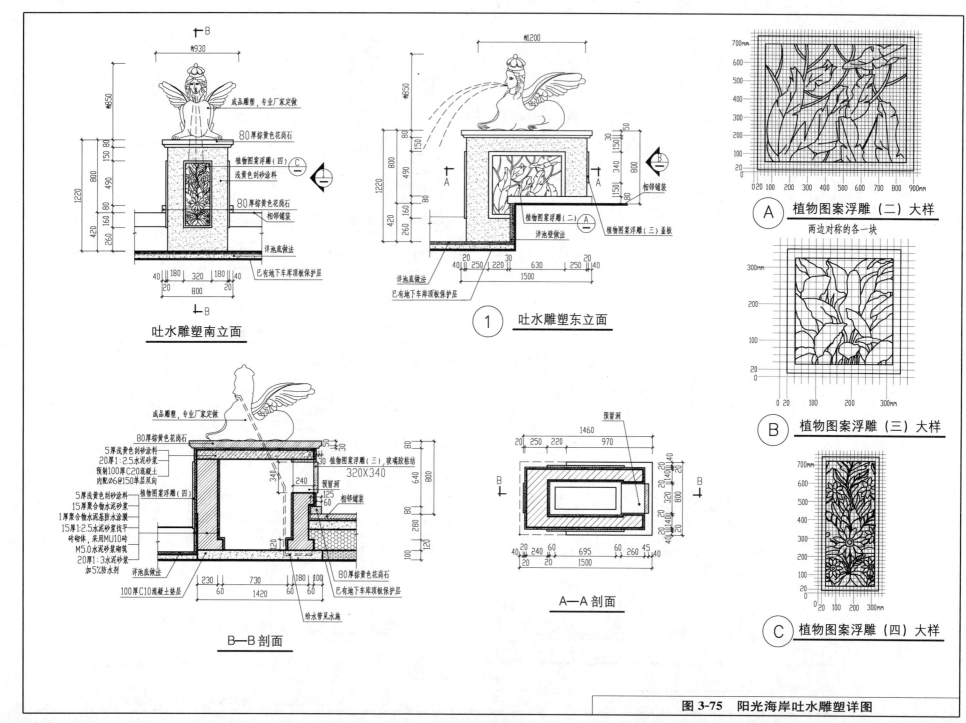

吐水雕塑南立面

① 吐水雕塑东立面

B—B剖面

A—A剖面

Ⓐ 植物图案浮雕（二）大样
两边对称的各一块

Ⓑ 植物图案浮雕（三）大样

Ⓒ 植物图案浮雕（四）大样

成品雕塑，专业厂家定做
80厚棕黄色花岗石
植物图案浮雕（四）
浅黄色刮砂涂料
80厚棕黄色花岗石
相邻铺装
详池底做法
已有地下车库顶板保护层

成品雕塑，专业厂家定做
80厚棕黄色花岗石
植物图案浮雕（二）
详池壁做法
植物图案浮雕（三）盖板
相邻铺装
详池底做法
已有地下车库顶板保护层

5厚浅黄色刮砂涂料
20厚1:2.5水泥砂浆
预制100厚C20混凝土
内配Φ6@150单层双向
植物图案浮雕（三）玻璃胶粘结
植物图案浮雕（四）
5厚浅黄色刮砂涂料
15厚聚合物水泥砂浆
1厚聚合物水泥基防水涂膜
15厚1:2.5水泥砂浆找平
砖砌体，采用MU10砖
M5.0水泥砂浆砌筑
20厚1:3水泥砂浆
加5%防水剂
详池底做法
100厚C10混凝土垫层
80厚棕黄色花岗石
已有地下车库顶板保护层
给水管见水施
预留洞 320X340
相邻铺装

图3-75 阳光海岸吐水雕塑详图

232

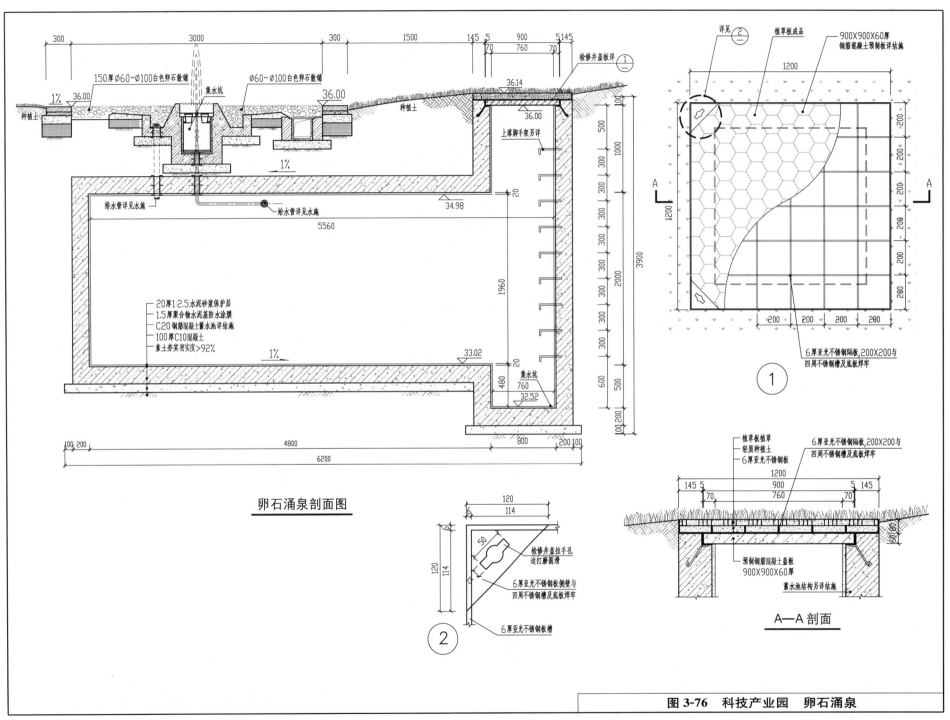

卵石涌泉剖面图

A—A 剖面

图 3-76 科技产业园 卵石涌泉

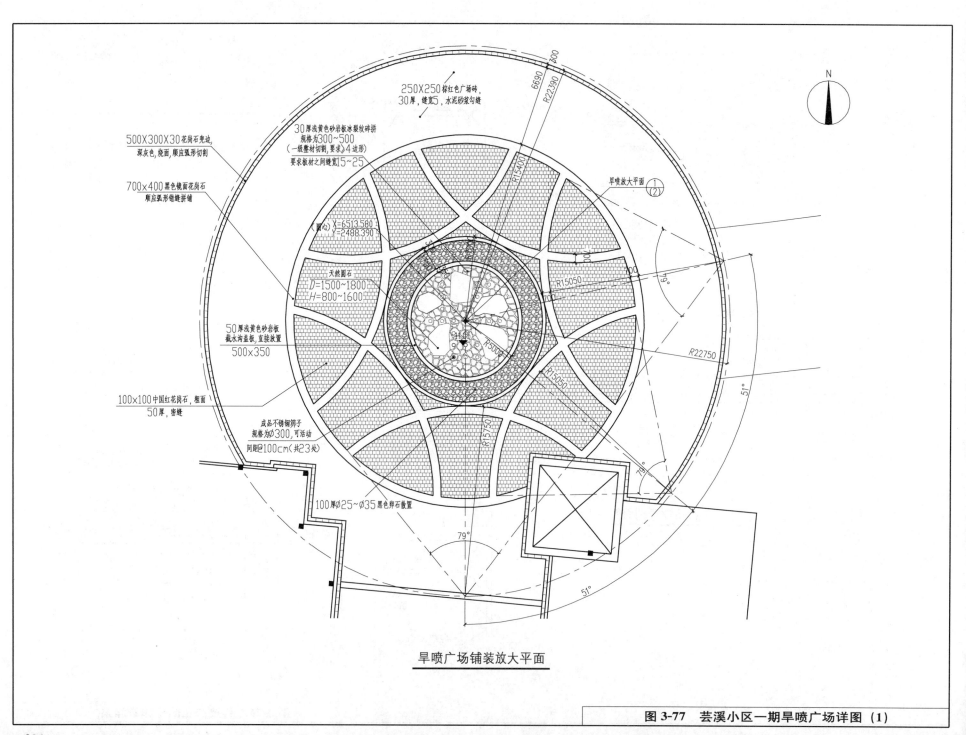

500×300×30花岗石凳边,
深灰色,烧面,顺应弧形切割

700×400黑色镜面花岗石
顺应弧形错缝拼铺

250×250棕红色广场砖,
30厚,缝宽5,水泥砂浆勾缝

30厚浅黄色砂岩板冰裂纹碎拼
规格为300~500
(一级整材切割,要求)4边形)
要求板材之间缝宽15~25

(圆心) X=6513.580
Y=2488.390

天然圆石
D=1500~1800
H=800~1600

50厚浅黄色砂岩板
截水沟盖板,直接放置
500×350

100×100中国红花岗石,粗面
50厚,密缝

成品不锈钢箅子
规格为Ø300,可活动
间距@100cm(共23处)

100厚Ø25~Ø35黑色卵石散置

旱喷放大平面 ①②

R22390 300
6690
R15400
R15050
R5000
R15050
R15750
R22750

79°
51°
79°
51°
79°

N

旱喷广场铺装放大平面

图 3-77 芸溪小区一期旱喷广场详图 (1)

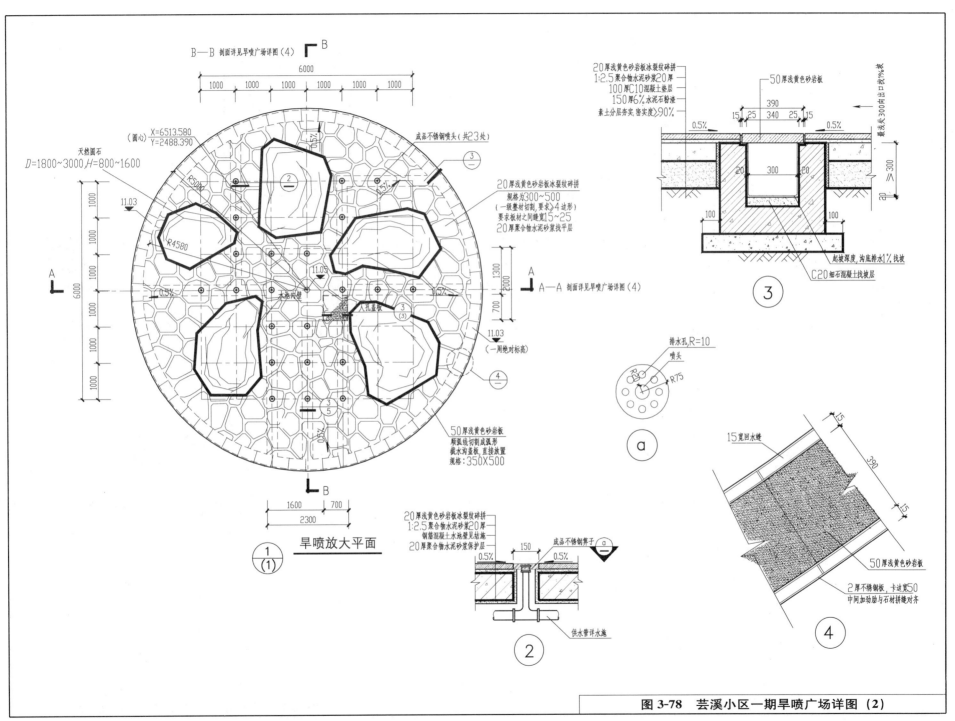

B—B 剖面详见旱喷广场详图（4）

6000

1000 1000 1000 1000 1000 1000

天然圆石
D=1800~3000,H=800~1600

（圆心）X=6513.580
Y=2488.390

成品不锈钢喷头（共23处）

20厚浅黄色砂岩板冰裂纹碎拼
规格为300~500
（一级墨材切割，要求>4边形）
要求板材之间缝宽15~25
20厚聚合物水泥砂浆找平层

A—A 剖面详见旱喷广场详图（4）

50厚浅黄色砂岩板
顺弧线切割成弧形
截水沟盖板，直接放置
规格：350X500

旱喷放大平面

20厚浅黄色砂岩板冰裂纹碎拼
1:2.5聚合物水泥砂浆20厚
钢筋混凝土水池壁见水施
20厚聚合物水泥砂浆保护层

成品不锈钢箅子

供水管详见水施

②

20厚浅黄色砂岩板冰裂纹碎拼
1:2.5聚合物水泥砂浆20厚
100厚C10混凝土垫层
150厚6%水泥石粉渣
素土分层夯实,密实度>90%

50厚浅黄色砂岩板

起坡深度，沟底排水1%找坡

C20细石混凝土找坡层

③

排水孔,R=10

喷头

R75

ⓐ

15宽回水缝

50厚浅黄色砂岩板

2厚不锈钢板，卡边宽50
中间加劲肋与石材拼缝对齐

④

图 3-78 芸溪小区一期旱喷广场详图（2）

235

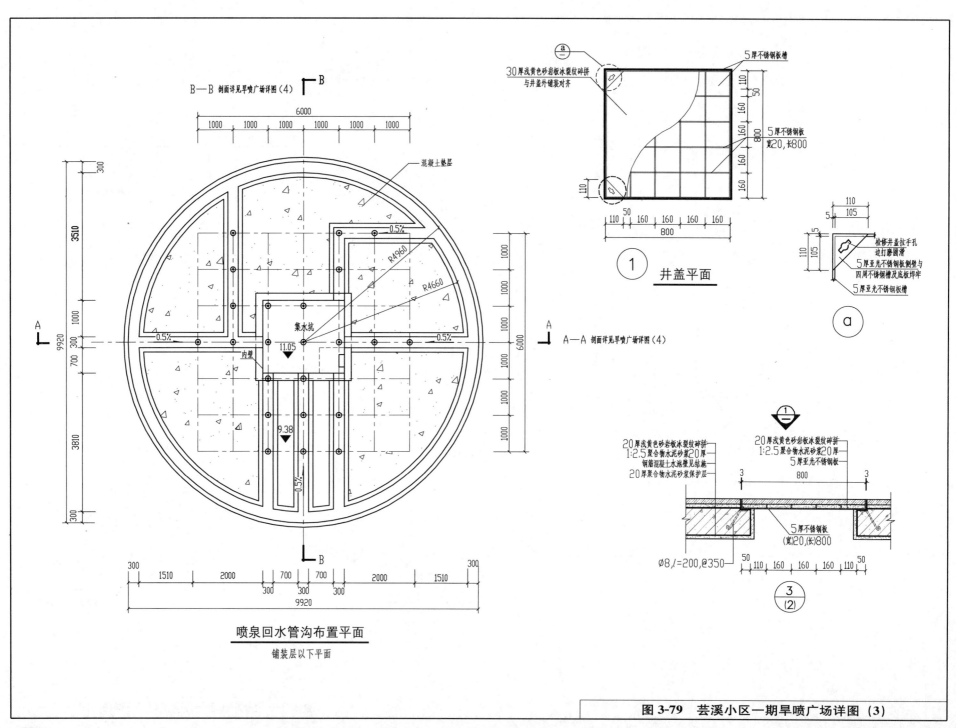

B—B 剖面详见旱喷广场详图（4）

6000
1000 1000 1000 1000 1000 1000

混凝土垫层

R4960
R4660

集水坑
11.05

内壁
9.38

0.5%
0.5%
0.5%
0.5%

300
3510
1000
700
3810
300
9920

A—A 剖面详见旱喷广场详图（4）

1000
1000
1000
6000
1000
1000

300 1510 2000 700 700 2000 1510 300
300 300 300
9920

喷泉回水管沟布置平面

铺装层以下平面

① **井盖平面**

30厚浅黄色砂岩板冰裂纹碎拼
与井盖外铺装对齐
5厚不锈钢板槽

110
50
160
160
160
160

5厚不锈钢板
宽20,长800

110
50 110 160 160 160 160
800

110
105

5
5
105
110

检修井盖拉手孔
边打磨圆滑
5厚亚光不锈钢板侧壁与
四周不锈钢槽及底板焊牢
5厚亚光不锈钢板槽

ⓐ

20厚浅黄色砂岩板冰裂纹碎拼
1:2.5聚合物水泥砂浆20厚
钢筋混凝土水池壁见结施
20厚聚合物水泥砂浆保护层

20厚浅黄色砂岩板冰裂纹碎拼
1:2.5聚合物水泥砂浆20厚
5厚亚光不锈钢板

3 800 3

5厚不锈钢板
(宽)20,(长)800

Ø8,l=200,@350

50 110 160 160 160 110 50

③
(2)

图 3-79　芸溪小区一期旱喷广场详图（3）

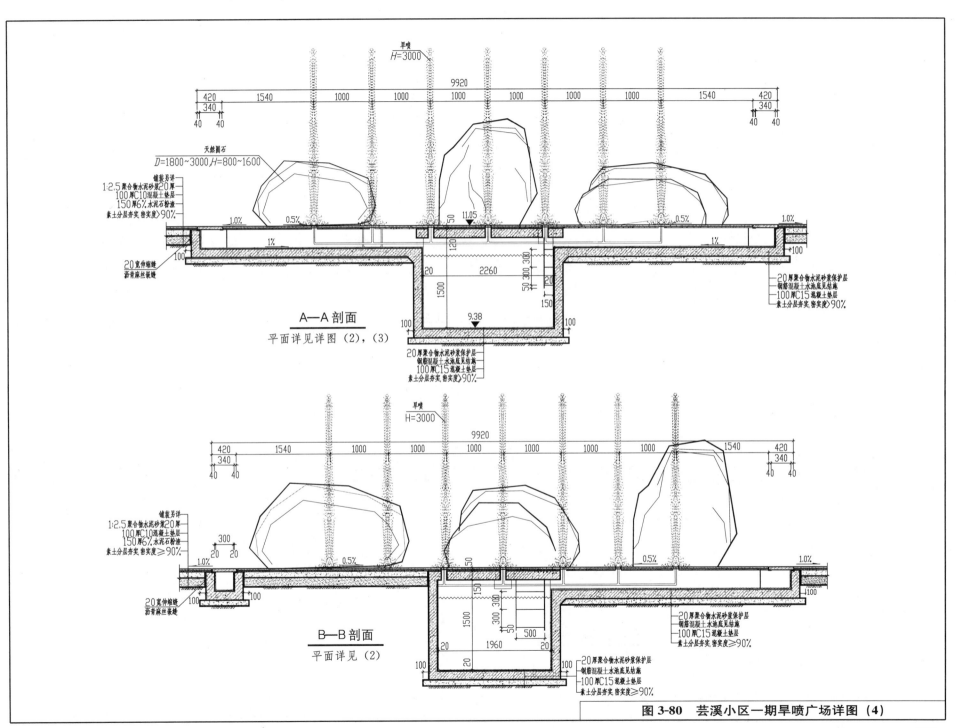

旱喷
H=3000

9920

420 1540 1000 1000 1000 1000 1000 1000 1540 420
340   340
40 40   40 40

天然圆石
D=1800~3000 H=800~1600

铺装另详
1:2.5聚合物水泥砂浆20厚
100厚C10混凝土垫层
150厚6%水泥石粉渣
素土分层夯实,密实度≥90%

1.0%   0.5%   50 11.05   0.5%   1.0%

1%   120   1%   +100

20宽伸缩缝   100   20   2260   50 300 300   20
沥青麻丝嵌缝   150

A—A 剖面
平面详见详图(2),(3)

1500

9.38

100   100

20厚聚合物水泥砂浆保护层
钢筋混凝土水池底见结施
100厚C15混凝土垫层
素土分层夯实,密实度≥90%

20厚聚合物水泥砂浆保护层
钢筋混凝土水池底见结施
100厚C15混凝土垫层
素土分层夯实,密实度≥90%

旱喷
H=3000

9920

420 1540 1000 1000 1000 1000 1000 1000 1540 420
340   340
40 40   40 40

铺装另详
1:2.5聚合物水泥砂浆20厚
100厚C10混凝土垫层
150厚6%水泥石粉渣
素土分层夯实,密实度≥90%

300
20 20

1.0%   0.5%   50   0.5%   1.0%

150

20宽伸缩缝   100   150   300 300   +100
沥青麻丝嵌缝   50   500

B—B 剖面
平面详见(2)

1500

100   100
20   1960   20

20厚聚合物水泥砂浆保护层
钢筋混凝土水池底见结施
100厚C15混凝土垫层
素土分层夯实,密实度≥90%

20厚聚合物水泥砂浆保护层
钢筋混凝土水池底见结施
100厚C15混凝土垫层
素土分层夯实,密实度≥90%

图 3-80 芸溪小区一期旱喷广场详图 (4)

237

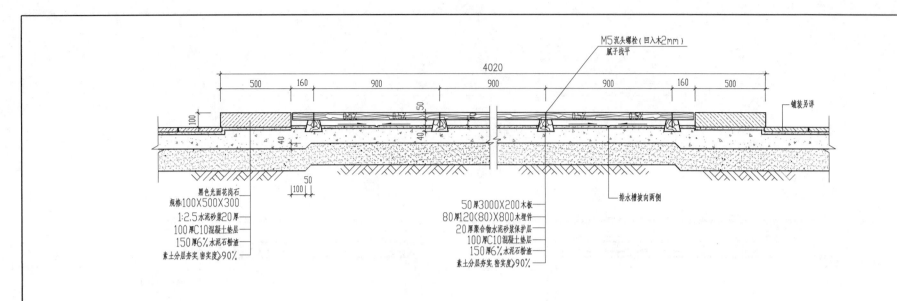

M5沉头螺栓(凹入木2mm)
腻子找平

铺装另详

排水槽坡向两侧

黑色光面花岗石
规格:100X500X300
1:2.5水泥砂浆20厚
100厚C10混凝土垫层
150厚6%水泥石粉渣
素土分层夯实,密实度≥90%

50厚3000X200木板
80厚120(80)X800木埋件
20厚聚合物水泥砂浆保护层
100厚C10混凝土垫层
150厚6%水泥石粉渣
素土分层夯实,密实度≥90%

木平台一纵向断面图

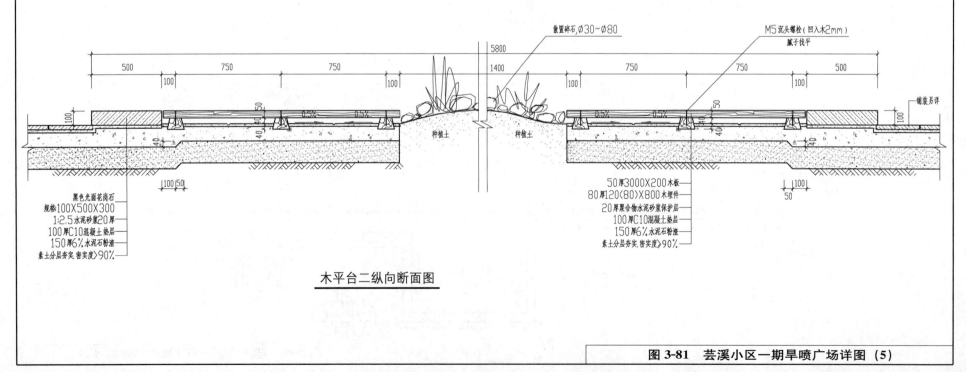

散置碎石,φ30~φ80

M5沉头螺栓(凹入木2mm)
腻子找平

铺装另详

种植土   种植土

黑色光面花岗石
规格:100X500X300
1:2.5水泥砂浆20厚
100厚C10混凝土垫层
150厚6%水泥石粉渣
素土分层夯实,密实度≥90%

50厚3000X200木板
80厚120(80)X800木埋件
20厚聚合物水泥砂浆保护层
100厚C10混凝土垫层
150厚6%水泥石粉渣
素土分层夯实,密实度≥90%

木平台二纵向断面图

图 3-81　芸溪小区一期旱喷广场详图（5）

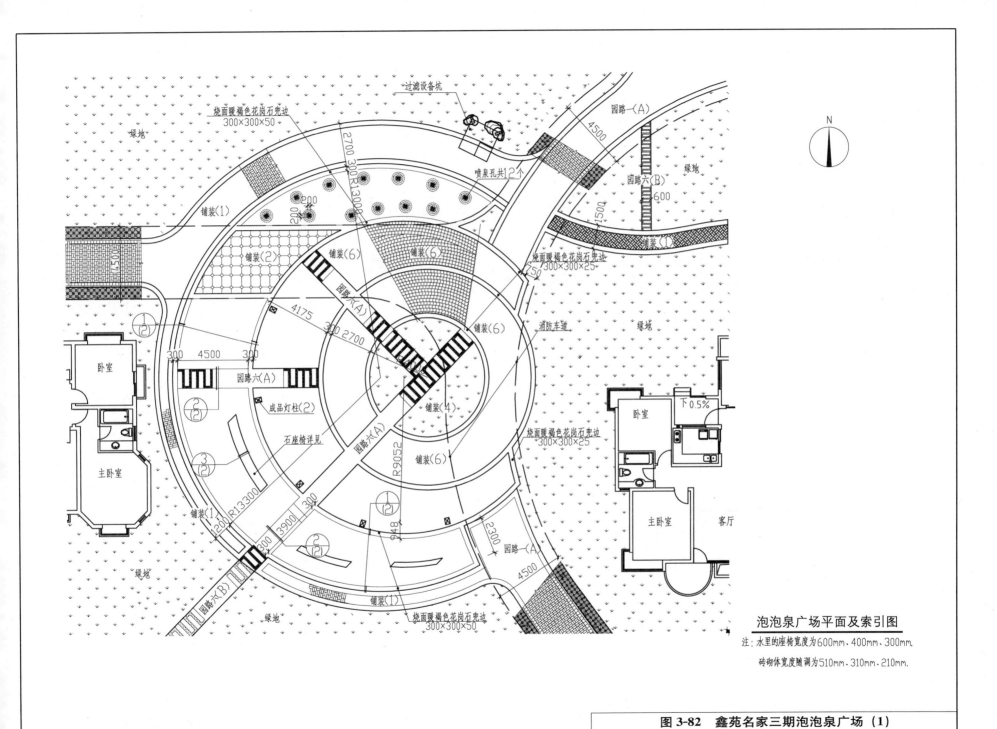

过滤设备坑

烧面暖褐色花岗石兜边
300×300×50

园路一(A)

4500

绿地

喷泉孔共12个

绿地

园路六(B)

600

1500

铺装(1)

2700 300 R1300

铺装(1)

200

烧面暖褐色花岗石兜边
300×300×25

200

750

铺装(2)

铺装(6)

铺装(6)

卧室

绿地

园路六(A)

消防车道

铺装(6)

4175

300 2700

下0.5%

卧室

300 4500 300

园路六(A)

铺装(4)

主卧室

园路六(A)

R9052

烧面暖褐色花岗石兜边
300×300×25

成品灯柱(2)

石座椅详见

铺装(6)

主卧室

客厅

948

铺装(1)

R13300

铺装(1)

300 3900 300

2300

园路一(A)

绿地

200

300

4500

园路六(B)

绿地

烧面暖褐色花岗石兜边
300×300×50

泡泡泉广场平面及索引图

注：水里的座椅宽度为600mm、400mm、300mm。

砖砌体宽度随调为510mm、310mm、210mm。

N

图 3-82　鑫苑名家三期泡泡泉广场（1）

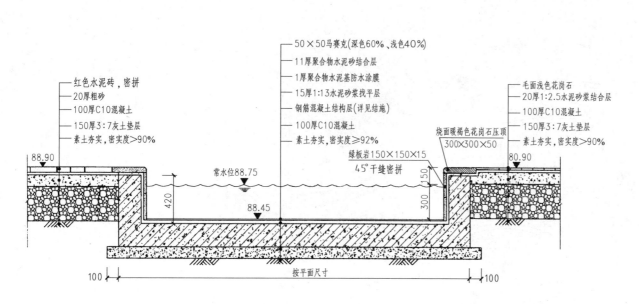

红色水泥砖，密拼
20厚粗砂
100厚C10混凝土
150厚3:7灰土垫层
素土夯实，密实度>90%

50×50马赛克(深色60%、浅色40%)
11厚聚合物水泥砂结合层
1厚聚合物水泥基防水涂膜
15厚1:13水泥砂浆找平层
钢筋混凝土结构层(详见结施)
100厚C10混凝土
素土夯实，密实度≥92%

毛面浅色花岗石
20厚1:2.5水泥砂浆结合层
100厚C10混凝土
150厚3:7灰土垫层
素土夯实，密实度>90%

烧面暖褐色花岗石压顶
300×300×50

绿板岩150×150×15
45°干缝密拼

88.90

常水位88.75

88.45

80.90

100　　　按平面尺寸　　　100

$\frac{1}{(1)}$ 泡泡泉剖面图

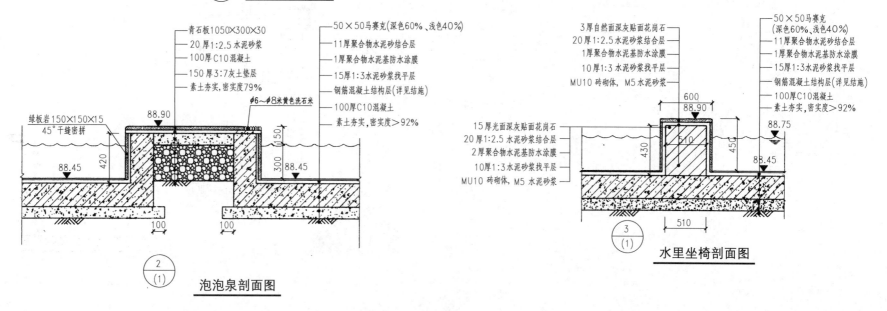

青石板1050×300×30
20 厚1:2.5 水泥砂浆
100厚C10混凝土
150 厚3:7灰土垫层
素土夯实，密实度79%

50×50马赛克(深色60%、浅色40%)
11厚聚合物水泥砂结合层
1厚聚合物水泥基防水涂膜
15厚1:3水泥砂浆找平层
钢筋混凝土结构层(详见结施)
100厚C10混凝土
素土夯实，密实度≥92%

绿板岩150×150×15
45°干缝密拼

φ6~φ8米黄色洗石米

88.90

88.45

88.45

100　　100

$\frac{2}{(1)}$ 泡泡泉剖面图

3厚自然面深灰贴面花岗石
20 厚1:2.5 水泥砂浆结合层
1厚聚合物水泥基防水涂膜
10厚1:3水泥砂浆找平层
MU10 砖砌体，M5 水泥砂浆

50×50马赛克
(深色60%、浅色40%)
11厚聚合物水泥砂结合层
1厚聚合物水泥基防水涂膜
15厚1:3水泥砂浆找平层
钢筋混凝土结构层(详见结施)
100厚C10混凝土
素土夯实，密实度≥92%

15厚光面深灰贴面花岗石
20 厚1:2.5 水泥砂浆结合层
2厚聚合物水泥基防水涂膜
10厚1:3水泥砂浆找平层
MU10 砖砌体，M5 水泥砂浆

600
88.90

88.75

88.45

$\frac{3}{(1)}$ 水里坐椅剖面图

图3-83　鑫苑名家三期泡泡泉广场（2）

240

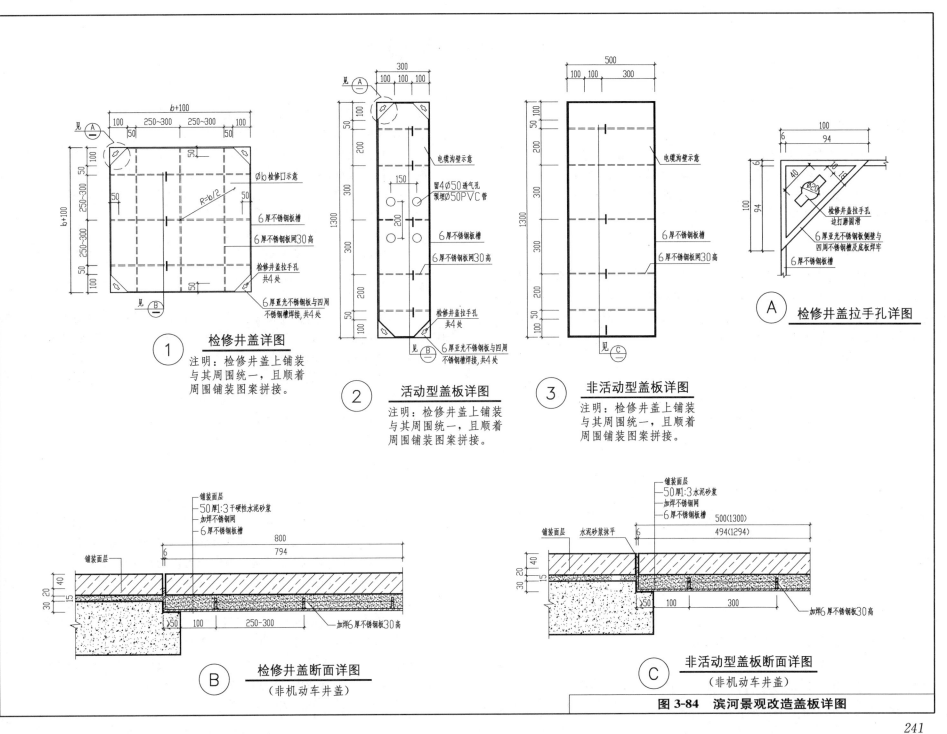

① 检修井盖详图

注明：检修井盖上铺装
与其周围统一，且顺着
周围铺装图案拼接。

② 活动型盖板详图

注明：检修井盖上铺装
与其周围统一，且顺着
周围铺装图案拼接。

③ 非活动型盖板详图

注明：检修井盖上铺装
与其周围统一，且顺着
周围铺装图案拼接。

Ⓐ 检修井盖拉手孔详图

Ⓑ 检修井盖断面详图
（非机动车井盖）

Ⓒ 非活动型盖板断面详图
（非机动车井盖）

图3-84 滨河景观改造盖板详图

4　庇护性景观

4.1　概述

（1）庇护性景观构筑物是重要的交往空间，是市民户外活动的集散点，既有开放性，又有遮蔽性。主要包括亭、廊、棚架、膜结构等。

（2）庇护性景观构筑物应邻近主要步行活动路线布置，易于通达。并作为一个景观点在视觉效果上加以认真推敲，确定其体量大小。

4.2　亭

（1）亭是供人休息、遮荫、避雨的建筑，个别属于纪念性建筑和标志性建筑。亭的形式、尺寸、色彩、题材等应与所在地景观相适应、协调。亭的高度宜在2.4～3m，宽度宜在2.4～3.6m，立柱间距宜在3m左右。木制凉亭应选用经过防腐处理的耐久性强的木材。

（2）亭的形式和特点见表4-1。

亭的形式和特点　　　　　　　　　　　　　表4-1

名称	特　　　点
山亭	设置在山顶和人造假山石上，多属标志性
靠山半亭	靠山体、假山石建造，显露半个亭身，多用于中式园林
靠墙半亭	靠墙体建造，显露半个亭身，多用于中式园林
桥亭	建在桥中部或桥头，具有遮蔽风雨和观赏功能
廊亭	与廊相连接的亭，形成连续景观的节点
群亭	由多个亭有机组成，具有一定的体量和韵律
纪念亭	具有特定意义和命名，代表院落名称
凉亭	以木制、竹制或其他轻质材料建造，多用于盘结悬垂类蔓生植物，亦常作为外部空间通道使用

（3）亭的设计实例见图4-1～图4-31。

4.3　廊

（1）廊以有顶盖为主，可分为单层廊、双层廊和多层廊。廊具有引导人流、引导视线、连接景观节点和供人休息的功能，其造型和长度也形成了自身有韵律感的连续景观效果。廊与景墙、花墙相结合，增加了观赏价值和文化内涵。

（2）廊的宽度和高度设定应按人的尺度比例关系加以控制，避免过宽过

高，高度一般宜在2.2～2.5m之间，宽度宜在1.8～2.5m之间。建筑与建筑之间的连廊尺度控制必须与主题建筑相适应。

（3）柱廊是以柱构成的廊式空间，是一个既有开放性，又有限定性的空间，能增加环境景观的层次感。柱廊一般无顶盖或在柱头上加设装饰构架，靠柱子的排列产生效果，柱间距较大，纵列间距4～6m为宜，横列间距6～8m为宜，柱廊多用于广场、景区主入口处。

（4）柱廊设计实例见图4-32～图4-40。

（5）牌坊设计实例见图4-41～图4-43。

4.4　棚架

（1）棚架有分隔空间、连接景点和引导视线的作用，由于棚架顶部由植物覆盖而产生庇护作用，同时减少太阳对人的热辐射。有遮雨功能的棚架，可局部采用玻璃和透光塑料覆盖。适用于棚架的植物多为藤本植物。

（2）棚架形式可分为门式、悬臂式和组合式。棚架高宜为2.2～2.5m，宽宜为2.5～4m，长度宜为5～10m，立柱间距2.4～2.7m。

棚架下应设置供休息用的椅凳。

（3）棚架设计实例见图4-44～图4-65。

4.5　膜结构

（1）张拉膜结构由于其材料的特殊性，能塑造出轻巧多变、优雅飘逸的建筑形态。作为标志建筑，应用于场地入口或广场上；作为遮阳庇护建筑，应用于露天平台、水池区域；作为建筑小品，应用于绿地中心、河湖附近及休闲场所。联体膜结构可模拟风帆海浪形成起伏的建筑轮廓线。

（2）膜结构设计应适应周围环境空间的要求，不宜做得过于夸张，位置选择需避开消防通道。膜结构的悬索拉线埋点要隐蔽并远离人流活动区。

（3）必须重视膜结构的前景和背景设计。膜结构一般为银白反光色，醒目鲜明，因此要以蓝天、较高的绿树，或颜色偏冷偏暖的建筑物为背景，形成较强烈的对比。前景要留出较开阔的场地，并设计水面，突出其倒影效果。如结合泛光照明，可营造出富于想象力的夜景。

（4）张拉膜设计实例见图4-66～图4-69。

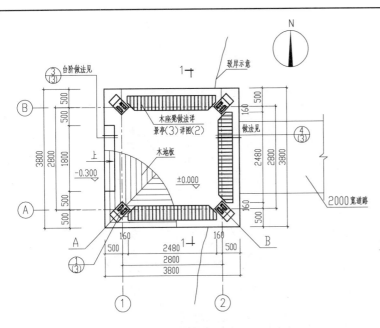

景亭平面图

注：A，B为坐标定位点，定位点为轴线交叉点。

景亭（一）在总图中平面索引图

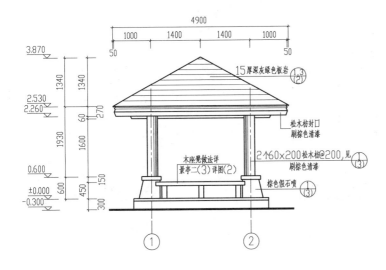

景亭立面图

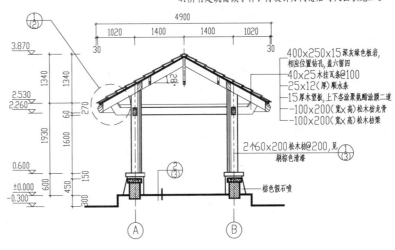

400×250×15深灰绿色板岩，
相应位置钻孔，盖六留四
40×25木挂瓦条@100
25×12(厚)顺水条
15厚木望板，上下各涂聚氨酯涂膜二道
100×200(宽×高)松木枋龙骨
100×200(宽×高)松木枋梁

2个60×200松木枋@200，见
刷棕色清漆

棕色假石喷

1—1剖面图

图4-1 枫情水岸一期景亭（1）设计详图（1）

243

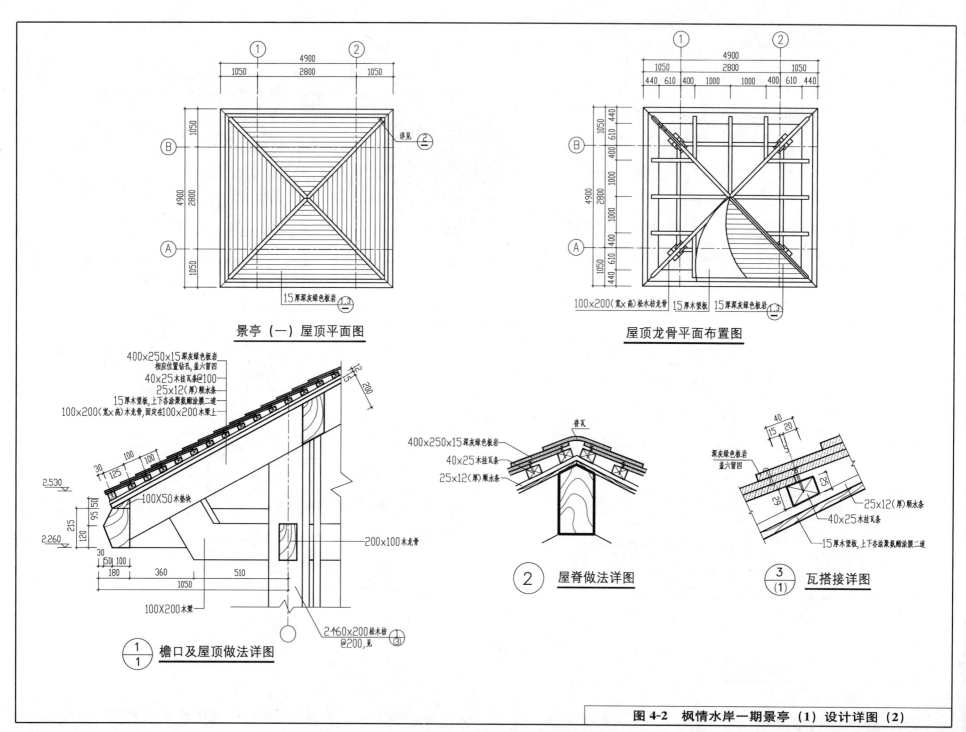

景亭（一）屋顶平面图

屋顶龙骨平面布置图

400×250×15翠灰绿色板岩
相应位置钻孔,盖六留四
40×25木挂瓦条@100
25×12(厚)顺水条
15厚木塑板,上下各涂聚氨酯涂膜二道
100×200(宽×高)木龙骨,固定在100×200木梁上

100X50木垫块

200×100木龙骨

100X200木梁

2个60×200松木枋
@200,见 ③

①/① 檐口及屋顶做法详图

400×250×15翠灰绿色板岩
40×25木挂瓦条
25×12(厚)顺水条

脊瓦

② 屋脊做法详图

翠灰绿色板岩
盖六留四

25×12(厚)顺水条
40×25木挂瓦条
15厚木塑板,上下各涂聚氨酯涂膜二道

③/(1) 瓦搭接详图

图 4-2 枫情水岸一期景亭（1）设计详图（2）

244

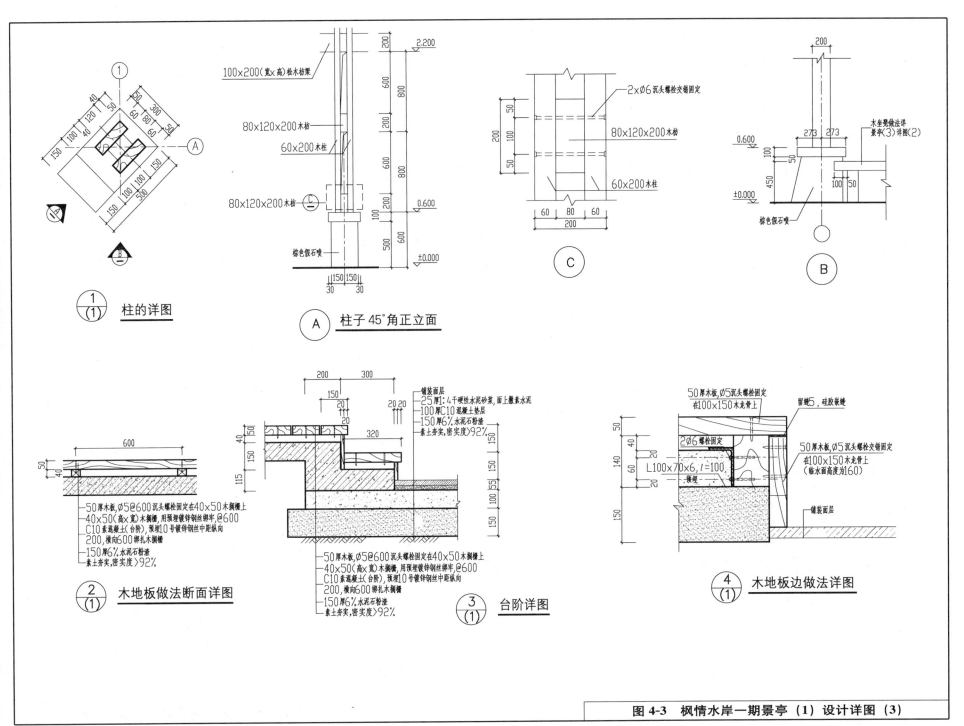

$\dfrac{1}{(1)}$ 柱的详图

$\dfrac{A}{(1)}$ 柱子45°角正立面

$\dfrac{2}{(1)}$ 木地板做法断面详图

$\dfrac{3}{(1)}$ 台阶详图

$\dfrac{4}{(1)}$ 木地板边做法详图

图4-3 枫情水岸一期景亭（1）设计详图（3）

245

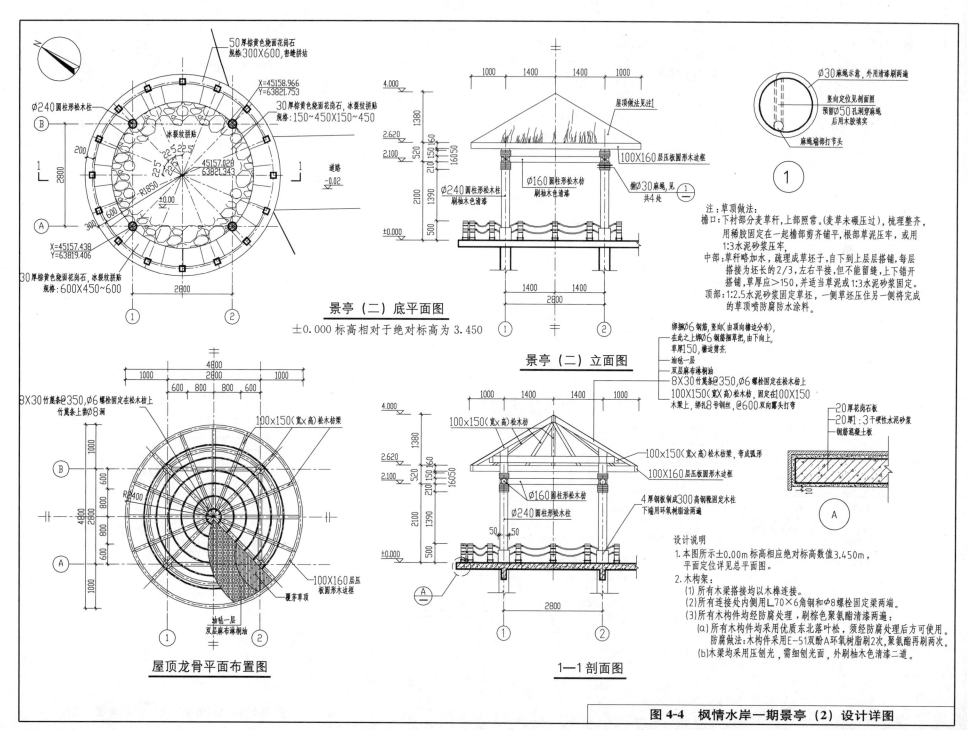

景亭（二）底平面图

±0.000 标高相对于绝对标高为 3.450

屋顶龙骨平面布置图

景亭（二）立面图

1—1 剖面图

注：草顶做法：
檐口：下衬部分麦草秆，上部照常（麦草未碾压过），
梳理整齐，用稀胶固定在一起檐部剪齐铺平，根部草泥压牢，或用
1:3水泥砂浆压牢。
中部：草秆略加水，疏理成草坯子，自下到上层层搭铺，每层
搭接为坯长的2/3，左右平接，但不能留缝，上下错开
搭铺，草厚应>150，并适当草泥或1:3水泥砂浆固定。
顶部：1:2.5水泥砂浆固定草坯，一侧草坯压住另一侧将完成
的草顶喷防腐防水涂料。

设计说明
1. 本图所示±0.00m 标高相应绝对标高数值3.450m，
平面定位详见总平面图。
2. 木构架：
(1) 所有木梁搭接处均以木榫连接。
(2) 所有连接处内侧用L70×6角钢和Ø8螺栓固定梁两端。
(3) 所有木构件均经防腐处理，刷棕色聚氨酯清漆两遍：
(a) 所有木构件均采用优质东北落叶松，须防腐处理后方可使用。
防腐做法：木构件采用E-51双酚A环氧树脂刷2次，聚氨酯再刷两次。
(b) 木梁均采用压刨光，需细刨光面，外刷柚木色清漆二道。

图 4-4　枫情水岸一期景亭（2）设计详图

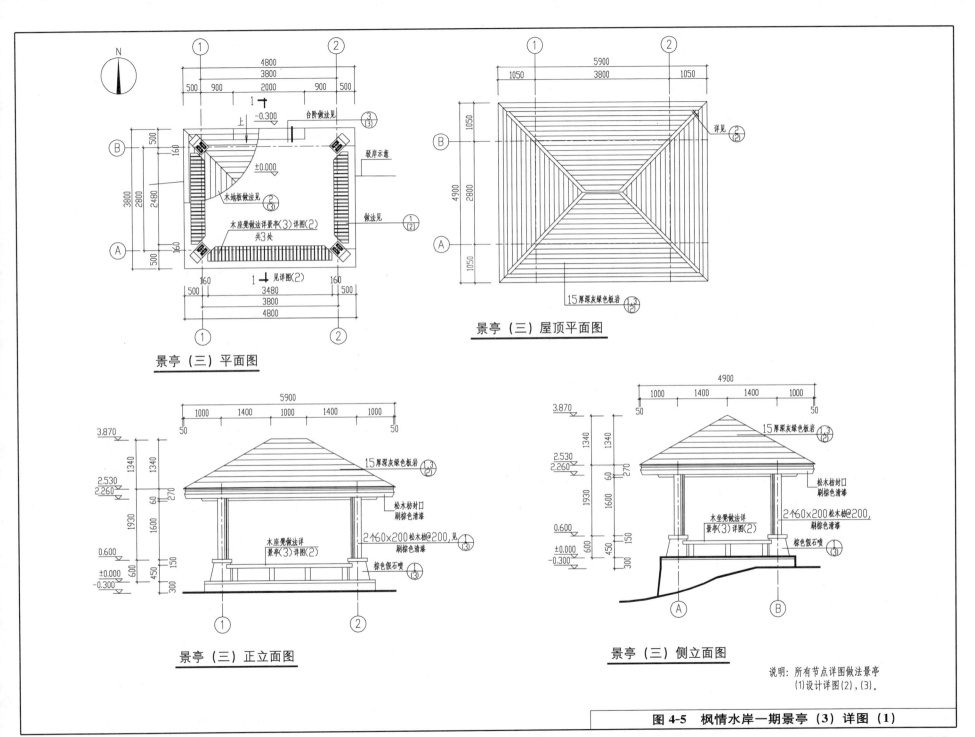

景亭（三）平面图

景亭（三）屋顶平面图

景亭（三）正立面图

景亭（三）侧立面图

说明：所有节点详图做法景亭
（1）设计详图（2），（3）。

图 4-5 枫情水岸一期景亭（3）详图（1）

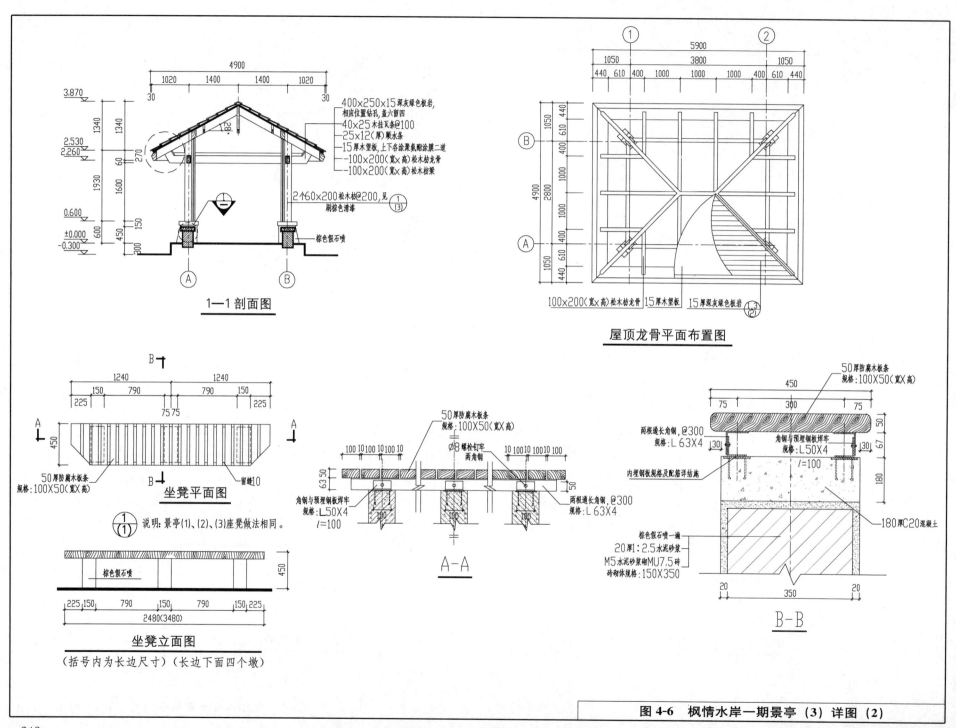

400×250×15深灰绿色板岩,
相应位置钻孔,盖六留四
40×25木挂瓦条@100
25×12(厚)顺水条
15厚木望板,上下各涂聚氨酯涂膜二道
-100×200(宽×高)松木枋龙骨
-100×200(宽×高)松木枋梁

2个60×200松木枋@200,见 ①/(3)
刷棕色清漆

棕色假石喷

1—1 剖面图

100×200(宽×高)松木枋龙骨　15厚木望板　15厚深灰绿色板岩 ③/(2)

屋顶龙骨平面布置图

说明:景亭(1)、(2)、(3)座凳做法相同。 ①/(1)

50厚防腐木板条
规格:100×50(宽×高)

坐凳平面图

棕色假石喷

坐凳立面图

(括号内为长边尺寸)(长边下面四个墩)

50厚防腐木板条
规格:100X50(宽×高)

Ø8螺栓钉牢
两角钢

角钢与预埋钢板焊牢
规格:L50X4
l=100

两根通长角钢,@300
规格:L63X4

A-A

50厚防腐木板条
规格:100X50(宽×高)

两根通长角钢,@300
规格:L63X4

角钢与预埋钢板焊牢
规格:L50X4

内埋钢板规格及配筋详结施

180厚C20混凝土

棕色假石喷一遍
20厚1:2.5水泥砂浆
M5水泥砂浆砌MU7.5砖
砖砌体规格:150X350

B-B

图4-6 枫情水岸一期景亭(3)详图(2)

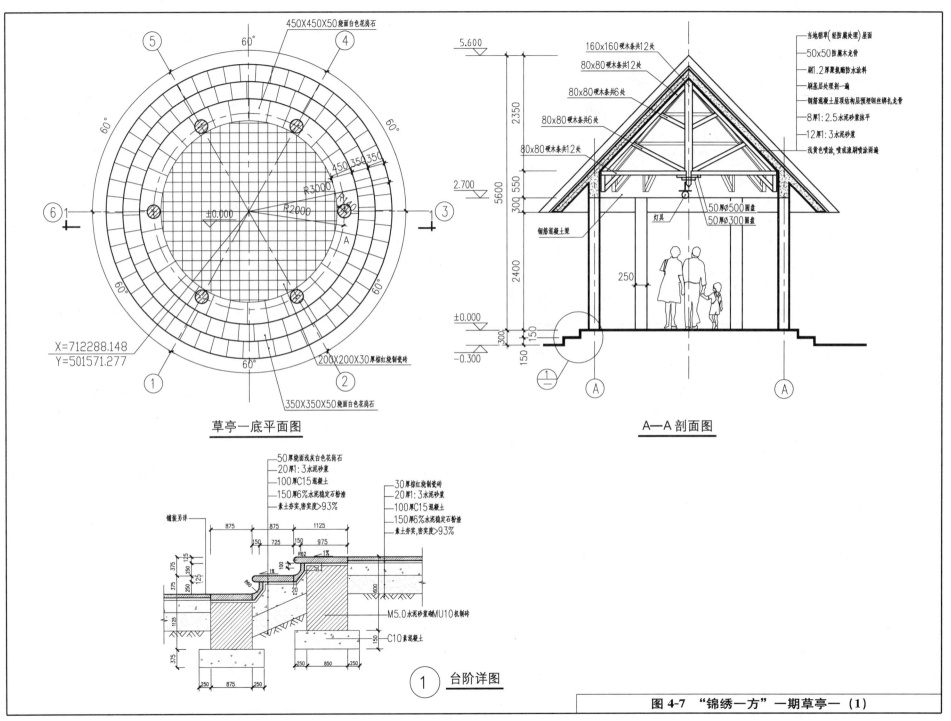

草亭一底平面图

450X450X50烧面白色花岗石

R3000
R2000
±0.000
R140

450 350 350

X=712288.148
Y=501571.277

200X200X30厚棕红烧制瓷砖

350X350X50烧面白色花岗石

A—A剖面图

当地稻草(轻防腐处理)屋面
50x50防腐木龙骨
刷1.2厚聚氨酯防水涂料
刷基层处理剂一遍
钢筋混凝土屋顶结构层预埋钢丝绑扎龙骨
8厚1:2.5水泥砂浆抹平
12厚1:3水泥砂浆
浅黄色喷涂,喷或滚刷喷涂两遍

160x160硬木条共12处
80x80硬木条共12处
80x80硬木条共6处
80x80硬木条共6处
80x80硬木条共12处

5.600
2350
2.700
300 550
50厚Ø500圆盘
灯具
50厚Ø300圆盘
钢筋混凝土梁
2400
250
±0.000
300 150
-0.300
150

台阶详图

50厚烧面浅灰白色花岗石
20厚1:3水泥砂浆
100厚C15混凝土
150厚6%水泥稳定石粉渣
素土夯实,密实度>93%

铺装另详

875 875 1125
150 725 150 975
375 125
250
375 125
R62 1%
100
R80 1%
20

30厚棕红烧制瓷砖
20厚1:3水泥砂浆
100厚C15混凝土
150厚6%水泥稳定石粉渣
素土夯实,密实度>93%

600
M5.0水泥砂浆砌MU10机制砖
150
C10素混凝土

1125
375
250 850 250
250 875 250

图 4-7 "锦绣一方"一期草亭一 (1)

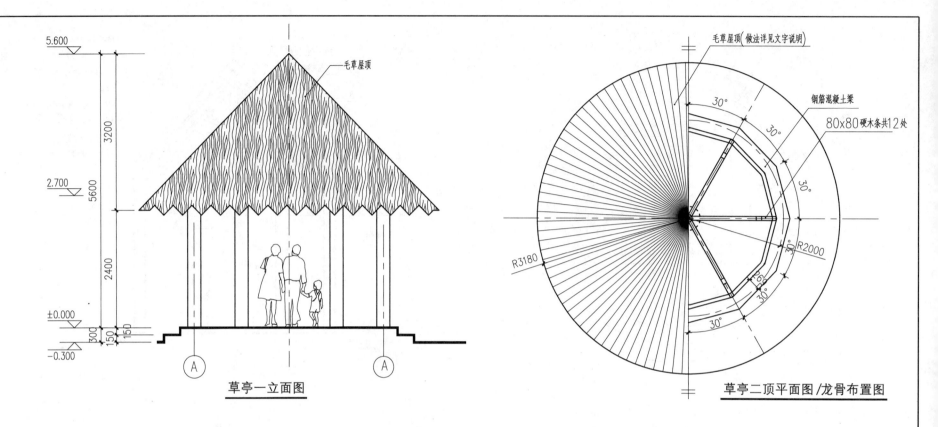

草亭一立面图

草亭二顶平面图/龙骨布置图

草亭一设计说明

1. 本图所示±0.00m标高相应绝对标高数值6.65m,平面定位详见总平面图

2. 木构架:

  (1) 所有木梁搭接均以木榫连接

  (2) 所有连接处内侧用70×6钢板和φ8螺栓固定梁两端。

  (3) 所有木构件均经防腐处理,刷棕色聚氨酯清漆两遍

    (a) 所有木件均采用优质东北落叶松,须经防腐处理后方可使用。

      防腐做法:木构件采用E-51双酚A环氧树脂刷2次,聚氨酯两次。

    (b) 木梁均采用压刨光,需细刨光面,外刷柚木色清漆二道。

草顶做法:

  檐口:下衬部分麦草秆,上部照常 (麦草未碾压过),梳理整齐,用

    稀胶料固定在一起,檐部剪齐铺平,根部草泥压牢,或用1:3水泥

    砂浆压牢。

  中部:草秆略加水,梳理成草坯子,自下而上层层搭铺,每层搭接为

    坯长的2/3,左右平接,但不能留缝,上下错开搭铺,草厚应>150,

    并适当用草泥或1:3水泥砂浆固定

  顶部:1 2.5水泥砂浆固定草坯,一侧草坯压住另一侧

将完成的草顶喷防腐防水涂料。

柱子饰面做法:(1) 黄褐色喷涂

        (2) 5厚聚合物水泥砂浆

        (3) 结构层。

图4-8 "锦绣一方"—期草亭一 (2)

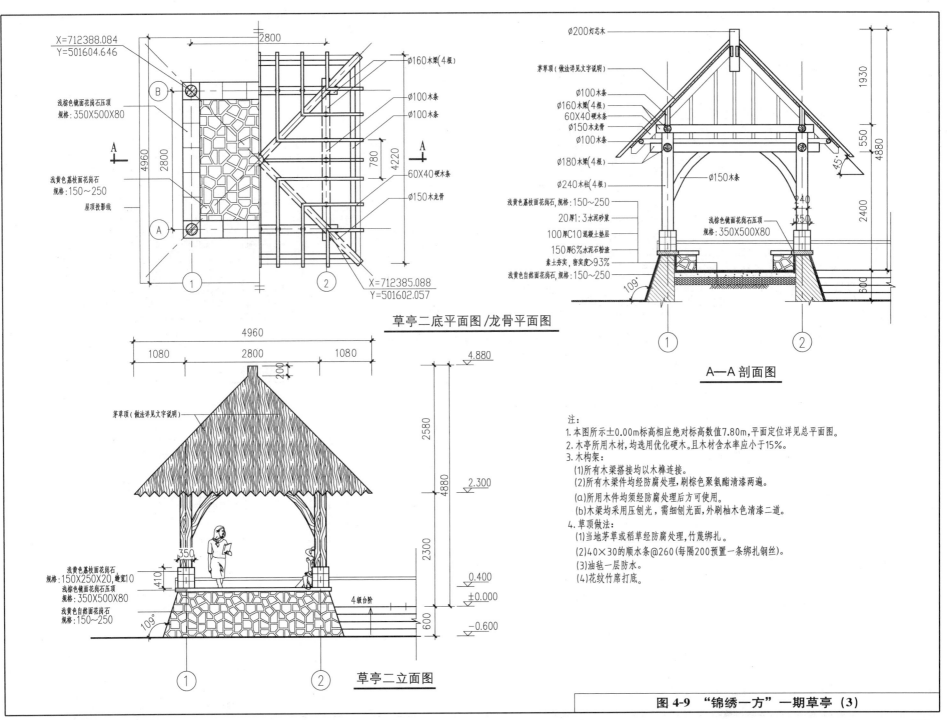

草亭二底平面图/龙骨平面图

A—A剖面图

草亭二立面图

X=712388.084
Y=501604.646

浅棕色镜面花岗石压顶
规格:350X500X80

浅黄色荔枝面花岗石
规格:150~250

屋顶投影线

Ø160木梁(4根)
Ø100木条
Ø100木条
60X40硬木条
Ø150木龙骨

X=712385.088
Y=501602.057

Ø200灯芯木
茅草顶(做法详见文字说明)
Ø100木条
Ø160木梁(4根)
60X40硬木条
Ø150木龙骨
Ø100木条
Ø180木梁(4根)
Ø150木条
Ø240木柱(4根)

浅黄色荔枝面花岗石,规格:150~250
20厚1:3水泥砂浆
100厚C10混凝土垫层
150厚6%水泥石粉渣
素土夯实,密实度>93%
浅黄色自然面花岗石,规格:150~250

浅棕色镜面花岗石压顶
规格:350X500X80

茅草顶(做法详见文字说明)

浅黄色荔枝面花岗石
规格:150X250X20,缝宽10
浅棕色镜面花岗石压顶
规格:350X500X80
浅黄色自然面花岗石
规格:150~250

4级台阶

注:
1.本图所示±0.00m标高相应绝对标高数值7.80m,平面定位详见总平面图。
2.木亭所用木材,均选用优化硬木。且木材含水率应小于15%。
3.木构架:
  (1)所有木梁搭接均以木榫连接。
  (2)所有木梁件均经防腐处理,刷棕色聚氨酯清漆两遍。
  (a)所用木件均须经防腐处理后方可使用。
  (b)木梁均采用压刨光,需细刨光面,外刷柚木色清漆二道。
4.草顶做法:
  (1)当地茅草或稻草经防腐处理,竹蔑绑扎。
  (2)40×30的顺水条@260(每隔200预置一条绑扎钢丝)。
  (3)油毡一层防水。
  (4)花纹竹席打底。

图4-9 "锦绣一方"一期草亭(3)

251

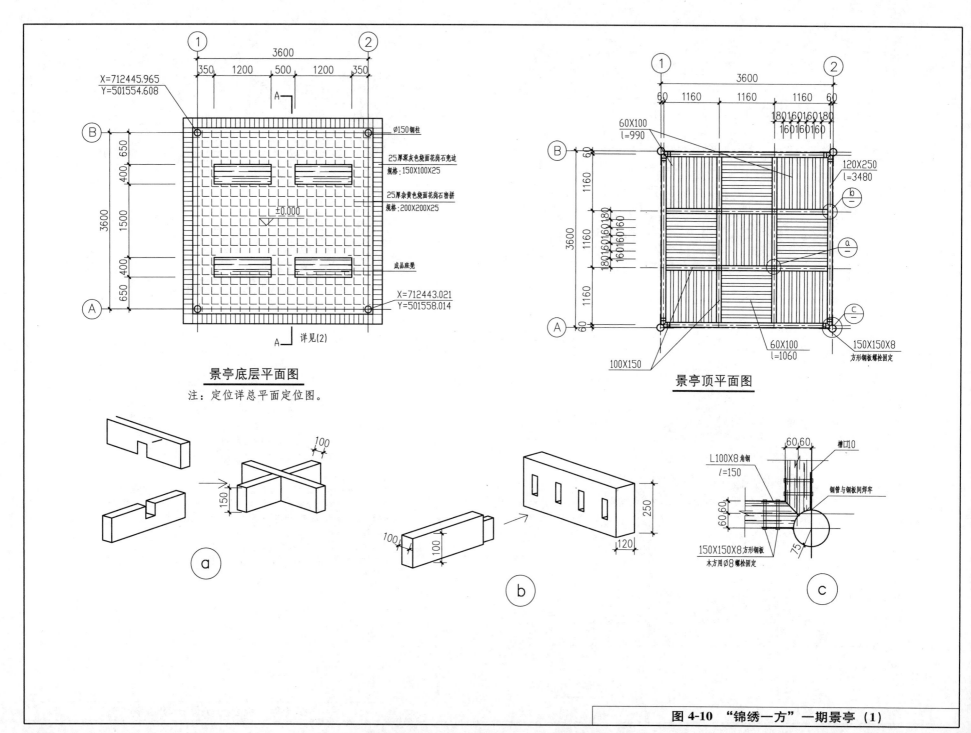

景亭底层平面图

注：定位详总平面定位图。

景亭顶平面图

图 4-10 "锦绣一方"一期景亭（1）

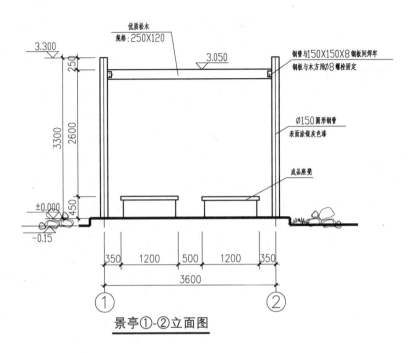

景亭①-②立面图

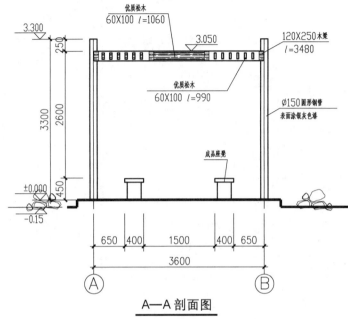

A—A剖面图

设计说明

1. 本图所示±0.00m标高相应绝对标高(7.10m)平面定位详见总平面图
2. 地面铺装做法见园施
3. 钢结构设计说明:
   (1)钢结构材料采用Q235(即A3)钢材,钢材要求具有抗拉强度,伸长率,屈服强度及硫磷含量的合格保证书,以及碳含量的合格保证书。
   (2)电焊选用E43型的手工焊条。
   (3)焊缝凡未注明长度的一律为周边满焊,且不得小于100。
   (4)焊接要求,焊缝高度为≥6mm,焊缝质量等级为二级,在制作时均应按1:1放大样。
   (5)在制作中当材料长度短于构件尺寸时必须拼接 拼接接头的连接焊缝长度根据等强度条件按面积法计算
   (6)钢结构的防护。

详见(1)

a.除锈采用钢刷清除构件表面的毛刺、铁锈、油污及附着在构件表面的染物。
b.油漆采用环氧富锌漆打底,酚醛磁漆二度(外刷棕色清漆二道)

4. 所有木件做法
   (1)所有木件均采用榫接,图中注的长度不包括榫长。
   (2)所有木件均采用优质东北落叶松,须经防腐处理后方可使用。
      防腐做法:木构采用E-51双酚A环氧树脂刷2次,聚氨酯两次。
   (3)木梁均采用压刨光,需细刨光面,外刷木色清漆二道。
5. 所有建筑需做小样,待设计方同意后可大面积施工

图4-11 "锦绣一方"一期草亭(2)

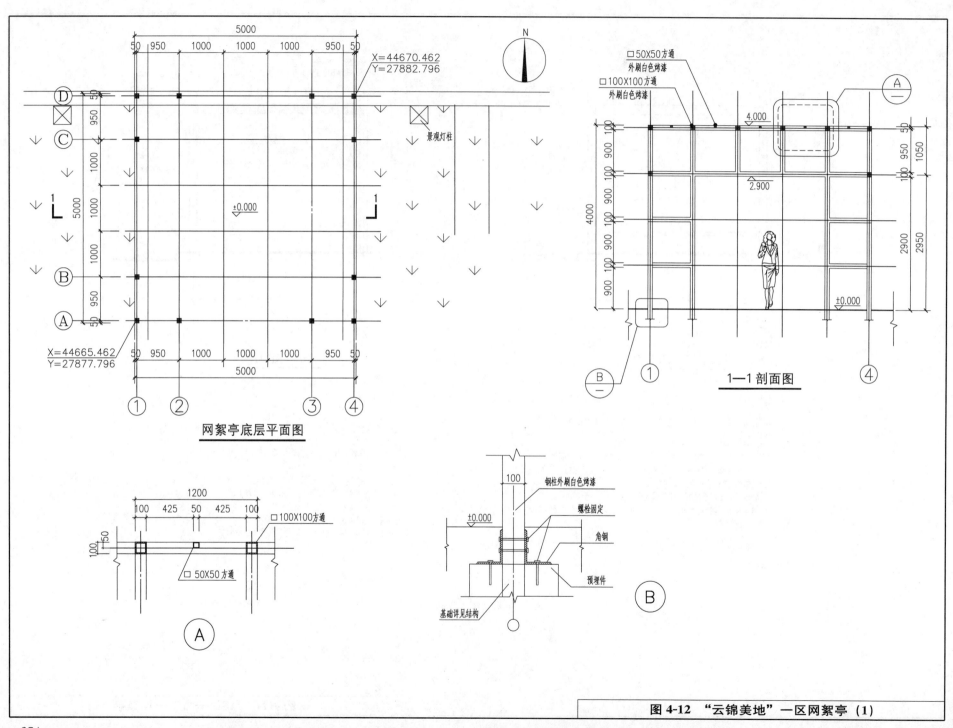

网絮亭底层平面图

X=44670.462
Y=27882.796

X=44665.462
Y=27877.796

景观灯柱

□50X50方通
外刷白色烤漆

□100X100方通
外刷白色烤漆

1—1 剖面图

□100X100方通

□50X50方通

A

钢柱外刷白色烤漆

螺栓固定

角钢

预埋件

基础详见结构

B

图4-12 "云锦美地" 一区网絮亭 (1)

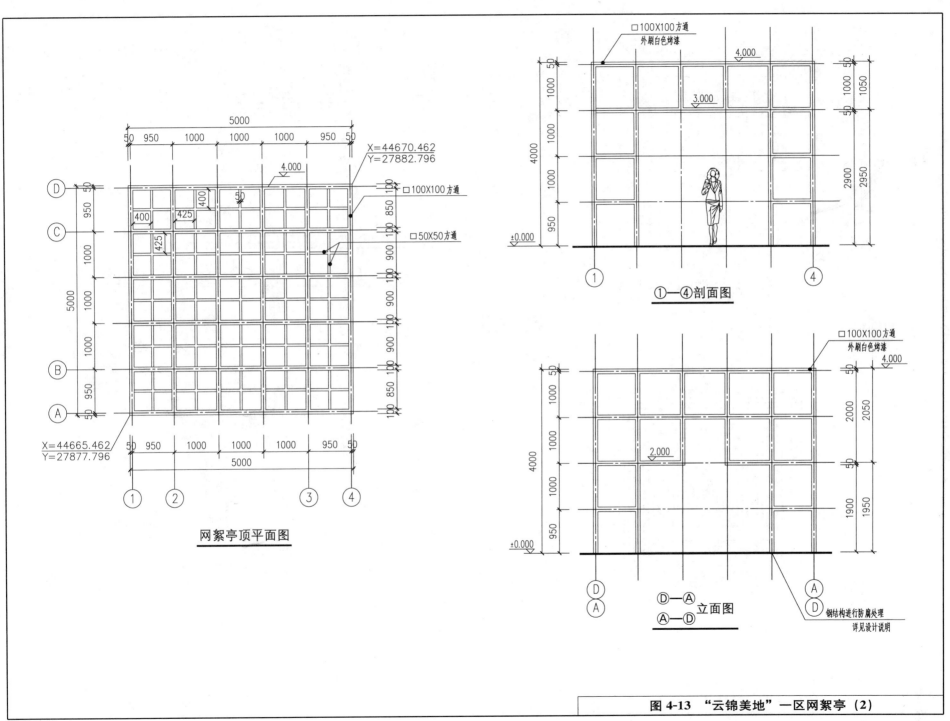

网絮亭顶平面图

①—④剖面图

Ⓢ—Ⓐ 立面图
Ⓐ—Ⓓ

图 4-13 "云锦美地"一区网絮亭（2）

255

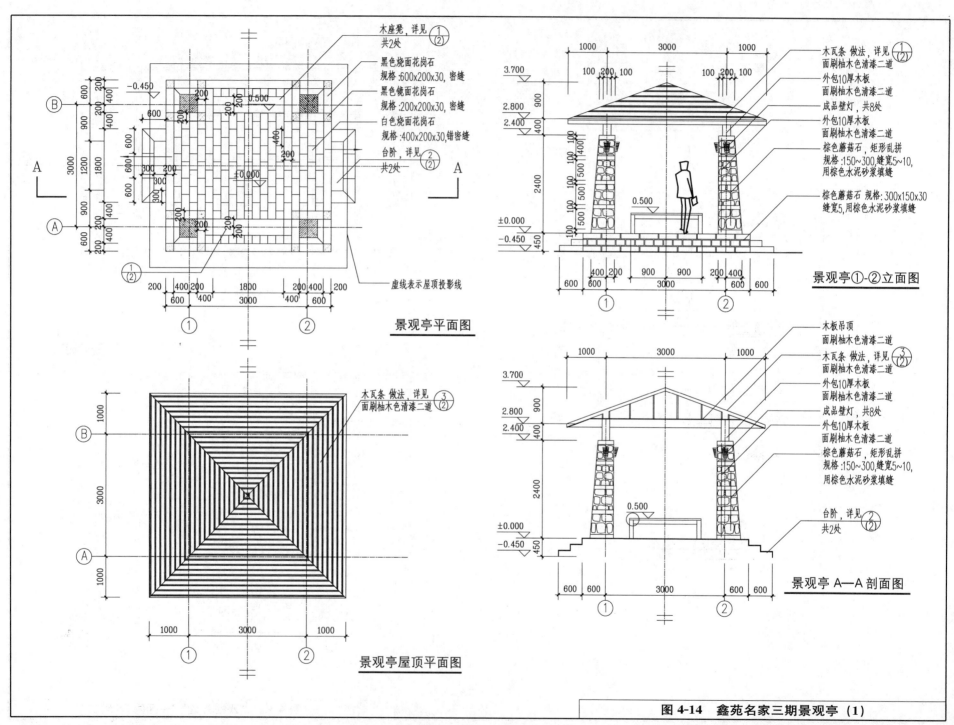

木座凳,详见 ①/②
共2处

黑色烧面花岗石
规格:600x200x30,密缝

黑色镜面花岗石
规格:200x200x30,密缝

白色烧面花岗石
规格:400x200x30,错密缝

台阶,详见 ②/②
共2处

虚线表示屋顶投影线

景观亭平面图

木瓦条 做法,详见 ③/②
面刷柚木色清漆二道

景观亭屋顶平面图

木瓦条 做法,详见 ①/②
面刷柚木色清漆二道

外包10厚木板
面刷柚木色清漆二道

成品壁灯,共8处

外包10厚木板
面刷柚木色清漆二道

棕色蘑菇石,矩形乱拼
规格:150~300,缝宽5~10,
用棕色水泥砂浆填缝

棕色蘑菇石 规格:300x150x30
缝宽5,用棕色水泥砂浆填缝

景观亭①-②立面图

木板吊顶
面刷柚木色清漆二道 ③/②

木瓦条 做法,详见 ③/②
面刷柚木色清漆二道

外包10厚木板
面刷柚木色清漆二道

成品壁灯,共8处

外包10厚木板
面刷柚木色清漆二道

棕色蘑菇石,矩形乱拼
规格:150~300,缝宽5~10,
用棕色水泥砂浆填缝

台阶,详见 ②/②
共2处

景观亭 A—A 剖面图

图 4-14 鑫苑名家三期景观亭(1)

256

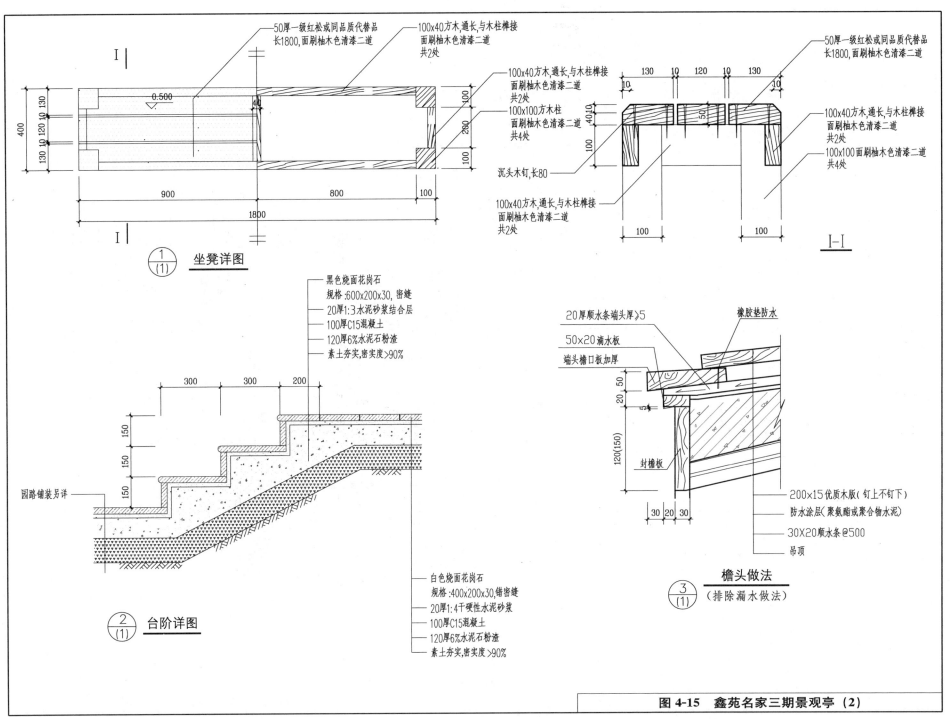

50厚一级红松或同品质代替品
长1800,面刷柚木色清漆二道

100x40方木,通长,与木柱榫接
面刷柚木色清漆二道
共2处

100x40方木,通长,与木柱榫接
面刷柚木色清漆二道
共2处

100x100方木柱
面刷柚木色清漆二道
共4处

100x40方木,通长,与木柱榫接
面刷柚木色清漆二道
共2处

0.500

50厚一级红松或同品质代替品
长1800,面刷柚木色清漆二道

100x40方木,通长,与木柱榫接
面刷柚木色清漆二道
共2处

100x100面刷柚木色清漆二道
共4处

沉头木钉,长80

I-I

①
(1)
坐凳详图

黑色烧面花岗石
规格:600x200x30,密缝
20厚1:3水泥砂浆结合层
100厚C15混凝土
120厚6%水泥石粉渣
素土夯实,密实度>90%

20厚顺水条端头厚≥5
50x20滴水板
端头檐口板加厚
封檐板

橡胶垫防水

200x15优质木版(钉上不钉下)
防水涂层(聚氨酯或聚合物水泥)
30X20顺水条@500
吊顶

园路铺装另详

白色烧面花岗石
规格:400x200x30,错密缝
20厚1:4干硬性水泥砂浆
100厚C15混凝土
120厚6%水泥石粉渣
素土夯实,密实度>90%

②
(1)
台阶详图

③
(1)
檐头做法
(排除漏水做法)

图4-15　鑫苑名家三期景观亭(2)

257

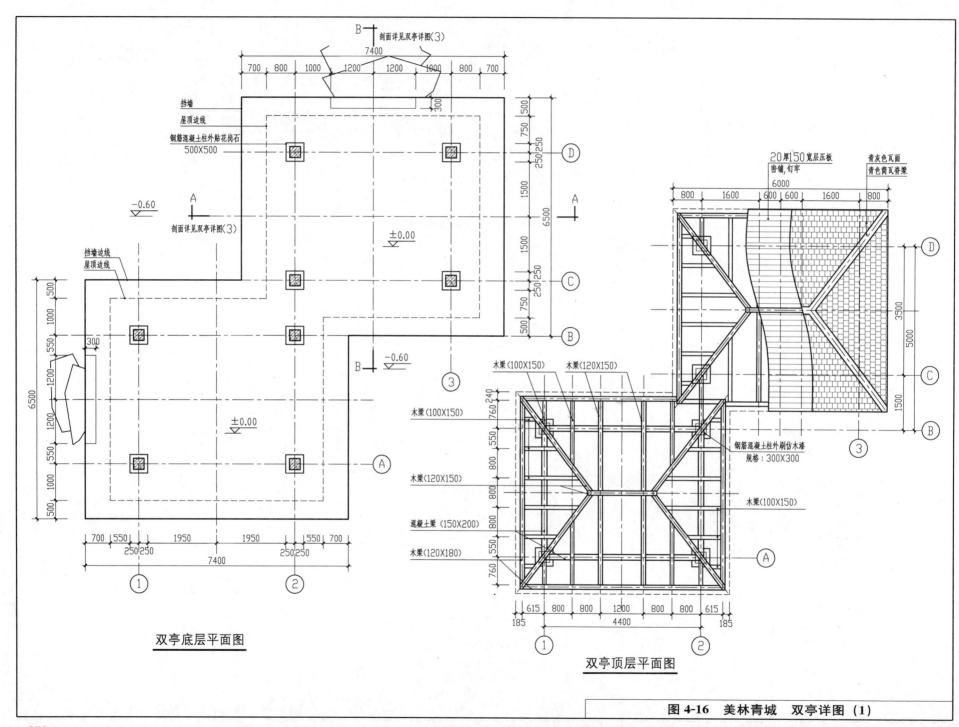

双亭底层平面图

双亭顶层平面图

图 4-16　美林青城　双亭详图（1）

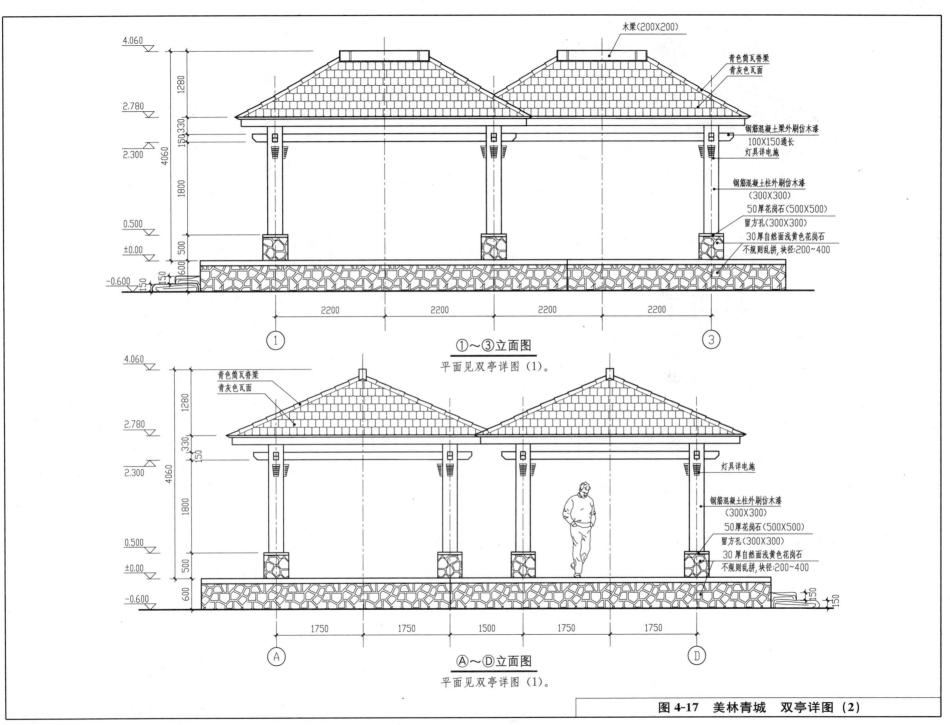

木梁(200X200)

青色筒瓦脊梁
青灰色瓦面

钢筋混凝土梁外刷仿木漆
100X150通长
灯具详电施

钢筋混凝土柱外刷仿木漆
（300X300）
50厚花岗石（500X500）
留方孔（300X300）
30厚自然面浅黄色花岗石
不规则乱拼,块径:200~400

4.060
2.780
2.300
0.500
±0.00
-0.600

1280
150330
150
1800
500
600
150
4060

2200　2200　2200　2200

①　③

①~③立面图
平面见双亭详图（1）。

青色筒瓦脊梁
青灰色瓦面

灯具详电施

钢筋混凝土柱外刷仿木漆
（300X300）
50厚花岗石（500X500）
留方孔（300X300）
30厚自然面浅黄色花岗石
不规则乱拼,块径:200~400

4.060
2.780
2.300
0.500
±0.00
-0.600

1280
330
150
1800
500
600
150
150
4060

1750　1750　1500　1750　1750

Ⓐ　Ⓓ

Ⓐ~Ⓓ立面图
平面见双亭详图（1）。

图4-17　美林青城　双亭详图（2）

259

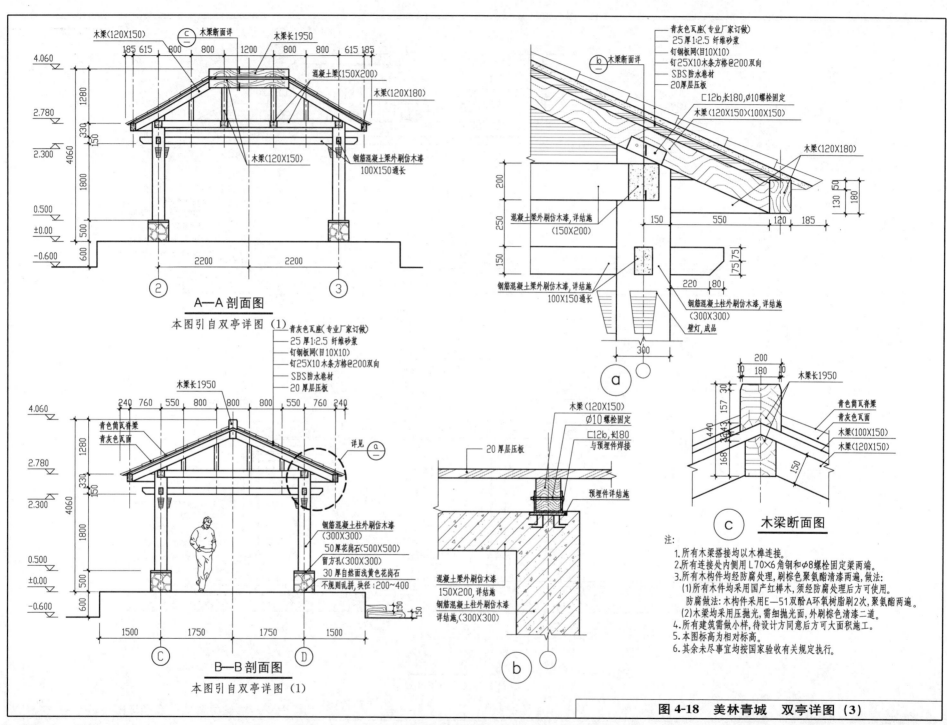

木梁(120X150) ⓒ 木梁断面详 木梁长1950
185 615 800 800 1200 800 800 615 185
4.060
1280
2.780
330
150
2.300
1800
0.500
±0.00 500
-0.600 600
2200 2200

混凝土梁(150X200)
木梁(120X180)
木梁(120X150)
钢筋混凝土梁外刷仿木漆
100X150通长

②   ③

A—A 剖面图

本图引自双亭详图(1)

青灰色瓦座(专业厂家订做)
25 厚1:2.5 纤维砂浆
钉钢板网(目10X10)
钉25X10木条方格@200双向
SBS防水卷材
20厚层压板

木梁长1950
240 760 550 800 800 800 550 760 240
4.060
1280
2.780
330
150
2.300
1800
0.500
±0.00 500
-0.600 600
1500 1750 1750 1500

青色筒瓦脊梁
青灰色瓦面
详见 ⓐ

钢筋混凝土柱外刷仿木漆
(300X300)
50厚花岗石(500X500)
留方孔(300X300)
30 厚自然面浅黄色花岗石
不规则乱拼,块径:200~400
150

B—B 剖面图

本图引自双亭详图(1)

青灰色瓦座(专业厂家订做)
25 厚1:2.5 纤维砂浆
钉钢板网(目10X10)
钉25X10木条方格@200双向
SBS防水卷材
20厚层压板
⌐12b,长180,Φ10螺栓固定
木梁(120X150)(100X150)
木梁(120X180)

200
250
混凝土梁外刷仿木漆,详结施
(150X200)
150
钢筋混凝土梁外刷仿木漆,详结施
100X150通长
150 550 120 185
130 50 180

钢筋混凝土柱外刷仿木漆,详结施
(300X300)
壁灯,成品
300

ⓐ

木梁(120X150)
Φ10 螺栓固定
⌐12b,长180
与预埋件焊接
20 厚层压板
预埋件详结施
混凝土梁外刷仿木漆
150X200,详结施
钢筋混凝土柱外刷仿木漆
详结施(300X300)

ⓑ

200
10 180 10
木梁长1950
30
157
440
168 150

ⓒ **木梁断面图**

青色筒瓦脊梁
青灰色瓦面
木梁(100X150)
木梁(120X150)

注:
1.所有木梁搭接均以木榫连接。
2.所有连接处内侧用L70×6角钢和Φ8螺栓固定梁两端。
3.所有木构件均经防腐处理,刷棕色聚氨酯清漆两遍,做法:
  (1)所有木件均采用国产红榉木,须经防腐处理后方可使用。
   防腐做法:木构件采用E—51双酚A环氧树脂刷2次,聚氨酯两遍。
  (2)木梁均采用压抛光,需细抛光面,外刷棕色清漆二道。
4.所有建筑需做小样,待设计同意后方可大面积施工。
5.本图标高为相对标高。
6.其余未尽事宜均按国家验收有关规定执行。

图4-18 美林青城 双亭详图(3)

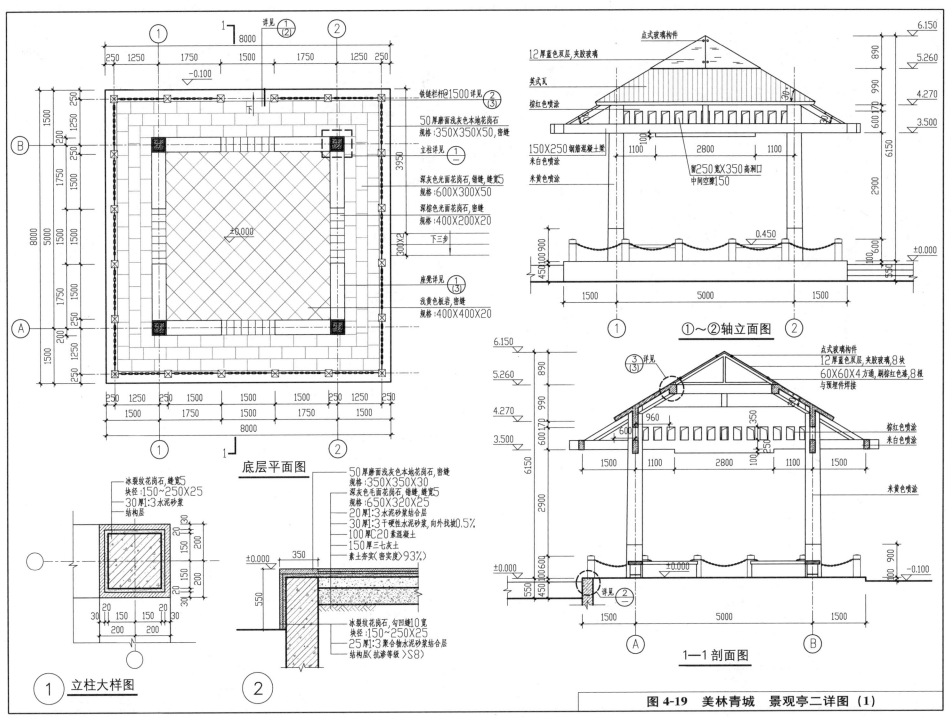

底层平面图

冰裂纹花岗石,缝宽5
块径:150~250X25
30厚1:3水泥砂浆
结构层

1 立柱大样图

50厚磨面浅色本地花岗石,密缝
规格:350X350X30
深灰色毛面花岗石,错缝,缝宽5
规格:650X320X25
20厚1:3水泥砂浆结合层
30厚1:3干硬性水泥砂浆,向外找坡0.5%
100厚C20素混凝土
150厚三七灰土
素土夯实(密实度93%)

冰裂纹花岗石,勾凹缝10宽
块径:150~250X25
25厚1:3聚合物水泥砂浆结合层
结构层(抗渗等级≥S8)

2

点式玻璃构件
12厚蓝色双层,夹胶玻璃
英式瓦
棕红色喷涂
150X250钢筋混凝土梁
米白色喷涂
留250宽X350高洞口
中间空隙150
米黄色喷涂

①~②轴立面图

点式玻璃构件
12厚蓝色双层,夹胶玻璃,8块
60X60X4方通,刷棕红色漆,8根
与预埋件焊接
棕红色喷涂
米白色喷涂
米黄色喷涂

1—1剖面图

铁链栏杆@1500详见
50厚磨面浅色本地花岗石
规格:350X350X50,密缝
立柱详见
深灰色光面花岗石,错缝,缝宽5
规格:600X300X50
深棕色光面花岗石,密缝
规格:400X200X20
下三步
座凳详见
浅黄色板岩,密缝
规格:400X400X20

图4-19 美林青城 景观亭二详图(1)

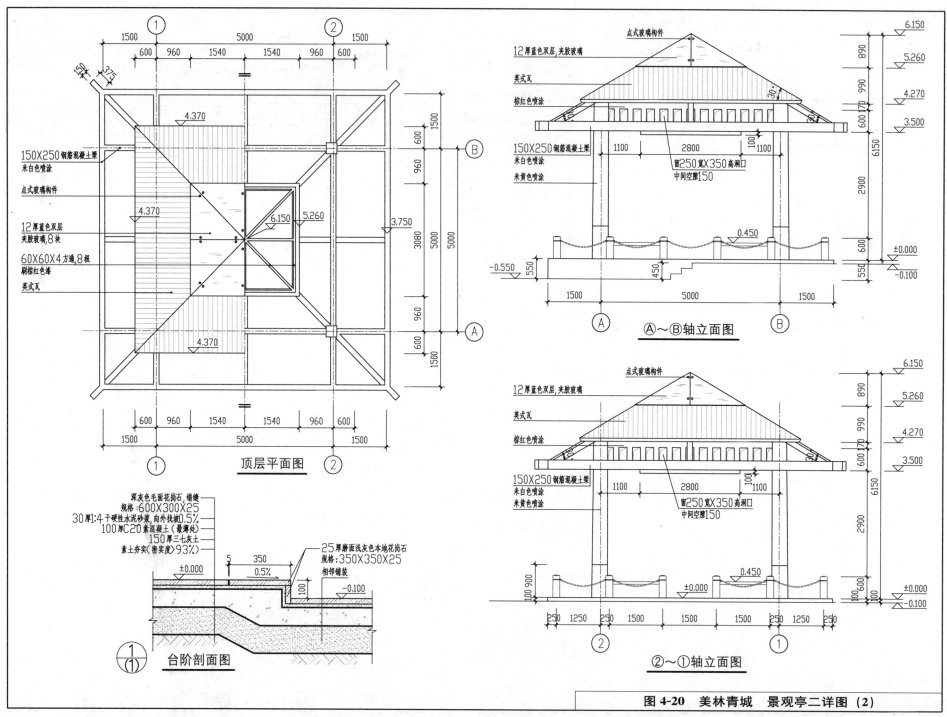

图 4-20　美林青城　景观亭二详图（2）

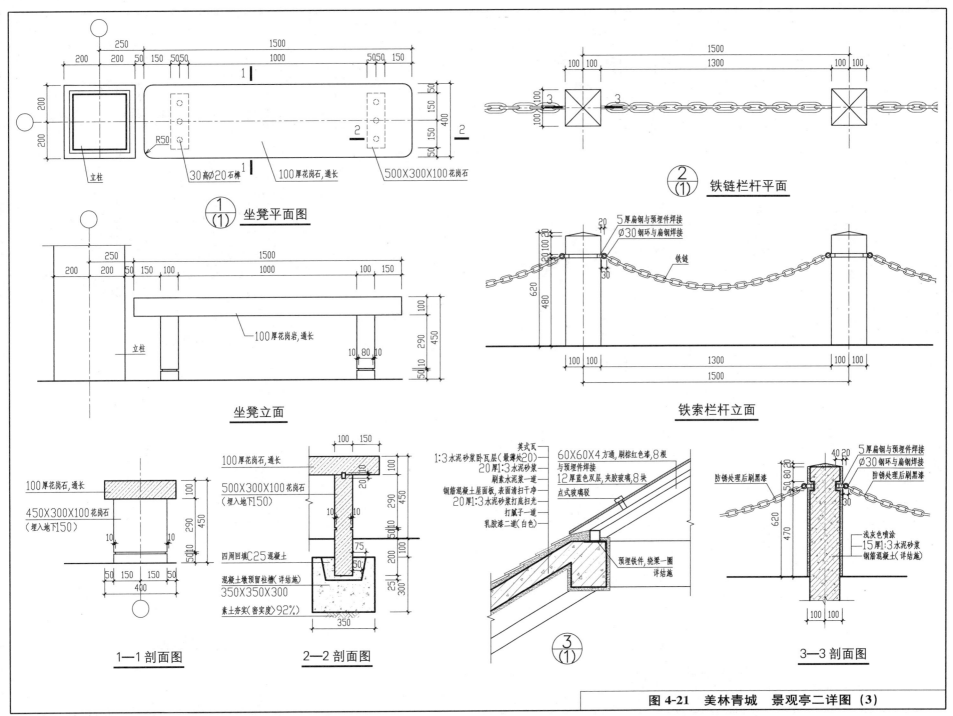

坐凳平面图 $\dfrac{1}{(1)}$

铁链栏杆平面 $\dfrac{2}{(1)}$

坐凳立面

铁索栏杆立面

1—1剖面图

2—2剖面图

$\dfrac{3}{(1)}$

3—3剖面图

图4-21　美林青城　景观亭二详图（3）

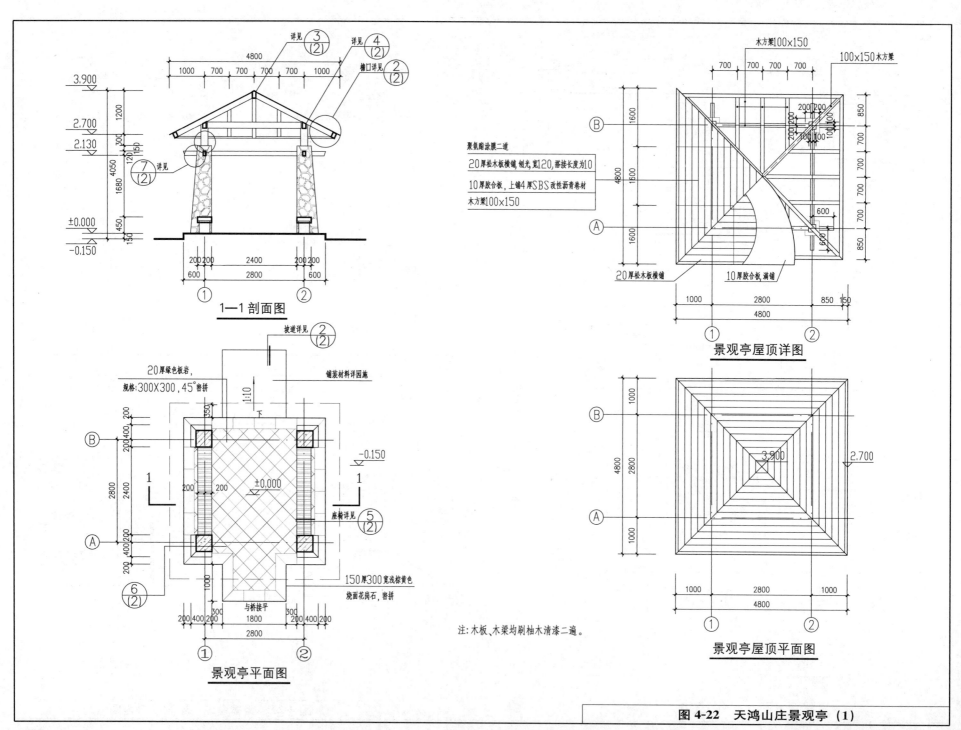

1—1 剖面图

景观亭平面图

景观亭屋顶详图

景观亭屋顶平面图

注：木板、木梁均刷柚木清漆二遍。

图4-22　天鸿山庄景观亭（1）

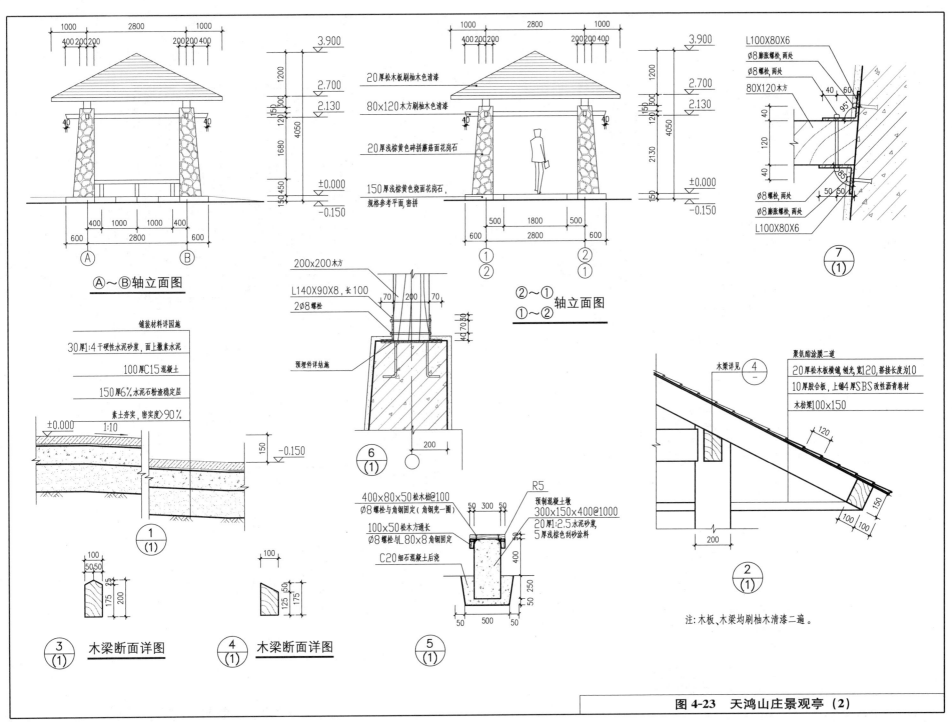

Ⓐ~Ⓑ轴立面图

20厚松木板刷柚木色清漆

80x120木方刷柚木色清漆

20厚浅棕黄色碎拼蘑菇面花岗石

150厚浅棕黄色烧面花岗石，
规格参考平面，密拼

②~①轴立面图
①~②

L100X80X6
∅8膨胀螺栓,两处
∅8螺栓,两处
80X120木方
∅8螺栓,两处
∅8膨胀螺栓,两处
L100X80X6

7
(1)

铺装材料详图施

30厚1:4干硬性水泥砂浆,面上撒素水泥

100厚C15混凝土

150厚6%水泥石粉渣稳定层

素土夯实,密实度≥90%

200x200木方
L140X90X8,长100
2∅8螺栓
预埋件详结施

6
(1)

1
(1)

100
50 50
25
175
200

3
(1) 木梁断面详图

100
50
125
175

4
(1) 木梁断面详图

400x80x50松木枋@100
∅8螺栓与角钢固定(角钢兜一圈)
100x50松木方通长
∅8螺栓与L80x8角钢固定
C20细石混凝土后浇

R5
预制混凝土墩
300x150x400@1000
20厚1:2.5水泥砂浆,
5厚浅棕色刮砂涂料

50 300 50
400
50 250 50
50 500 50

5
(1)

聚氨酯涂膜二道
20厚松木板横铺,刨光,宽120,搭接长度为10
10厚胶合板,上铺4厚SBS改性沥青卷材
木枋梁100x150

木梁详见 4
—
120
150
100 100
200

2
(1)

注:木板、木梁均刷柚木清漆二遍。

图4-23 天鸿山庄景观亭(2)

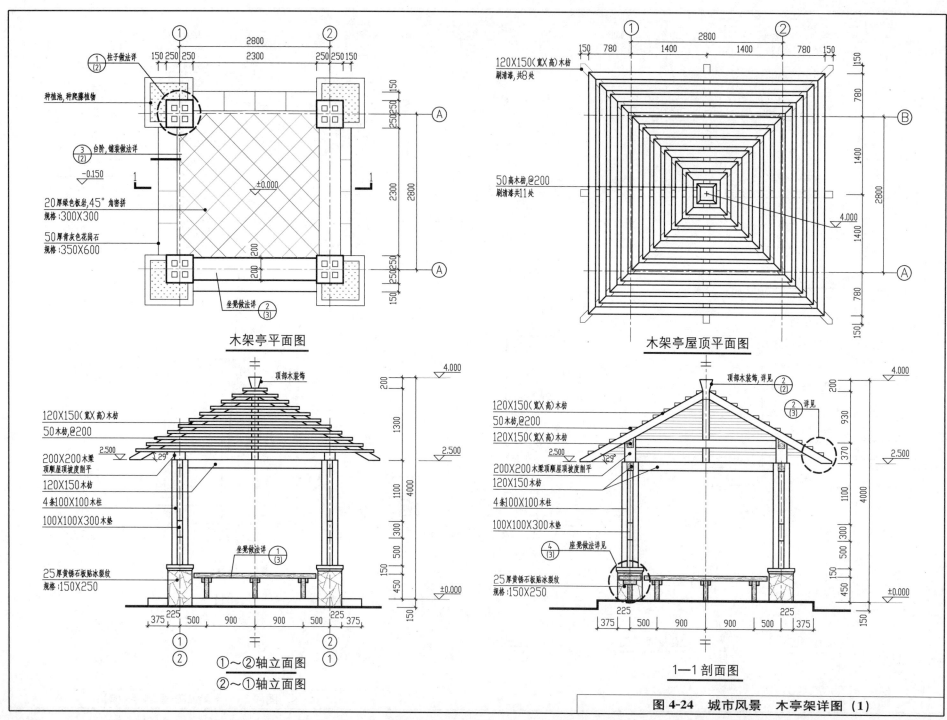

木架亭平面图

2800

柱子做详 ①/②

种植池,种爬藤植物

③/② 台阶,铺装做法详

-0.150

20厚绿色板岩,45°角密拼
规格:300X300

50厚青灰色花岗石
规格:350X600

±0.000

坐凳做法详 ②/③

木架亭屋顶平面图

120X150(宽X高)木枋
刷清漆,共8处

50高木枋,@200
刷清漆共11处

4.000

顶部木装饰

120X150(宽X高)木枋

50木枋,@200

200X200木梁
顶顺屋顶披度削平

120X150木枋

4条100X100木柱

100X100X300木垫

坐凳做法详 ①/③

25厚黄锈石板贴冰裂纹
规格:150X250

①~②轴立面图
②~①轴立面图

顶部木装饰,详见 ②/②

120X150(宽X高)木枋

50木枋,@200

120X150(宽X高)木枋

200X200木梁顺屋顶披度削平

120X150木枋

4条100X100木柱

100X100X300木垫

② 详见 /③

④/③ 座凳做法详见

25厚黄锈石板贴冰裂纹
规格:150X250

1—1剖面图

图4-24 城市风景 木亭架详图（1）

266

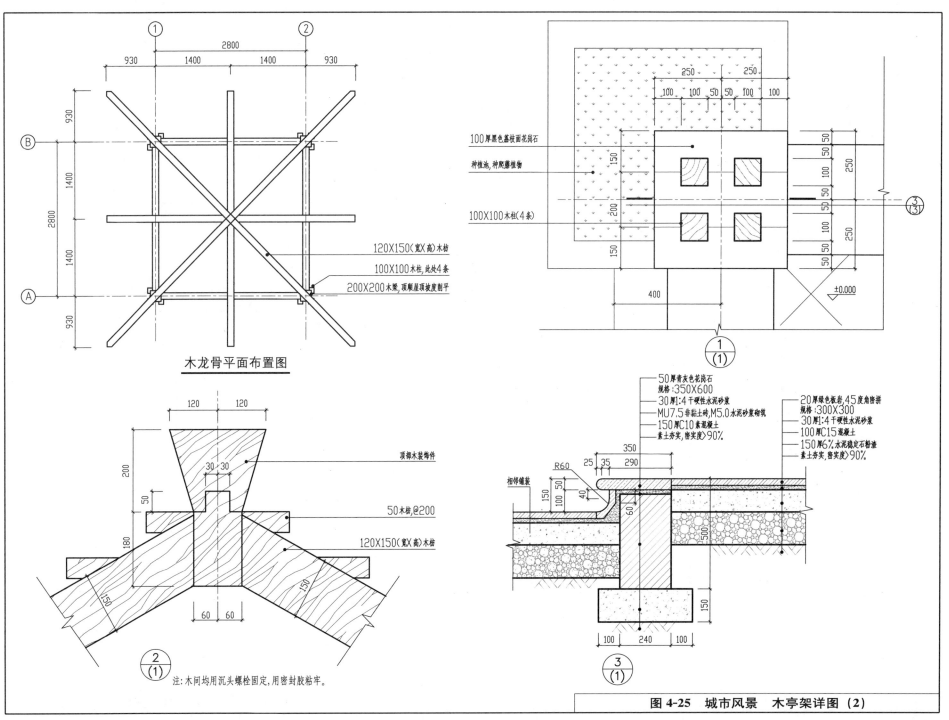

木龙骨平面布置图

120×150（宽×高）木枋
100×100木柱,此处4条
200×200木梁,顶顺屋顶坡度削平

顶部木装饰件

50木枋,@200

120×150（宽×高）木枋

$\dfrac{2}{(1)}$

注:木间均用沉头螺栓固定,用密封胶粘牢。

100厚黑色荔枝面花岗石

种植池,种爬藤植物

100×100木柱(4条)

$\dfrac{1}{(1)}$

50厚青灰色花岗石
规格:350×600
30厚1:4干硬性水泥砂浆
MU7.5非黏土砖,M5.0水泥砂浆砌筑
150厚C10素混凝土
素土夯实,密实度>90%

20厚绿色板岩,45度角密拼
规格:300×300
30厚1:4干硬性水泥砂浆
100厚C15混凝土
150厚6%水泥稳定石粉渣
素土夯实,密实度>90%

相邻铺装

$\dfrac{3}{(1)}$

图4-25 城市风景 木亭架详图（2）

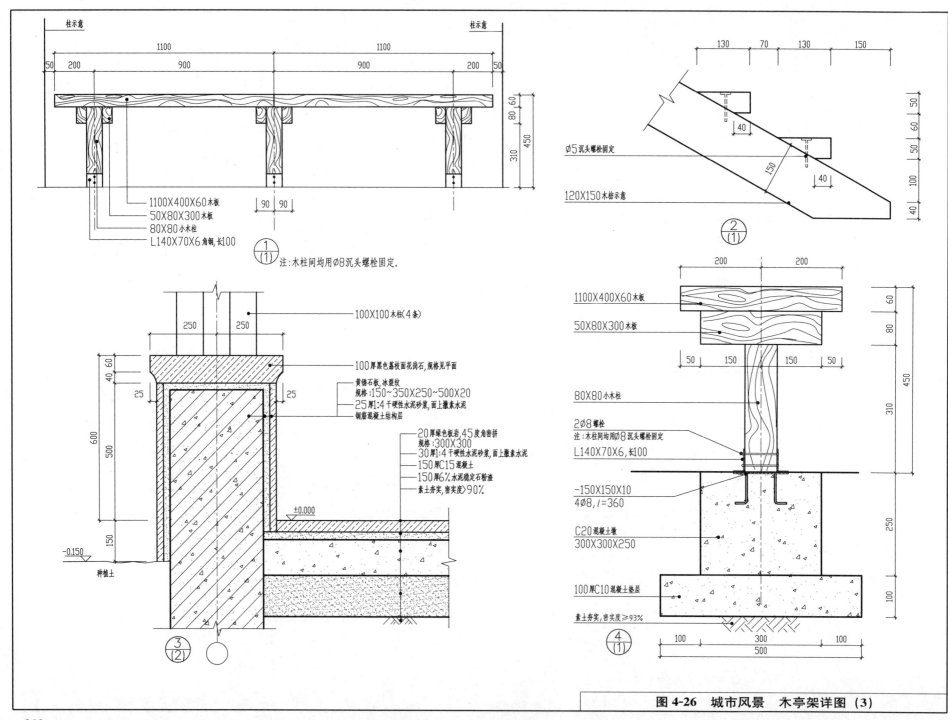

柱示意   柱示意

1100   1100

50   200   900   900   200   50

1100X400X60木板
50X80X300木板
80X80小木柱
L140X70X6角钢,长100

①
（1）

注:木柱间均用Ø8沉头螺栓固定.

90   90

80   60
450
310

130   70   130   150

Ø5沉头螺栓固定

120X150木枋示意

150

40

40

50
60
50
100
40

②
（1）

100X100木柱(4条)

250   250

100厚黑色荔枝面花岗石,规格见平面

黄锤石板,冰裂纹
规格:150~350X250~500X20
25厚1:4干硬性水泥砂浆,面上撒素水泥
钢筋混凝土结构层

20厚绿色板岩,45度角密拼
规格:300X300
30厚1:4干硬性水泥砂浆,面上撒素水泥
150厚C15混凝土
150厚6%水泥稳定石粉渣
素土夯实,密实度≥90%

±0.000

-0.150

种植土

40   60
25   25
600
500
150

③
（2）

1100X400X60木板
50X80X300木板

80X80小木柱

2Ø8螺栓
注:木柱间均用Ø8沉头螺栓固定
L140X70X6,长100

-150X150X10
4Ø8,l=360

C20混凝土墩
300X300X250

100厚C10混凝土垫层

素土夯实,密实度≥93%

200   200

60
80
450
310
250
100

50   150   150   50

100   300   100
500

④
（1）

图4-26 城市风景 木亭架详图（3）

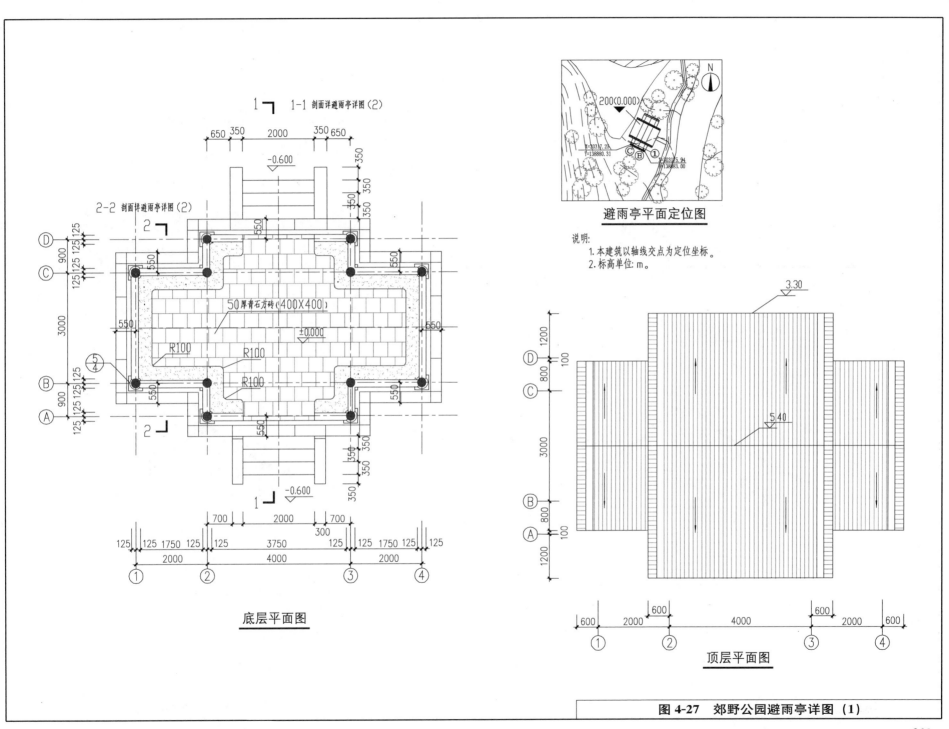

1-1 剖面详避雨亭详图（2）

2-2 剖面详避雨亭详图（2）

-0.600

50厚青石方砖（400×400）

±0.000

R100   R100

R100

避雨亭平面定位图

说明:
1. 本建筑以轴线交点为定位坐标。
2. 标高单位: m。

3.30

5.40

底层平面图

顶层平面图

图4-27 郊野公园避雨亭详图（1）

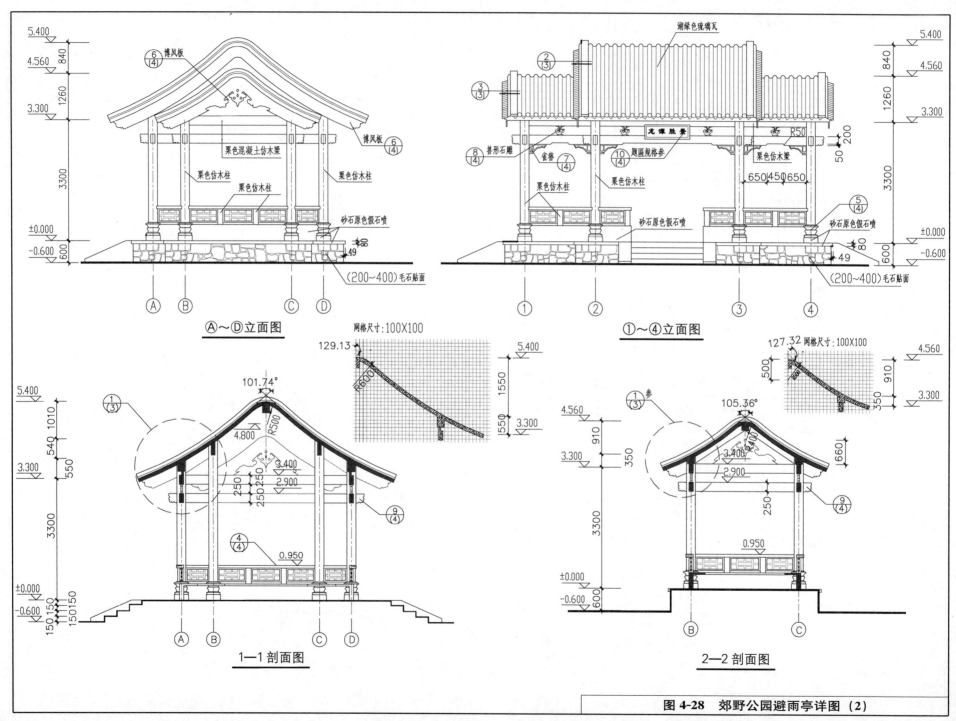

图 4-28 郊野公园避雨亭详图（2）

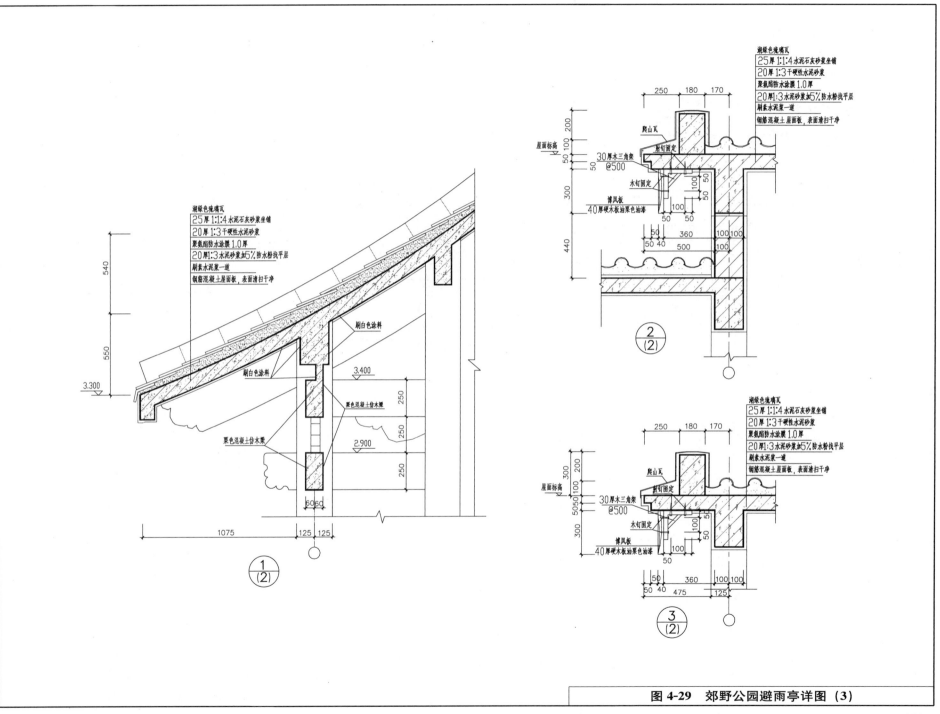

湖绿色琉璃瓦
25厚1:1:4水泥石灰砂浆坐铺
20厚1:3干硬性水泥砂浆
聚氨酯防水涂膜1.0厚
20厚1:3水泥砂浆加5%防水粉找平层
刷素水泥浆一道
钢筋混凝土屋面板，表面清扫干净

250　180　170

屋面标高

爬山瓦
钉钉固定
30厚木三角架
@500
木钉固定

博风板
40厚硬木板油黑色油漆

200
100
50
50

300

440

100
50

100

50　50

50　360　100 100
50 40　500　100

②
(2)

湖绿色琉璃瓦
25厚1:1:4水泥石灰砂浆坐铺
20厚1:3干硬性水泥砂浆
聚氨酯防水涂膜1.0厚
20厚1:3水泥砂浆加5%防水粉找平层
刷素水泥浆一道
钢筋混凝土屋面板，表面清扫干净

250　180　170

屋面标高

爬山瓦
钉钉固定
30厚木三角架
@500
木钉固定

博风板
40厚硬木板油黑色油漆

200
100
50
50

300

300

100
50

100

50　360　100 100
50 40　475　125

③
(2)

湖绿色琉璃瓦
25厚1:1:4水泥石灰砂浆坐铺
20厚1:3干硬性水泥砂浆
聚氨酯防水涂膜1.0厚
20厚1:3水泥砂浆加5%防水粉找平层
刷素水泥浆一道
钢筋混凝土屋面板，表面清扫干净

540

550

3.300

刷白色涂料

刷白色涂料

3.400

黑色混凝土仿木梁

2.900

黑色混凝土仿木梁

250

250

250

60 60

1075　125　125

①
(2)

图4-29　郊野公园避雨亭详图（3）

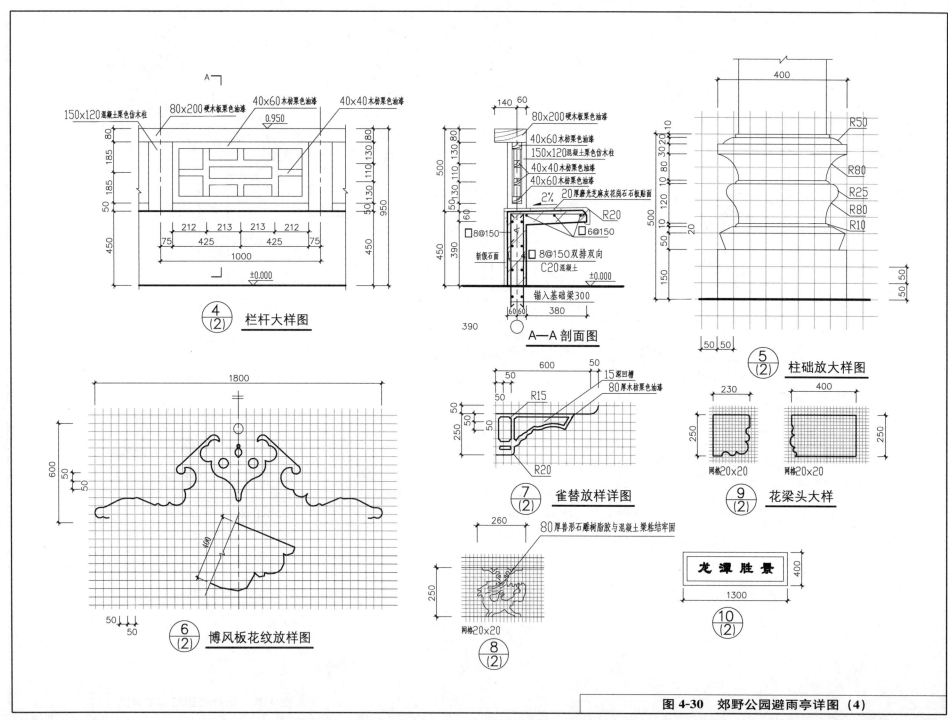

④/(2) 栏杆大样图

A—A 剖面图

⑤/(2) 柱础放大样图

⑥/(2) 博风板花纹放样图

⑦/(2) 雀替放样详图

⑧/(2)

⑨/(2) 花梁头大样

⑩/(2)

龙潭胜景

150×120混凝土栗色仿木柱
80×200硬木板栗色油漆
40×60木枋栗色油漆
40×40木枋栗色油漆

80×200硬木板栗色油漆
40×60木枋栗色油漆
150×120混凝土栗色仿木柱
40×40木枋栗色油漆
40×60木枋栗色油漆
20厚磨光芝麻灰花岗石石板贴面
斩假石面
□8@150
□6@150
□8@150双排双向
C20混凝土
锚入基础梁300

15深凹槽
80厚木枋栗色油漆

80厚兽形石雕树脂胶与混凝土梁粘结牢固

网格20×20

图 4-30　郊野公园避雨亭详图（4）

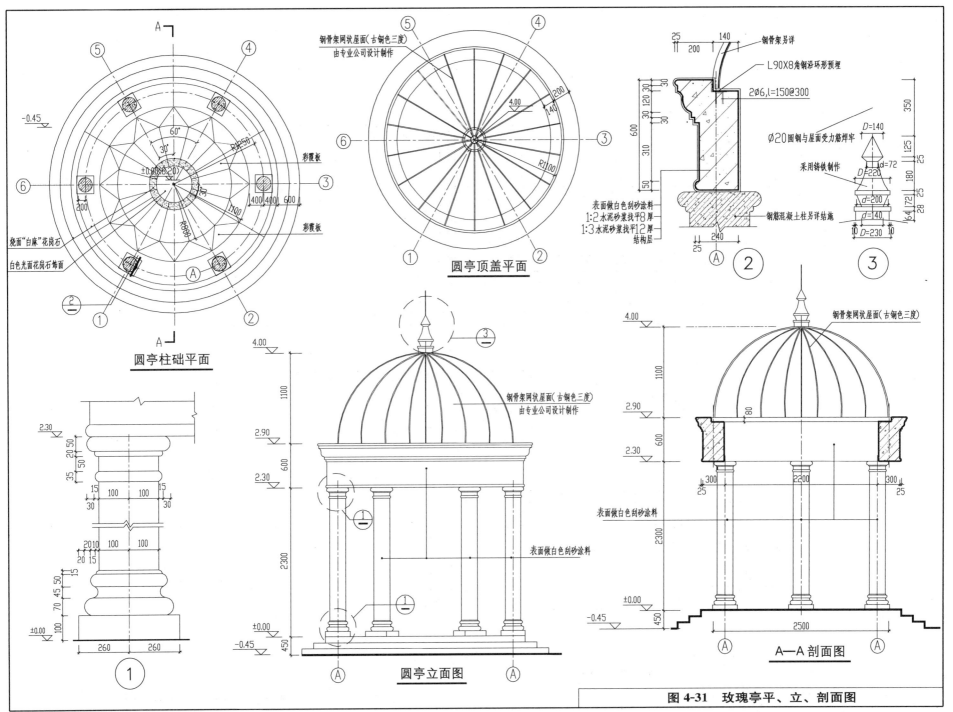

A-A

⑤ ④

-0.45

60°
30°
±0.00(8.20)
R350
30°
1100
R800

彩霞板

彩霞板

400 400 600
200

烧面"白麻"花岗石

白色光面花岗石饰面

圆亭柱础平面

钢骨架网状屋面(古铜色三度)
由专业公司设计制作

⑤ ④

200
4.00
140

⑥

③

R1100

① ②

圆亭顶盖平面

25 140
200
30 30
120 30
600
310
50

钢骨架另详

L90X8角钢沿环形预埋

2Φ6,l=150@300

表面做白色刮砂涂料
1:2水泥砂浆找平8厚
1:3水泥砂浆找平12厚
结构层

240
25

钢筋混凝土柱另详结施

② ⑧

350
D=140
125
25
Φ20圆钢与屋面受力筋焊牢 180
采用铸铁制作 d=72
D=220
d=200
64 72 28
d=140
10 D=230 10

③

2.30

20 50
35 50

15 100 100 15
30 30

20 10 100 100
20 15

15
45 50 15
70
100

±0.00

260 260

①

4.00

2.90

2.30

600

2300

±0.00
-0.45 450

钢骨架网状屋面(古铜色三度)
由专业公司设计制作

③

①

①

表面做白色刮砂涂料

Ⓐ Ⓐ

圆亭立面图

4.00

1100

2.90

2.30
600

2300

钢骨架网状屋面(古铜色三度)

80

300 2200 300
25 25

表面做白色刮砂涂料

±0.00
-0.45 450

2500

Ⓐ Ⓐ

A—A剖面图

图4-31 玫瑰亭平、立、剖面图

273

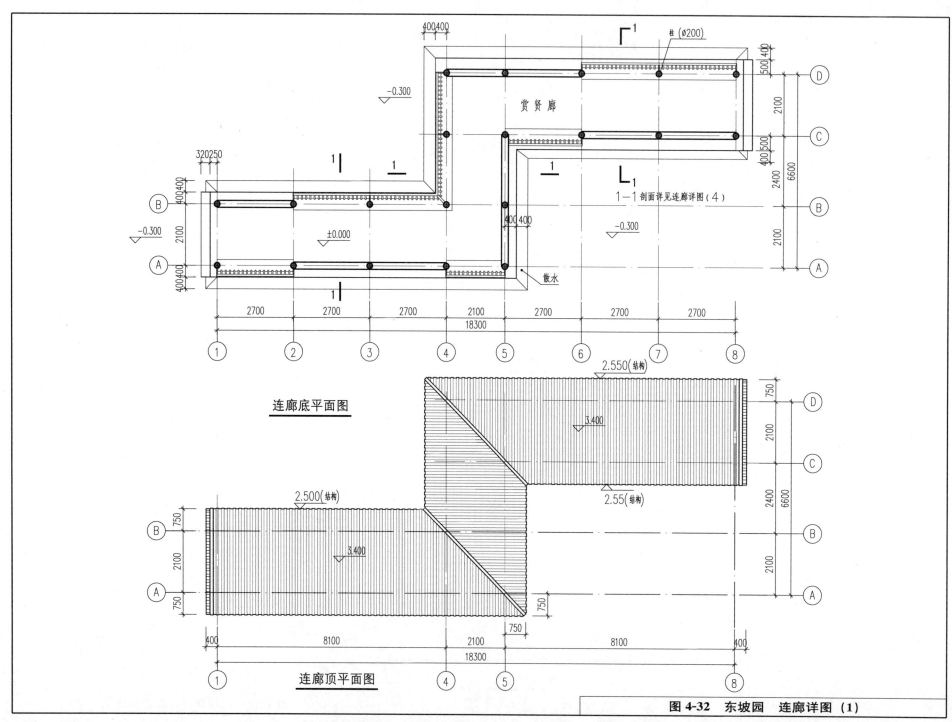

连廊底平面图

连廊顶平面图

图 4-32 东坡园 连廊详图 (1)

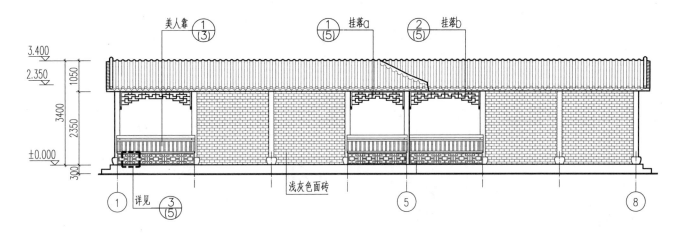

①～⑧连廊立平面图

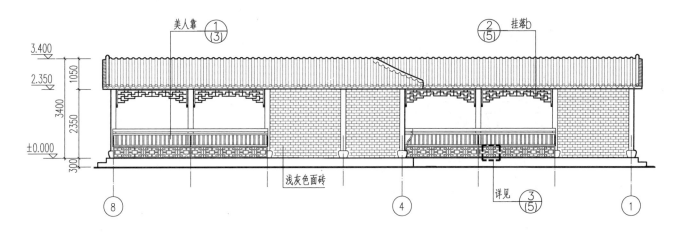

⑧～①连廊立平面图

图4-33 东坡园 连廊详图（2）

275

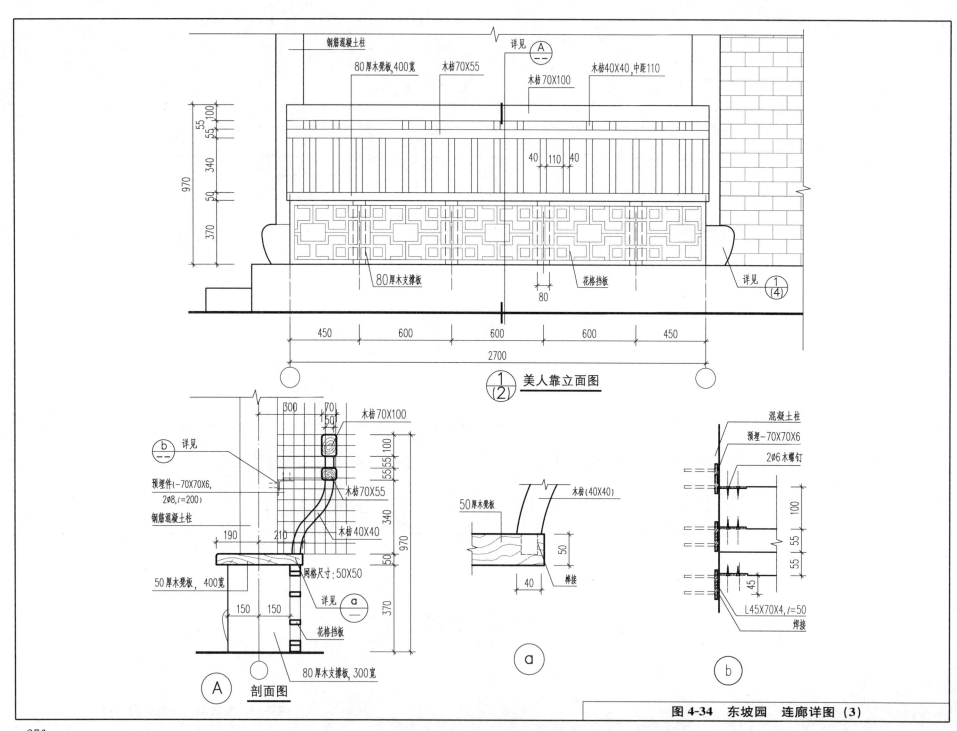

钢筋混凝土柱

80厚木凳板，400宽　　木枋70X55

木枋70X100

木枋40X40，中距110

详见 Ⓐ

40 110 40

80厚木支撑板

花格挡板

详见 ①④

80

450　　600　　600　　600　　450

2700

① ② 美人靠立面图

300 70
50

木枋70X100

ⓑ 详见

预埋件(-70X70X6,
2ø8, l=200)

钢筋混凝土柱

木枋70X55

木枋40X40

190　210

50厚木凳板，400宽

网格尺寸：50X50

详见 ⓐ

花格挡板

150 150

80厚木支撑板，300宽

Ⓐ 剖面图

50厚木凳板

木枋(40X40)

50

榫接

40

ⓐ

混凝土柱

预埋-70X70X6

2ø6木螺钉

100

55 55

45

L45X70X4, l=50

焊接

ⓑ

图 4-34　东坡园　连廊详图（3）

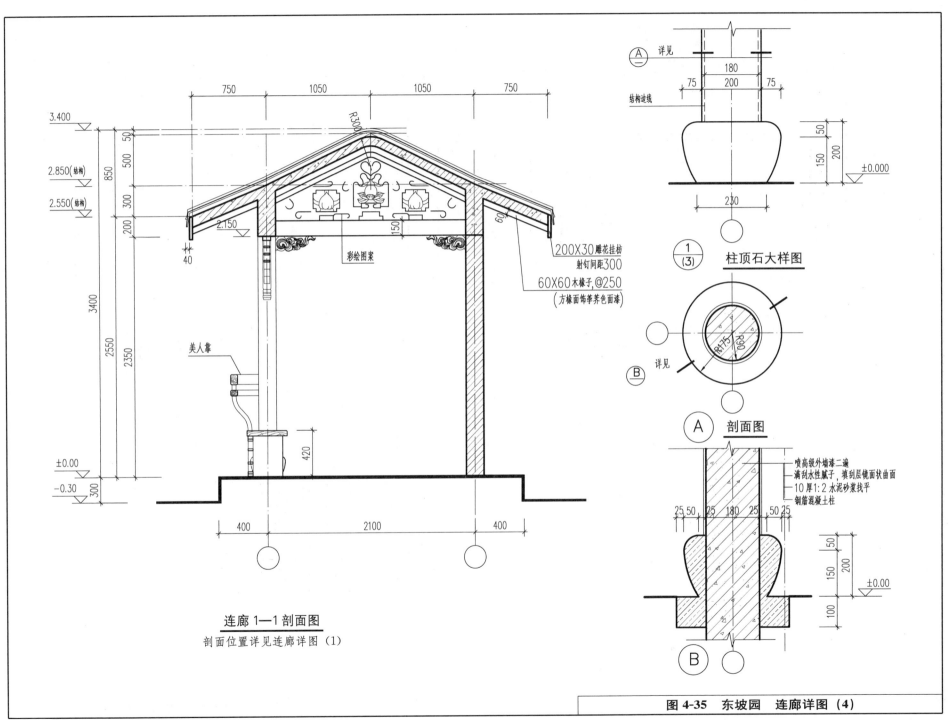

连廊 1—1 剖面图

剖面位置详见连廊详图（1）

柱顶石大样图

剖面图

喷高级外墙漆二遍
满刮水性腻子，填刮层镜面状曲面
10厚1：2水泥砂浆找平
钢筋混凝土柱

200×30雕花挂枋
射钉间距300
60×60木椽子,@250
（方椽面饰茅色面漆）

彩绘图案

美人靠

图4-35 东坡园 连廊详图（4）

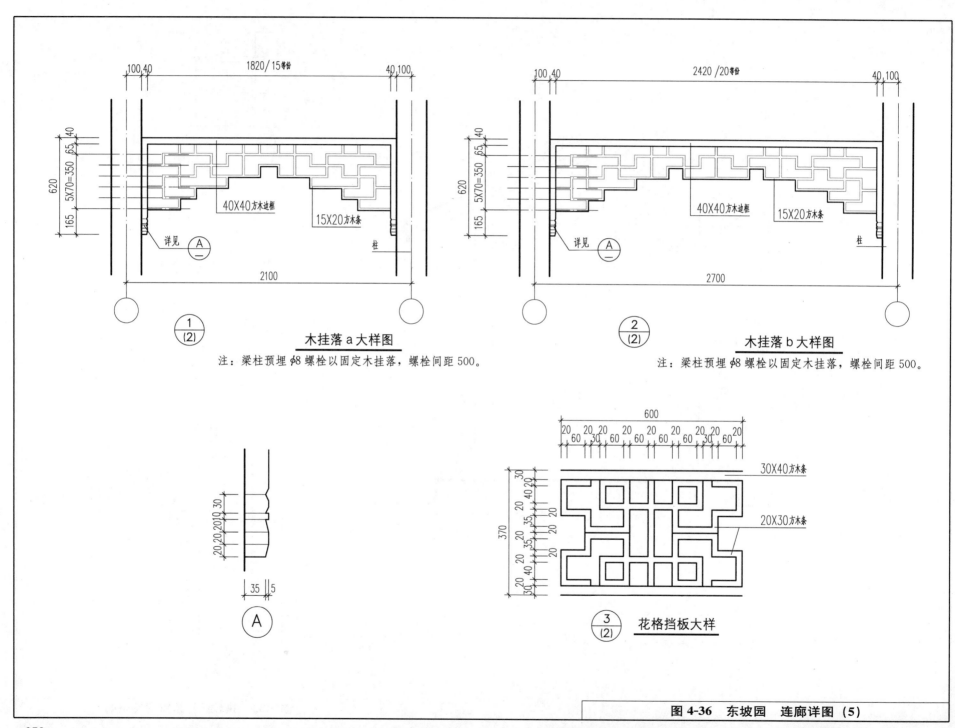

木挂落 a 大样图

注：梁柱预埋 φ8 螺栓以固定木挂落，螺栓间距500。

木挂落 b 大样图

注：梁柱预埋 φ8 螺栓以固定木挂落，螺栓间距500。

40×40方木边框

15×20方木条

30×40方木条

20×30方木条

花格挡板大样

图4-36 东坡园 连廊详图（5）

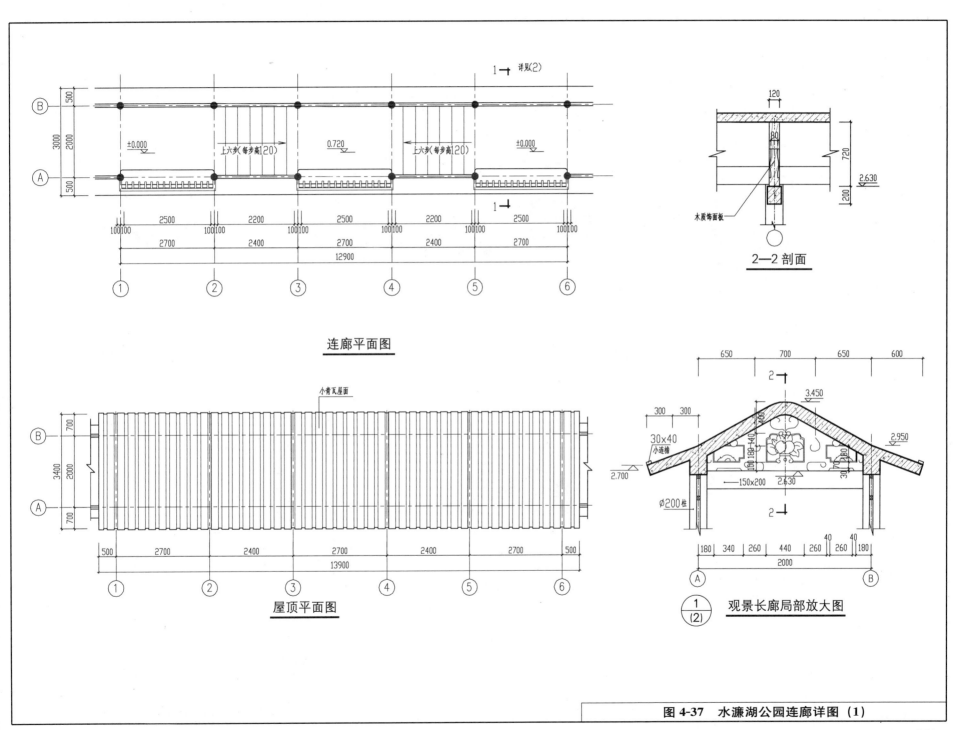

连廊平面图

屋顶平面图

2—2 剖面

观景长廊局部放大图

图 4-37 水濂湖公园连廊详图（1）

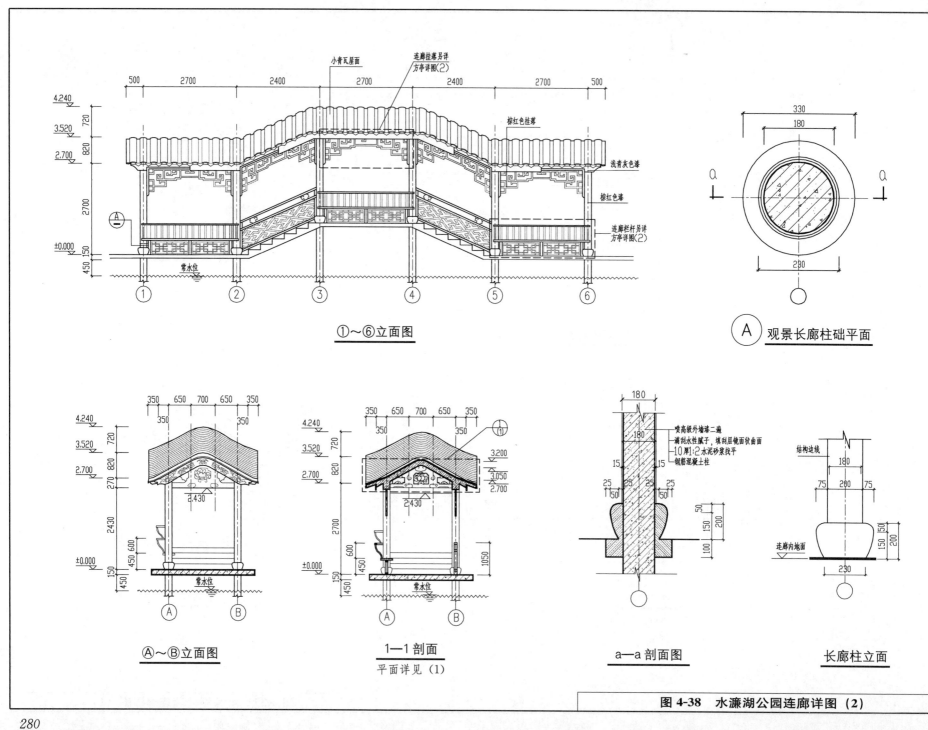

①~⑥立面图

Ⓐ 观景长廊柱础平面

Ⓐ~Ⓑ立面图

1—1剖面
平面详见（1）

a—a剖面图

长廊柱立面

图 4-38　水濂湖公园连廊详图（2）

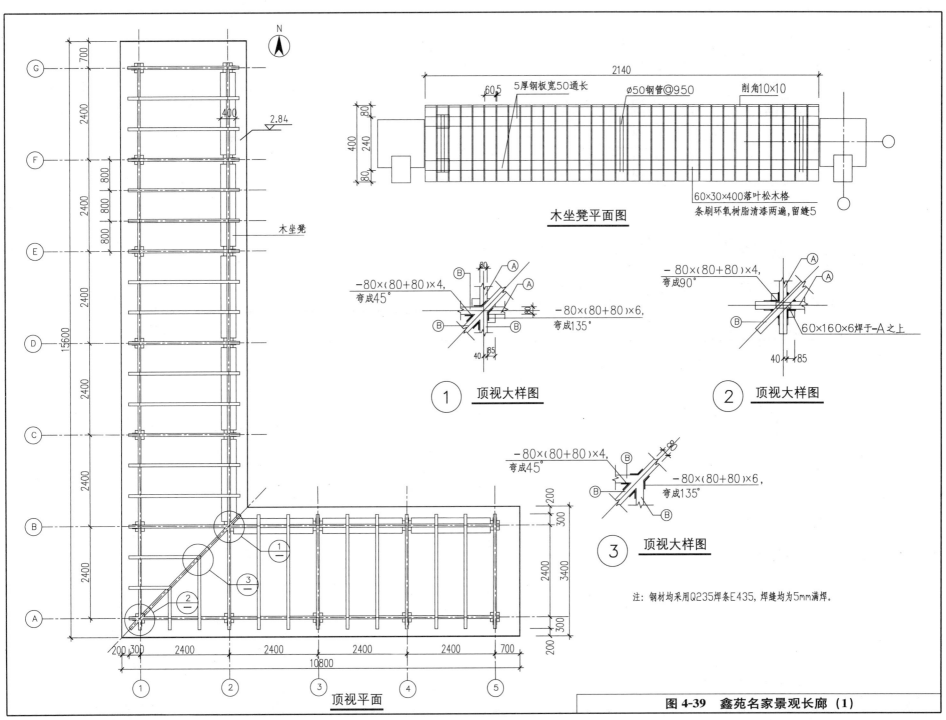

木坐凳平面图

注：钢材均采用Q235焊条E435，焊缝均为5mm满焊。

① 顶视大样图

② 顶视大样图

③ 顶视大样图

顶视平面

图4-39　鑫苑名家景观长廊（1）

281

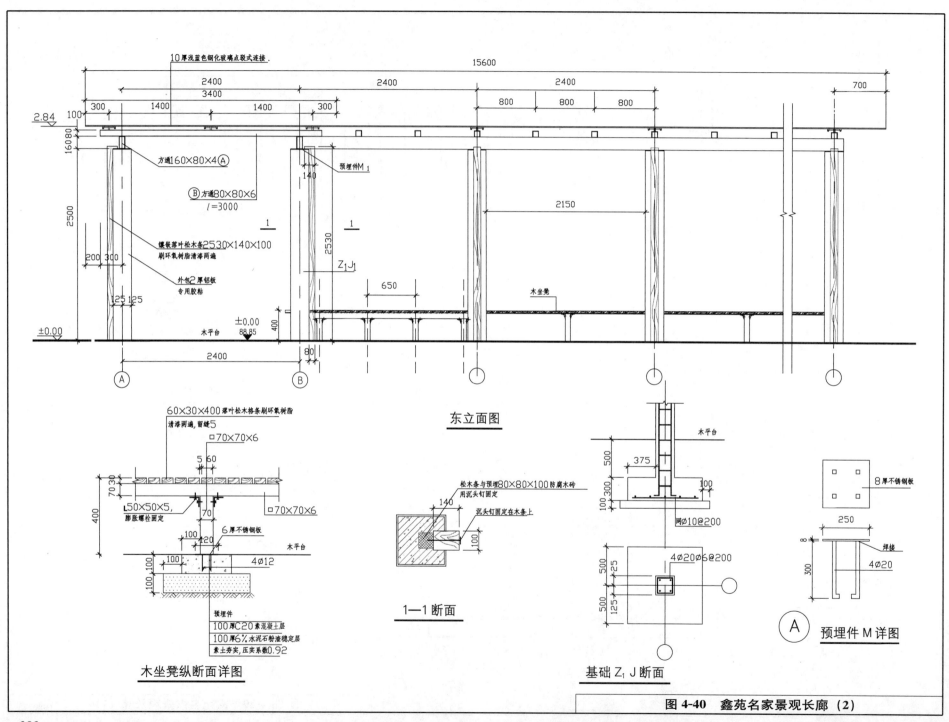

东立面图

木坐凳纵断面详图

1—1断面

基础 Z₁J断面

预埋件 M 详图

图 4-40　鑫苑名家景观长廊（2）

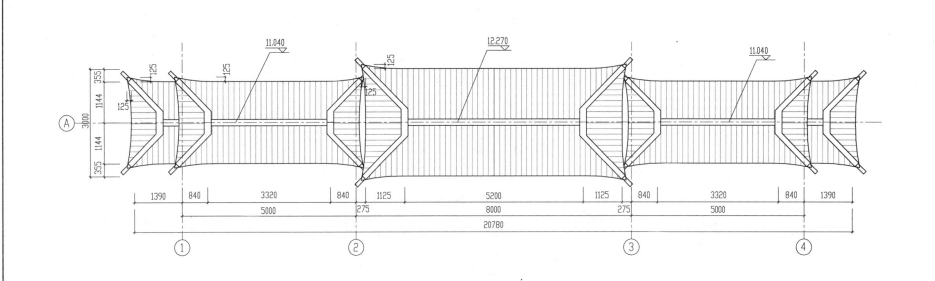

屋顶平面图

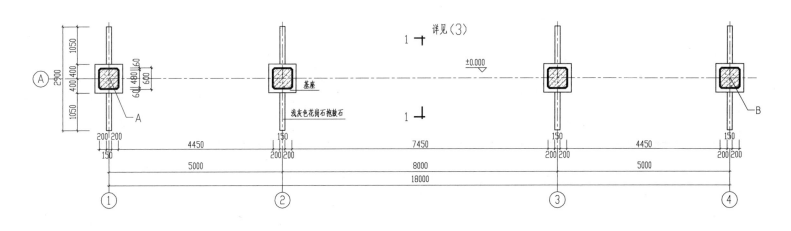

注：A、B为定位坐标值。

柱基础平面图

图 4-41 水濂湖公园景观设计牌坊详图（1）

283

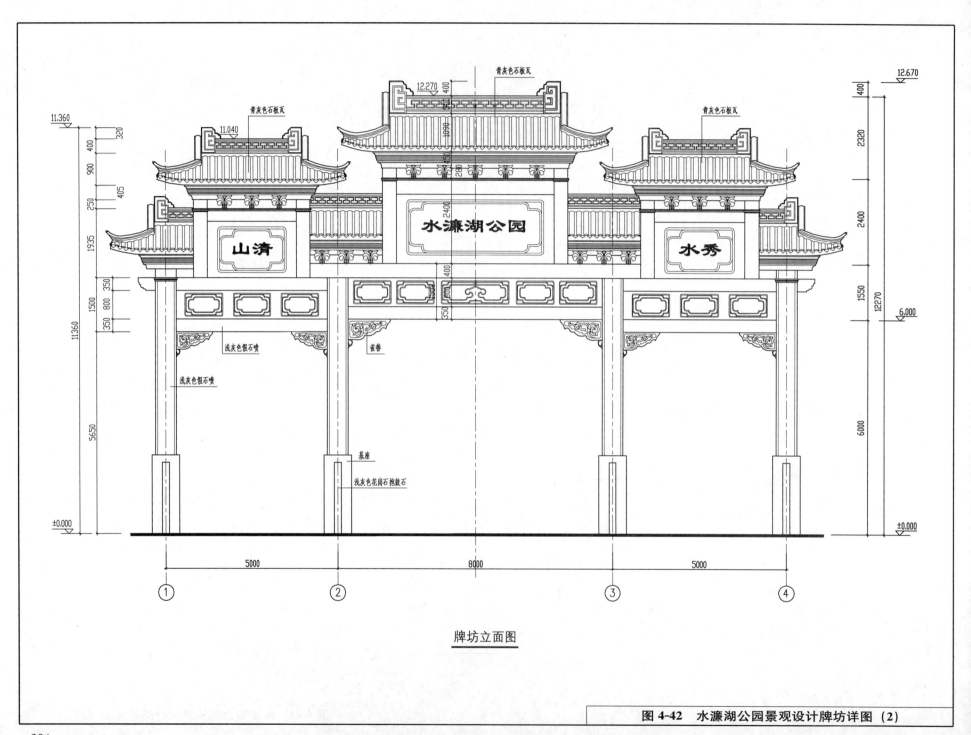

牌坊立面图

图 4-42　水濂湖公园景观设计牌坊详图（2）

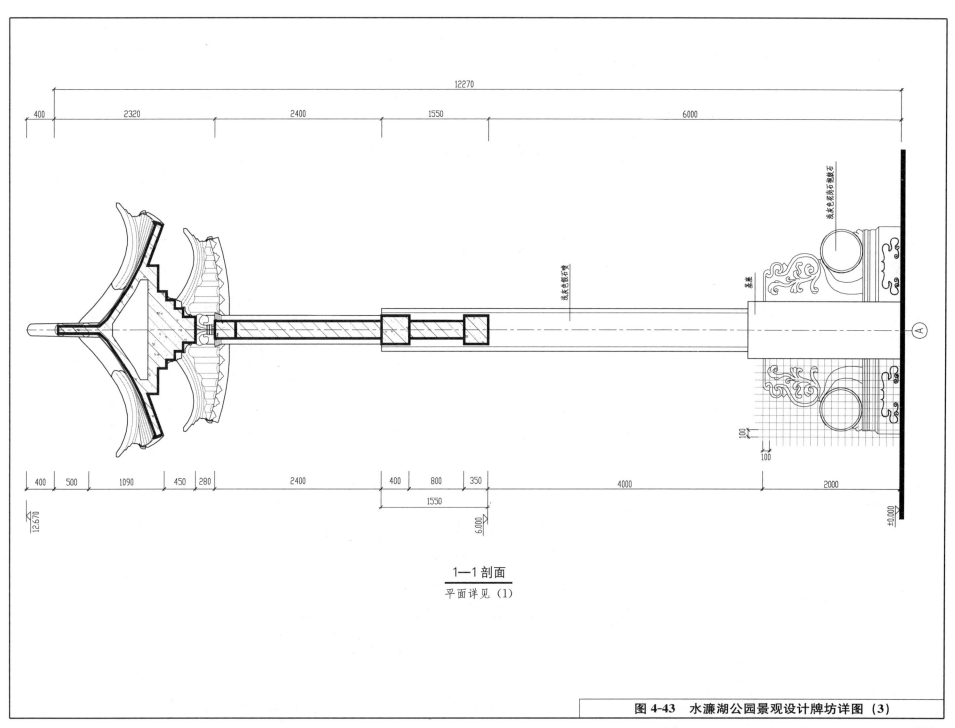

12270

400　2320　2400　1550　6000

浅水色花岗石饰面石

浅水色花岗石饰面石

盖座

100
100

浅水色花岗石饰面石

Ⓐ

±0.000

400　500　1090　450　280　2400　400　800　350　4000　2000

1550

6.000

12.670

1—1 剖面
平面详见（1）

图 4-43　水濂湖公园景观设计牌坊详图（3）

285

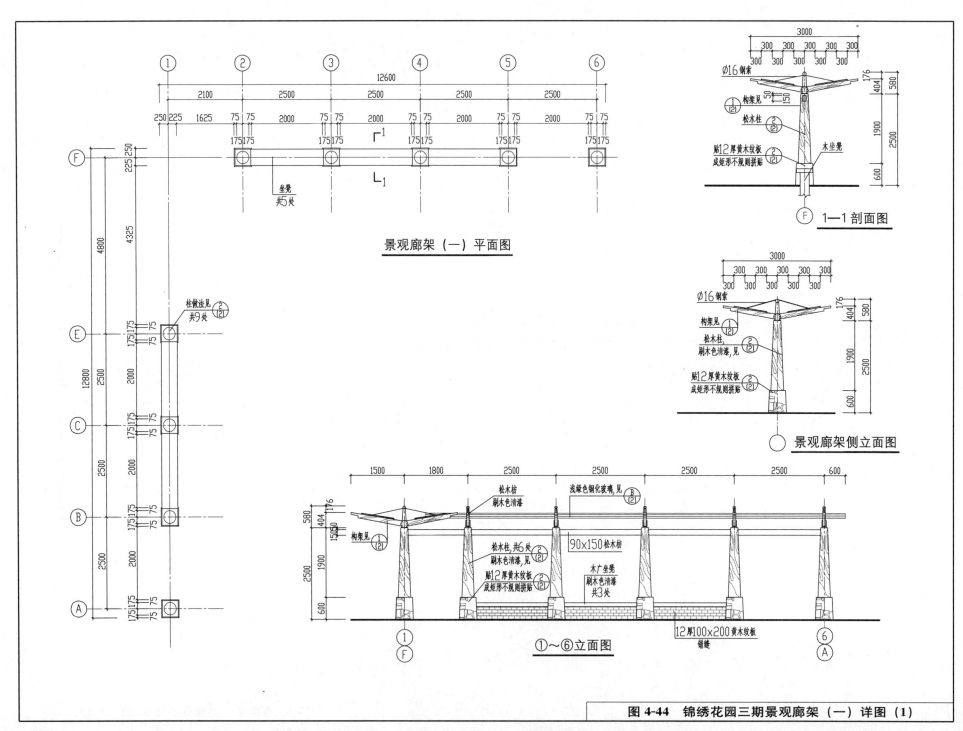

景观廊架（一）平面图

1—1 剖面图

景观廊架侧立面图

①～⑥立面图

图4-44 锦绣花园三期景观廊架（一）详图（1）

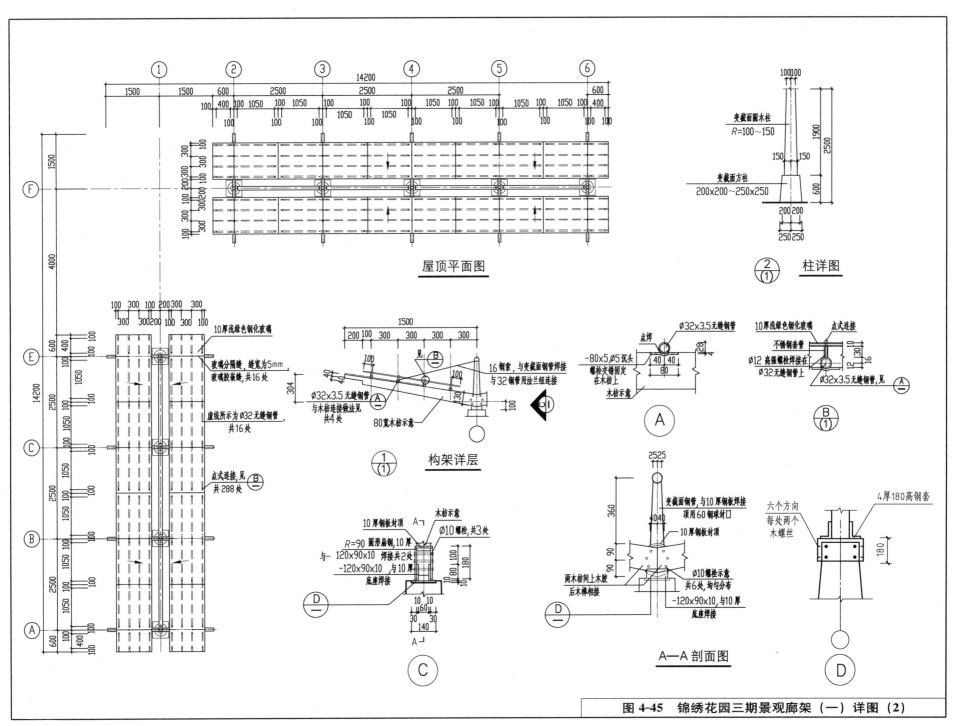

屋顶平面图

$\frac{2}{1}$ 柱详图

构架详层 $\frac{1}{1}$

A—A 剖面图

图4-45 锦绣花园三期景观廊架（一）详图（2）

287

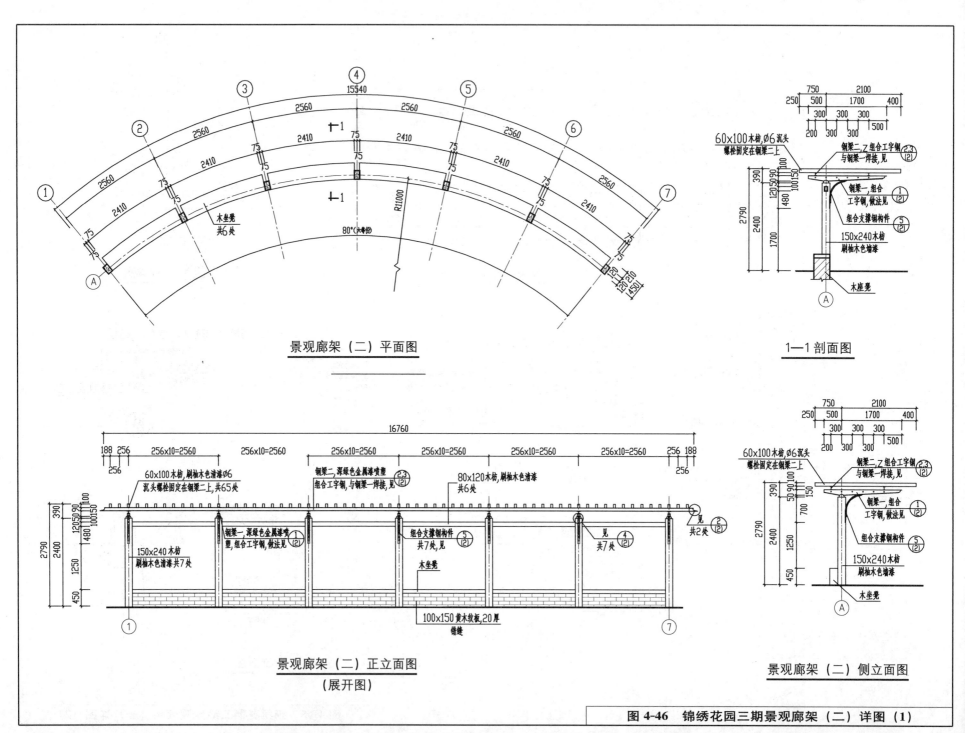

景观廊架（二）平面图

1—1 剖面图

景观廊架（二）正立面图
（展开图）

景观廊架（二）侧立面图

图 4-46　锦绣花园三期景观廊架（二）详图（1）

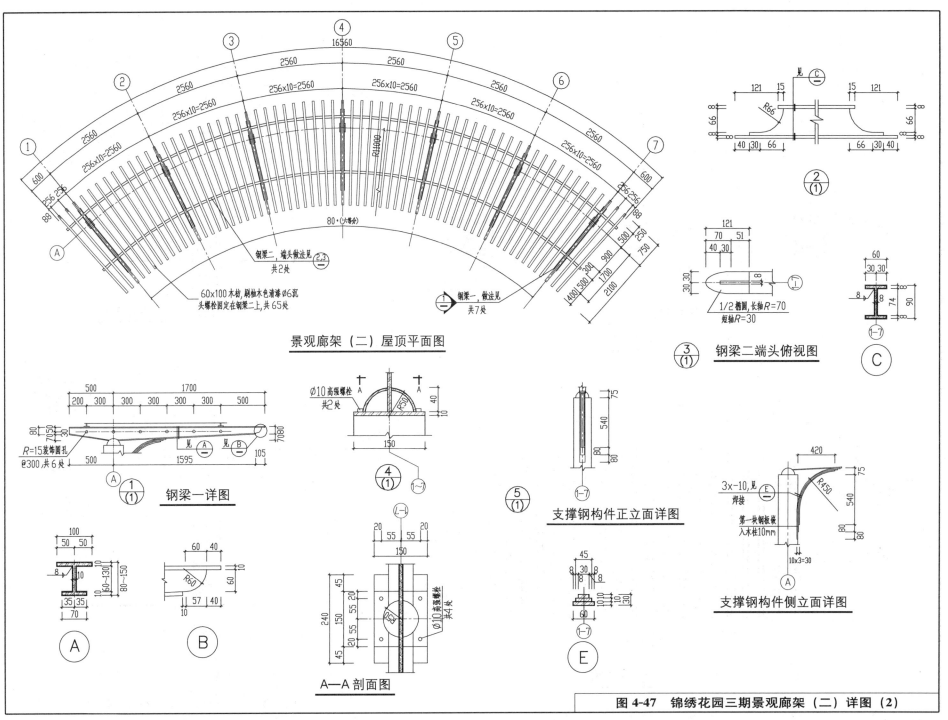

景观廊架（二）屋顶平面图

钢梁二端头俯视图

钢梁一详图

A—A剖面图

支撑钢构件正立面详图

支撑钢构件侧立面详图

图4-47 锦绣花园三期景观廊架（二）详图（2）

289

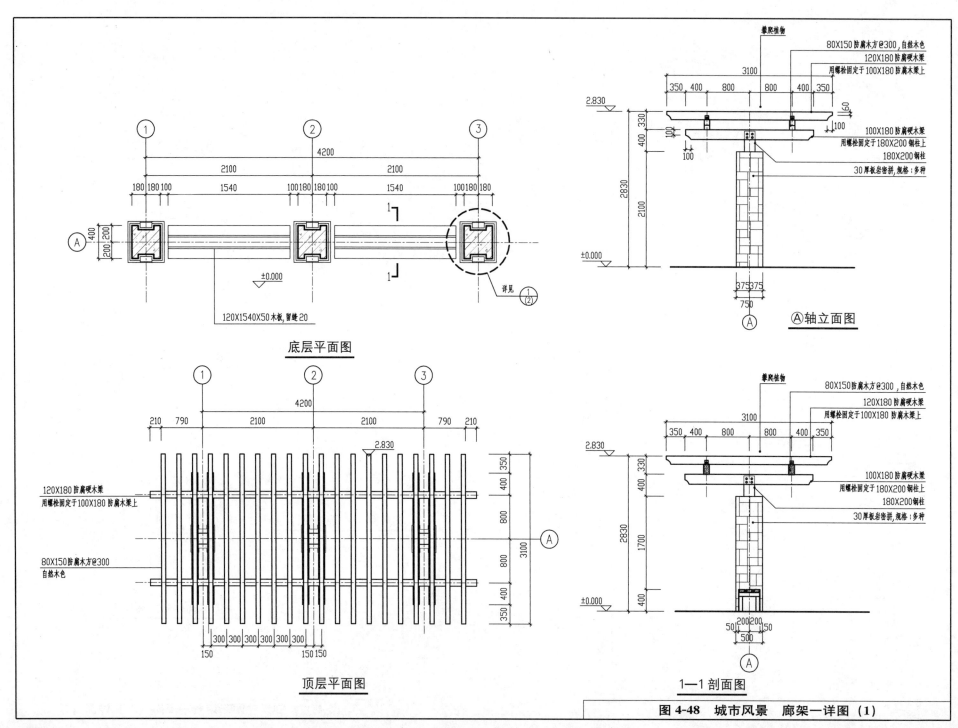

底层平面图

顶层平面图

A轴立面图

1—1 剖面图

图 4-48　城市风景　廊架一详图（1）

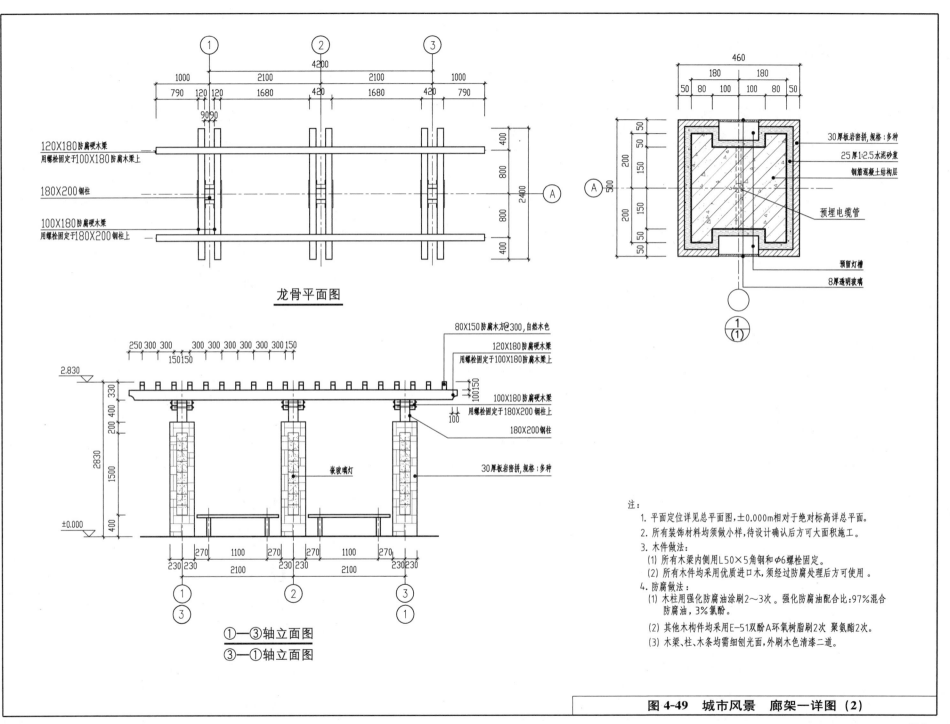

龙骨平面图

120×180防腐硬木梁
用螺栓固定于100×180防腐木梁上

180×200钢柱

100×180防腐硬木梁
用螺栓固定于180×200钢柱上

30厚板岩密拼,规格:多种

25厚1:2.5水泥砂浆

钢筋混凝土结构层

预埋电缆管

预留灯槽

8厚透明玻璃

80×150防腐木方@300,自然木色

120×180防腐硬木梁
用螺栓固定于100×180防腐木梁上

100×180防腐硬木梁
用螺栓固定于180×200钢柱上

180×200钢柱

嵌玻璃灯

30厚板岩密拼,规格:多种

①—③轴立面图
③—①轴立面图

注:
1. 平面定位详见总平面图,±0.000m相对于绝对标高详总平面。
2. 所有装饰材料均须做小样,待设计确认后方可大面积施工。
3. 木件做法:
 (1) 所有木梁内侧用L50×5角钢和φ6螺栓固定。
 (2) 所有木件均采用优质进口木,须经过防腐处理后方可使用。
4. 防腐做法:
 (1) 木柱用强化防腐油涂刷2~3次。强化防腐油配合比:97%混合防腐油,3%氯酚。
 (2) 其他木构件均采用E-51双酚A环氧树脂刷2次 聚氨酯2次。
 (3) 木梁、柱、木条均需细刨光面,外刷木色清漆二道。

图4-49 城市风景 廊架一详图(2)

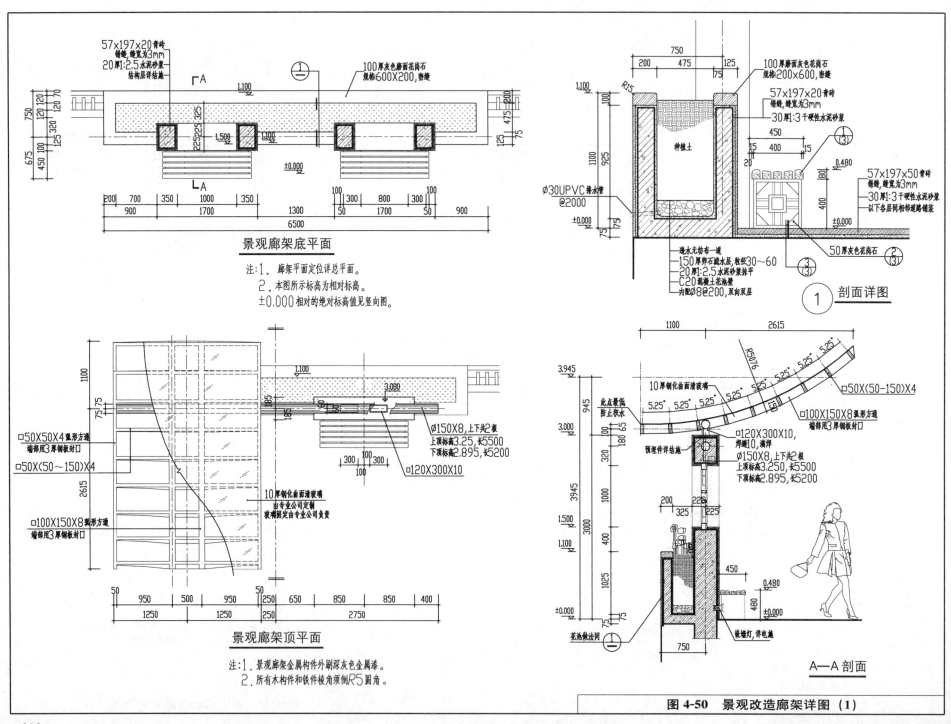

景观廊架底平面

注：1．廊架平面定位详总平面。
　　2．本图所示标高为相对标高。
　　±0.000相对的绝对标高值见竖向图。

景观廊架顶平面

注：1．景观廊架金属构件外刷深灰色金属漆。
　　2．所有木构件和铁件棱角须倒R5圆角。

① 剖面详图

A—A 剖面

图 4-50　景观改造廊架详图（1）

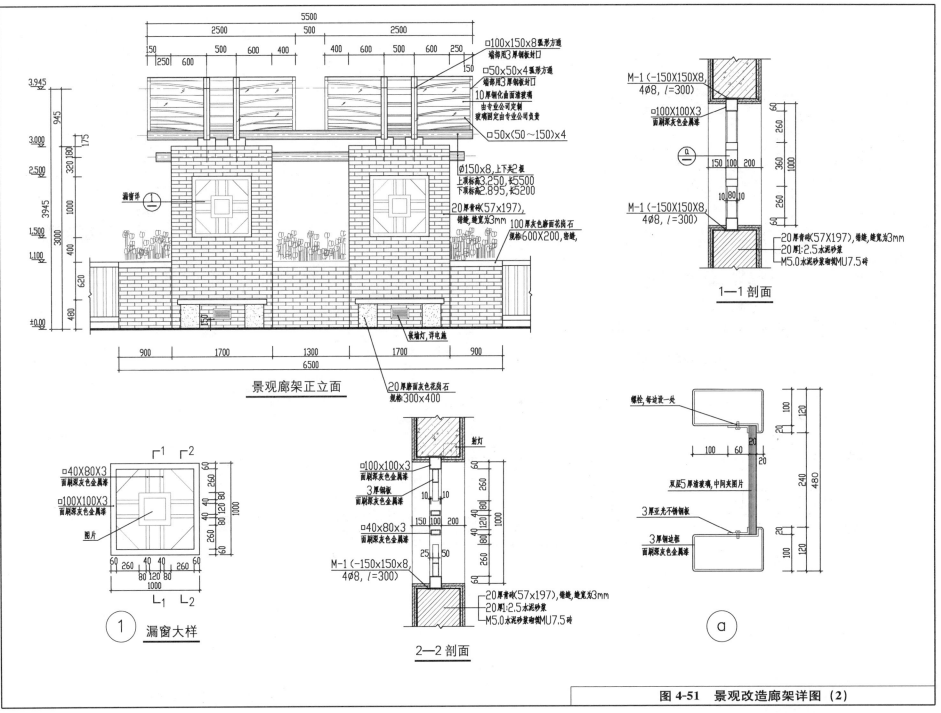

景观廊架正立面

① 漏窗大样

1—1 剖面

2—2 剖面

ⓐ

图 4-51 景观改造廊架详图 (2)

293

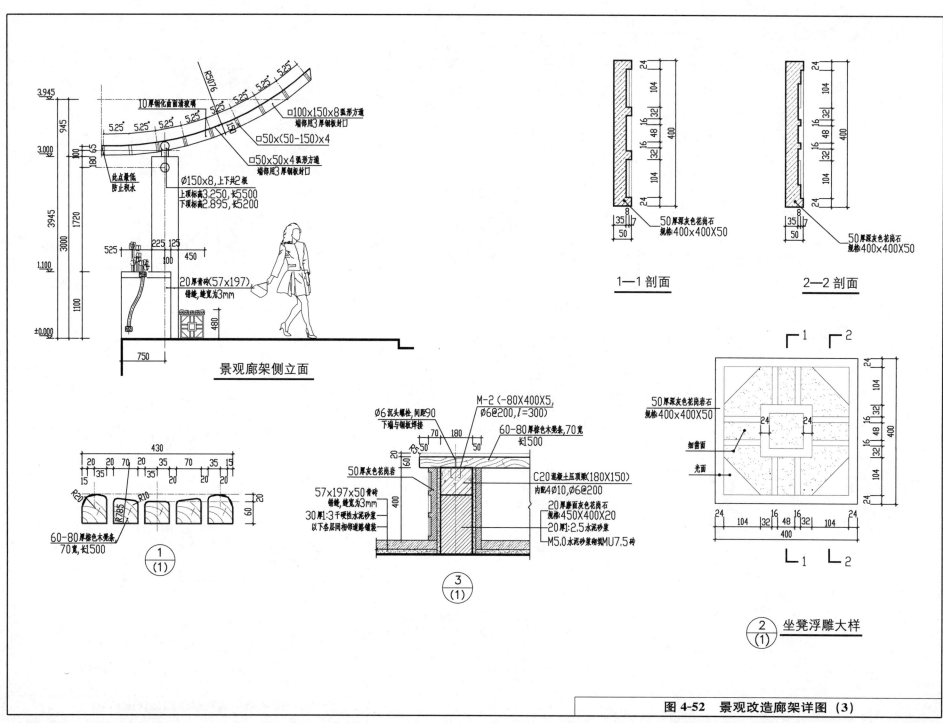

景观廊架侧立面

1—1 剖面

2—2 剖面

1
(1)

3
(1)

2
(1) 坐凳浮雕大样

图 4-52 景观改造廊架详图 (3)

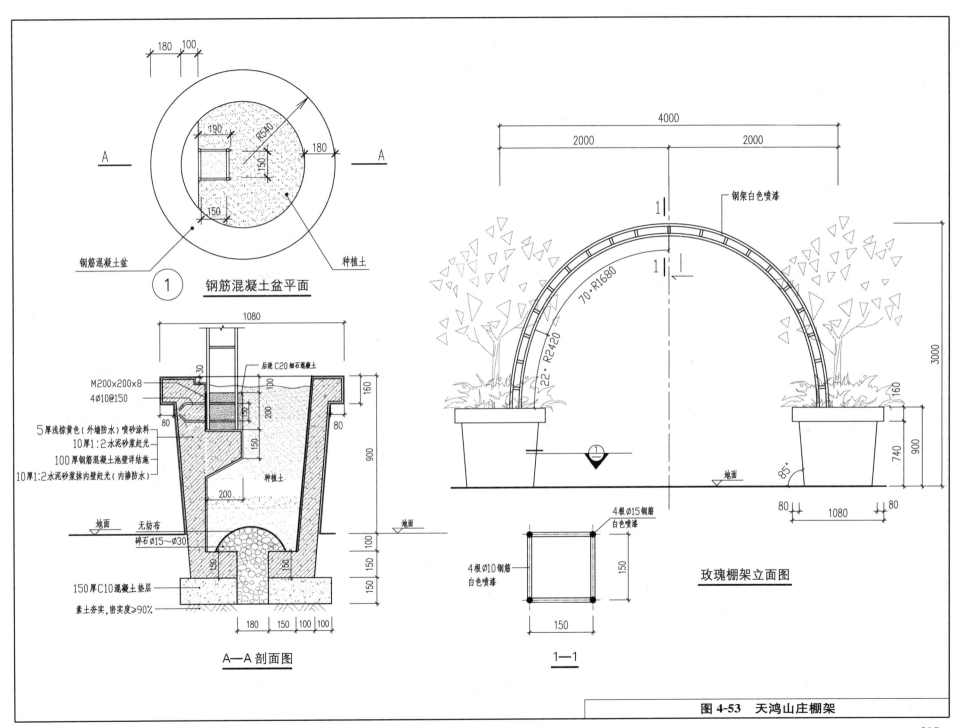

钢筋混凝土盆

种植土

① 钢筋混凝土盆平面

钢架白色喷漆

M200×200×8

4Ø10@150

后浇 C20 细石混凝土

5厚浅棕黄色(外墙防水) 喷砂涂料
10厚1:2水泥砂浆起光
100 厚钢筋混凝土池壁详结施
10厚1:2水泥砂浆抹内壁起光(内掺防水)

种植土

地面

无纺布

碎石 Ø15~Ø30

150 厚C10混凝土垫层

素土夯实,密实度≥90%

A—A 剖面图

地面

钢架白色喷漆

70·R1680

22°·R2420

地面

85°

玫瑰棚架立面图

4根 Ø15钢筋
白色喷漆

4根 Ø10钢筋
白色喷漆

1—1

图 4-53　天鸿山庄棚架

295

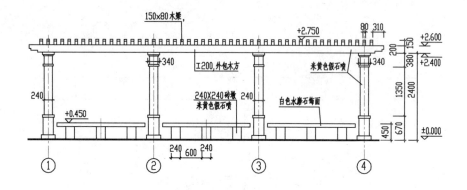

廊架（一）正立面图

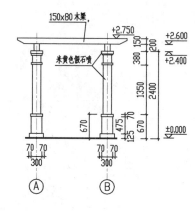

廊架（一）侧立面图

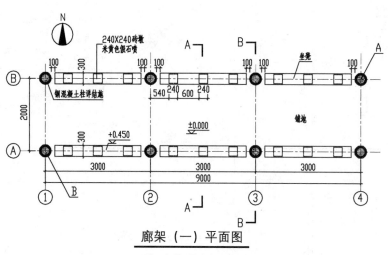

廊架（一）平面图

注：A-A,B-B剖面图详见廊架(二)详图。

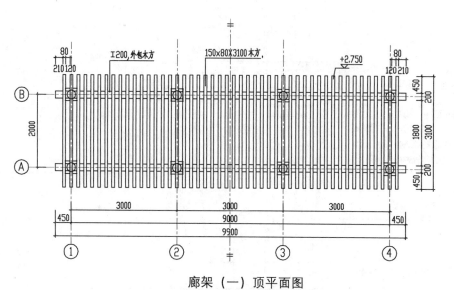

廊架（一）顶平面图

注：A,B点位置见本图及廊架(二)详图。
±0.000m相对于绝对标高见总平面图。

图 4-54 阳光海岸廊架（一）详图

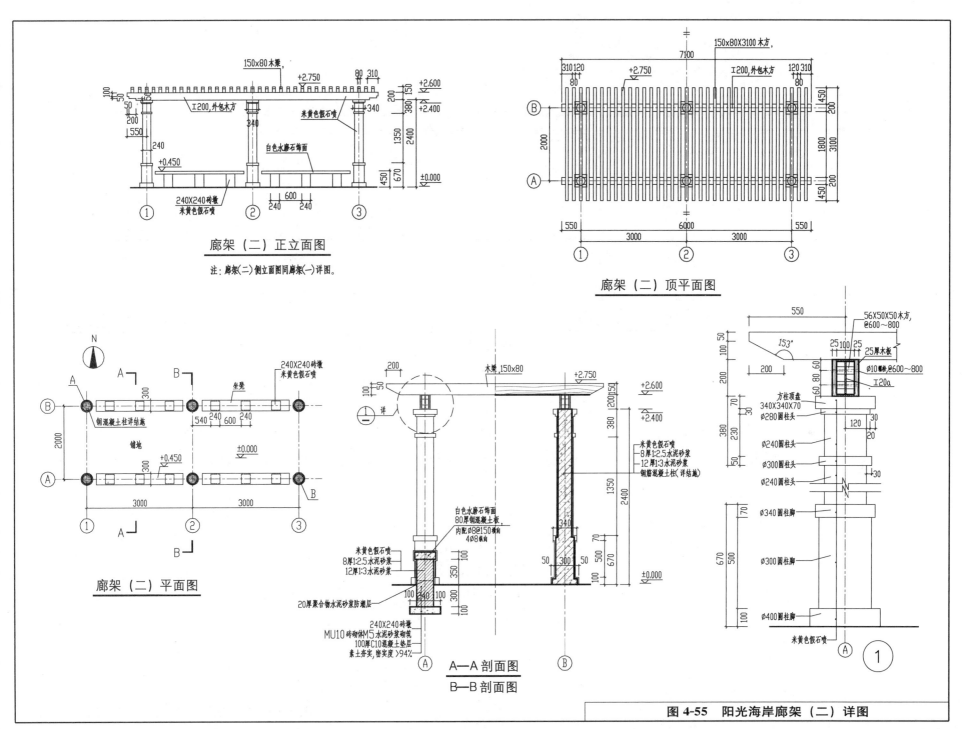

廊架（二）正立面图

注：廊架（二）侧立面图同廊架（一）详图。

廊架（二）顶平面图

廊架（二）平面图

A—A 剖面图
B—B 剖面图

图 4-55　阳光海岸廊架（二）详图

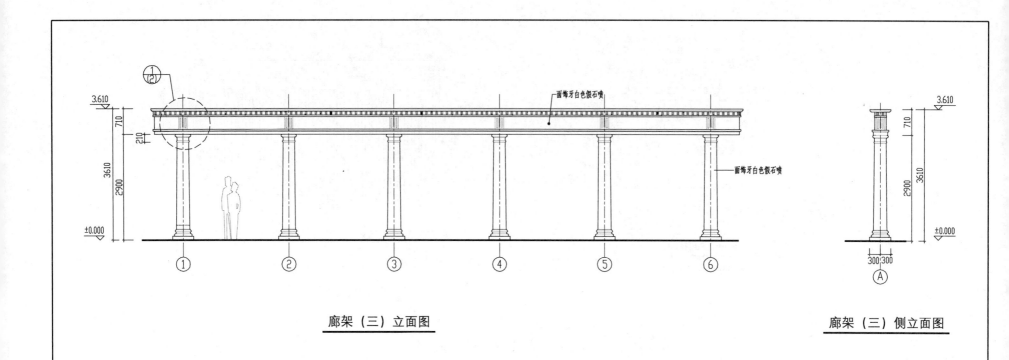

廊架（三）立面图

廊架（三）侧立面图

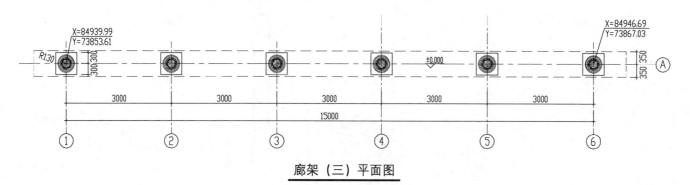

廊架（三）平面图

注：本图所用标高为相对标高，
±0.000m相当于绝对标高为－0.250。

图 4-56 阳光海岸廊架（三）详图（1）

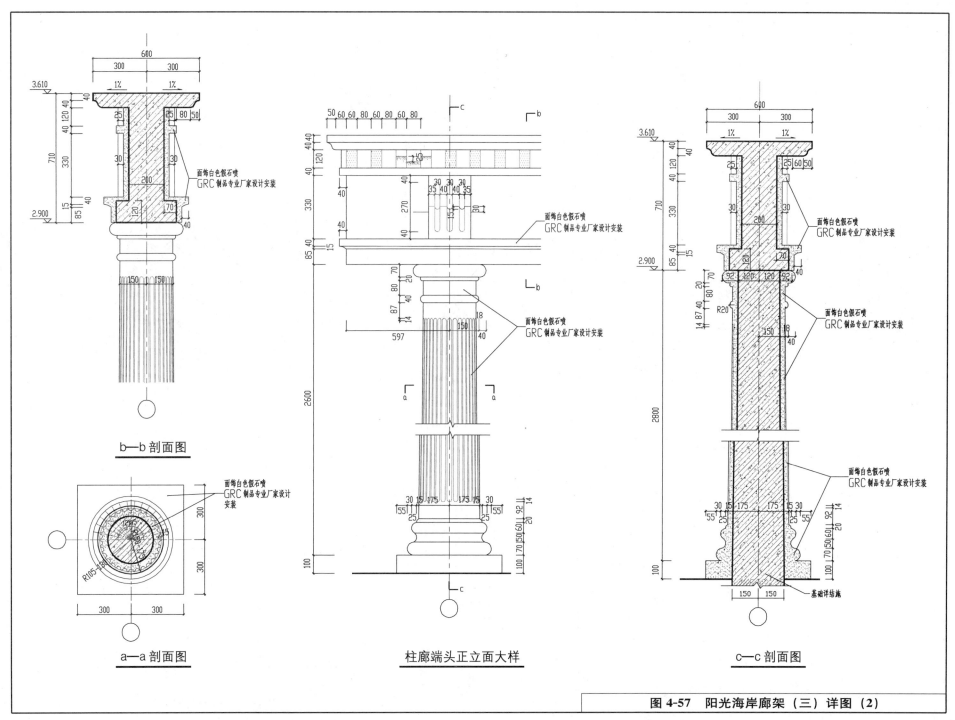

b—b 剖面图

a—a 剖面图

柱廊端头正立面大样

c—c 剖面图

面饰白色假石喷
GRC制品专业厂家设计安装

基础详结施

图 4-57 阳光海岸廊架（三）详图（2）

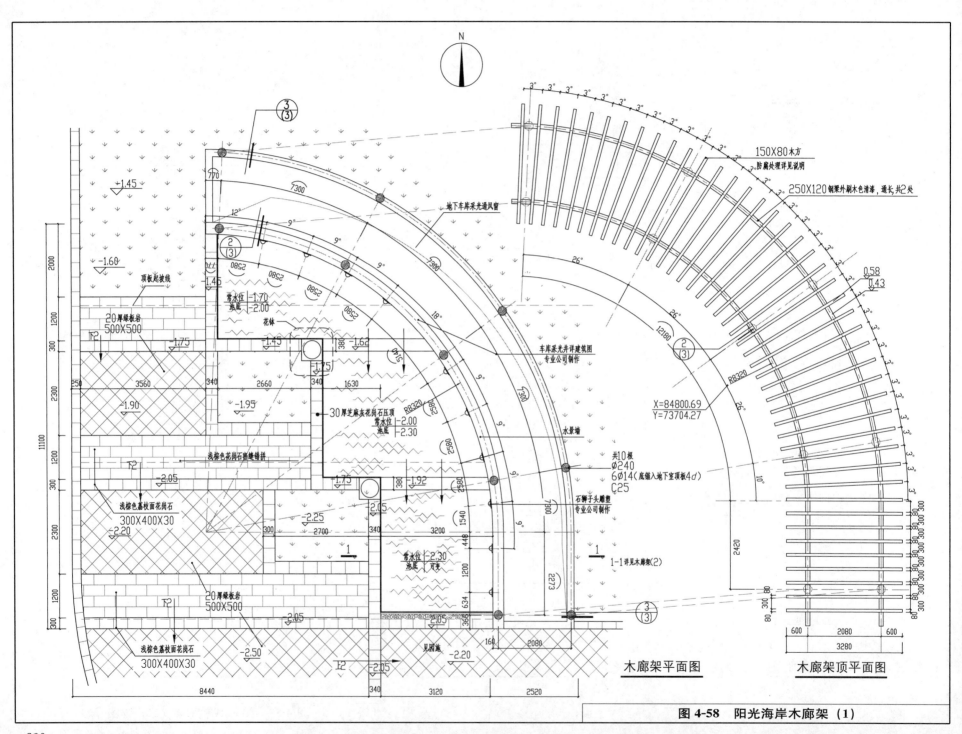

150X80木方
防腐处理详见说明
250X120钢梁外刷木色清漆,通长,共2处

-1.45
-1.60
顶板起坡线
20厚碧板岩
500X500
-1.75
-1.90
浅棕色花岗石密缝错拼
-2.05
浅棕色荔枝面花岗石
300X400X30
-2.20
-2.05
20厚碧板岩
500X500
浅棕色荔枝面花岗石
300X400X30
-2.50

-1.45
770
7300
12°
9°
2580
2580
-1.45
常水位 -1.70
池底 -2.00
花钵
9°
9°
-1.95
30厚芝麻灰花岗石压顶
常水位 -2.00
池底 -2.30
R8320
-1.75
-1.92
2580
1540
-2.25
2700
340
3200
448
常水位 -2.30
池底 可变
1200
634
366
160
2080
-2.05
见园施
-2.20
-2.05

地下车库采光通风窗
300
18°
7300
9°
车库采光井详见建筑图
专业公司制作
水景墙
共10根
Ø240
6Ø14(底锚入地下室顶板4d)
C25
石狮子头雕塑
专业公司制作
1
1-1详见木廊架(2)

26°
0.58
0.43
R8320
26°
X=84800.69
Y=73704.27
26°
10°
2420
2273
80 300 80
600 2080 600
3280

11100
8440   3120   2520

木廊架平面图

木廊架顶平面图

图4-58 阳光海岸木廊架(1)

300

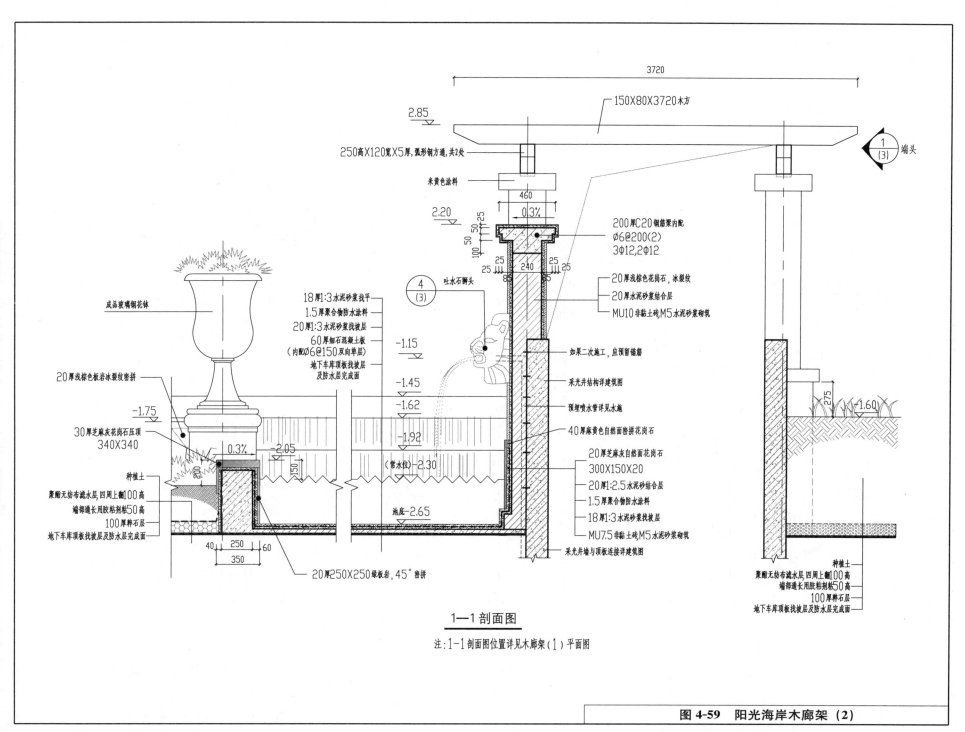

3720

150X80X3720木方

2.85

250高X120宽X5厚,弧形钢方通,共2处

端头 1(3)

米黄色涂料

460

0.3%

2.20

200厚C20钢筋梁内配
Ø6@200(2)
3Φ12,2Φ12

吐水石狮头 4(3)

成品玻璃钢花钵

18厚1:3水泥砂浆找平
1.5厚聚合物防水涂料
20厚1:3水泥砂浆找坡层
60厚细石混凝土板
（内配Ø6@150双向单层）
地下车库顶板找坡层
及防水层完成面

20厚浅棕色花岗石,冰裂纹
20厚水泥砂浆结合层
MU10非黏土砖,M5水泥砂浆砌筑

如果二次施工,应预留锚筋

采光井结构详建筑图

预埋喷水管详见水施

40厚麻黄色自然面密拼花岗石

-1.15

-1.45

20厚浅棕色板岩冰裂纹密拼

30厚芝麻灰花岗石压顶
340X340

-1.75

0.3%

-1.62

-1.92

-2.05

种植土

聚酯无纺布滤水层,四周上翻100高
端部通长用胶粘剂粘50高

100厚粹石层
地下车库顶板找坡层及防水层完成面

40 250 60
350

（常水位）-2.30

池底-2.65

20厚250X250绿板岩,45°密拼

20厚芝麻灰自然面花岗石
300X150X20
20厚1:2.5水泥砂结合层
1.5厚聚合物防水涂料
18厚1:3水泥砂浆找坡层
MU7.5非黏土砖,M5水泥砂浆砌筑

采光井墙与顶板连接详建筑图

275

-1.60

种植土
聚酯无纺布滤水层,四周上翻100高
端部通长用胶粘剂粘50高
100厚粹石层
地下车库顶板找坡层及防水层完成面

1—1剖面图

注:1—1剖面图位置详见木廊架（1）平面图

图4-59 阳光海岸木廊架（2）

301

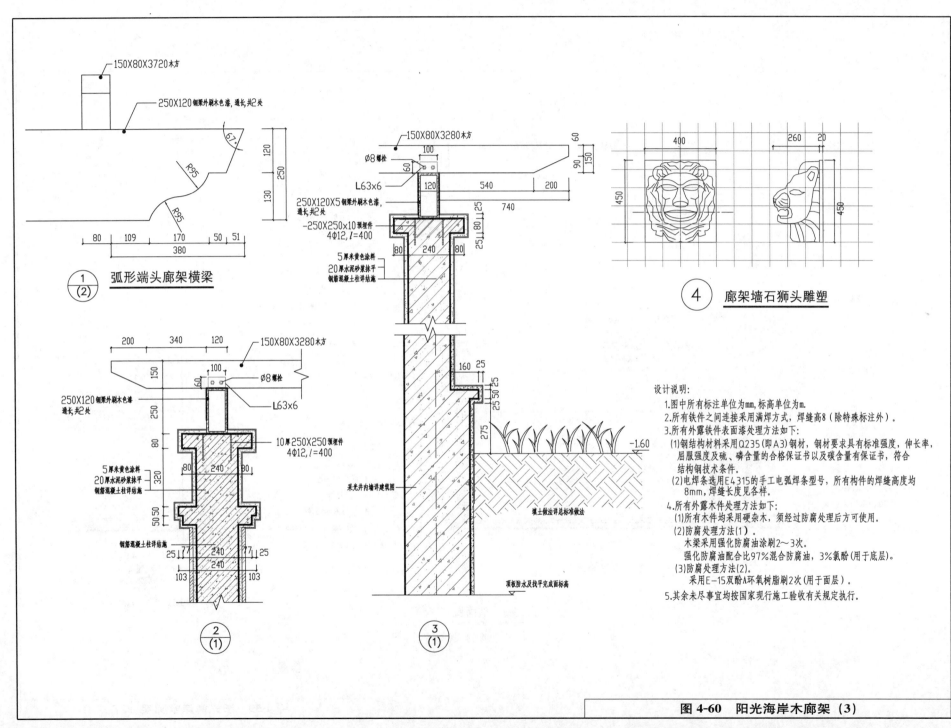

150X80X3720木方

250X120钢梁外刷木色漆,通长,起2处

R95

R95

67

120
130
250

80 109 170 50 51
380

①/(2) 弧形端头廊架横梁

150X80X3280木方

60
90 150

Ø8螺栓

L63x6

250X120X5钢梁外刷木色漆,
通长,起2处

-250X250X10预埋件
4Φ12,l=400

5厘米黄色涂料
20厚水泥砂浆抹平
钢筋混凝土柱详结施

100
120 540 200
740

25 80 25

80 240 80

160 25
25 50 25

275

-1.60

采光井内墙详建筑图

填土做法详总标准做法

顶板防水及找平完成面标高

③/(1)

200 340 120

150X80X3280木方

150
100

Ø8螺栓

250X120钢梁外刷木色漆
通长,起2处

L63x6

10厚250X250预埋件
4Φ12,l=400

5厘米黄色涂料
20厚水泥砂浆抹平
钢筋混凝土柱详结施

250
80
320
50 50

80 240 80

钢筋混凝土柱详结施

25 77 240 77 25
240
103 103

②/(1)

400 260 20

450

450

④ 廊架墙石狮头雕塑

设计说明:
1.图中所有标注单位为mm,标高单位为m.
2.所有铁件之间连接采用满焊方式,焊缝高8(除特殊标注外)。
3.所有外露铁件表面漆处理方法如下:
  (1)钢结构材料采用Q235(即A3)钢材,钢材要求具有标准强度,伸长率,
     屈服强度及硫、磷含量的合格保证书以及碳含量有保证书,符合
     结构钢技术条件。
  (2)电焊条选用E4315的手工电弧焊条型号,所有构件的焊缝高度均
     8mm,焊缝长度见各样。
4.所有外露木件处理方法如下:
  (1)所有木件均采用硬杂木,须经过防腐处理后方可使用。
  (2)防腐处理方法(1)。
     木梁采用强化防腐油涂刷2～3次。
     强化防腐油配合比97%混合防腐油,3%氯酚(用于底层)。
  (3)防腐处理方法(2)。
     采用E-15双酚A环氧树脂刷2次(用于面层)。
5.其余未尽事宜均按国家现行施工验收有关规定执行。

图4-60 阳光海岸木廊架(3)

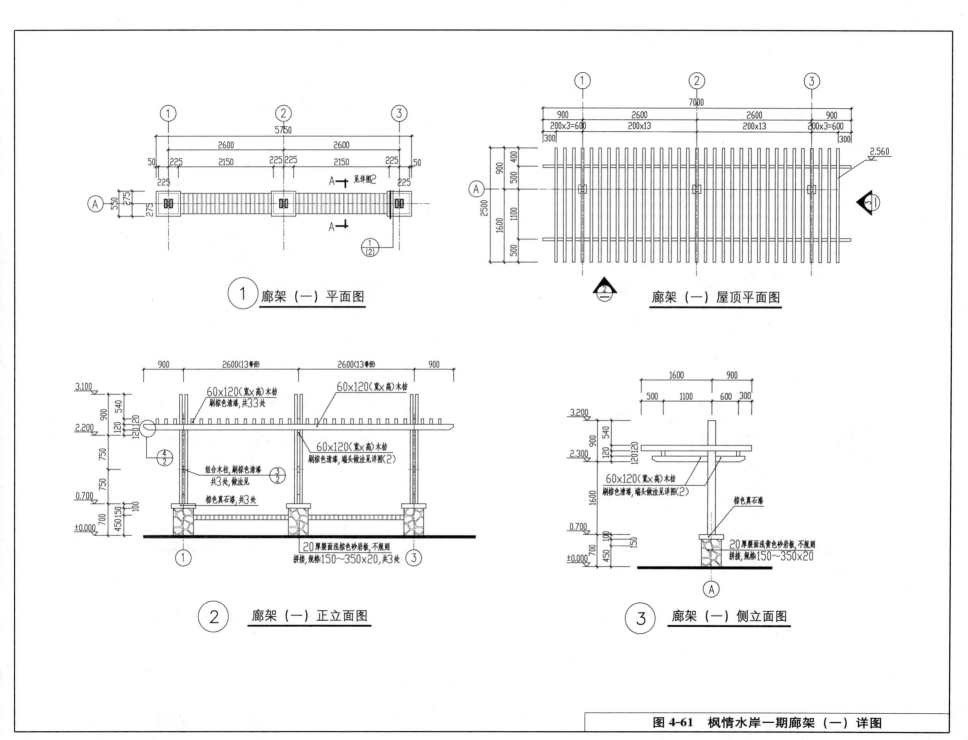

① 廊架（一）平面图

② 廊架（一）屋顶平面图

② 廊架（一）正立面图

③ 廊架（一）侧立面图

图 4-61 枫情水岸一期廊架（一）详图

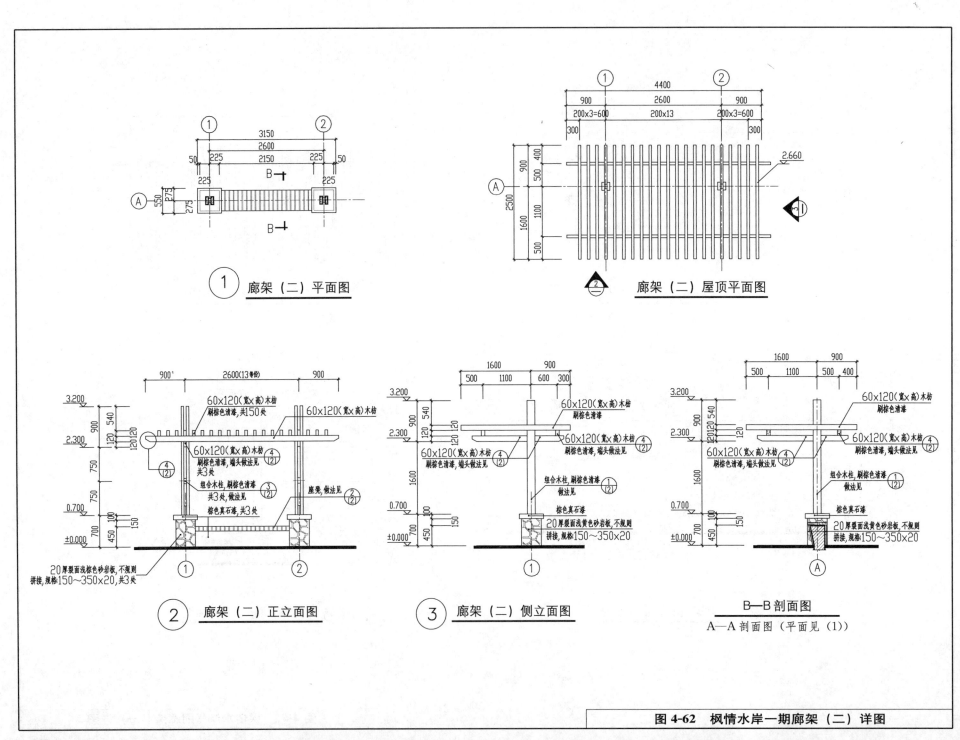

① 廊架（二）平面图

② 廊架（二）屋顶平面图

② 廊架（二）正立面图

③ 廊架（二）侧立面图

B—B剖面图

A—A剖面图（平面见（1））

图4-62　枫情水岸一期廊架（二）详图

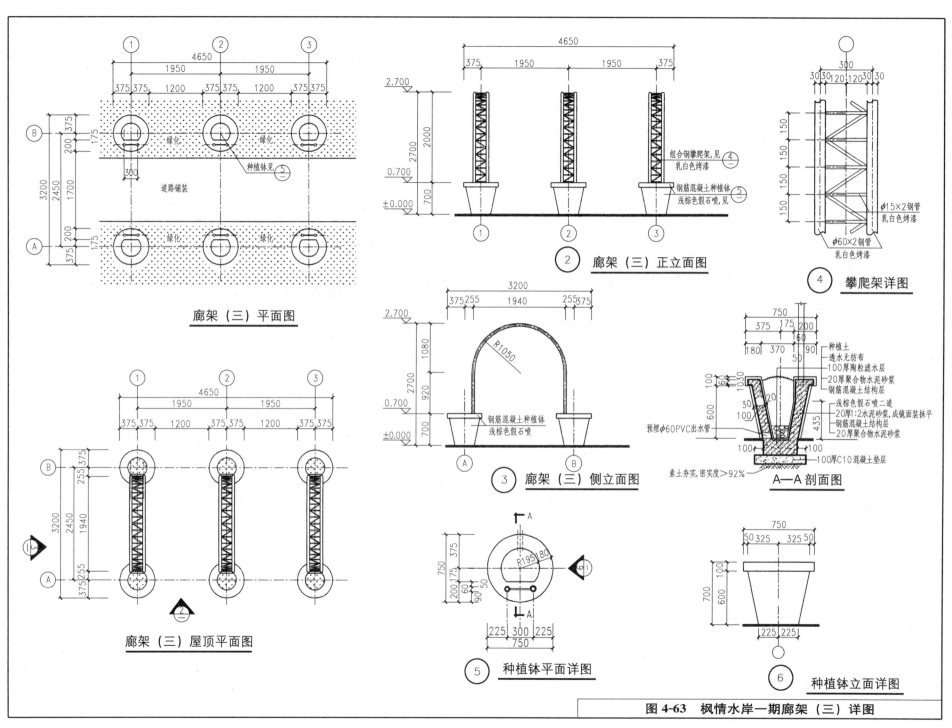

廊架（三）平面图

② 廊架（三）正立面图

④ 攀爬架详图

组合钢攀爬架,见 ④
乳白色烤漆

钢筋混凝土种植钵 ⑤
浅棕色假石喷,见

φ15×2钢管
乳白色烤漆

φ60×2钢管
乳白色烤漆

廊架（三）屋顶平面图

③ 廊架（三）侧立面图

钢筋混凝土种植钵
浅棕色假石喷

种植土
透水无纺布
100厚陶粒滤水层
20厚聚合物水泥砂浆
钢筋混凝土结构层
浅棕色假石喷二道
20厚1:2水泥砂浆,成镜面装抹平
钢筋混凝土结构层
20厚聚合物水泥砂浆

预埋φ60PVC出水管

100厚C10混凝土垫层

素土夯实,密实度>92%

A—A剖面图

⑤ 种植钵平面详图

⑥ 种植钵立面详图

图4-63 枫情水岸一期廊架（三）详图

305

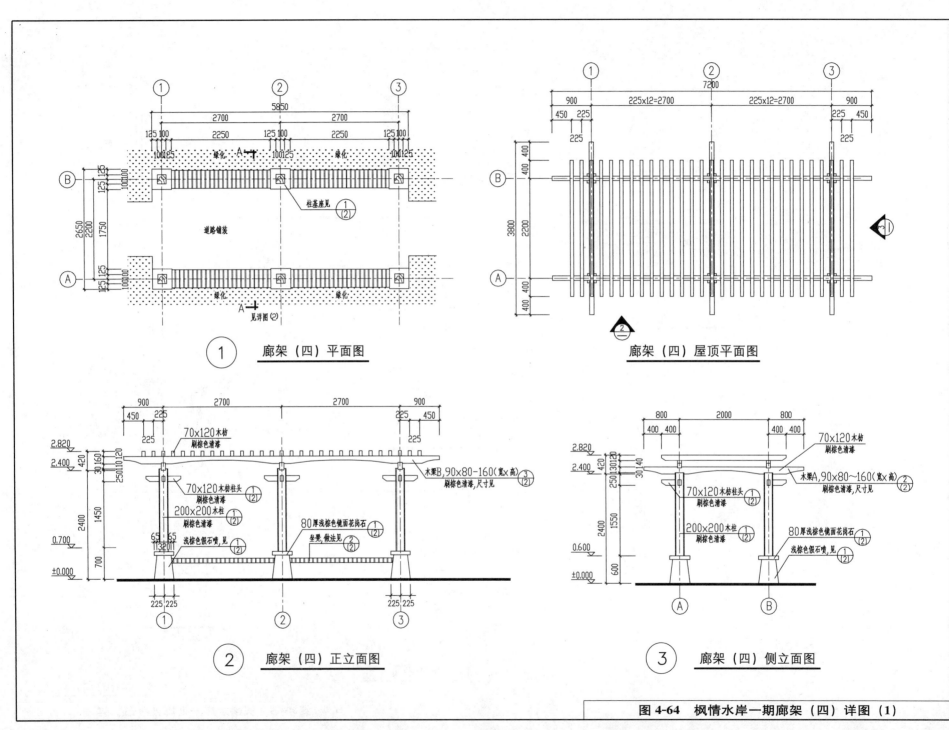

① 廊架（四）平面图

② 廊架（四）正立面图

廊架（四）屋顶平面图

③ 廊架（四）侧立面图

图4-64 枫情水岸一期廊架（四）详图（1）

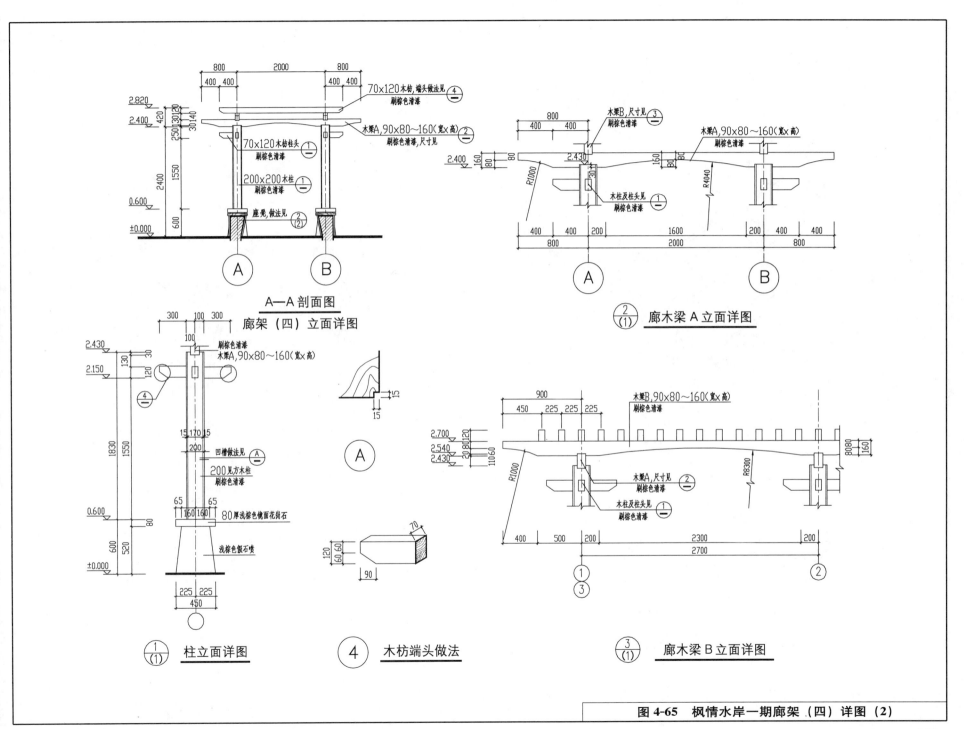

A—A剖面图

廊架（四）立面详图

②/(1) 廊木梁A立面详图

①/(1) 柱立面详图

④ 木枋端头做法

③/(1) 廊木梁B立面详图

图4-65 枫情水岸一期廊架（四）详图（2）

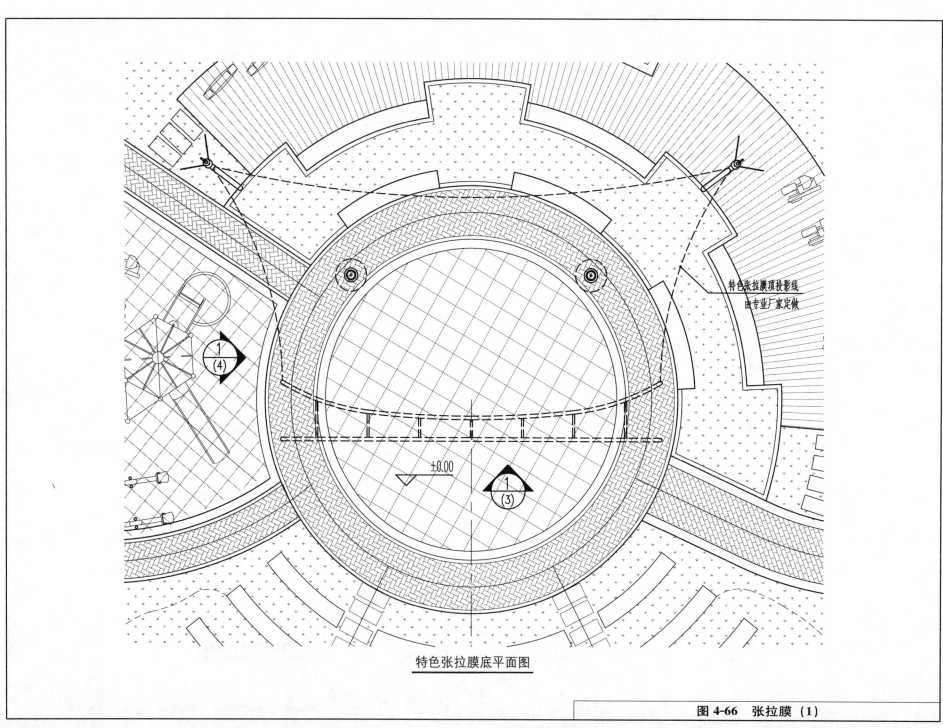

特色张拉膜顶投影线
由专业厂家定做

±0.00

特色张拉膜底平面图

图 4-66 张拉膜（1）

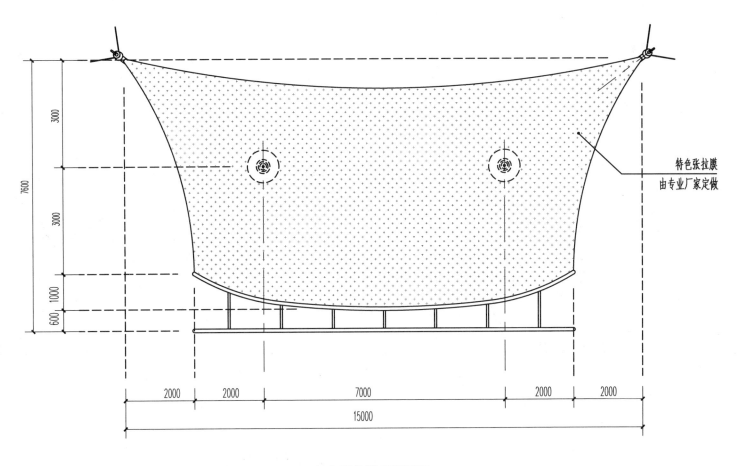

特色张拉膜
由专业厂家定做

特色张拉膜顶平面图

图 4-67　张拉膜（2）

309

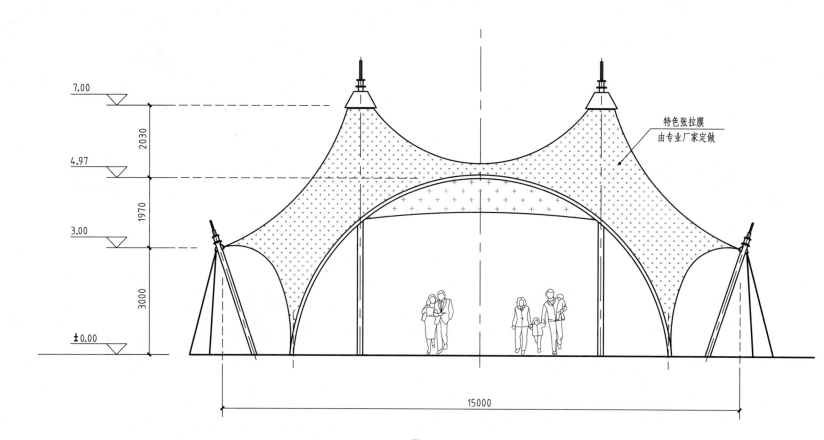

7.00

2030

4.97

1970

3.00

3000

±0.00

特色张拉膜
由专业厂家定做

15000

$\frac{1}{(1)}$ 特色张拉膜正立面图

图 4-68 张拉膜（3）

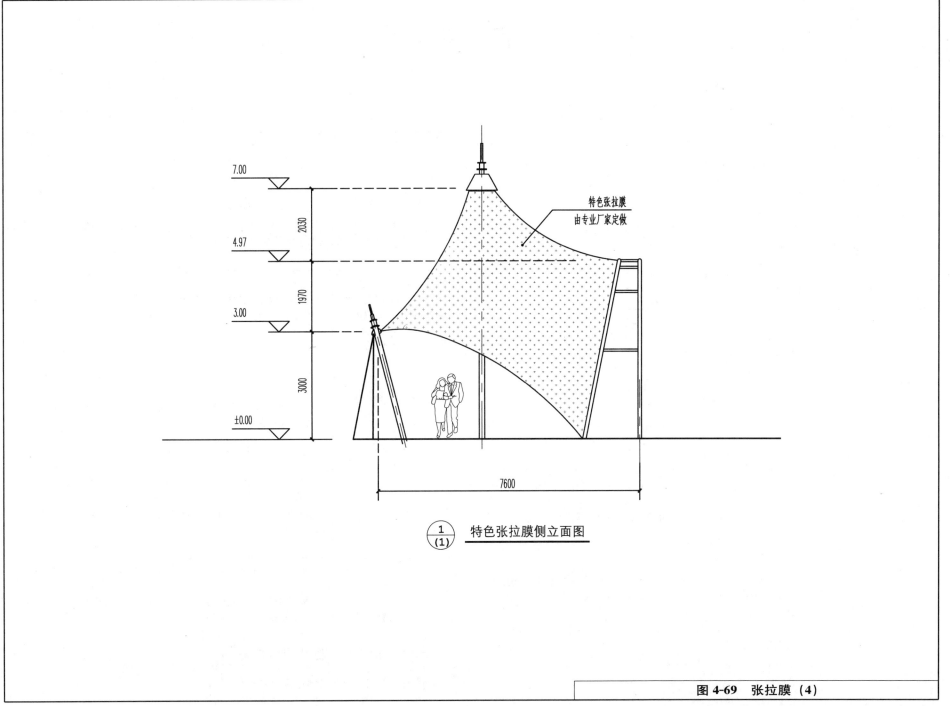

7.00

4.97

3.00

±0.00

2030

1970

3000

特色张拉膜
由专业厂家定做

7600

1/(1) 特色张拉膜侧立面图

图 4-69 张拉膜（4）

5 模拟化景观

5.1 概述

模拟化景观是现代造园手法的重要组成部分,它是以替代材料模仿真实材料,以人工造景模仿自然景观,以凝固模仿流动,是对自然景观的提炼和补充,运用得当会超越自然景观的局限,达到特有的景观效果。

5.2 模拟景观分类及设计要点

模拟景观分类及设计要点见表5-1。

模拟景观分类及设计要点　　　　表5-1

分类名称	模仿对象	设 计 要 点
假山石	模仿自然山体	①经结构计算用天然石材进行人工堆砌再造。分观赏性假山和可攀登假山,后者必须采取安全措施。 ②居住区堆山置石的体量不宜太大,构图应错落有致,选址一般在居住区入口、中心绿化区。 ③适应配置花草、树木和水流
人造山石	模仿天然石材	①人造山石采用钢筋、钢丝网或玻璃钢作内衬,外喷抹水泥做成石材的纹理褶皱,喷色后似山石和海石,喷色是仿石的关键环节。不得上人。 ②人造石以观赏为主,在人经常蹬踏的部位需加厚填实,以增加其耐久性。 ③人造山石覆盖层下宜设计为渗水地面,以利于保持干燥
人造树木	模仿天然树木	①人造树木一般采用塑料做枝叶,枯木和钢丝网抹灰做树干,可用于居住区入口和较干旱地区,具有一定的观赏性,可烘托局部的环境景观,但不宜大量采用。 ②在建筑小品中应用仿木工艺,做成梁柱、绿竹小桥、木凳、树桩等,达到以假代真的目的,增强小品的耐久性和艺术性。 ③仿真树木的表皮装饰要求细致,切忌色彩夸张

续表

分类名称	模仿对象	设 计 要 点
枯水	模仿水流	①多采用细砂和细石铺成流动的水状,应用于去居住区的草坪和凹地中,砂石以纯白为佳。 ②可与石块、石板桥、石井及盆景植物组合,成为枯山水景观区。卵石的自然石块作为驳岸使用材料,塑造枯水的浸润痕迹。 ③以枯水形成的水渠河溪,也是供儿童游戏玩耍的场所,可设计出"过水"的汀步,方便活动人员的踩踏
人工草坪	模仿自然草坪	①用塑料及织物制作,适用于小区广场的临时绿化区和屋顶上部。 ②具有良好的渗水性,但不宜大面积使用
人工坡地	模仿波浪	①将绿地草坪做成高低起伏、层次分明的造型,并在坡尖上铺带状白砂石,形成浪花。 ②必须选择靠路和广场的适当位置,用矮墙砌出波浪起伏的断面形状,突出浪的动感
人工铺地	模仿水纹、海滩	①采用灰瓦和小卵石,有层次有规律地铺装成鱼鳞水纹,多用于庭院间园路。 ②采用彩色面砖,并由浅变深逐步退晕,造成海滩效果,多用于水池和泳池边岸

注:1. 表中"假山石"也称假山,是以真石(如太湖石)堆砌而成的景观体,经计算确定,可以上人活动。
　　2. 表中"人造山石"也称塑山或塑石,是以钢构件作支撑体,外包钢丝网、喷抹纤维砂浆等塑造而成的景观山体、景观石,不可上人和另加活荷载。

5.3 假山、塑山设计实例

假山、塑山设计实例见图5-1~图5-4。

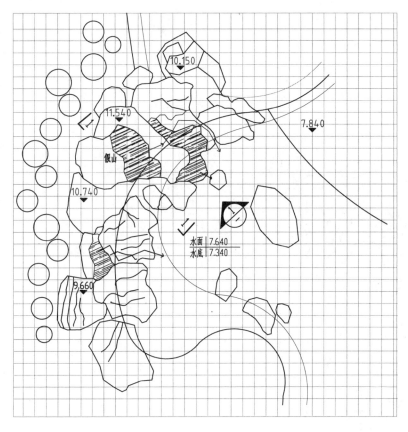

假山平面放样平面

假山做法说明:
1. 本图内假山平面控制性尺寸,具体造型需由专业公司设计并做模型;由甲方和环境设计师确认后进行施工。标高为相对标高。
2. 假山做法建议采用钢骨架,挂钢丝网,水泥砂浆塑面。

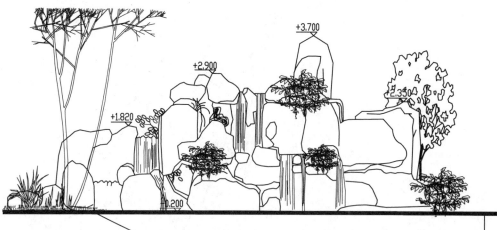

① 瀑布假山立面展开图
(±0.000m 相当于绝对标高▼7.840m)

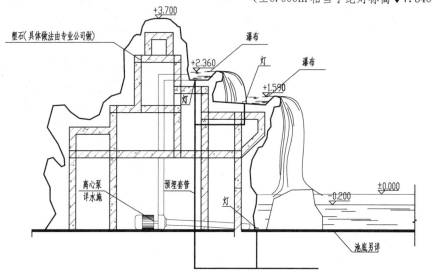

假山 1—1 剖面
(±0.000m 相当于绝对标高▼7.840m)

说明:塑石造型和内部结构由专业单位设计,由甲方环境设计师确认后进行施工。标高为相对标高

图 5-1 "云锦美地"一区假山

313

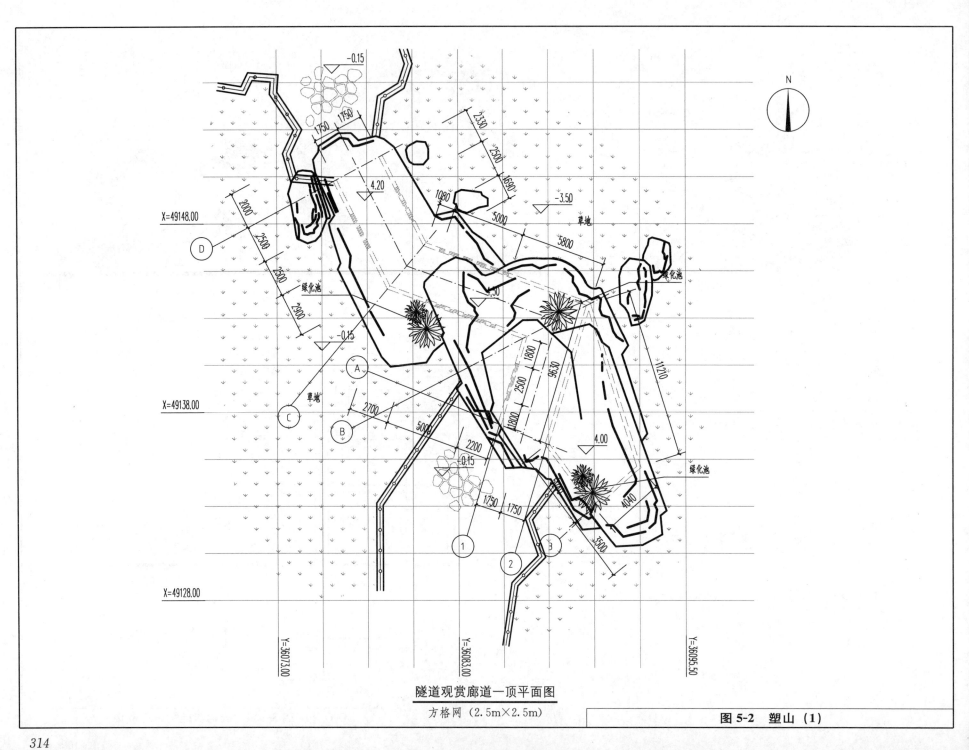

隧道观赏廊道—顶平面图

方格网（2.5m×2.5m）

图 5-2　塑山（1）

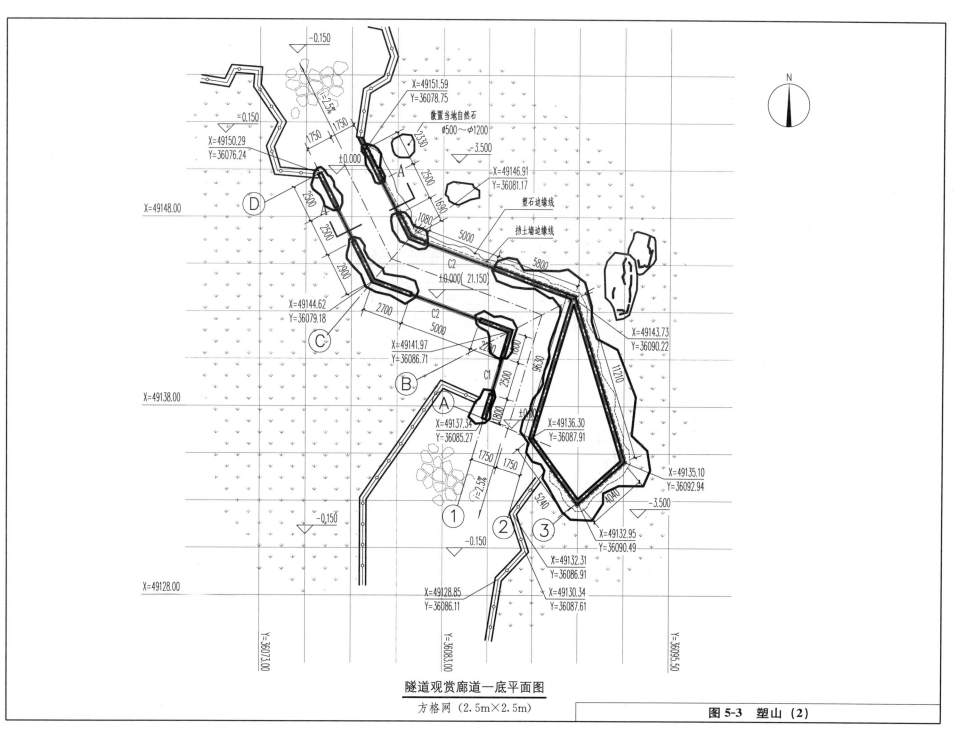

X=49151.59
Y=36078.75

散置当地自然石
Φ500～Φ1200

-3.500

X=49150.29
Y=36076.24

±0.000

X=49146.91
Y=36081.17

塑石边缘线

挡土墙边缘线

X=49148.00

X=49144.62
Y=36079.18

X=49141.97
Y=36086.71

X=49143.73
Y=36090.22

X=49138.00

X=49137.34
Y=36085.27

X=49136.30
Y=36087.91

X=49135.10
Y=36092.94

-3.500

X=49132.95
Y=36090.49

X=49132.31
Y=36086.91

X=49128.00

X=49128.85
Y=36086.11

X=49130.34
Y=36087.61

Y=36073.00

Y=36083.00

Y=36095.50

隧道观赏廊道一底平面图

方格网（2.5m×2.5m）

图5-3　塑山（2）

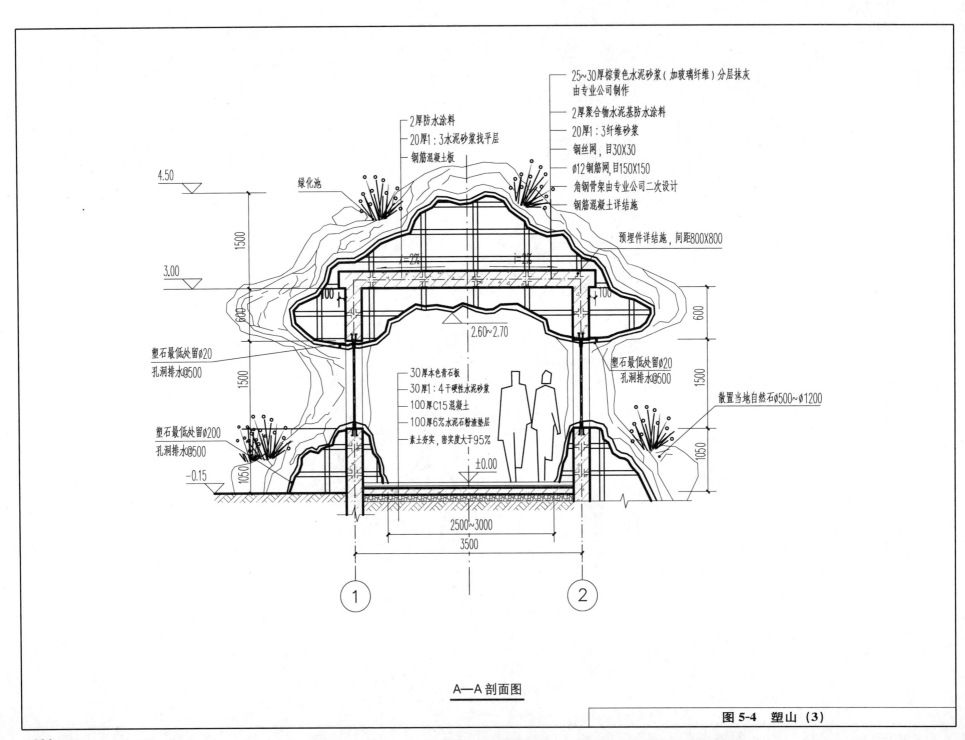

25~30厚棕黄色水泥砂浆(加玻璃纤维)分层抹灰
由专业公司制作

2厚聚合物水泥基防水涂料

20厚1:3纤维砂浆

钢丝网,目30X30

φ12钢筋网,目150X150

角钢骨架由专业公司二次设计

钢筋混凝土详结施

2厚防水涂料

20厚1:3水泥砂浆找平层

钢筋混凝土板

绿化池

4.50

3.00

1500

600

-2%

-4%

2.60~2.70

预埋件详结施,间距800X800

塑石最低处留φ20
孔洞排水@500

1500

塑石最低处留φ20
孔洞排水@500

散置当地自然石φ500~φ1200

600

1500

30厚本色青石板
30厚1:4干硬性水泥砂浆
100厚C15混凝土
100厚6%水泥石粉渣垫层
素土夯实,密实度大于95%

塑石最低处留φ200
孔洞排水@500

1050

±0.00

1050

-0.15

2500~3000

3500

① ②

A—A 剖面图

图 5-4 塑山 (3)

316

6 高视点景观

6.1 概述

随着居住区密度的增加，住宅楼的层数也愈建愈多，居住者在很大程度上都处在由高点向下观景的位置，即形成高视点景观。这种设计不但要考虑地面景观序列沿水平方向展开，同时还要充分考虑垂直方面的景观序列和特有的视觉效果。

6.2 设计要点

(1) 高视点景观平面设计强调悦目和形式美，大致可分为两种布局。

① 图案布局。具有明显的轴线、对称关系和几何形状，通过基地上的道路、花卉、绿化种植物及硬铺装等组合而成，突出韵律及节奏感。

② 自由布局。无明显的轴线和几何图案，通过基地上的园路、绿化种植、水面等组成（如高尔夫球练习场），突出场地的自然化。

(2) 在点线面的布置上，高视点设计尽少地采用点和线，更多地强调面，即色块和色调的对比。色块，由草坪色、水面色、铺地色、植物覆盖色等组成，相互之间需搭配合理，并以大色块为主，色块轮廓尽可能清晰。

(3) 植物搭配要突出疏密之间的对比。种植物应形成簇团状，不宜散点布置。草坪和铺地作为树木的背景要求显露出一定比例的面积，不宜采用灌木和乔木进行大面积覆盖。树木在光照下形成的阴影轮廓应能较完整地投在草坪上。

(4) 水面在高视点设计中占有重要地位，只有在高点上才能看到水体的全貌或水池的优美造型。因而要对水池和泳池的底部色彩和图案进行精心的艺术处理（如贴反光片或勾画出海洋动物形象），充分发挥水的光感和动感，给人以意境之美。

(5) 视线之内的屋顶、平台（如亭、廊等）必须进行色彩处理遮盖（如盖有色瓦或绿化），改善其视觉效果。基地内的活动场所（如儿童游乐场、运动场等）的地面铺装要求做色彩处理。

6.3 设计实例

屋顶花园设计实例见图 6-1～图 6-2。

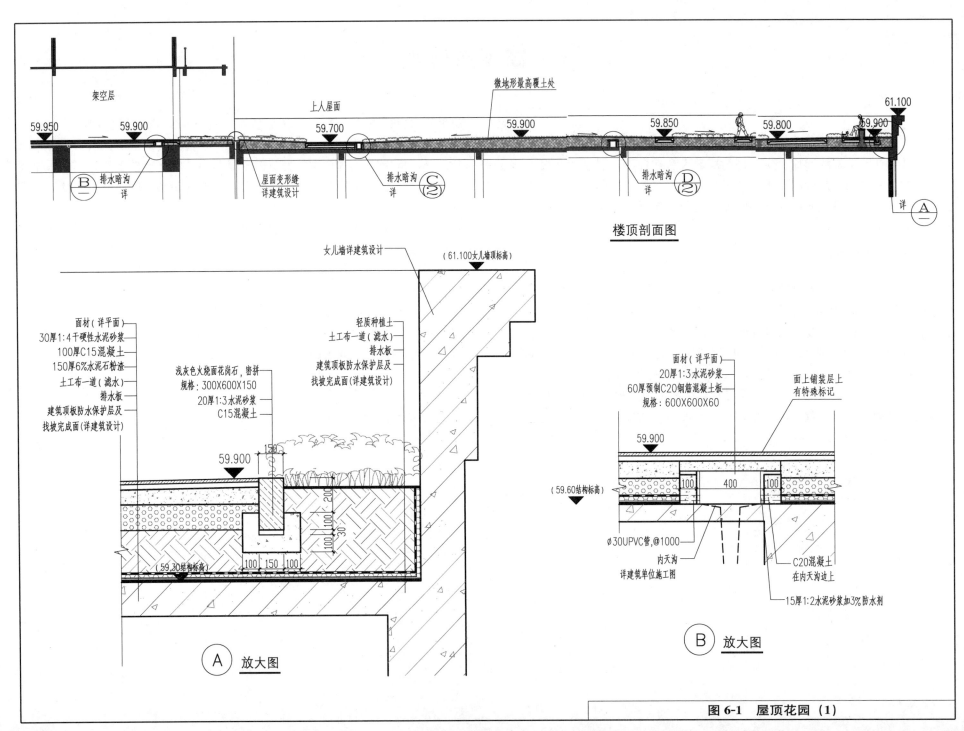

架空层

上人屋面

微地形最高覆土处

59.950　59.900

59.700

59.900

59.850

59.800

59.900

61.100

B 排水暗沟详

屋面变形缝详建筑设计

排水暗沟详 C 2

排水暗沟详 D 2

详 A

楼顶剖面图

女儿墙详建筑设计

（61.100女儿墙顶标高）

面材（详平面）
30厚1:4干硬性水泥砂浆
100厚C15混凝土
150厚6%水泥石粉渣
土工布一道（滤水）
排水板
建筑顶板防水保护层及
找坡完成面(详建筑设计)

浅灰色火烧面花岗石，密拼
规格：300X600X150
20厚1:3水泥砂浆
C15混凝土

轻质种植土
土工布一道（滤水）
排水板
建筑顶板防水保护层及
找坡完成面(详建筑设计)

59.900

150

200

100 100

30

100 150 100

（59.30结构标高）

A 放大图

面材（详平面）
20厚1:3水泥砂浆
60厚预制C20钢筋混凝土板
规格：600X600X60

面上铺装层上
有特殊标记

59.900

（59.60结构标高）

100　400　100

Ø30UPVC管,@1000

内天沟
详建筑单位施工图

C20混凝土
在内天沟边上

15厚1:2水泥砂浆加3%防水剂

B 放大图

图6-1　屋顶花园（1）

318

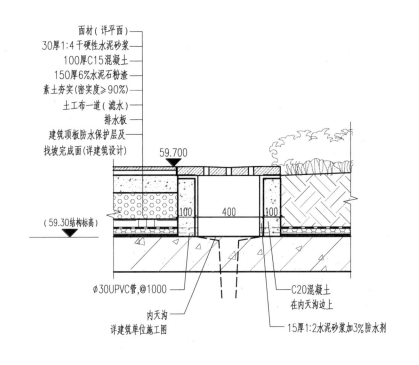

面材(详平面)
30厚1:4干硬性水泥砂浆
100厚C15混凝土
150厚6%水泥石粉渣
素土夯实(密实度≥90%)
土工布一道(滤水)
排水板
建筑顶板防水保护层及
找坡完成面(详建筑设计)

59.700

100 400 100

(59.30结构标高)

Ø30UPVC管,@1000

内天沟
详建筑单位施工图

C20混凝土
在内天沟边上

15厚1:2水泥砂浆加3%防水剂

$\frac{C}{(1)}$ 放大图

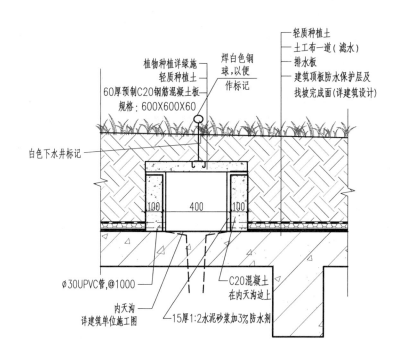

植物种植详绿施
轻质种植土
60厚预制C20钢筋混凝土板
规格:600X600X60

焊白色钢
球,以便
作标记

轻质种植土
土工布一道(滤水)
排水板
建筑顶板防水保护层及
找坡完成面(详建筑设计)

白色下水井标记

100 400 100

Ø30UPVC管,@1000

内天沟
详建筑单位施工图

C20混凝土
在内天沟边上

15厚1:2水泥砂浆加3%防水剂

$\frac{D}{(1)}$ 放大图

图 6-2 屋顶花园(2)

7 照明景观

7.1 概述

（1）景观照明的目的主要有 4 个方面：

① 增强对物体的辨别性；

② 提高夜间出行的安全度；

③ 保证居民晚间活动的正常开展；

④ 营造环境氛围。

照明设计应考虑功能、低碳、节能、适度。

（2）照明作为景观素材进行设计，既要符合夜间使用功能，又要考虑白天的造景效果，必须设计或选择造型优美别致的灯具，使之成为一道亮丽的风景线。

7.2 照明分类及适用场所

照明分类及适用场所见表 7-1。

照明分类及适用场所   表 7-1

照明分类	适用场所	参考照度（lx）	安装高度（m）	注 意 事 项
车行照明	居住区主次道路	10～20	4.0～6.0	①灯具应选用带遮光罩下照明式。②避免强光直射到住户屋内。③光线投射在路面上要均衡
	自行车、汽车场	10～30	2.5～4.0	
人行照明	步行台阶（小径）	10～20	0.6～1.2	①避免眩光，采用较低处照明。②光线宜柔和
	园路、草坪	10～50	0.3～1.2	

续表

照明分类	适用场所	参考照度（lx）	安装高度（m）	注 意 事 项
场地照明	运动场	100～200	4.0～6.0	①多采用向下照明方式。②灯具的选择应有艺术性
	休闲广场	50～100	2.5～4.0	
	广场	150～300		
装饰照明	水下照明	150～400		①水下照明应防水、防漏电，参与性较强的水池和泳池使用 12V 安全电压。②应禁用或少用霓虹灯和广告灯箱
	树木绿化	150～300		
	花坛、围墙	30～50		
	标志、门灯	200～300		
安全照明	交通出入口（单元门）	50～70		①灯具应设在醒目位置。②为了方便疏散，应急灯设在侧壁为好
	疏散口	50～70		
特写照明	浮雕	100～200		①采用侧光、投光和泛光等多种形式。②灯光色彩不宜太多。③泛光不应直接射入室内
	雕塑、小品	150～500		
	建筑立面	150～200		

7.3 照明景观设计

照明景观设计实例见图 7-1～图 7-9。

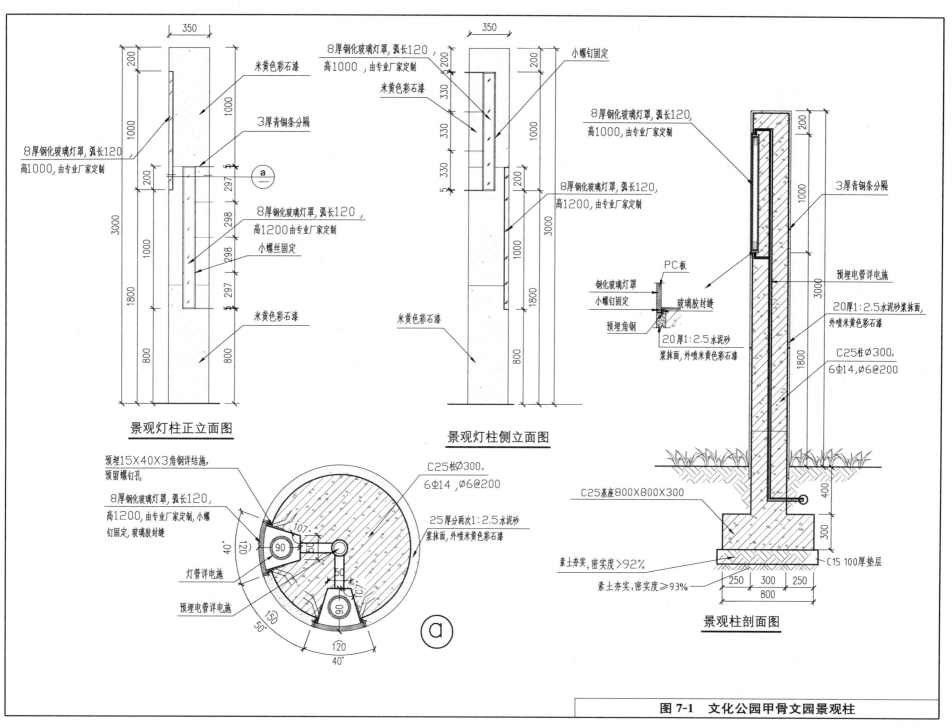

景观灯柱正立面图

景观灯柱侧立面图

景观柱剖面图

图 7-1 文化公园甲骨文园景观柱

321

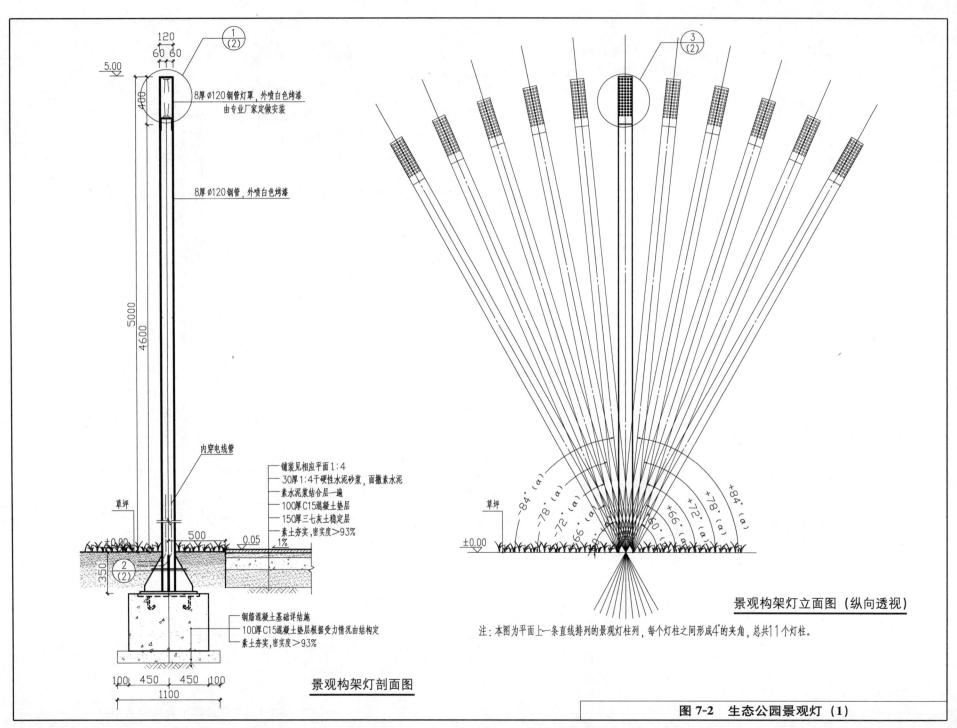

景观构架灯剖面图

景观构架灯立面图（纵向透视）

注：本图为平面上一条直线排列的景观灯柱列，每个灯柱之间形成4°的夹角，总共11个灯柱。

图7-2 生态公园景观灯（1）

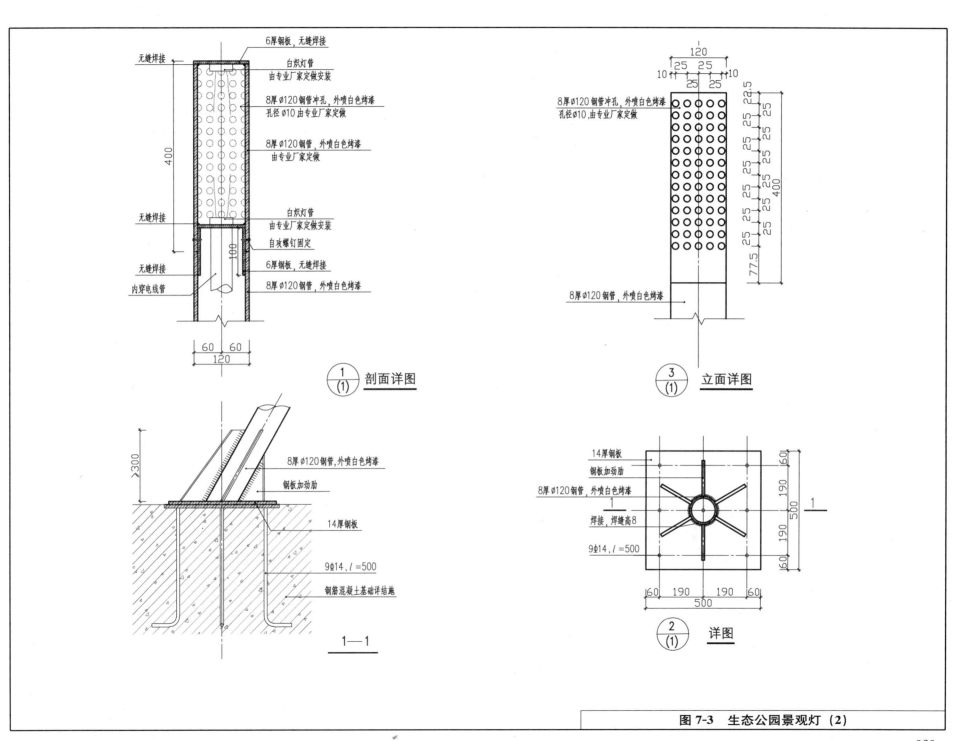

剖面详图

6厚钢板，无缝焊接

无缝焊接

白炽灯管
由专业厂家定做安装

8厚Ø120钢管冲孔，外喷白色烤漆
孔径Ø10由专业厂家定做

8厚Ø120钢管，外喷白色烤漆
由专业厂家定做

白炽灯管
由专业厂家定做安装

自攻螺钉固定

无缝焊接

6厚钢板，无缝焊接

内穿电线管

8厚Ø120钢管，外喷白色烤漆

400

100

60 60
120

①
(1) 剖面详图

立面详图

8厚Ø120钢管冲孔，外喷白色烤漆
孔径Ø10，由专业厂家定做

8厚Ø120钢管，外喷白色烤漆

120
25 25
10 25 25 10

22.5

25 25 25 25 25 25 25 25 25 25 25 25

400

77.5

③
(1) 立面详图

1—1

8厚Ø120钢管，外喷白色烤漆

钢板加劲肋

14厚钢板

9Φ14，l=500

钢筋混凝土基础详结施

≥300

1—1

详图

14厚钢板

钢板加劲肋

8厚Ø120钢管，外喷白色烤漆

焊接，焊缝高8

9Φ14，l=500

60 190 190 60
500

60 190 190 60
500

1

1

②
(1) 详图

图7-3 生态公园景观灯（2）

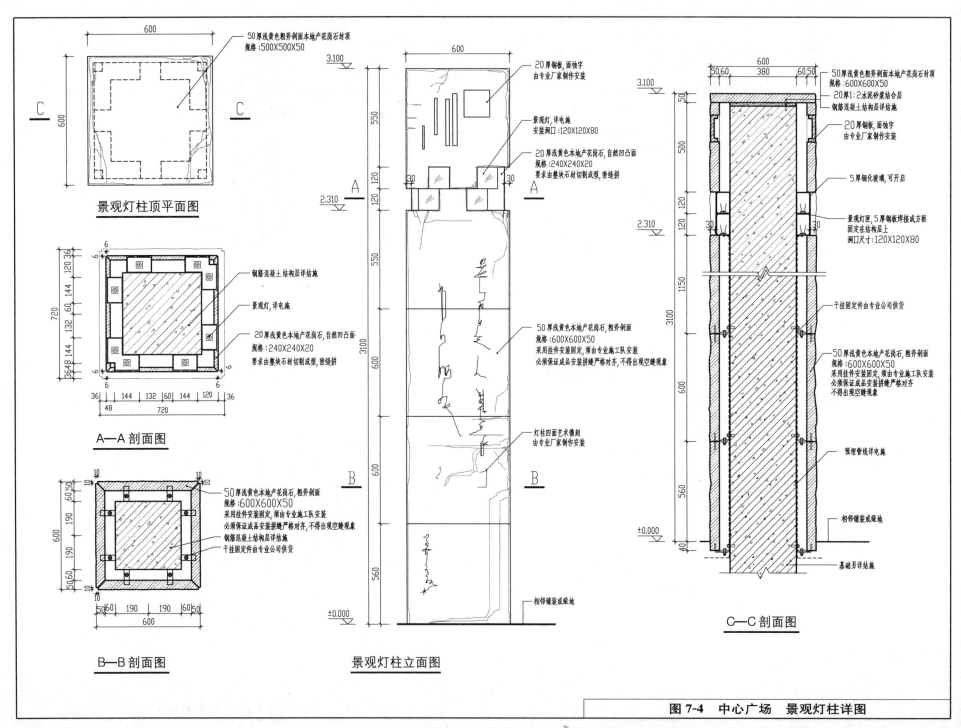

景观灯柱顶平面图

A—A 剖面图

B—B 剖面图

景观灯柱立面图

C—C 剖面图

50厚浅黄色粗斧剁面本地产花岗石封顶
规格：500X500X50

20厚铜板, 面做字
由专业厂家制作安装

景观灯, 详电施
安装洞口：120X120X80

20厚浅黄色本地产花岗石, 自然凹凸面
规格：240X240X20
要求由整块石材切割成型, 密缝拼

50厚浅黄色本地产花岗石, 粗斧剁面
规格：600X600X50
采用挂件安装固定, 须由专业施工队安装
必须保证成品安装拼缝严格对齐, 不得出现空缝现象

灯柱四面艺术雕刻
由专业厂家制作安装

相邻铺装或绿地

钢筋混凝土结构层详结施

景观灯, 详电施

20厚浅黄色本地产花岗石, 自然凹凸面
规格：240X240X20
要求由整块石材切割成型, 密缝拼

50厚浅黄色本地产花岗石, 粗斧剁面
规格：600X600X50
采用挂件安装固定, 须由专业施工队安装
必须保证成品安装拼缝严格对齐, 不得出现空缝现象
钢筋混凝土结构层详结施
干挂固定件由专业公司供货

50厚浅黄色粗斧剁面本地产花岗石封顶
规格：600X600X50

20厚1:2水泥砂浆结合层
钢筋混凝土结构层详结施

20厚铜板, 面做字
由专业厂家制作安装

5厚钢化玻璃, 可开启

景观灯匣, 5厚钢板焊接成方框
固定在结构层上
洞口尺寸：120X120X80

干挂固定件由专业公司供货

50厚浅黄色本地产花岗石, 粗斧剁面
规格：600X600X50
采用挂件安装固定, 须由专业施工队安装
必须保证成品安装拼缝严格对齐
不得出现空缝现象

预埋管线详电施

相邻铺装或绿地

基础另详结施

图 7-4 中心广场 景观灯柱详图

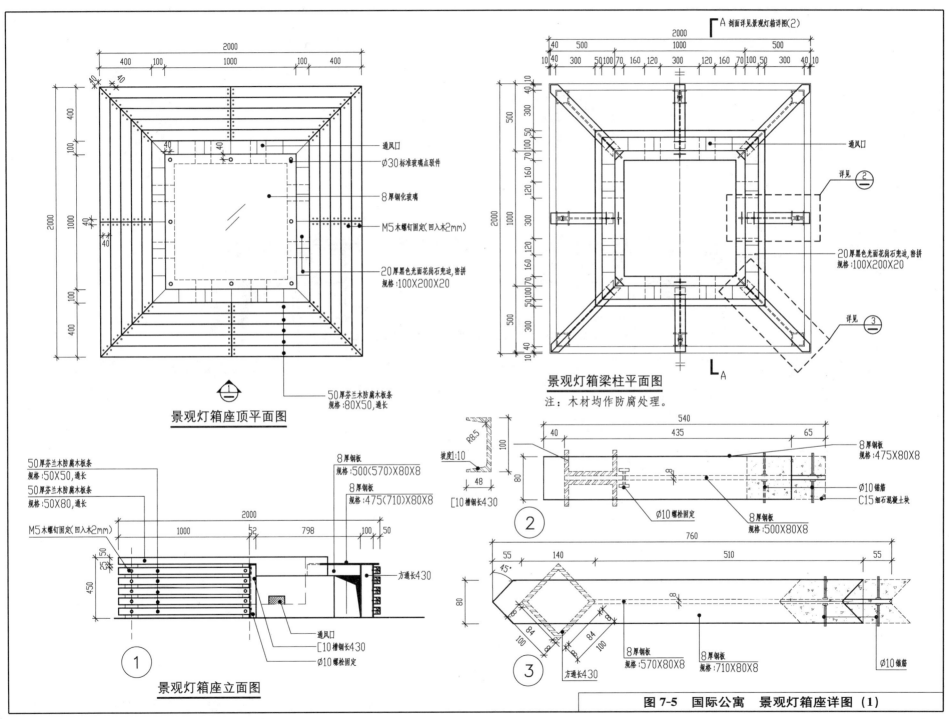

景观灯箱座顶平面图 ①

景观灯箱座立面图 ①

景观灯箱梁柱平面图
注：木材均作防腐处理。

图 7-5　国际公寓　景观灯箱座详图（1）

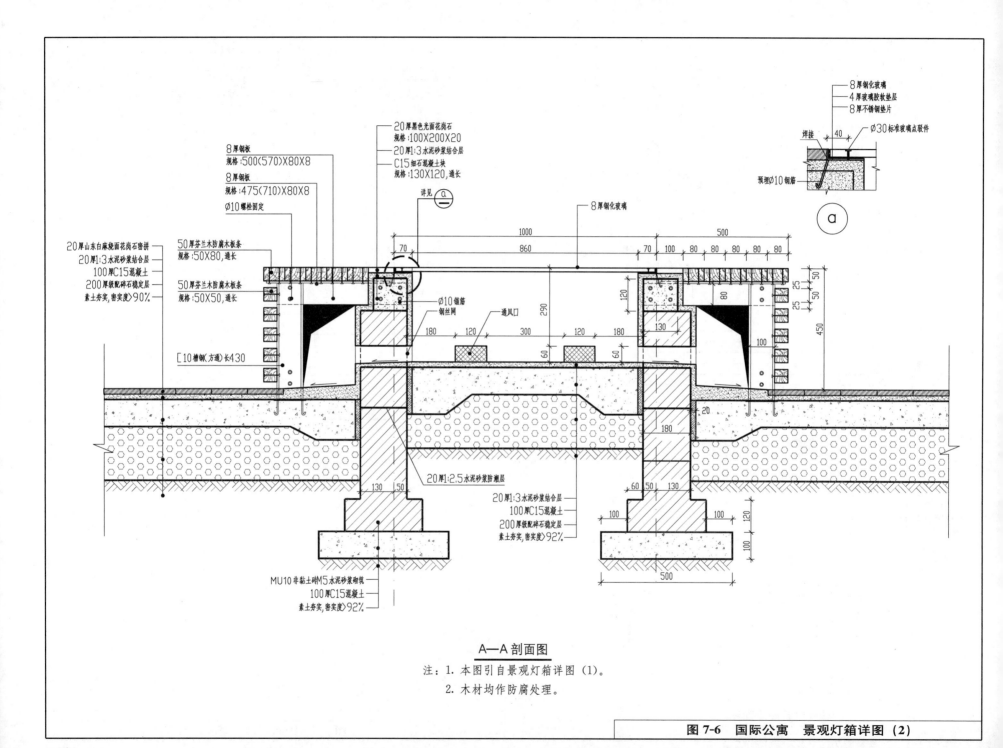

8厚钢化玻璃
4厚玻璃胶软垫层
8厚不锈钢垫片

焊接
40
Ø30标准玻璃点驳件

预埋Ø10钢筋

a

20厚黑色光面花岗石
规格:100X200X20
20厚1:3水泥砂浆结合层
C15细石混凝土块
规格:130X120,通长

8厚钢板
规格:500(570)X80X8

8厚钢板
规格:475(710)X80X8

Ø10螺栓固定

详见 a

8厚钢化玻璃

1000

500

70

860

70 100 80 80 80 80 80

50
50
25
25
50
50

450

20厚山东白麻烧面花岗石密拼
20厚1:3水泥砂浆结合层
100厚C15混凝土
200厚级配碎石稳定层
素土夯实,密实度>90%

50厚芬兰木防腐木板条
规格:50X80,通长

50厚芬兰木防腐木板条
规格:50X50,通长

[10槽钢(方通)长430

Ø10锚筋
钢丝网

通风口

120

130

80

100

290

180 120 300 120 180

60 60

20

20厚1:2.5水泥砂浆防潮层

20厚1:3水泥砂浆结合层
100厚C15混凝土
200厚级配碎石稳定层
素土夯实,密实度>92%

130 50

60 50 130

100 100

100 120

500

MU10非黏土砖M5水泥砂浆砌筑
100厚C15混凝土
素土夯实,密实度>92%

A—A 剖面图

注：1. 本图引自景观灯箱详图（1）。
　　2. 木材均作防腐处理。

图 7-6　国际公寓　景观灯箱详图（2）

326

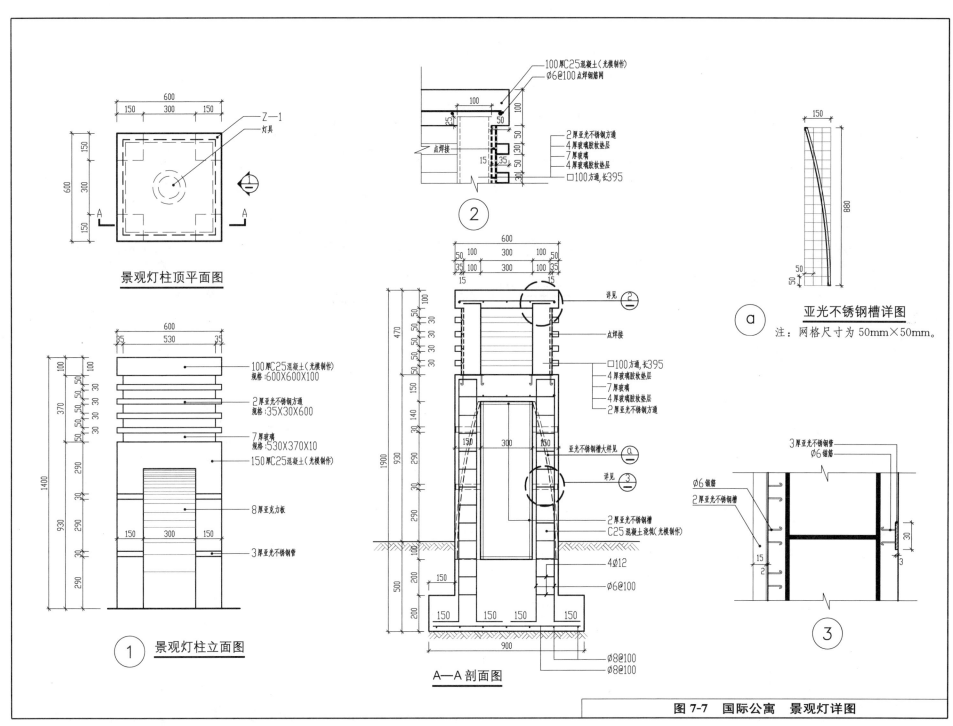

景观灯柱顶平面图

① 景观灯柱立面图

A—A 剖面图

ⓐ 亚光不锈钢槽详图
注：网格尺寸为 50mm×50mm。

100厚C25混凝土（光模制作）
规格：600X600X100

2厚亚光不锈钢方通
规格：35X30X600

7厚玻璃
规格：530X370X10

150厚C25混凝土（光模制作）

8厚亚克力板

3厚亚光不锈钢管

100厚C25混凝土（光模制作）
Ø6@100点焊钢筋网

点焊接

2厚亚光不锈钢方通
4厚玻璃胶软垫层
7厚玻璃
4厚玻璃胶软垫层
□100方通，长395

□100方通，长395
4厚玻璃胶软垫层
7厚玻璃
4厚玻璃胶软垫层
2厚亚光不锈钢方通

点焊接

亚光不锈钢槽大样见 ⓐ

详见 ③

2厚亚光不锈钢槽
C25混凝土浇筑（光模制作）

4Ø12
Ø6@100
Ø8@100
Ø8@100

3厚亚光不锈钢管
Ø6锚筋
Ø6锚筋
2厚亚光不锈钢槽

图 7-7　国际公寓　景观灯详图

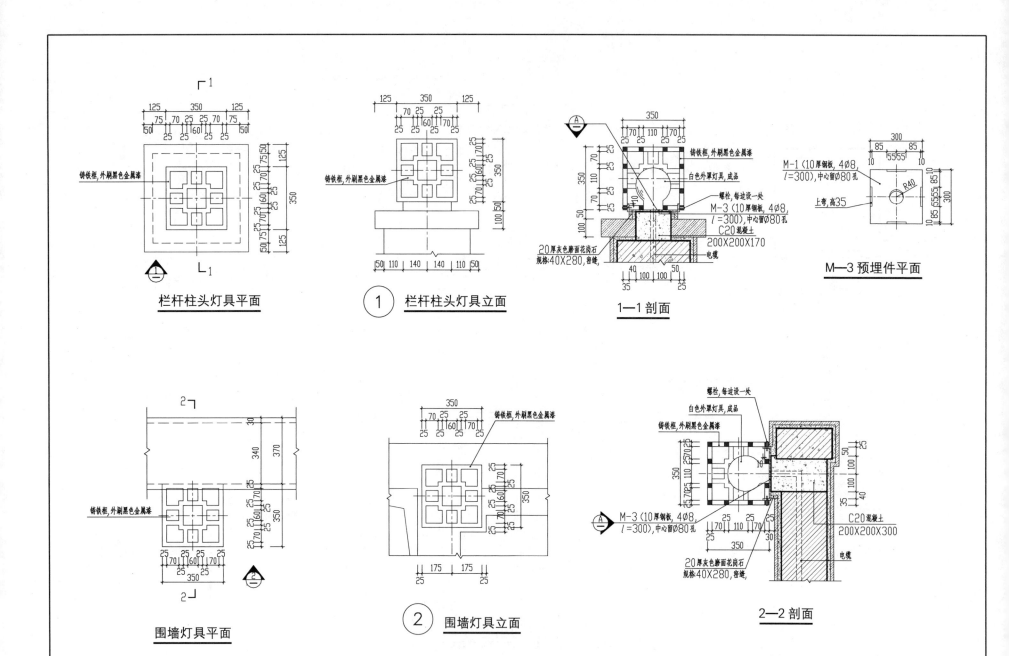

栏杆柱头灯具平面

① 栏杆柱头灯具立面

1—1 剖面

M—3 预埋件平面

围墙灯具平面

② 围墙灯具立面

2—2 剖面

图 7-8 景观栏杆柱头灯具设计

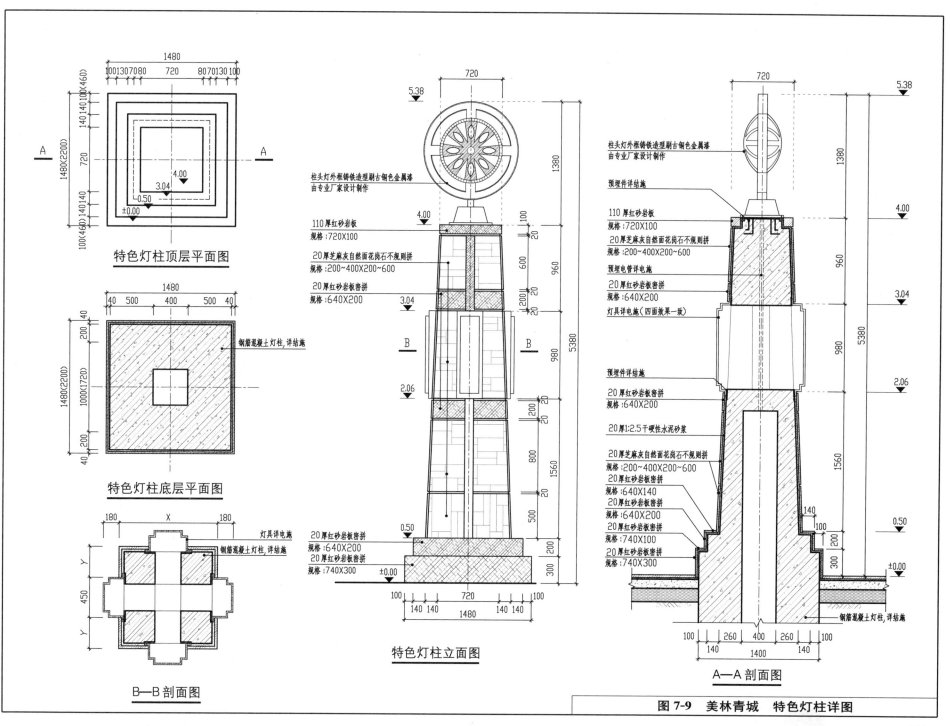

特色灯柱顶层平面图

特色灯柱底层平面图

B—B剖面图

柱头灯外框铸铁造型刷古铜色金属漆
由专业厂家设计制作

110厚红砂岩板
规格:720X100

20厚芝麻灰自然面花岗石不规则拼
规格:200~400X200~600

20厚红砂岩板密拼
规格:640X200

钢筋混凝土灯柱,详结施

20厚红砂岩板密拼
规格:640X200

20厚红砂岩板密拼
规格:740X300

特色灯柱立面图

柱头灯外框铸铁造型刷古铜色金属漆
由专业厂家设计制作

预埋件详结施

110厚红砂岩板
规格:720X100

20厚芝麻灰自然面花岗石不规则拼
规格:200~400X200~600

预埋电管详电施

20厚红砂岩板密拼
规格:640X200

灯具详电施(四面效果一致)

预埋件详结施

20厚红砂岩板密拼
规格:640X200

20厚1:2.5干硬性水泥砂浆

20厚芝麻灰自然面花岗石不规则拼
规格:200~400X200~600

20厚红砂岩板密拼
规格:640X140

20厚红砂岩板密拼
规格:640X200

20厚红砂岩板密拼
规格:740X100

20厚红砂岩板密拼
规格:740X300

钢筋混凝土灯柱,详结施

A—A剖面图

图7-9 美林青城 特色灯柱详图